U0282091

新编高等院校计算机科学与技术规划教材

现代操作系统与网络服务管理

廉文娟　花　嵘　曾庆田　编著

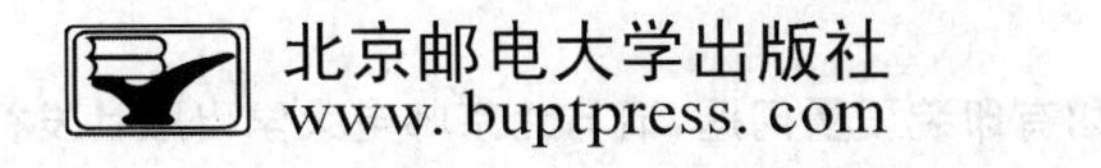

内容简介

本书以现代流行的操作系统 Windows Server 2008、Red Hat Enterprise Linux 6.0 为例，介绍了现代操作系统的管理和网络服务器的搭建。全书共分 14 章，涉及磁盘管理，文件系统管理，用户和组的管理，活动目录管理，Linux 系统管理，Linux 文件共享服务，Windows Server 2008 和 RHEL6 下的 DNS 服务器、DHCP服务器、Web 服务器、FTP 服务器、邮件服务器的安装、配置与管理，以及操作系统安全管理等内容。本书内容丰富，涵盖常用系统管理的大部分内容和重要的网络服务器的架设。在介绍网络服务器的配置时，注重比较不同操作系统下的异同。本书在注重原理的同时，结合典型的配置实例，使读者对服务的原理与管理有更深入的理解和学习。

本书既可以作为高等院校、职业学校计算机、网络等相关专业的网络操作系统、网络服务配置等课程的教材，也可作为网络管理员、系统管理员等 IT 技术人员的技术参考资料。

图书在版编目(CIP)数据

现代操作系统与网络服务管理 / 廉文娟，花嵘，曾庆田编著. --北京：北京邮电大学出版社，2014.3
ISBN 978-7-5635-3841-6

Ⅰ. ①现… Ⅱ. ①廉… ②花… ③曾… Ⅲ. ①操作系统②网络服务器 Ⅳ. ①TP316②TP368.5

中国版本图书馆 CIP 数据核字(2013)第 317574 号

书　　名：现代操作系统与网络服务管理
著作责任者：廉文娟　花嵘　曾庆田　编著
责 任 编 辑：陈岚岚　张珊珊
出 版 发 行：北京邮电大学出版社
社　　址：北京市海淀区西土城路 10 号(邮编：100876)
发 行 部：电话：010-62282185　传真：010-62283578
E-mail：publish@bupt.edu.cn
经　　销：各地新华书店
印　　刷：北京源海印刷有限责任公司
开　　本：787 mm×1 092 mm　1/16
印　　张：22.75
字　　数：578 千字
版　　次：2014 年 3 月第 1 版　2014 年 3 月第 1 次印刷

ISBN 978-7-5635-3841-6　　定　价：46.00 元

·如有印装质量问题，请与北京邮电大学出版社发行部联系·

前　言

编者廉文娟等曾于2008年出版《网络操作系统》，涉及Windows 2000 Server和Red Hat Linux 9.0平台下操作系统的管理、服务器的搭建等内容。此书推出后受到许多高等院校、职业院校中网络操作系统、网络服务配置等相关课程教师的欢迎，也得到网络管理、系统管理等IT技术人员的认可。然而计算机技术，尤其是操作系统的发展迅速，现代流行的操作系统，如Windows系列由Windows 2000 Server、Windows Server 2003取代为Windows Server 2008、Windows Server 2012，而Linux系统也由Red Hat 9.0发展为RHEL6或更高版本。因此，在操作系统管理、服务器配置等方面对高等院校、职业院校的在校学生以及IT人员都提出了更高的要求。作者在多年教学与项目经验的基础上，总结《网络操作系统》使用过程中的优势和不足，广泛与各高校一线教师交流，对内容重新梳理、精心挑选并及时更新，推出此书以飨读者。

本书基于Windows Server 2008、Red Hat Enterprise Linux 6.0这两个操作系统，从实用的角度出发，由浅入深，对现代流行操作系统的重要概念、系统管理重要操作、网络服务器的架设等内容进行了系统而全面的介绍。在本书的安排中，一方面注重比较这两种网络操作系统的异同，另一方面在注重原理的同时突出实用性强、操作性强的特点。例如，在介绍网络服务配置的相关章节，首先从基本概念和原理入手，接下来介绍图形界面的配置与管理，使读者有一个基本的理解与直观的认识，重点是结合图形界面深入分析相应的服务配置文件，力图使读者对操作系统的管理与服务器的架设有更深的理解和把握。此外，本书摒弃了一些简单的图形配置界面，增加了更多的Linux命令、操作系统安全等内容，力图在有限的篇幅内给读者提供更丰富、实用的内容。

本书内容丰富、适用性强，作为本科生教材，可根据具体情况对各章节有所侧重。本书配有电子教案，如有需要可发邮件至wenjuan.lian@126.com。此外，读者在使用本书时所遇到的问题，或对本书的一些意见与建议，也欢迎来信切磋与指教。

编　者

2013年11月

目　录

第1章　操作系统与网络服务概述

1.1　操作系统概述

1.1.1　操作系统的概念与分类

操作系统(Operating System)并不是与计算机硬件一起诞生的,它是在人们使用计算机的过程中,为了满足两大需求(即提高资源利用率、增强计算机系统性能),伴随着计算机技术本身及其应用的日益发展,而逐步地形成和完善起来的。

早期出现的是联机批处理系统,即作业的输入/输出由CPU来处理。为克服与缓解高速主机与慢速外设的矛盾,提高CPU的利用率,又引入了脱机批处理系统,即输入/输出脱离主机控制。20世纪60年代中期,在前述的批处理系统中,引入多道程序设计技术后形成多道批处理系统。而随后出现的分时技术把处理机的运行时间分成很短的时间片,按时间片轮流把处理机分配给各联机作业使用。虽然多道批处理系统和分时系统能获得较令人满意的资源利用率和系统响应时间,但却不能满足实时控制与实时信息处理两个应用领域的需求,后来就产生了实时系统,即系统能够及时响应随机发生的外部事件,并在严格的时间范围内完成对该事件的处理。进入20世纪80年代,迎来了个人计算机的时代,同时又向计算机网络、分布式处理、巨型计算机和智能化方向发展。于是,操作系统有了进一步的发展,例如,个人计算机操作系统、网络操作系统、分布式操作系统等。

分布式操作系统是为分布计算系统配置的操作系统。大量的计算机通过网络被连接在一起,可以获得极高的运算能力及广泛的数据共享。它在资源管理、通信控制和操作系统的结构等方面都与其他操作系统有较大的区别。由于分布计算机系统的资源分布于系统的不同计算机上,操作系统对用户的资源需求不能像一般的操作系统那样等待有资源时直接分配的简单做法,而是要在系统的各台计算机上搜索,找到所需资源后才可进行分配。对于有些资源,如具有多个副本的文件,还必须考虑一致性。所谓一致性是指若干个用户对同一个文件同时读出的数据是一致的。为了保证一致性,操作系统须控制文件的读、写操作,使得多个用户可同时读一个文件,而任一时刻最多只能有一个用户在修改文件。

网络操作系统是基于计算机网络在各种计算机操作系统上按网络体系结构协议标准开发的软件,包括网络管理、通信、安全、资源共享和各种网络应用。网络操作系统可以理解为网络用户与计算机网络之间的接口,除了管理计算机的软件和硬件资源,具备单机操作系统所有的功能外,还具有向网络计算机提供网络通信和网络资源共享功能的操作系统,能够为网络用户提供各种网络服务。其目标是相互通信及资源共享,其主要特点是与网络的硬件相结合来完成网络的通信任务。

目前的操作系统种类繁多,很难用单一标准统一分类。根据应用领域来划分,可分为桌面操作系统、服务器操作系统、主机操作系统、嵌入式操作系统;根据所支持的用户数目,可分为单用户(MSDOS、OS/2)、多用户系统(UNIX、MVS、Windows);根据源码开放程度,可分为开源操作系统(Linux、Chrome OS)和不开源操作系统(Windows、Mac OS)。

虽然不同操作系统的优势和侧重点不同,但作为一种系统软件,操作系统的主要功能是管理计算机系统的全部软硬件资源,对程序的执行进行控制,使用户能够方便地使用硬件提供的计算机功能,使硬件的功能发挥得更好。

1.1.2 现代操作系统的基本功能

现代操作系统的基本任务是用统一的方法管理各主机之间的通信和共享资源的利用,现代操作系统一般具有以下基本功能。

1. 网络通信

这是网络最基本的功能,其任务是在源主机和目标主机之间,实现无差错的、透明的数据传输,它能完成以下主要功能。

- 建立和拆除通信链路:为通信双方建立一条暂时性的通信链路。
- 传输控制:对传输中的分组进行路由选择和流量控制。
- 差错控制:对传输过程中的数据进行差错检测和纠正等。

通常,这些功能由链路层、网络层和传输层硬件以及相应的网络软件共同完成。

2. 资源管理

采用有效的方法统一管理网络中的共享资源(硬件和软件),协调各用户对共享资源的使用,保证数据的安全性和一致性,使用户在访问远程共享资源时能像访问本地资源一样方便。

3. 网络服务与管理

在前两个功能的基础上,向用户提供多种有效的网络服务。如电子邮件服务、远程访问服务、Web服务、文件传输服务以及共享打印服务等。

网络管理最主要的任务是安全管理,主要反映在通过“存取控制”来确保数据的安全性,通过“容错技术”来保证系统故障时数据的可靠性。此外,还包括对网络设备故障进行检测、对使用情况进行统计等。

4. 互操作

互操作就是把若干相同或不同的设备和网络互联,用户可以透明地访问各服务点、主机,以实现更大范围的用户通信和资源共享。

5. 提供网络接口

向用户提供一组方便有效的、统一的、获取网络服务的接口以改善用户界面,如命令接口、菜单、窗口等。

现代操作系统要处理资源的最大共享及资源共享的受限性之间的矛盾。一方面要能够提供用户所需要的资源及其对资源的操作、使用,为用户提供一个透明的网络;另一方面要对网络资源有一个完善的管理,对各个等级的用户授予不同的操作使用权限,保证在一个开放的、无序的网络里,数据能够有效、可靠、安全地被用户使用。

1.1.3 现代操作系统的特征

现代操作系统具有操作系统的基本特征，例如，并发性，包括多任务、多进程、多线程；共享性，即资源的互斥访问、同时访问；虚拟性，把一个物理上的对象变成多个逻辑意义的对象。现代操作系统还具有以下特征。

1. 硬件独立性

网络操作系统应独立于具体的硬件平台，支持多平台，即系统应该可以运行于各种硬件平台之上。如既可以运行于基于 X86 的 Intel 系统，还可以运行于基于 RISC 精简指令集的系统，如 DEC Alpha、MIPS R4000 等。用户做系统迁移时，可以直接将基于 Intel 系统的机器平滑转移到 RISC 系列主机上，不必修改系统。为此，Microsoft 提出了 HAL(硬件抽象层)的概念。HAL 与具体的硬件平台无关，改变硬件平台，毋须作别的变动，只要改换其 HAL，系统就可以作平稳转换。

2. 网络特性

能够连接不同的网络，提供必要的网络连接支持；能够支持各种网络协议和网络服务；具有网络管理的工具软件，能够方便地完成网络的管理。

3. 安全性

能够进行系统安全性保护和各类用户的存取权限控制；能够对用户资源进行控制，提供用户对网络的访问方法。

1.2 操作系统的体系结构

一个操作系统可以在概念上分成两部分：内核(Kernel)和壳(Shell)。有些操作系统的内核与壳是完全分开的(如 UNIX、Linux 等)，这样用户就可以在一个内核上使用不同的壳；而有的操作系统的内核与壳关系紧密(如 Windows)，内核及壳只是操作层次上不同而已。

内核是操作系统的核心。它是在计算机启动时装入内存的相对较小的一段代码，负责管理系统的进程、内存、设备驱动程序、文件和网络系统，决定着系统的性能和稳定性。在 Windows 系统中，文件名包含“kernel”或“kern”，如 kernel32. dll 的文件由操作系统内核使用。在 UNIX 和 Linux 系统中，存在一个名为“kernel”的文件。在有些情况下，内核代码必须进行自定义和编译。如果这个文件被损坏，系统将不再工作。内核作为操作系统中最基本的部分，为众多应用程序提供了对计算机硬件的安全访问，并且决定一个程序在什么时候对某部分硬件操作多长时间，当然这种访问是有限的。因为直接对硬件操作是非常复杂的，所以内核通过硬件抽象的方法来完成这些操作。硬件抽象隐藏了复杂性，为应用软件和硬件提供了一个简洁、统一的接口，使程序设计更为简单。

壳程序(又称 Shell)包裹了与硬件直接交流的内核。Shell 为用户提供使用操作系统的接口，是命令语言、命令解释程序及程序设计语言的统称。Shell 拥有自己内建的 Shell 命令集，Shell 也能被系统中其他应用程序调用。用户在提示符下输入的命令都由 Shell 先解释然后传给内核。Shell 程序设计语言是一个解释型的程序设计语言，支持绝大多数在高级语言中能见到的程序元素，如函数、变量、数组和程序控制结构等。

1．Windows 2000 的体系结构

Windows 2000 是模块化的操作系统，它由小型的、独立的软件组件组成，这些组件共同工作，来执行操作系统的任务。Windows 2000 包括一组对象，它们分成两个主要的层：用户模式和内核模式。

用户模式层由一组组件组成，这些组件称为子系统。子系统有两类：环境子系统和整体子系统。通过 I/O 系统服务，子系统将 I/O 请求传送到适当的内核模式驱动程序。该子系统将与内核模式组件有关的必要信息与其最终用户和应用程序隔离开来，使最终用户和应用程序不必知道有关内核模式组件的任何事情。

内核模式层有权力访问系统数据和硬件。内核模式能直接访问内存，并在被保护的内存区域中执行。内核模式层的主要组件是执行体（Executive）、硬件抽象层（HAL）和内核模式驱动程序。Executive 实现大多数的 I/O 和对象管理，包括安全性。HAL 隐藏硬件接口细节，并处理 I/O 接口，中断控制器和多处理器的通信机制。内核模式驱动程序有 3 种：最高层驱动程序、中间驱动程序和最低层驱动程序。内核模式驱动程序具有明确定义的功能集合，它被作为离散的、模块化的组件而实现。

2．UNIX 系统结构

UNIX 分成用户层、核心层和硬件层 3 个层次。库函数只有通过系统调用才能进入操作系统。库函数和系统调用的接口代表用户程序和核心层之间的界线。UNIX System V 系统的结构如图 1-1 所示。

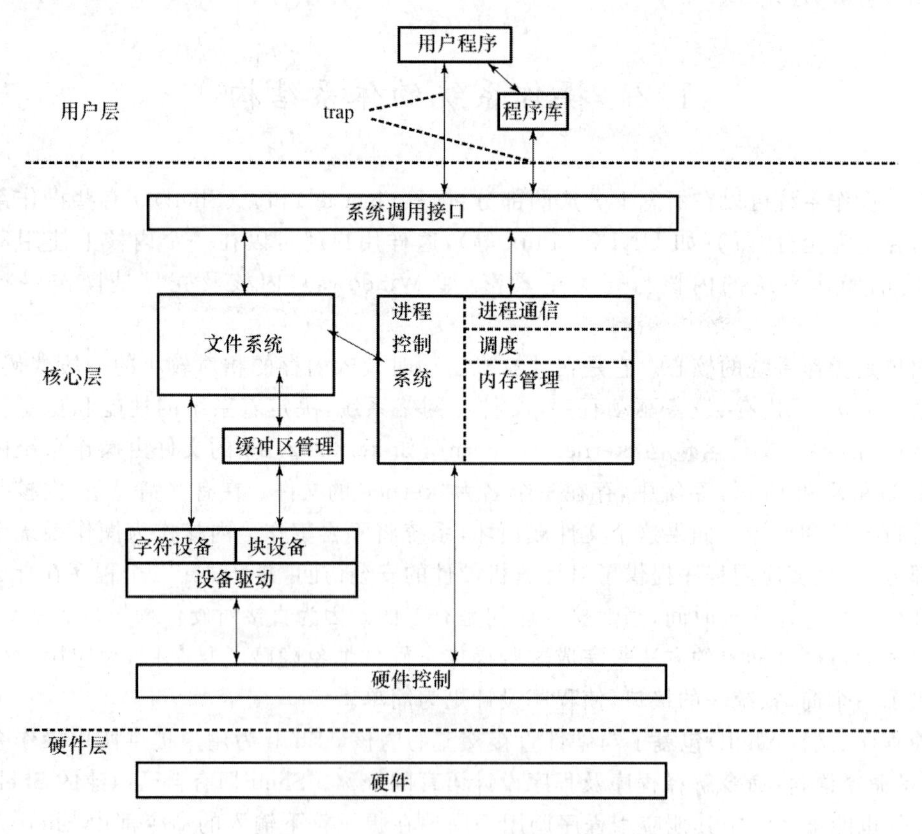

图 1-1　UNIX System V 内核的结构

从图 1-1 中看出，UNIX 核心可分为左、右两大部分：左边是文件系统部分，右边是进程控制系统部分。文件系统部分涉及操作系统中各种信息的保存，通常都是以文件形式存放的，它相当于核心的“静态”部分。进程控制系统部分涉及操作系统中各种活动的调度和管理，通常以进程形式展现其生命活力，相当于核心的“动态”部分。“静态”和“动态”两部分存在着密切联系。

3. Linux 系统结构

由于 Linux 是 UNIX 发展的一个分支，所以二者的体系结构有很多相似之处，与 UNIX 系统类似，Linux 系统大致可分为 3 层：靠近硬件的底层是内核，即 Linux 操作系统常驻内存部分；中间层是内核之外的 Shell 层，亦即操作系统的系统程序部分；最高层是应用层，即用户程序部分，包括各种正文处理程序、语言编译程序以及游戏程序等。

内核是 Linux 操作系统的主要部分，它实现进程管理、内存管理、文件系统、设备驱动和网络系统等功能，为核外的所有程序提供运行环境。从结构上看，Linux 操作系统是采用单块结构的操作系统。也就是说，所有的内核系统功能都包含在一个大型的内核软件之中。当然，Linux 系统也支持可动态装载和卸载的模块。利用这些模块，可以方便地在内核中添加新的组件或卸载不再需要的内核组件。Linux 内核结构的框图如图 1-2 所示。

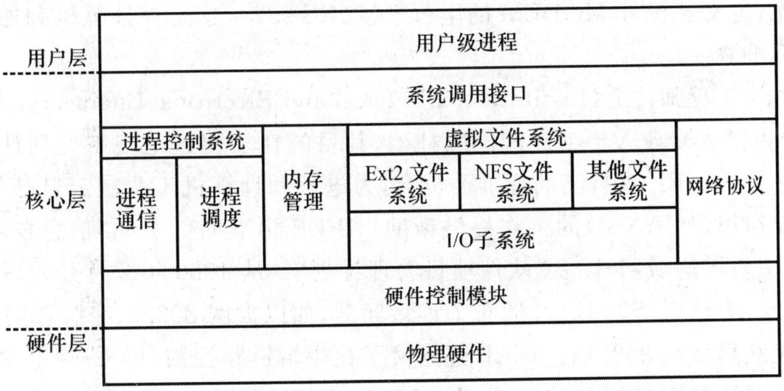

用户层
用户级进程
系统调用接口
核心层
进程控制系统
进程通信
进程调度
内存管理
虚拟文件系统
Ext2 文件系统
NFS文件系统
其他文件系统
I/O子系统
网络协议
硬件控制模块
硬件层
物理硬件

图 1-2　Linux 系统核心框图

图 1-2 展示出 3 个层次：用户层、核心层和硬件层。一般说来，可以将操作系统划分为内核和系统程序两部分。系统程序及其他所有的程序都在内核之上运行，内核之外的所有程序必须通过系统调用才能进入操作系统的内核。系统调用看起来像 C 程序中的普通函数调用。所有运行在内核之上的程序可分为系统程序和用户程序两大类，但它们统统运行在“用户模式”之下。核心底层的硬件控制模块负责处理中断及与机器通信。外部设备（如磁盘或终端等）在完成某个工作或遇到某种事件时会中断 CPU 执行，由中断处理系统进行相应的分析、处理，处理之后再恢复被中断进程的执行。

1.3　网络协议与工作模式

1.3.1　网络标准与协议

所谓标准即是文档化的协议中包含推动某一特定产品或服务应如何被设计或实施的技

术规范或其他严谨标准。通过标准,不同的生产厂商可以确保产品、生产过程以及服务适合他们的目的。由于目前网络界所使用的硬件、软件种类繁多,标准尤其重要。如果没有标准,可能由于一种硬件不能与另一种兼容,或者因一个软件应用程序不能与另一个通信而不能进行网络设计。由于计算机工业发展迅速,许多不同的组织都开发自己的标准。在一些情况下,多个组织负责网络的某个方面。例如,ANSI 和 ITU 均负责 ISDN(综合业务数字网)通信标准,而 ANSI 制定接收一个 ISDN 连接所需要的硬件种类,ITU 判定如何使 ISDN 链接的数据以正确序列到达用户。下面介绍几个重要组织及其制定的标准。

美国国家标准协会(American National Standards Institute,ANSI)是由一千多名来自工业界和政府的代表组成的组织,负责制定电子工业的标准,此外也制定其他行业(如化学和核工程、健康和安全以及建筑行业)的标准。ANSI 为包括以太网和令牌环网在内的 LAN 的技术标准做出了贡献。

电子工业联盟(Electronic Industries Association,EIA)是一个商业组织,其代表来自全美各电子制造公司。该组织不仅为自己的成员设定标准,还帮助制定 ANSI 标准,并促使建立更有利于计算机和电子工业发展的立法。EIA 包括电信工业协会(TIA)、用户电子生产商协会(CEMA)、联合电子设备工程委员会(JEDEC)等几个下属组织。EIA 支持一个巨大的技术标准库,定义了拨号 MODEM 的串行连接(RS-232),这是在计算机和通信设备之间定义接口的标准之一。

电气和电子工程师协会(Institute of Electrical and Electronic Engineers,IEEE,或称为 I-3-E)是一个由工程专业人士组成的国际社团,其目的在于促进电气工程和计算机科学领域的发展和教育。IEEE 有自己的标准委员会,为电子和计算机工业制定自己的标准,并对其他标准制定组织(如 ANSI)的工作提供帮助。IEEE 标准的例子如“信息技术 2000 年测试方法”、“虚拟桥接局域网”以及“软件项目管理计划”。从 1980 年 2 月开始,IEEE 通过它的“802”工作组,为最广泛的 LAN 颁布了许多标准,如以太网 802.3、令牌环网 802.5、光纤网 802.8 和无线局域网 802.11。IEEE 还定义了在逻辑链路控制(LLC)规范中为不同的局域网类型提供差错和流量控制的标准,即 802.2。IEEE LAN 标准是今天所用 LAN 的核心,不同制造厂商只要遵循 IEEE 的标准设备(如网络接口卡),就可以在同一个 LAN 进行互操作。

国际电信联盟(International Telecommunications Union,ITU)是联合国特有的管理国际电信的机构,它管理无线电和电视频率、卫星和电话的规范、网络基础设施等。通常 ITU 文档中有关全球电信问题的内容比工业技术规范多。国际电信联盟制定了调制解调器的标准(V.nn 系列)、分组交换网络(X.25)、目录服务(X.500)、电子消息(X.400)、拨号设备(ISDN)以及许多其他的有关广域网(WAN)的技术标准。在美国的支持下,ITU 通过它的国际电话与电报顾问委员会(Consultative Committee for International Telegraph and Telephone,CCITT)发展和维护了这些标准。

国际标准化组织(ISO)是一个代表了 130 个国家的标准组织的集体,其总部设在瑞士的日内瓦。ISO 的目标是制定国际技术标准以促进全球信息交换和无障碍贸易。在 20 世纪 80 年代早期,ISO 即开始致力于制定一套普遍适用的规范集合,以使得全球范围的计算机平台可进行开放式通信。ISO 创建了一个有助于开发和理解计算机的通信模型,即开放系统互连(OSI)模型。OSI 模型将网络结构划分为七层:即物理层、数据链路层、网络层、传输层、会话层、表示层和应用层。每一层均有自己的一套功能集,并与紧邻的上层和下层交互作用。

所谓协议定义了两个或多个系统之间为完成给定任务而进行的受控消息交换的顺序以及被交换消息的格式或布局。一系列的协议以协调的方式实现特定功能,组成协议族。常用的联网协议如 TCP/IP、NetBIOS、NetBEUI、IPX/SPX、AppleTalk。

传输控制协议/网际协议(Transmission Control Protocol/Internet Protocol,TCP/IP)是目前世界上应用最广泛的协议,已经成为网络协议的代名词。TCP/IP 最初是为互联网的原型 ARPANET 所设计的,目的是提供一整套方便实用、能应用于多种网络上的协议。它使网络互联变得容易起来,并且使越来越多的网络加入其中。TCP/IP 协议有很强的灵活性,可支持任意规模的网络。在安装完成 TCP/IP 协议后,在使其能够正常工作之前,还需要进行一系列的设置,如 IP 地址、子网掩码、网关、DNS 等。TCP/IP 模型共分为 4 层:应用层、传输层、网络层和数据链路层。应用层是所有用户所面向的应用程序的统称。传输层的功能主要是提供应用程序间的通信。网络层是 TCP/IP 协议族中非常关键的一层,主要定义了 IP 地址格式,从而能够使得不同应用类型的数据在 Internet 上通畅地传输。网络接口层是 TCP/IP 软件的最底层,负责接收 IP 数据包并通过网络发送,或者从网络上接收物理帧,抽出 IP 数据包,交给 IP 层。

网络基本输入输出系统(Network Basic Input/Output System,NetBIOS)是 1983 年 IBM 开发的一套网络标准,微软在此基础上继续开发。微软的客户机/服务器网络系统都是基于 NetBIOS 的。Microsoft 网络在 Windows 操作系统中利用 NetBIOS 完成大量的内部联网。它还为许多其他协议提供了标准界面。应用程序通过标准的 NetBIOS API 调用,实现 NetBIOS 命令和数据在各种协议中传输。NetBIOS 接口是为 NetBEUI、NWLink、TCP/IP 及其他协议而写的,应用程序不需要关心哪个协议提供传输服务,因为这些协议都支持 NetBIOS API,所以都提供了建立会话和启动广播的功能。NetBIOS API 是为局域网开发的,现已发展为标准接口。无论是在面向连接或面向非连接的通信中,应用程序都可用它访问传输层联网协议。NetBIOS 是一个不可路由的协议,适用于广播式网络,没有透明网桥是不能跨网段的。

网络基本输入/输出系统扩展用户接口(NetBIOS Extended User Interface,NetBEUI)协议是 1985 年由 IBM 公司开发完成的,它是一个小巧而高效的协议。它由网络基本输入/输出系统(NetBIOS)、服务器消息块(SMB)和帧传输协议(NetBIOS)三部分组成。后来,微软公司在它各个档次的操作系统上都内置了这种 NetBEUI 协议,例如,DOS、Windows 3. X、Windows 9X/Me、Windows NT Server/Workstation 以及 Windows 2000 等。NetBEUI 协议专门为不超过 100 台 PC 所组成单网段部门级小型 LAN 而设计的。它不具有跨网段工作的能力,即 NetBEUI 协议不具备路由功能,NetBEUI 协议的协议数据单元不能通过路由器。NetBEUI 缺乏路由和网络层寻址功能,既是其优点,也是其最大的缺点。因为它不需要附加的网络地址和网络层头尾,所以速度快并且很有效,然而,仅适用于只有单个网络或整个环境都桥接起来的小工作组环境。

IPX/SPX 协议是 Novell 公司的通信协议集。IPX/SPX 协议在设计之初就考虑了多个网段问题,具有很强的路由功能,适合于大型网络的使用。Windows NT 为能与 NetWare 服务器相连,提供了一个叫“NWLink IPX/SPX”的兼容协议。NWLink 协议是 Novell 公司 IPX/SPX 协议在微软网络产品中的实现,它除了继承 IPX/SPX 协议的优点之外,更适应了微软的操作系统和网络环境。IPX 具有完全的路由能力,可用于大型企业网。它包括 32 位网络地址,在单个环境中允许有多路由网络。IPX 的可扩展性受到其高层广播通信和高开销的限制。服务广告协议(Service Advertising Protocol,SAP)将路由网络中的主机数限制为几千个。尽管 SAP 的局限性已经被智能路由器和服务器配置所克服,但大规模 IPX 网络的管理员仍是非常困难的工作。

就像 Novell 一样,苹果公司为 Macintosh 计算机联网开发了自己的专有协议组 AppleTalk。虽然用户仍使用 AppleTalk 互连他们的系统,但正如其他公司过渡到使用 TCP/IP 一样,苹果公司现在支持公共的联网标准,关键的 AppleTalk 协议有 AppleTalk 文件归档协议(AFP)、数据流协议(ADSP)等。

1.3.2 网络工作模式

网络工作模式主要有以下两种:对等式网络、客户机/服务器模式。

1. 对等式网络

在对等式网络结构中,没有专用的服务器,每一个节点之间的地位相同,因此,对等网也常常被称为工作组。对等网一般常采用星型拓扑结构,最简单的对等网就是使用双绞线直接相连的两台计算机。在对等网络中,计算机的数量通常不会超过 10 台,网络结构相对比较简单。

对等网除了共享文件之外,还可以共享打印机以及其他网络设备。因为对等网不需要专门的服务器来支持网络,也不需要其他组件来提高网络的性能,因而对等网络的价格相对其他模式的网络来说要便宜很多。当然它的缺点也是非常明显的,那就是提供较少的服务功能,并且难以确定文件的位置,使得整个网络难以管理。

2. 客户机/服务器模式

在网络中更常见的是采用客户机/服务器模式,即 Client/Server 或简称 C/S 模式。Server 是提供服务的逻辑进程,它可以是一个进程,也可以由多个分布进程所组成。向 Server 请求服务的进程称为该服务的 Client。Client 和 Server 可以在同一机器上,也可以在不同的机器上。一个 Server 可以同时是另一个 Server 的 Client,并向后者请求服务。

浏览器/服务器(Browser/Server,B/S)是一种特殊形式的 C/S 模式,在这种模式中客户端为一种特殊的专用软件——浏览器。这种模式下由于对客户端的要求很少,不需要另外安装附加软件,在通用性和易维护性上具有突出的优点。这也是目前各种网络应用提供基于 Web 的管理方式的原因。在 B/S 模式中,往往在浏览器和服务器之间加入中间件,构成浏览器-中间件-服务器结构。

1.4 现代操作系统分类

1.4.1 Windows 系列

从最初的 Windows 1.0 到大家熟知的 Windows 95、NT、97、98、2000、Me、XP、Server、Vista,微软的 Windows 操作系统在不断升级,从 16 位、32 位到 64 位操作系统,Windows 各种版本持续更新。表 1-1 给出了 Windows 家族的产品。

表 1-1　Windows 家族产品

早期版本	For DOS	• Windows 1.0(1985)　• Windows 2.0(1987) • Windows 2.1(1988)　• Windows 3.0(1990) • Windows 3.1(1992)　• Windows 3.2(1994)
	Win 9x	• Windows 95(1995)　• Windows 98(1998) • Windows 98 SE(1999)　• Windows Me(2000)
NT 系列	早期版本	• Windows NT 3.1(1993)　• Windows NT 3.5(1994) • Windows NT 3.51(1995)　• Windows NT 4.0(1996) • Windows 2000(2000)
	客户端	• Windows XP(2001)　• Windows Vista(2005) • Windows 7(2009)　• Windows 8(2011)
	服务器	• Windows Server 2003(2003)　• Windows Server 2008(2008) • Windows Home Server(2008)　• Windows HPC Server 2008(2010) • Windows Small Business Server(2011) • Windows Essential Business Server
	特别版本	• Windows PE　• Windows Azure • Windows Fundamentals for Legacy PCs

下面给出服务器端产品 Windows Server 2008 与 Windows Server 2008 R2 的介绍。

Windows Server 2008 发行了多种版本，以支持各种规模的企业对服务器不断变化的需求。Windows Server 2008 有 5 种不同版本，另外还有 3 个不支持 Windows Server Hyper-V技术的版本，因此总共有 8 种版本。

Windows Server 2008 Standard 是迄今最稳固的 Windows Server 操作系统，其内置的强化 Web 和虚拟化功能，是专为增加服务器基础架构的可靠性和弹性而设计，亦可节省时间及降低成本。利用功能强大的工具，拥有更好的服务器控制能力和简化的管理工作；而增强的安全性功能则可强化操作系统，以协助保护数据和网络。

Windows Server 2008 Enterprise 可提供企业级的平台，部署企业关键应用。其所具备的群集和热添加(Hot-Add)处理器功能，可协助改善可用性，而整合的身份管理功能，可协助改善安全性，利用虚拟化授权权限整合应用程序，则可减少基础架构的成本，因此，Windows Server 2008 Enterprise 能为高度动态、可扩充的 IT 基础架构，提供良好的基础。

Windows Server 2008 Datacenter 所提供的企业级平台，可在小型和大型服务器上部署企业关键应用及大规模的虚拟化。其所具备的群集和动态硬件分割功能，可改善可用性，而通过无限制的虚拟化许可授权来巩固应用，可减少基础架构的成本。此外，此版本亦可支持 2 到 64 颗处理器，因此 Windows Server 2008 Datacenter 能够提供良好的基础，用以建立企业级虚拟化和扩充解决方案。

Windows Web Server 2008 是特别为单一用途 Web 服务器而设计的系统，而且是建立在下一代 Windows Server 2008 和 Web 基础架构功能的基础上，其整合了重新设计架构的 IIS7、ASP.NET 和 Microsoft.NET Framework，以便提供任何企业快速部署网页、网站、Web 应用程序和 Web 服务。

Windows Server 2008 for Itanium-Based Systems 已针对大型数据库、各种企业和自订

应用程序进行优化，可提供高可用性和多达64颗处理器的可扩充性，能符合高要求且具关键性的解决方案的需求。

Windows HPC Server 2008是下一代高性能计算(HPC)平台，可提供企业级的工具给高生产力的HPC环境，由于其建立在Windows Server 2008及64位元技术上，因此可有效地扩充至数以千计的处理器，并可提供集中管理控制台，主动监督和维护系统健康状况及稳定性。其所具备的灵活的作业调度功能，可让Windows和Linux的HPC平台间进行整合，也可支持批量作业以及服务导向架构(SOA)工作负载，同时，增强的生产力、可扩充的性能以及易用性等特点，可使Windows HPC Server 2008成为同级中最佳的Windows环境。

另外还有3个不支持Windows Server Hyper-V技术的版本分别是Windows Server 2008 Standard without Hyper-V、Windows Server 2008 Enterprise without Hyper-V以及Windows Server 2008 Datacenter without Hyper-V。

Windows Server 2008的优势主要体现在以下几个方面。

(1) 易于构架：对于绝大多数网络管理员来讲，熟悉Windows操作界面，无须重新熟悉新操作系统的管理命令、界面以及操作。

(2) 易于管理：利用Windows Sever 2008的活动目录、管理控制台，可以实现全网所有资源的统一管理。即在一台服务器或一台客户机上可以管理本地和远程的所有资源。

(3) 丰富的服务：Windows Sever 2008本身内置提供DNS、Web、FTP、RAS、WINS备份等功能齐全的网络服务。

(4) 应用软件的支持：微软拥有自己的产品，容易与Windows Server 2008兼容的第三方应用系统也很丰富，用户可以灵活选择。

(5) 稳定性：从Windows 2000 Server到Windows Server 2008，微软对操作系统做了大量的完善和改进，使其具有良好的稳定特性。

(6) 安全性：Windows Server 2008环境具有更完善、更深层次的安全管理，包括文件夹权限管理、用户、域的组织等。

Windows Server 2008 R2完全建立于X64平台，也是微软首款只具有64位版本的操作系统。Windows Server 2008 R2以Windows Server 2008为基础，对现有技术进行了扩展并且增加了新的功能，使IT专业人员能够增强其组织的服务器基础结构的可靠性和灵活性。新的虚拟化工具、Web资源、管理增强功能以及Windows 7集成有助于组织节省时间、降低成本，并为动态和高效的托管数据中心提供了平台。Internet信息服务(IIS)7.5版、已更新的服务器管理器和Hyper-V平台以及Windows PowerShell 2.0版这些功能强大的工具的组合，将为客户提供更强的控制、更高的效率以及更快地响应业务需求的能力。

1.4.2 UNIX系列

1. UNIX的发展

UNIX的发展可以分为两个阶段。

第一阶段为UNIX的初始发展阶段。UNIX最早由肯·汤普森(Ken Thompson)和丹尼斯·利奇(Dennis Ritchie)于1969年在AT&T的贝尔实验室开发。UNIX最初是用汇编语言编写的，一些应用则是由称为B语言的解释型语言和汇编语言混合编写的。此后的10年，UNIX在学术机构和大型企业中得到了广泛的应用。当时的UNIX拥有者AT&T公司以低廉甚至免费的许可将UNIX源码授权给学术机构做研究或教学之用，许多机构在此源码基础上加以扩充和改进,形成了所谓的 UNIX"变种(Variations)",这些变种反过来也促进了 UNIX 的发展,其中最著名的变种之一是由加州大学 Berkeley 分校开发的 BSD 产品。BSD 在发展中也逐渐衍生出 3 个主要的分支:FreeBSD、OpenBSD 和 NetBSD。此后的几十年中,UNIX 仍在不断变化,其版权所有者不断变更,授权者的数量也在增加。有很多大公司在取得了 UNIX 的授权之后,开发了自己的 UNIX 产品。由于 B 语言在进行系统编程时不够强大,所以 Thompson 和 Ritchie 对其进行了改造,并于 1971 年共同发明了 C 语言。1973 年 Thompson 和 Ritchie 用 C 语言重写了 UNIX。用 C 语言编写的 UNIX 代码简洁紧凑、易移植、易读且易修改,为此后 UNIX 的发展奠定了坚实基础。

第二阶段为 20 世纪 80 年代,这是 UNIX 的丰富发展时期,在 UNIX 发展到了版本 6 之后,一方面 AT&T 继续发展内部使用的 UNIX 版本 7,同时也发展了一个对外发行的版本,但改用 System 加罗马字母作版本号来称呼它。1982 年,AT&T 基于版本 7 开发了 UNIX System Ⅲ的第一个版本,这是一个商业版本仅供出售。为了解决混乱的 UNIX 版本情况,AT&T 综合了其他大学和公司开发的各种 UNIX,开发了 UNIX System Ⅴ Release 1。System Ⅲ和 System Ⅴ都是相当重要的 UNIX 版本。这个新的 UNIX 商业发布版本不再包含源代码,所以加州大学 Berkeley 分校继续开发 BSD UNIX,作为 UNIX System Ⅲ和Ⅴ的替代选择。BSD 对 UNIX 最重要的贡献之一是 TCP/IP。从 4.2BSD 中也派生出了多种商业 UNIX 版本,如 IBM 的 AIX、HP 的 HP-UX、SUN 的 Solaris 和 SGI 的 IRIX 等。表1-2 列出了不同的 UNIX 版本。

表 1-2 UNIX 版本

UNIX 版本	公司/机构	更多信息
AIX	IBM 公司	http://www.rs6000.ibm.com/software/
BSD/OS	伯克利软件设计公司	http://www.bsdi.com
Debian GNU/Linux	Public Interest 公司软件部	http://www.debian.org
FreeBSD	Free BSD 小组	http://www.freebsd.org
HP-UX	惠普公司	http://www.hp.com/UNIXwork/hpux/
Mac OS X Server	苹果公司	http://www.apple.com/macosx/
OpenBSD	OpenBSD 小组	http://www.openbsd.org
OpenLinux	Caldera Systems 公司	http://www.calderasystems.com

2. UNIX 操作系统的功能特性

UNIX 是一个功能强大的多用户、多任务操作系统,支持多种处理器架构,技术成熟、可靠性高,网络和数据库功能强,伸缩性突出以及开放性好。其突出特点主要有如下方面。

(1) 系统安全、稳定

UNIX 在安全性和稳定性等方面都有非常突出的表现,使用 UNIX 的服务器很少出现死机、系统瘫痪等现象。UNIX 采取许多安全技术措施,它对文件和目录权限、用户权限及数据都有非常严格的保护措施,这为网络多用户环境中的用户提供了必要的安全保障。

(2) 多用户、多任务操作系统

UNIX 是一个通用的多任务、多用户的操作系统。多用户是指系统资源可以被不同的用户各自拥有使用,每个用户对自己的资源(如文件、设备)有特定的权限且互不影响。

UNIX 支持对用户的分组,系统管理员可以将多个用户分配在同一个工作组中。多任务是指计算机同时执行多个程序,而且各个程序的运行相互独立。运行 UNIX 的计算机在同一时间能够支持多个计算机程序,其中典型的是支持多个登录的网络用户。

(3) 良好的用户界面

UNIX 向用户提供了两种界面:用户界面和系统调用。UNIX 的传统用户界面是基于文本的命令行界面,即 Shell,它既可以联机使用,也可在文件中脱机使用。Shell 有很强的程序设计能力,可以将多条命令组合在一起,形成一个 Shell 程序,这个程序可以单独运行,也可以与其他程序同时运行。UNIX 还为用户提供了图形用户界面。它利用鼠标、菜单、窗口和滚动条等设施给用户呈现一个直观、易操作的图形化界面。

(4) 设备独立性

UNIX 的设备独立性是指操作系统把文件、目录与设备统一当成文件来看待,只要安装它们的驱动程序,任何用户都可以像使用文件一样使用这些设备,而不必知道它们的具体存在形式。当需要增加新设备时,系统管理员就在内核中增加必要的连接。这种连接(也称为设备驱动程序)保证每次调用设备提供服务时,内核以相同的方式处理它们。当新的、更好的外部设备被开发并交付给用户时,操作系统允许在这些设备连接到内核后,能够不受限制地立即访问它们。设备独立性的关键在于内核的适应能力。其他操作系统只允许一定数量或一定种类的外部设备连接,而具备设备独立性的操作系统能够容纳任意种类与任意数量的设备,因为每一个设备都是通过与内核的专用连接独立地进行访问。

(5) 良好的移植性

UNIX 是一种可移植的操作系统,能够在从微型计算机到大型计算机的任何环境和任何平台上运行。

(6) 丰富的网络功能

UNIX 长盛不衰的一个重要原因,是它一开始就使用了 TCP/IP 作为主要的通信协议,从而使它与 Internet 之间最早建立了紧密的联系,体现出了自己的优势。UNIX 服务器在 Internet 服务器中占 80%以上,占绝对优势。此外,UNIX 还支持所有常用的网络通信协议,包括 NFS、IPX/SPX、SLIP、PPP 等,使得 UNIX 系统能方便地与已有的主机系统以及各种局域网和广域网相连接,这也是 UNIX 具有出色的互操作性(Interoperability)的根本原因。

当然,从应用的角度来看,UNIX 也存在一些不足。UNIX 对一般用户来说难以掌握,尤其是对没有网络安装和维护经验的用户,在短时间内掌握 UNIX 是非常困难的。因为 UNIX 系统自身非常庞大,不同功能之间的关联性很强。随着局域网操作系统的多元化,目前 UNIX 的重点是大型的高端网络应用领域,如建立 Internet 网站、组建广域网或大型局域网等,在一般的中小型局域网中没有必要使用 UNIX。

1.4.3 Linux 操作系统

1. Linux 的发展历史

Linux 的出现,最早开始于一位名叫 Linus Torvalds 的芬兰赫尔辛基大学的学生。他最初是以 MINIX(由一位名叫 Andrew Tannebaum 的计算机教授编写的一个微型 UNIX 操作系统示教程序)为开发平台,开发了第一个程序。随着程序的不断完善,他想设计一个代替 MINIX 的操作系统,这个操作系统可用于 386、486 或奔腾处理器的个人计算机上,并且具有 UNIX 操作系统的全部功能，于是开始了 Linux 雏形的设计。1993 年，Linus 的第一个“产品”Linux 1.0 问世，并且是按完全自由发行版权发行，所有的源代码公开，任何人不得从中获利。1.3 版开始 Linux 向其他硬件平台移植，2.1 版开始 Linux 走向高端，2.4.17 开始支持超线程。

2. Linux 主要特点

Linux 是全面的多任务和真正的 32 位操作系统，性能高，安全性强。Linux 是 UNIX 系统变种，因此也就具有了 UNIX 系统的一系列优良特性，此外还具有以下特点。

(1) 与 UNIX 兼容

当前，Linux 已成为具有全部 UNIX 特征，遵从 POSIX 标准的操作系统。所谓 POSIX 是可移植操作系统接口(Portable Operating System Interface)的首字母缩写，遵从此标准，则为一个 POSIX 兼容的操作系统编写的程序，可以在任何其他的 POSIX 操作系统(即使是来自另一个厂商)上编译执行。事实上，几乎所有 UNIX 的主要功能都有相应的 Linux 工具和实用程序。对于 UNIX System Ⅴ来说，其软件程序源码在 Linux 上重新编译之后就可以运行；而对于 BSD UNIX，它的可执行文件可以直接在 Linux 环境下运行。因此，Linux 实际上就是一个完整的 UNIX 类操作系统。Linux 系统上使用的命令多数都与 UNIX 命令在名称、格式、功能上相同。Linux 支持一系列的 UNIX 开发工具，几乎所有的主流程序设计语言都已移植到 Linux 上并可免费得到，如 C、C++、Fortran77、ADA、PASCAL、Modual2 和 3、Tcl/TkScheme、SmallTalk/X 等。

(2) 自由软件，源码公开

Linux 项目从一开始就与 GNU 项目紧密结合起来，它的许多重要组成部分直接来自 GNU 项目。任何人只要遵守 GPL 条款，就可以自由使用 Linux 源程序。这样就激发了世界范围内热衷于计算机事业的人们的创造力，通过 Internet，这一软件的传播和使用迅速蔓延。

(3) 便于定制和再开发

在遵从通用性公开许可证(General Public License，GPL)版权协议的条件下，各部门、企业、单位或个人可根据自己的实际需要和使用环境对 Linux 系统进行裁剪、扩充、修改，或者再开发。

3. Linux 的版本

(1) 核心版本

核心版本主要是 Linux 的内核，Linux 内核的官方版本由 Linus Torvalds 本人维护着。核心版本的序号由三部分数字构成，其形式如下：major. minor. patchlevel。其中，major 为主版本号，minor 为次版本号，二者共同构成了当前核心版本号，patchlevel 表示对当前版本的修订次数。例如，2.4.18 表示对核心 2.4 版本的第 18 次修订。根据约定，次版本号为奇数时，表示该版本加入新内容，但不一定很稳定，相当于测试版；次版本号为偶数时，表示这是一个可以使用的稳定版本。

(2) 发行版本

发行版本是各个公司推出的版本，它们与核心版本是各自独立发展的。发行版本通常内附有一个核心源码，以及很多针对不同硬件设备的核心映像，所以发行版本是一些基于 Linux 核心的软件包。目前常见的 Linux 发行版本有：Red Hat、Slackware、Debian、SuSE、Open Linux、Turbo Linux、RedFlag、Mandrake、BluePoint 等。下面是常见的发行版本介绍。

① Red Hat Linux(http://www.redhat.com)

Red Hat Linux 是由 Red Hat Software 公司发布的,是当前著名的 Linux 版本。Red Hat 问世比其他流行的 Linux 版本都要晚,但它后来居上,其核心二进制码约有 200 MB 左右。该产品支持 Intel、Alpha 和 SPARC 的很多硬件平台,有优秀的安装界面、独特的 RPM(软件包管理器)升级方式、丰富的软件包、方便的系统管理界面及详细且完整的联机文档。其独有的 RPM 模块功能使得软件的安装非常方便。

② Fedora Core

其实 Fedora Project 原来就是在 Red Hat 的基础上开发的,后来,Red Hat 宣布和 Fedora Project 联手,所以也可以把 Fedora Project 看成 Red Hat Linux 的第二品牌。现在最高的版本应该是 FC6,FC 系列延续了 Red Hat 的热潮,在中国依然是使用数量最多的一族。

③ CentOS

CentOS(Community ENTerprise Operating System)是 Linux 发行版之一,它是来自于 Red Hat Enterprise Linux 依照开放源代码规定释出的源代码所编译而成。由于出自同样的源代码,因此有些要求高度稳定性的服务器以 CentOS 替代商业版的 Red Hat Enterprise Linux 使用。两者的不同,在于 CentOS 并不包含封闭源代码软件。

④ Slackware(http://www.slackware.com)

Slackware Linux 是出现最早的 Linux 发行套件之一,其二进制码约有 120 MB 左右。它的最大特点是安装简单,目录结构清楚,版本更新快,适于做服务器。

⑤ Debian Linux(http://www.debian.org)

Debian Linux 基于标准 Linux 内核,二进制码近 400 MB,而且安装也很方便。Debian Linux 包含了数百软件包(为了方便用户使用,这些软件包都已经被编译包装为一种方便的格式,deb 包)。每一个软件包均为独立的模块单元,不依赖于任何特定的系统版本,每个人都能创建自己的软件包。Debian 也称为 GNU/Linux,与 GNU 的关系紧密,由一群志愿者进行维护和升级。Debian 主要分 3 个版本:稳定版本(stable)、测试版本(testing)、不稳定版本(unstable)。如稳定版本 Debian sarge、测试版本 Debian etch、不稳定版 Debian sid。

⑥ SuSE(http://www.suse.com)

SuSE 是德国最著名的 Linux 发行版,在全世界范围中也享有较高的声誉,SuSE Linux 以华丽的界面和极佳的易用性举世闻名。SuSE 自主开发的软件包管理系统 YaST 也大受好评。SuSE 于 2003 年年末被 Novell 收购。SuSE 9.1 是 Novell 收购 SuSE 和 Ximian 之后推出的第一个发行版。和其他任何 Linux 发行版一样,SuSE Linux 9.1 中包含了大部分开源社区中的软件以及一些非常流行的专有软件,如 Linux Kernel 2.6.4、Xfree86 4.4rc2、KDE 3.2.1、GNOME 2.4.1、Samba 3.02a、OpenOffice.org 1.1.1、Mozilla 1.6 和 FireFox 0.8、Ximian Evolution 1.4.6。

⑦ TurboLinux(http://www.turbolinux.com)

TurboLinux 公司从 1997 年夏天开始开发 Linux 操作系统,同年 12 月发售 TurboLinux 1.0 版本。主要产品有:TurboLinux Workstation(工作站,开发专用)、TurboLinux Server(服务器,网络服务专用)、TurboLinux Cluster Server(集群服务器)、TurboLinux DataServer(数据库服务器)、TurboLinux TurboHA(高可靠性集群服务器)、Enfu-

Zion(并行计算集群服务器)、TurboLinux PowerSolutions(中小企业总体解决方案)。

⑧ Red Flag(http://www.redflag-linux.com)

红旗 Linux 是由北京中科红旗软件技术有限公司开发研制的,目前主要有服务器版本和桌面版本。服务器版本在以 Intel 和 Alpha 芯片为 CPU 的平台上运行,桌面版本可以在 Intel、Pentium 及 ADM、Cryix 等 x86 兼容处理机的个人计算机上运行,其最新桌面版是5.0版。红旗 Linux 具有人性化、易用化的交互界面,采用 KDE 图形操作环境、类 Windows 的窗口界面风格和鼠标及快捷键操作方式;全程的中文信息处理平台,支持国家 GB18030 编码标准,拥有高达 27 000 汉字的矢量字库,可以进行该编码的汉字输入及打印;提供符合用户使用习惯的操作界面;提供了多种汉字输入法;集成了丰富的应用软件,包括电话拨号工具、上网浏览器、邮件客户端等网络应用软件,以及功能强大的绘图软件、图片查看工具、MP3 播放器等;具备更广泛的硬件支持能力和扩充性。

除了上述 Linux 的版本外,还有 Mandrake Linux、BluePoint Linux、冲浪 Linux 等。

4. Linux 的前景

Linux 具有可嵌入、可编程、易扩展、高性能、低耗资源、稳定性好的特征,除了在智能数字终端领域以外,Linux 在移动计算平台、智能工业控制、金融业终端系统,甚至军事领域都有着广泛的应用前景。这些 Linux 被统称为"嵌入式 Linux",它正逐渐应用于嵌入式设备。

1.5 常用的网络服务

现代操作系统除了具有单机操作系统应具有的作业管理、处理机管理、存储器管理、设备管理和文件管理外,还应具有高效、可靠的网络通信能力和多种网络服务功能。下面列出了常用的一些网络服务。

1. 文件服务和打印服务

文件服务是网络操作系统中最重要与最基本的网络服务。文件服务器以集中方式管理共享文件,为网络用户的文件安全与保密提供必需的控制方法,网络工作站可以根据所规定的权限对文件进行读、写以及其他各种操作。

打印服务也是网络操作系统提供的最基本的网络服务的功能。共享打印服务可以通过设置专门的打印服务器或由文件服务器担任。通过打印服务功能,局域网中设置一台或几台打印机,网络用户可以远程共享网络打印机。打印服务实现对用户打印请求的接收、打印格式的说明、打印机的配置、打印队列的管理等功能。网络打印服务在接收到用户打印请求后,本着先到先服务的原则,将用户需要打印的文件排队,用队列来管理用户打印任务。

2. 数据库服务

随着网络的广泛应用,网络数据库服务变得越来越重要了。选择适当的网络数据库软件,依照 Client/Server 工作模式,客户端可以使用结构化查询语言(SQL)向数据库服务器发送查询请求,服务器进行查询后将查询结果传送到客户端。

3. 分布式服务

网络操作系统为支持分布式服务功能提出了一种新的网络资源管理机制,即分布式目录服务。它将分布在不同地理位置的互联局域网中的资源组织到一个全局性、可复制的分布数据库中,网络中的多个服务器都有该数据库的副本,用户在一个工作站上注册,便可与多个服务器连接。对于用户来说，分布在不同位置的多个服务器资源都是透明的，分布在多个服务器上的文件就如同位于网络上的一个位置。用户在访问文件时不再需要知道和指定它们的实际物理位置。使用分布式服务，用户可以用简单的方法去访问一个大型互联局域网系统。

4. Active Directory 与域控制器

Active Directory 即活动目录，它是在 Windows 2000 Server 中使用的目录服务而且是 Windows 2000 分布式网络的基础。Active Directory 采用可扩展的对象存储方式，存储了网络上所有对象的信息并使得这些信息更容易被网络管理员和用户查找及使用。Active Directory 具有灵活的目录结构，允许委派对目录安全的管理，提供更为有效率的权限管理。此外，Active Directory 还集成了域名系统，包含有高级程序设计接口，程序设计人员可以使用标准的接口方便地访问和修改 Active Directory 中的信息。网络管理方面，通过登录验证以及对目录中对象的访问控制，将安全性集成到 Active Directory 中。安装了 Active Directory 的 Windows 2000 Server 称为域控制器。网络中无论有多少个服务器，只需要在域控制器上登录一次，网络管理员就可管理整个网络中的目录数据和单位，而获得授权的网络用户就可访问网络上任何地方的资源，大大简化了网络管理的复杂性。

5. 邮件服务

通过邮件服务，可以以非常低廉的价格、快速的方式，与世界上任何一个网络用户联络，这些电子邮件可以包含文字、图像、声音或其他多媒体信息。邮件服务器提供了邮件系统的基本功能，包括邮件传输、邮件分发、邮件存储等，以确保邮件能够发送到 Internet 网络中的任意地方。

6. DHCP 服务

动态主机配置协议(Dynamic Host Configuration Protocol，DHCP)用于向网络中的计算机分配 IP 地址及一些 TCP/IP 配置信息，目的是为了减轻 TCP/IP 网络的规划、管理和维护的负担，解决 IP 地址空间缺乏问题。运行 DHCP 的服务器把 TCP/IP 网络设置集中起来，动态处理工作站 IP 地址的配置，通过 DHCP 租约和预置的 IP 地址相联系。DHCP 租约提供了自动在 TCP/IP 网络上安全地分配和租用 IP 地址的机制，实现 IP 地址的集中式管理，基本上不需要网络管理人员的人为干预。而且 DHCP 本身被设计成 BOOTP(自举协议)的扩展，支持需要网络配置信息的无盘工作站，对需要固定 IP 的系统也提供了相应支持。DHCP 的使用使 TCP/IP 信息安全而可靠地设置在 DHCP 客户机上，降低了管理 IP 地址设置的负担，有效地提高了 IP 地址的利用率。

7. DNS 服务

域名系统(Domain Name System，DNS)是 Internet/Intranet 中最基础也是非常重要的一项服务，提供了网络访问中域名到 IP 地址的自动转换，即域名解析。域名解析可以由主机表来完成，也可以由专门的域名解析服务器来完成。这两种方式都能实现域名与 IP 之间的互相映射。然而 Internet 上的主机成千上万，并且还在随时不断增加，传统主机表(hosts)方式无法胜任，也不可能由一个或几个 DNS 服务器实现这样的解析过程，事实上 DNS 依靠一个分布式数据库系统对网络中主机域名进行解析，并及时地将新主机的信息传播给网络中的其他相关部分，给网络维护及扩充带来了极大的方便。

8. FTP 服务

文件传输协议(File Transfer Protocol，FTP)的主要作用就是让用户连接上一个远程运行着 FTP 服务器程序的计算机，查看远程计算机有哪些文件，然后把文件从远程计算机上上传或下载到本地计算机中。用户通过一个支持 FTP 协议的客户机程序(有字符界面和图形界面两种)，连接到在远程主机上的 FTP 服务器程序。用户通过客户机程序向服务器程序发出命令，服务器程序执行用户所发出的命令，并将执行的结果返回到客户机。使用 FTP 时必须首先登录，在远程主机上获得相应的权限以后，才可以上传或下载文件。这种情况违背了 Internet 的开放性，Internet 上的 FTP 主机成千上万，不可能要求每个用户在主机上都拥有账号。匿名 FTP 就是为解决这个问题而产生的，通过匿名 FTP，用户可连接到远程主机上，并下载文件。当远程主机提供匿名 FTP 服务时，会指定某些目录向公众开放，允许匿名存取。系统中的其余目录则处于隐匿状态。作为一种安全措施，大多数匿名 FTP 主机都允许用户从其下载文件，而不允许用户向其上传文件。

9. Web 服务

Web 的中文名字为“万维网”，是 World Wide Web 的缩写。Web 服务是当今 Internet 上应用最广泛的服务，它起源于 1989 年 3 月，由欧洲量子物理实验室 CERN 所发展出来的主从结构分布式超媒体系统。通过万维网，人们可以用简单的方法，迅速方便地取得丰富的信息资料。当 Web 浏览器(客户端)连到 Web 服务器上并请求文件时，服务器将处理该请求并将文件发送到该浏览器上，附带的信息会告诉浏览器如何查看该文件。Web 服务器不仅能够存储信息，还能在 Web 浏览器提供的信息的基础上运行脚本和程序。Web 服务器可驻留于各种类型的计算机，从常见的 PC 到巨型的 UNIX 网络，以及其他各种类型的计算机。

10. 终端仿真服务

终端服务提供了通过作为终端仿真器工作的“瘦客户机”软件远程访问服务器桌面的能力。终端服务只把该程序的用户界面传给客户机，然后客户机返回键盘和鼠标单击动作，以便由服务器处理。每个用户都只能登录并看到他们自己的会话，这些会话由服务器操作系统透明地进行管理，与任何其他客户机会话无关。终端仿真软件可以运行在各种客户硬件设备上，如个人计算机、基于 Windows 的终端甚至基于 Windows-CE 的手持 PC 设备。最普通的终端仿真应用程序是 Telnet，Telnet 是 TCP/IP 协议簇的一部分。用户计算机通过 Internet 成为远程计算机的终端，然后使用远程计算机系统的资源或提供的服务，使用 Telnet 可以在网络环境下共享计算机资源，获取有关信息。通过 Telnet，用户不必局限在固定的地点和特定的计算机上，可以通过网络随时使用其他地方的任何计算机。Telnet 还可以进入 Gopher、WAIS 和 Archie 系统，访问它们管理的信息资源。在 Windows 2000/XP 的终端服务中，终端仿真的客户应用程序使用 Microsoft 远程桌面协议(Remote Desktop Protocol，RDP)向服务器发送击键和鼠标移动的信息，在服务器上进行所有的数据处理，然后将显示结果送回给用户。这样不仅能够进行服务器的远程控制，便于进行集中的应用程序管理，还能够减少应用程序使用的大量数据所占用的网络带宽。

11. 网络管理服务

网络管理是指对网络系统进行有效的监视、控制、诊断和测试所采用的技术和方法。在网络规模不断扩大、网络结构日益复杂的情况下，网络管理是保证计算机网络连续、稳定、安全和高效地运行，充分发挥网络的作用的前提。网络管理的任务是收集、监控网络中各种设备和相关设施的工作状态、工作参数，并将结果提交给管理员进行处理，进而对网络设备的运行状态进行控制，实现对整个网络的有效管理。网络操作系统提供了丰富的网络管理服务工具，可以提供网络性能分析、网络状态监控、存储管理等多种管理服务。比如网络管理员可以在网络中心查看一个用户是否开机，并根据网络使用情况对该用户进行计费。又如某个用户终端发生故障，管理员可以通过网络管理系统发现故障发生的地点和故障原因，及时通知用户进行相关处理。

12. Intranet 服务

Intranet 直译为“内部网”，是指将 Internet（国际互联网）的概念和技术应用到企业内部信息管理和办公事务中形成的企业内部网。它以 TCP/IP 协议作为基础，以 Web 为核心应用，构成统一和便利的信息交换平台。Intranet 可提供 Web、邮件、FTP、Telnet 等功能强大的服务，大大提高企业的内部通信能力和信息交换能力。

Intranet 是 Internet 的延伸和发展，正是由于利用了 Internet 的先进技术，特别是 TCP/IP 协议，保留了 Internet 允许不同平台互通及易于上网的特性，使 Intranet 得以迅速发展。但 Intranct 在网络组织和管理上更胜一筹，它有效地避免了 Internet 所固有的可靠性差、无整体设计、网络结构不清晰以及缺乏统一管理和维护等缺点，使企业内部的秘密或敏感信息受到网络防火墙的安全保护。因此，同 Internet 相比，Intranet 更安全、更可靠、更适合企业或组织机构加强信息管理与提高工作效率，被形象地称为“建在企业防火墙里面的 Internet”。

13. Extranet

Extranet 意为“外部网”，Extranet 实际上是内部网的一种扩展。外部网除了允许组织内部人员访问外，还允许经过授权的外部人员访问其中的部分资源。Extranet 是一个使用 Internet/Intranet 技术使企业与其客户、其他企业相连来完成其共同目标的合作网络。它通过存取权限的控制，允许合法使用者存取远程公司的内部网络资源，达到企业与企业间资源共享的目的。外部网必须专用而且安全，这就需要防火墙、数字认证、用户确认、对消息的加密和在公共网络上使用虚拟专用网等。

本章小结

本章介绍了操作系统的概念、特征和分类，网络的工作模式以及操作系统的体系结构。对目前流行的几种操作系统 Windows、UNIX、Linux 的发展及其特点简单介绍，并在最后给出了常用的网络服务。

习　题

1. 现代操作系统具有哪些特征？
2. 网络的工作模式有哪些？
3. 现在常用的网络操作系统有哪些？具有什么特点？
4. 在网络操作系统中提供哪些网络服务？

第2章　磁盘管理

2.1　Windows Server 2008 基本磁盘管理

磁盘管理是计算机的常规任务，Windows Server 2008 集成了许多磁盘管理程序，这些实用程序是用于管理硬盘、卷或分区的系统实用工具。利用磁盘管理可以实现初始化磁盘、创建使用 FAT32 或者 NTFS 文件系统格式化卷以及创建容错磁盘系统。

在介绍磁盘管理的功能之前，首先来了解一下磁盘分类及分区的相关知识。

2.1.1　硬盘分类

对于硬盘来说，通常可根据容量、大小、读取速度、内存架构、接口类型等一系列的指标进行分类。硬盘接口包括 USB 接口、SATA、eSATA、IDE、PATA、PCI-E、MSATA 等。其中，USB 接口又包括 USB2.0、USB3.0 接口标准，SATA 接口分为 SATA2、SATA3 接口。下面介绍常见的几种硬盘接口标准。

IDE 的英文全称为“Integrated Drive Electronics”，即“电子集成驱动器”，其本意是指把“硬盘控制器”与“盘体”集成在一起的硬盘驱动器。IDE 代表着硬盘的一种类型，也称为高级技术附件(Advanced Technology Attachment，ATA)接口。但在实际的应用中，人们也习惯用 IDE 来称呼最早出现的 IDE 类型硬盘 ATA-1，这种类型的接口随着接口技术的发展已经被淘汰了，而其后发展分支出更多类型的硬盘接口，比如 ATA、Ultra ATA、DMA、Ultra DMA 等接口都属于 IDE 硬盘。

ATA 硬盘一般使用 IDE 接口，分为 PATA 硬盘(即 Parallel ATA，并行 ATA 硬盘接口规范)和 SATA 硬盘(即 Serial ATA，串行 ATA 硬盘接口规范)。PATA 的全称是 Parallel ATA，就是并行 ATA 硬盘接口规范，现在已经不常见。

SATA 即串行 ATA，是一种完全不同于并行 ATA 的新型硬盘接口类型，由于采用串行方式传输数据而得名。SATA 总线使用嵌入式时钟信号，具备了更强的纠错能力，与以往相比其最大的区别在于能对传输指令(不仅仅是数据)进行检查，如果发现错误会自动矫正，这在很大程度上提高了数据传输的可靠性。串行接口还具有结构简单、支持热插拔等优点。

eSATA 的全称是 External Serial ATA(外部串行 ATA)，它是 SATA 接口的外部扩展规范。换言之，eSATA 就是“外置”版的 SATA，它用来连接外部而非内部 SATA 设备。例如拥有 eSATA 接口，就可以轻松地将 SATA 硬盘与主板的 eSATA 接口连接，而不用打开机箱更换 SATA 硬盘。

mSATA 接口是标准 SATA 的迷你版本,mSATA 将提供跟 SATA 接口标准一样的速度和可靠度,提供小尺寸 CE 产品的系统开发商和制造商更高效能和符合经济效益的储存方案。由于 mSATA MINI PCI-E SSD 体积小巧,越来越多便携式计算机产品开始使用这种接口的硬盘,即基于 mSATA MINI PCI-E SSD 的流行趋势。

SCSI 的英文全称为"Small Computer System Interface",指小型计算机系统接口,SCSI 是与 IDE(ATA)不同的接口,IDE 接口是普通 PC 的标准接口,而 SCSI 并不是专门为硬盘设计的接口,而是一种广泛应用于小型机上的高速数据传输技术。SCSI 接口具有应用范围广、多任务、带宽大、CPU 占用率低,以及热插拔等优点。

串行连接 SCSI(Serial Attached SCSI,SAS)是新一代的 SCSI 技术,和现在流行的 Serial ATA(SATA)硬盘相同,都是采用串行技术以获得更高的传输速度,并通过缩短连结线改善内部空间等。SAS 是并行 SCSI 接口之后开发出的全新接口。此接口的设计是为了改善存储系统的效能、可用性和扩充性,并且提供与 SATA 硬盘的兼容性。

PCI-E 接口的固态硬盘是早于 SATA 的固态硬盘。根据接口不同,分为 PCI-E x4 和 PCI-E x8。x4 的传输速率和目前 SATA3.0 的传输速率差不多,可以到达 500 Mbit/s,而 x8 的高端固态硬盘,其传输速率可以达到 2.6 Gbit/s,这是目前 SATA 接口无法达到的。PCI-E 的体积更大,更大的体积使得容量可以达到 3 TB 以上,这也是目前 SATA 接口的固态硬盘(SSD)无法达到的。

此外,还有 FC-光纤通道硬盘。光纤通道的英文拼写是 Fibre Channel,和 SCSI 接口一样,光纤通道最初也不是为硬盘设计开发的接口技术,是专门为网络系统设计的,但随着存储系统对速度的需求,才逐渐应用到硬盘系统中。光纤通道硬盘是为提高多硬盘存储系统的速度和灵活性才开发的,它的出现大大提高了多硬盘系统的通信速度。

2.1.2 磁盘分区方案

硬盘是计算机中极为重要的存储设备,计算机工作所用到的全部文件系统和数据资料的绝大多数都存储在硬盘中。扇区是硬盘上的最小数据单位。一个扇区的标准大小是 512 B。具有 n 个扇区的硬盘,其扇区从 0 到 n-1 标号。一系列扇区组成分区。磁盘分区就是将硬盘分割成几个部分,每一个部分都可以单独使用,分区的类型一般表示该分区的文件系统类型。每个操作系统可能会识别某些分区格式,但是却不能识别另一些。用户可以创建一个分区用来储存信息(如备份数据),另一个用来启动操作系统。多重分区能够在一个物理硬盘上创建许多虚拟硬盘,并让不同的操作系统使用不同的磁盘结构(或称为文件系统)。磁盘分区方案包括主启动记录(MBR)磁盘分区和 GUID 分区表格式。

1. 主启动记录(MBR)磁盘分区

MBR 磁盘分区将分区信息保存到磁盘的第一个扇区(MBR 扇区)中的 64 B 中,每个分区项占用 16 B,这 16 B 中存有活动状态标志、文件系统标识、起止柱面号、磁头号、扇区号、隐含扇区数目(4 B)、分区总扇区数目(4 B)等内容。

以 DOS 及 Windows 为例,经过格式化后的磁盘包括:主引导记录区(Main Boot Record,MBR)、操作系统引导记录区(Operating System Boot Record,OBR)、FAT 区、DIR 区和 DATA 区。其中,只有 MBR 是唯一的,其他的随分区数的增加而增加。主分区的作用是保存硬盘中各逻辑分区在盘片上起始位置、终止位置及分区的大小。引导分区 OBR 的作用是在固定的位置存放操作系统文件,在电脑加电或复位时,由 BIOS 程序将处于固定位置的系统文件装入内存，再将控制权交给系统文件而完成引导过程。扩展分区占用主分区中分区表的一个表项。

MBR位于整个硬盘的0磁道0柱面1扇区，总共512 B，结构为：主引导记录MBR+硬盘分区表(Disk Partition Table，DPT)+主引导扇区生效标志。其中MBR占用了512 B中的446 B，作用是检查分区表是否正确以及确定哪个分区为引导分区，并在程序结束时把该分区的启动程序(也就是操作系统引导扇区)调入内存加以执行。最后2 B“55AA”是分区的结束标志。另外的64 B交给了硬盘分区表(Disk Partition Table，DPT)，位于本扇区的最末端，以“80H”或“00H”为开始标志，以“55AAH”为结束标志。包含4个分区表项，每个分区表项的长度为16 B，包含分区的引导标志、系统标志、起始和结尾的柱面号、扇区号、磁头号以及本分区前面的扇区数和本分区所占用的扇区数。分区表共64 B，也就是说一个硬盘可以分为1～4个逻辑分区。对于具体的应用，4个逻辑磁盘往往不能满足实际需求。为了建立更多的逻辑磁盘供操作系统使用，系统引入了扩展分区的概念。所谓扩展分区，严格地讲它不是一个实际意义的分区，它仅仅是一个指向下一个分区的指针，这种指针结构将形成一个单向链表。这样在主引导扇区中除了主分区外，仅需要存储一个被称为扩展分区的分区数据，通过这个扩展分区的数据可以找到下一个分区(实际上也就是下一个逻辑磁盘)的起始位置，以此类推可以找到所有的分区。无论系统中建立多少个逻辑磁盘，在主引导扇区中通过一个扩展分区的参数就可以逐个找到每一个逻辑磁盘。例如，可以设置3个主分区、1个扩展分区，在扩展分区内，可以设置逻辑驱动器。扩展分区的第一个扇区和主引导扇区类似，只是没有MBR。这个扇区中的DPT结构与主引导扇区中的相同，只是4个记录项中存储的内容是逻辑驱动器的信息罢了。其实也可以将逻辑驱动器看成和分区一样，这样一个硬盘就可以分为7个分区了。

操作系统引导扇区(OS Boot Record，OBR)，通常位于硬盘的0磁道1柱面1扇区(这是对于DOS来说的)，对于那些以多重引导方式启动的系统则位于相应的分区(主或扩展)的第一个扇区，即操作系统可直接访问的第一个扇区，它也包括一个引导程序和一个被称为BPB(BIOS Parameter Block)的本分区参数记录表。引导程序的主要任务是当MBR将系统控制权交给它时，判断本分区根目录前两个文件是不是操作系统的引导文件(以DOS为例，即io. sys和msdos. sys)。如果确定存在，就把它们读入内存，并把控制权交给该文件。BPB参数块记录着本分区的起始扇区、结束扇区、文件存储格式、硬盘介质描述符、根目录大小、FAT个数、分配单元(Allocation Unit，以前也称之为簇)的大小等重要参数。

文件分配表FAT，是DOS/Win9x系统的文件寻址系统。FAT区紧接在OBR之后，其大小由本分区的大小及文件分配单元的大小决定。FAT的格式有DOS及Windows的FAT16和FAT32等格式，而Windows NT、OS/2、UNIX/Linux、Novell等都有自己的文件管理方式。文件占用磁盘空间的基本单位是簇而不是字节。一般情况下，软盘每簇是1个扇区，硬盘每簇的扇区数与硬盘的总容量大小有关，可能是4、8、16、32、64等扇区。为了数据安全起见，FAT一般做两个，第二个FAT为第一个FAT的备份。

目录(Dir)区是Directory(即根目录区)的简写，DIR紧接在第二个FAT表之后，只有FAT还不能定位文件在磁盘中的位置，FAT还必须和DIR配合才能准确定位文件的位置。DIR记录着每个文件(目录)的起始单元。

数据区是真正意义上的数据存储的地方，位于DIR区之后，占据硬盘的大部分空间。当将数据复制到硬盘时，数据就存放在DATA区。

2. GUID 分区表格式(Globally Unique Identifier Partition Table Format)

传统的主启动记录(MBR)磁盘分区支持最大卷为 2 TB(terabytes),每个磁盘最多有 4 个主分区(或 3 个主分区、1 个扩展分区和无限制的逻辑驱动器)。与 MBR 分区方法相比,GPT 具有更多的优点,GPT 代表全局唯一标识分区表(GUID Partition Table),它允许每个磁盘有多达 128 个分区,支持高达 18 千兆兆字节(exabytes,1 EB=10^6 TB)的卷大小,允许将主磁盘分区表和备份磁盘分区表用于冗余,还支持唯一的磁盘和分区 ID。

与 MBR 分区的磁盘不同,GPT 的分区信息是在分区中,而不像 MBR 一样在主引导扇区。为保护 GPT 不受 MBR 类磁盘管理软件的危害,GPT 在主引导扇区建立了一个保护分区(Protective MBR)的 MBR 分区表,这种分区的类型标识为 0xEE,这个保护分区的大小在 Windows 下为 128 MB,Mac OS X 下为 200 MB,在 Windows 磁盘管理器里名为 GPT 保护分区,可让 MBR 类磁盘管理软件把 GPT 看成一个未知格式的分区,而不是错误地当成一个未分区的磁盘。另外,GPT 分区磁盘有多余的主要及备份分区表来提高分区数据结构的完整性。

在"磁盘管理"中的磁盘属性对话框中的"卷"选项卡上,具有 GPT 分区样式的磁盘显示为 GUID 分区表(GPT)磁盘,而具有 MBR 分区样式的磁盘显示为主启动记录(MBR)磁盘。

沿用了数十年的 PC 主板架构是 BIOS 模式。但在 2004 年,微软和英特尔共同推出一种名为可扩展固件接口(Extensible Firmware Interface,EFI)的主板升级换代方案。EFI 是一个接口,位于操作系统与平台固件之间。目前新产出的 PC 主板基本上都开始支持 EFI 了,但不是所有的系统能完美支持 GPT 磁盘。

2.1.3 基本磁盘管理

下面介绍一些进行磁盘管理时经常涉及的概念和术语。

① 分区:分区是物理磁盘的一部分,作用如同一个物理分隔单元。

② 主分区:主分区是由操作系统使用的一部分物理磁盘。

③ 扩展分区:扩展分区是从硬盘的可用空间上创建的分区,而且可以将其再划分为逻辑驱动器。

④ 卷:卷是格式化后由文件系统使用的分区或分区集合。

⑤ 卷集:卷集是作为一个逻辑驱动器出现的分区组合。

⑥ 引导分区:引导分区包含 Windows 操作系统文件,这些文件位于%Systemroot%和%Systemroot%\System32 目录中。

另外,活动分区指计算机的启动分区。活动分区必须是基本磁盘上的主要分区。

Windows Server 2008 的磁盘管理支持基本磁盘和动态磁盘。基本磁盘是包括主分区、扩展分区或逻辑驱动器的物理磁盘。基本磁盘上的分区和逻辑驱动器称为基本卷。基本磁盘也包括使用 Windows NT 4.0 或以前版本创建的跨越卷集、镜像卷集、带区卷集和 RAID-5 卷集。只能在基本磁盘上创建基本卷。基本磁盘上创建的分区个数取决于磁盘的分区形式。

① 主启动记录磁盘:可以包含 4 个主分区,或者 3 个主分区和 1 个具有多个逻辑驱动器的扩展分区。在扩展分区内,可以创建多个逻辑驱动器。

② 对于 GUID 分区表磁盘,最多可以创建 128 个主分区。由于 GPT 磁盘并不限制 4

个分区，因而不必创建扩展分区或逻辑驱动器。

Windows Server 2008 磁盘管理可以在不需要重新启动系统或者中断用户的情况下执行多数与磁盘相关的任务，大多数配置更改可以立即生效。用户有效地对本地磁盘进行管理、设置和维护，可以保证系统快速、安全和稳定地工作，使得 Windows Server 2008 服务器为网络应用提供稳定地服务。

Windows Server 2008 的磁盘管理主要具有以下功能。

① 创建和删除磁盘分区。

② 创建和删除扩展分区中的逻辑驱动器。

③ 读取此盘状态信息，如分区大小。

④ 读取 Server 2008 卷的状态信息，如驱动器名的指定、卷标、文件类型、大小及可用空间。

⑤ 指定或更改磁盘驱动器及 CD-ROM 设备的驱动器名称和路径。

⑥ 创建或删除卷和卷集。

⑦ 创建和删除包含或者不包含奇偶校验的带区集。

⑧ 创建或拆除磁盘镜像集。

⑨ 保存或还原磁盘配置。

Windows Server 2008 磁盘管理具有以下特征。

① 动态存储。利用动态存储技术，不用重新启动系统，就可以创建、扩充或监视磁盘卷；不用重新启动计算机就可以添加新的硬盘，而且多数配置的改变可以立即生效。

② 本地和网络驱动管理。如果是管理员，可以运行 Windows Server 2008 域中的任何网络计算机磁盘。

③ 简化任务和更加直观的用户接口。磁盘管理易于使用。菜单显示了在选定对象上执行的任务，向导可以引导创建分区和卷，并初始化或更新硬盘。

④ 驱动路径。可以使用磁盘管理将本地驱动器连接或固定在一个本地 NTFS 格式卷的空文件夹上。

⑤ 更为简单的分区创建。右击某个卷名，可以直接从菜单中选择是创建基本分区、跨区分区还是带分区。

⑥ 磁盘转换功能。向基本磁盘添加的分区超过 4 个时，系统会提示将磁盘分区形式转换为动态磁盘或 GUID 分区表。

⑦ 扩展和收缩分区。可以直接从 Windows 界面扩展和收缩分区。

单击“开始”→“控制面板”→“管理工具”→“计算机管理”→“存储”→“磁盘管理”，打开 Windows Server 2008 磁盘管理界面，如图 2-1 所示。

窗口右半部分分为上下两部分，分别以不同的形式显示了磁盘的相关信息。上半部分以列表的形式显示了磁盘的名称、布局、类型(动态/基本磁盘)、文件系统、状态、容量等。

下半部分以图形方式显示了当前计算机系统的物理硬盘，以及各个磁盘的物理大小和当前分区的结果和状态。

在“查看”菜单的顶端、底端，可选择显示磁盘的方式：磁盘列表、卷列表、图形视图等。

在“基本”磁盘中创建的简单卷就是基本卷。简单卷由单个物理磁盘上的磁盘空间组成，它可由磁盘上的单个区域或连接在一起的相同的磁盘上的多个区域组成。

下面给出在磁盘管理界面常用的一些操作。

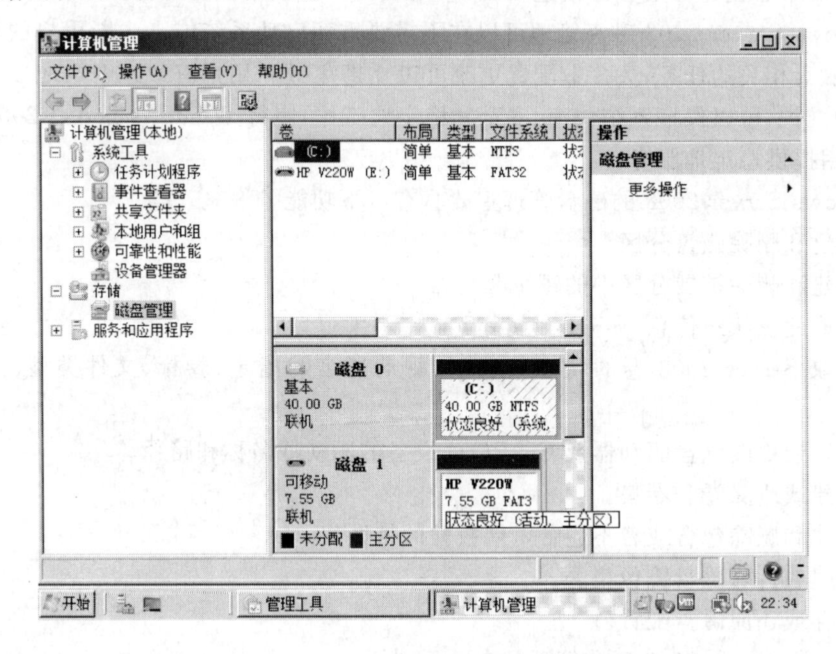

图 2-1　磁盘管理控制台

1. 格式化卷

打开“计算机管理”窗口，展开“存储”单击“磁盘管理”，在控制台右侧界面中右击要格式化的卷，在菜单选项中选择“格式化”选项，选择要使用的文件系统 FAT、FAT32 或 NTFS，分配单元大小，如图 2-2 所示。

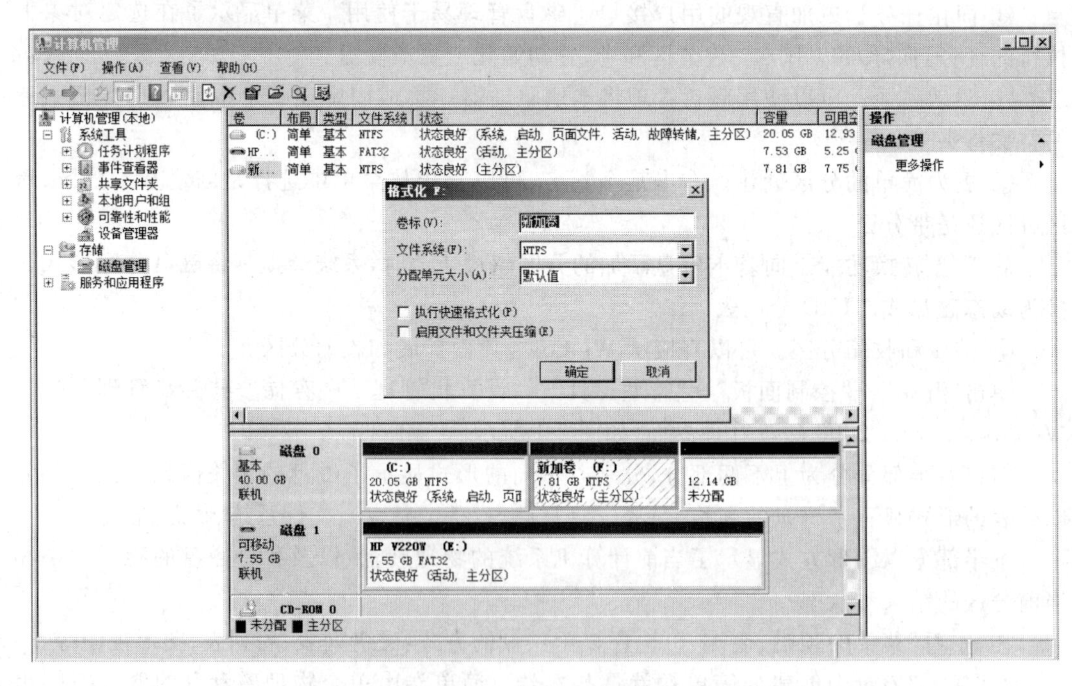

图 2-2　格式化卷

2. 压缩基本卷

压缩基本卷可以减少用于主分区和逻辑驱动器的空间，可在同一磁盘上将主分区和逻辑驱动器压缩到邻近的连续未分配空间。压缩分区时，将在磁盘上自动重定位一般文件以创建新的未分配空间。压缩分区无须重新格式化磁盘，如图2-3所示。操作步骤如下。

(1) 在“磁盘管理器”中，右击要压缩的基本卷，选择“压缩卷”打开“压缩卷向导”。

(2) 在“压缩卷向导”对话框中输入压缩空间的大小，选择“压缩”即可完成，如图2-3所示。

3. 删除卷

如果一个分区不再使用，可以选择删除，删除分区后，分区上的数据将全部丢失。如果要删除的是扩展磁盘分区，要先删除扩展磁盘分区上的逻辑驱动器后，才能删除扩展分区。

操作步骤比较简单，只需打开“计算机管理”控制台，单击“磁盘管理”在控制台右侧中右击要删除的卷，选择“删除卷”即可。

4. 创建简单卷

在基本磁盘中创建的简单卷就是基本卷。简单卷由单个物理磁盘上的磁盘空间组成，它可由磁盘上的单个区域或连接在一起的相同的磁盘上的多个区域组成。可以从一个磁盘内选择尚未指派的空间来创建简单卷，必要时可以将该简单卷扩大，不过简单卷的空间必须在同一个物理磁盘上，无法跨越到另一个磁盘上。简单卷可以被格式化为 FAT、FAT32 和 NTFS 文件系统，但是，如果要扩展简单卷，即要动态地扩大简单卷的容量，则必须将其格式化为 NTFS 的格式。

简单卷的创建步骤如下。

(1) 在磁盘的“未分配”的空间上右击，在菜单中选择“新建简单卷”，打开“新建简单卷向导”。

(2) 单击“下一步”按钮，打开“指定卷大小”对话框，指定该磁盘分区的大小，如图 2-4 所示。

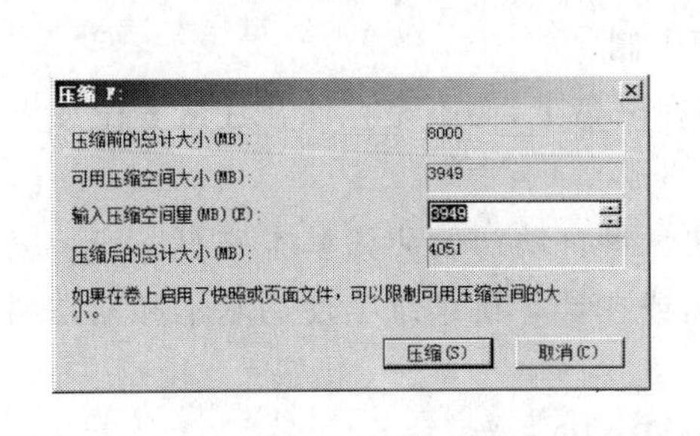

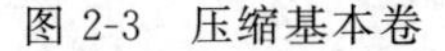
图 2-3　压缩基本卷

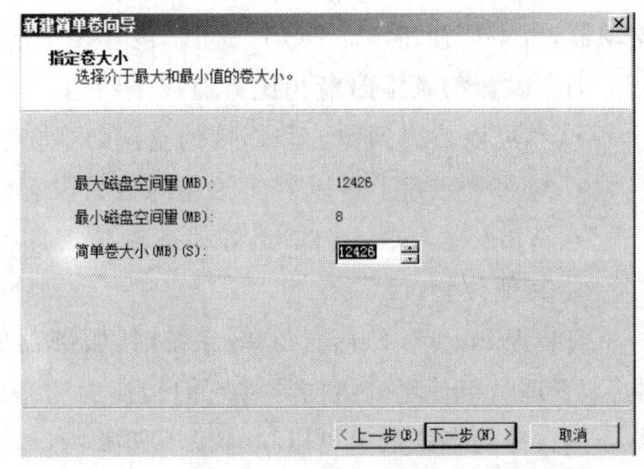

图 2-4　“指定卷大小”对话框

(3) 单击“下一步”按钮，打开“分配驱动器号和路径”对话框，如图 2-5 所示，这里指定为 G 盘，这是根据使用的机器来分配的。

“分配以下驱动器号”即分配一个磁盘驱动器号代表磁盘分区。

“装入以下空白 NTFS 文件夹中”即将磁盘映射到一个 NTFS 空文件夹。该分区不分配盘符，而给它分配一个空的文件夹，可以通过这个文件夹来访问此分区里的文件和程序。

(4) 单击“下一步”按钮，打开“格式化分区”对话框，用户可以设置是否执行格式化分区，磁盘驱动器必须格式化后才能使用。可以设置格式化卷所用的文件系统、分配单元大小、卷标、执行快速格式化、启用文件和文件夹压缩等选项，如图 2-6 所示。

(5) 单击“下一步”完成简单卷的创建。

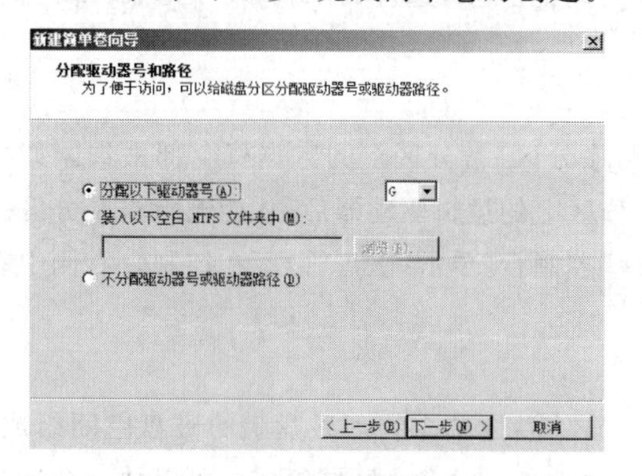

图 2-5 “分配驱动器号和路径”对话框

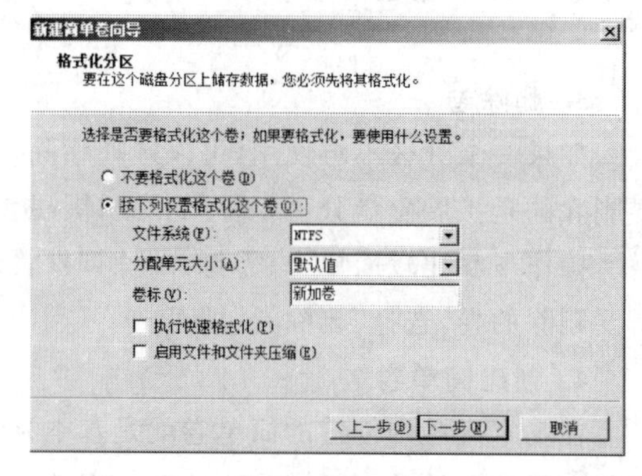

图 2-6 “格式化分区”对话框

2.2 Windows Server 2008 动态磁盘管理

2.2.1 Windows Server 2008 动态磁盘概述

Windows Server 2008 的磁盘管理支持基本磁盘和动态磁盘。在动态磁盘中使用卷的概念来代替基本磁盘中的分区，存储被分为卷，而不是分区。动态磁盘不能含有分区和逻辑驱动器，也不能使用 MS-DOS 访问。包含多个磁盘的卷必须使用同样类型的存储。

动态磁盘与基本磁盘相比具有以下特点：

- 卷可以扩展到包含非邻接的空间，这些空间可以在任何可用的磁盘上；
- 对每个磁盘上可以创建的卷的数目没有任何限制；
- Windows Server 2008 将动态磁盘信息存储在磁盘上，而不是存储在注册表中或者其他位置。

安装 Windows Server 2008 系统时，服务器的硬盘将自动初始化为基本磁盘。安装完成后，管理员可使用升级向导将它们转换为动态磁盘或在计算机系统上使用基本和动态两类磁盘。在动态磁盘上可以执行以下任务：

- 创建和删除简单卷、跨区卷、带区卷、镜像卷和 RAID-5 卷；
- 扩展简单卷或跨区卷；
- 从镜像卷中删除镜像或将该卷分成两个卷；
- 修复镜像卷或 RAID-5 卷；
- 重新激活丢失的磁盘或脱机的磁盘。

用户可以在任何时候将基本存储更新为动态存储。当更新为动态存储时，需要将现有的分区转换为卷。表 2-1 显示了基本磁盘升级为动态磁盘后分区与卷的对应关系。

表 2-1　基本磁盘升级为动态磁盘后分区与卷的对应关系

原磁盘分区	动态卷
主磁盘分区	简单卷
扩展磁盘分区	简单卷
卷集	跨区卷
带区集	带区卷
镜像集	镜像卷
奇偶校验的带区集	RAID-5 卷

在用户了解了分区和卷的区别，以及将分区转换为卷时两个不同磁盘组织的对应关系后，便可以在需要时将基本磁盘更新到动态磁盘。

在转换为动态磁盘时，应该注意以下几个方面的问题：

- 必须以管理员或者管理组成员的身份登录才能完成该过程，如果计算机与网络连接，则网络策略设置也有可能妨碍转换；
- 基本磁盘转换为动态磁盘后，不能将动态卷改回基本分区；
- 在转换磁盘之前，应该先关闭在磁盘上运行的程序；
- 为保证转换成功，任何要转换的磁盘都必须至少包含 1 MB 的未分配空间；
- 将基本磁盘转换为动态磁盘后，基本磁盘上现在所有的分区或逻辑驱动器都将变成动态磁盘上的简单卷；
- 转换后的动态磁盘将不包含基本卷。

基本磁盘转换为动态磁盘的转换步骤如下。

(1) 在“磁盘管理器”中，右击待转换的基本磁盘，在弹出的菜单中选择“转换到动态磁盘”，如图 2-7 所示。

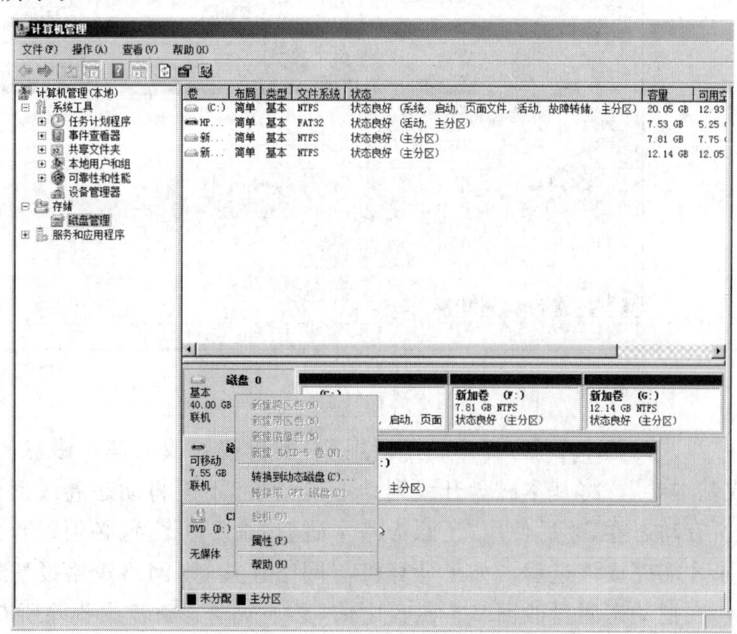

图 2-7　转换到动态磁盘

（2）在弹出的“转换为动态磁盘”对话框中，选择欲转换到动态磁盘的基本磁盘，如图 2-8 所示。

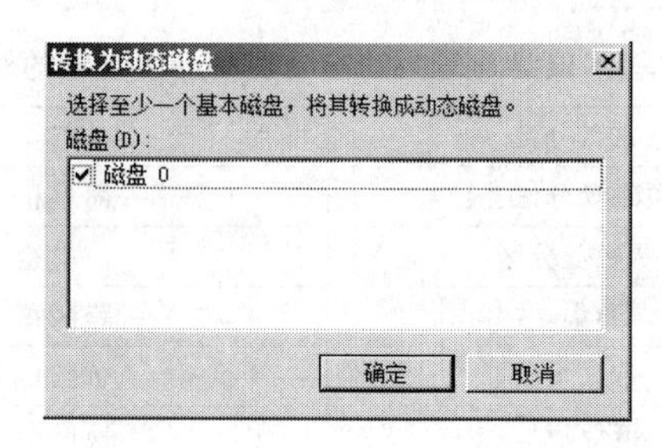

图 2-8　选择要转换的磁盘

（3）单击“确定”，转换完成后的结果如图 2-9 所示。

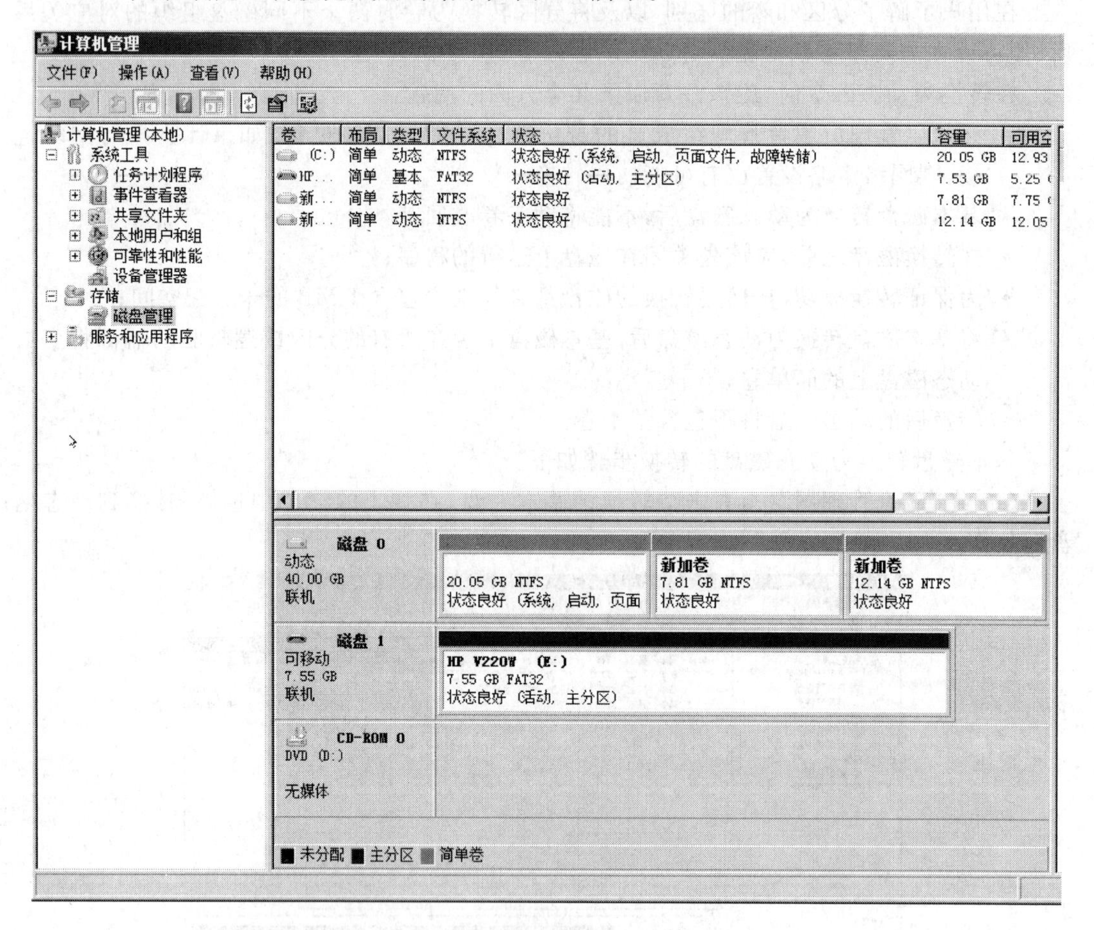

图 2-9　基本磁盘转换为动态磁盘

要将动态磁盘改为基本磁盘，打开磁盘管理，右键单击要改回基本磁盘的动态磁盘，然后单击“还原成基本卷”。将基本磁盘升级到动态磁盘后，不能将动态卷改回到分区。必须删除磁盘上的所有动态卷，然后使用“还原为基本磁盘”命令。注意必须以管理员或管理组成员的身份登录才能完成该过程。如果计算机与网络连接，则网络策略设置也可能阻止用户完成此步骤。在把动态磁盘改回基本磁盘之前，必须从动态磁盘中删除所有卷。

Windows Server 2008 支持 5 种类型的动态卷，即简单卷、跨区卷、带区卷、镜像卷(RAID-1)和 RAID-5 卷。镜像卷和 RAID-5 卷是容错卷，它们有的可以提高访问效率，有的可以提高容错功能，有的可以提高磁盘的使用空间。

2.2.2 简单卷

构成单一磁盘空间的卷为简单卷。它可以由磁盘上的单个区域或同一磁盘上链接在一起的多个区域组成。简单卷相当于 Windows NT 4.0 或更早版本中的主分区的动态存储器。当服务器中只有一个动态磁盘时，简单卷是可以创建的唯一卷。可以在同一磁盘内扩展简单卷或者扩展到其他磁盘上。如果跨越多个磁盘扩展简单卷，则该卷就成了跨区卷。简单卷不能容错，但可以被镜像。

增加现有卷的容量称为扩展。如果当前服务器的磁盘中还有剩余的未分配空间，则可以对这个卷进行扩展。要扩展简单卷，被扩展卷必须使用 Windows Server 2008 中所用的 NTFS 文件系统进行格式化，无法扩展基本磁盘上以前作为分区的简单卷。

对于 NTFS 格式的简单卷，可以将其他的未指派的空间合并到简单卷中。但这些未指派空间局限于本磁盘上，若选用了其他磁盘上的空间，则扩展之后就变成了跨区卷。对于逻辑驱动器、启动卷或系统卷，可以将卷扩展到邻近的空间中，并且仅当磁盘能够升级至动态磁盘时可以进行扩展。扩展简单卷的操作步骤如下。

(1) 打开"计算机管理"控制台，选择"磁盘管理"，右击要扩展的简单卷，在弹出的菜单中选择"扩展卷"，如图 2-10 所示。

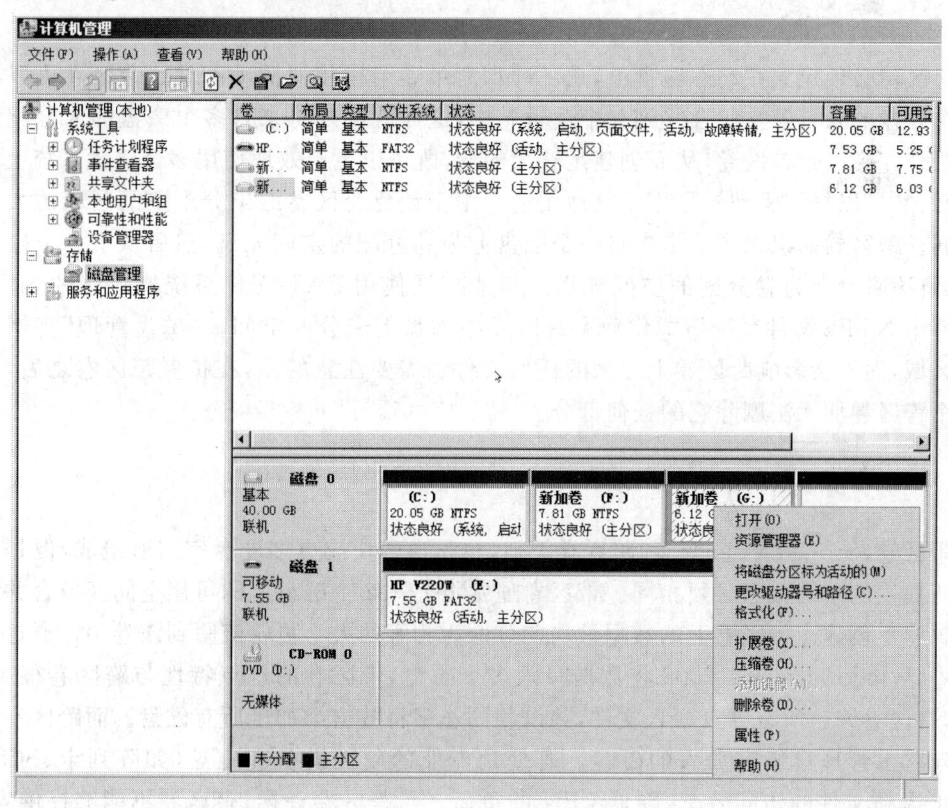

图 2-10 创建扩展卷

（2）打开“扩展卷向导”对话框，单击“下一步”，打开如图 2-11 所示的“选择磁盘”对话框，可以选择要扩展的空间来自哪个磁盘，可以设置扩展的磁盘空间大小。

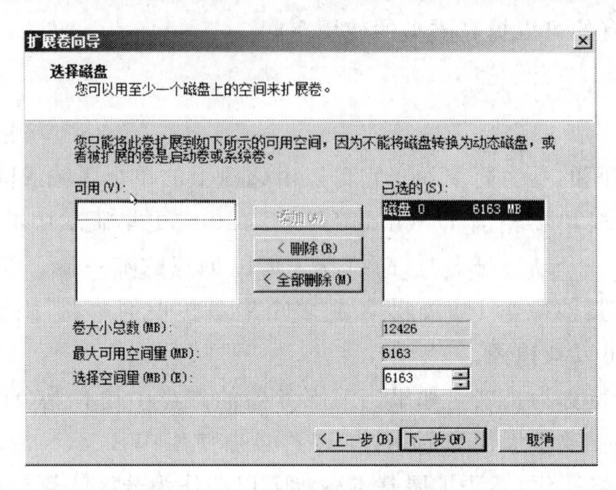

图 2-11 “选择磁盘”对话框

（3）单击“下一步”，打开“完成扩展卷向导”对话框，最终完成扩展简单卷的操作。

简单卷的删除操作简单，只需打开“磁盘管理”窗口，选中要删除的卷，单击快捷菜单中的“删除卷”命令即可。除了可以删除创建好的卷外，还可以在创建之后改变卷上的文件系统。

2.2.3 跨区卷

跨区卷必须建立在动态磁盘上，是一种和简单卷结构相似的动态卷。跨区卷可以将来自多个磁盘的未分配空间合并到一个逻辑卷中，这样就可以将来自多个磁盘的未分配空间的扇区合并到一个跨区卷，从而创建足够大的卷，既可以更有效地使用多个磁盘系统上的所有空间，又可以释放驱动器号用于其他用途。用于创建跨区卷的未分配空间区域的大小可以不同。跨区卷的组织形式是先将一个磁盘上为卷分配的空间充满，然后从下一个磁盘开始，再将该磁盘上为卷分配的空间充满。不能扩展使用 FAT 文件系统格式化的跨区卷。可以使用 NTFS 文件系统格式化现有跨区卷中磁盘上未分配空间。“磁盘管理”将格式化新的区域，而不会影响跨区卷上原来的任何文件。需要注意的是，在扩展跨区卷之后，不删除整个跨区卷便无法删除它的任何部分。

2.2.4 带区卷

带区卷(Striped Volume)和跨区卷类似，也是由两块或更多硬盘空间所组成，但是每块硬盘所提供的空间大小必须相同。带区卷通常将 2～32 个磁盘上的可用空间区域合并到一个逻辑卷上创建。带区卷上的数据被均匀分散为相等的大小再轮流写到该卷中。通过使用带区卷，Windows Server 2008 将数据写入多个磁盘，带区卷的这点特性与跨区卷很类似。但是，带区卷跨越所有磁盘写入文件，并以相同速率将数据添加至所有磁盘。而跨区卷只是在创建时由管理员指定加入的磁盘。若使用专业的硬件设备和磁盘（如阵列卡、SCSI 硬盘），可提高文件的访问效率，降低 CPU 的负荷。与跨区卷一样，带区卷不能够提供容错。如果带区卷中的某个磁盘出现了故障，则整个卷中的数据就会丢失。

2.2.5 镜像卷

镜像卷是容错卷，组成该卷的空间必须来自于不同的磁盘。创建之后，它能够将用户的数据保存到两个物理磁盘里，通过使用卷的副本或镜像提供数据冗余性。如果其中一个物理磁盘出现故障，该磁盘上的数据无法使用，但系统能够继续使用未受影响的磁盘进行操作。镜像卷的容错能力好，但磁盘利用率很低，只有50%。在Windows NT 4.0中，镜像卷被称为镜像集。当镜像卷出现故障时，必须中断镜像卷，以便将其余的卷作为带有驱动器号的独立卷，随后利用另一磁盘上大小相同或更大的未使用空间来创建新的镜像卷。镜像卷在读取操作时比RAID-5卷要慢，但在写入操作时要快。

因为镜像卷只使用了一半的磁盘空间，当磁盘空间较紧，不想使用镜像卷时，我们可以中断原来所创建的镜像卷，把镜像卷分成两个独立的卷。要中断镜像，在"磁盘管理"界面右键单击要中断镜像副本之一的镜像卷，选择"中断镜像卷"选项即可。此时原来组成镜像卷的两个卷副本就会成为两个单独的简单卷，这些卷不再具备容错能力。可以为中断镜像卷的一个卷副本保留驱动器号或装入点，同时将下一个可用的驱动器号指派给其他卷。如果包含部分镜像卷的磁盘已经断开连接，现要重新使用这些镜像卷，只需进入"磁盘管理"界面，在"丢失"或"脱机"的磁盘上单击右键，然后选择"重新激活磁盘"选项即可。

"删除镜像卷"与前面介绍的"中断镜像"有些类似，但不完全一样。中断只是中断两个磁盘卷的镜像关系，而删除镜像卷是针对某一镜像卷进行的，另一个镜像卷不同时删除，但因不再有镜像磁盘，所以镜像也不能成功。要删除镜像，在"磁盘管理"界面右键单击要中断镜像副本之一的镜像卷，然后选择"删除镜像"选项即可。注意一旦从镜像卷中删除镜像，被删除的镜像就变为未分配空间，所有数据都将被删除，且剩余镜像成为不再具备容错能力的简单卷。

2.2.6 RAID-5 卷

独立磁盘冗余阵列(Redundant Array of Independent Disk，RAID-5)卷也是一种容错卷，该卷兼顾了磁盘利用率和容错能力。RAID-5卷在存储数据时，根据数据内容计算出奇偶校验数据，并将该校验数据一起写入RAID-5卷。卷中数据和奇偶校验值能够在3个或更多的物理磁盘上呈间歇的带区分布。系统在写入数据时，以64 KB为单位。如4个磁盘组成的RAID-5卷，系统每次将一组3个64 KB和它们的奇偶校验数据分别写入4个磁盘，且奇偶校验数据并不固定在哪个磁盘，而是依次分布在每个磁盘。采用这种方法时，数据在所有磁盘上都保存有奇偶校验信息。当一个磁盘发生故障时，可以利用奇偶校验信息来重新构造数据，不会造成信息的丢失。RAID-5卷磁盘的实际利用率为$(n-1)/n$。在Windows NT 4.0中，RAID-5卷也被称为带奇偶校验的带区集。RAID-5卷创建方法和创建镜像卷相类似，但RAID-5卷的每个带区都包含一个奇偶校验块。因此，必须至少使用3个磁盘来处理奇偶校验信息。RAID-5卷最多可以跨越32个磁盘。与镜像卷相比，RAID-5具有更好的读性能。但是，当磁盘发生故障，导致某一部分数据丢失时，因为需要利用奇偶校验信息来恢复数据，将降低RAID-5卷的读性能。

2.3 Windows Server 2008 磁盘配额

在以 Windows Server 2008 为服务器操作系统等的计算机网络中，系统管理员有一项很重要的任务，即为访问服务器资源的客户机配置磁盘配额，就是限制客户机一次性访问服务器资源的卷空间数量，其目的在于防止某个客户机过量地占用服务器和网络资源，而导致其他客户机无法访问服务器和使用网络。磁盘配额可以限制指定账户能够使用的磁盘空间，这样可以避免因某个用户过度使用磁盘空间造成其他用户无法正常工作甚至影响系统运行。在服务器管理中此功能非常重要。

设置磁盘配额后，可以对每一个用户的磁盘使用情况进行跟踪和控制，通过监测可以标出超过配额报警阈值和配额限制的用户，从而采取相应的措施。如通过设置磁盘配额来限制用户在计算机的某个卷上所能够使用的磁盘空间，当用户在该卷上存储的数据达到警告等级时将发出相应的警告信息，当存储的数据达到限制等级时将不再允许该用户在卷上存储数据。

下面对"新加卷(C:)"设置磁盘配额，使得用户账户"lwj"使用磁盘空间限制为 2 GB，警告级别设置为 1 GB，步骤如下。

(1) 打开"计算机管理"控制台，右击需要设置磁盘配额的卷，如"(C:)"，在弹出的菜单中选择"属性"，打开"属性"对话框，选择"配额"选项卡，默认没有启动磁盘配额功能。

(2) 选择"启用配额管理"复选框，这样其他的选择项才可以处于可用状态。选择"拒绝将磁盘空间给超过配额限制的用户"复选框对用户使用的磁盘空间大小加以限制。设置"将磁盘空间限制为 5 GB"和"将警告等级设为 4 KB"，为卷上的新用户选择默认磁盘限额。如果需要为卷的配额记录事件日志，则选择"用户超出配额限制时记录事件"和"用户超过警告等级时记录事件"复选框，如图 2-12 所示。

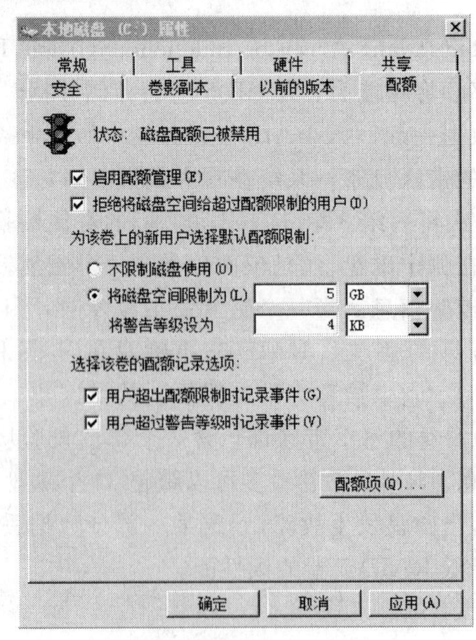

图 2-12 "配额"选项卡

(3) 单击"新加卷(C:)属性"对话框的"配额项",打开"新加卷(C:)的配额项"对话框,如图 2-13 所示。默认对 Administrators 组不设置配额限制和警告级别。

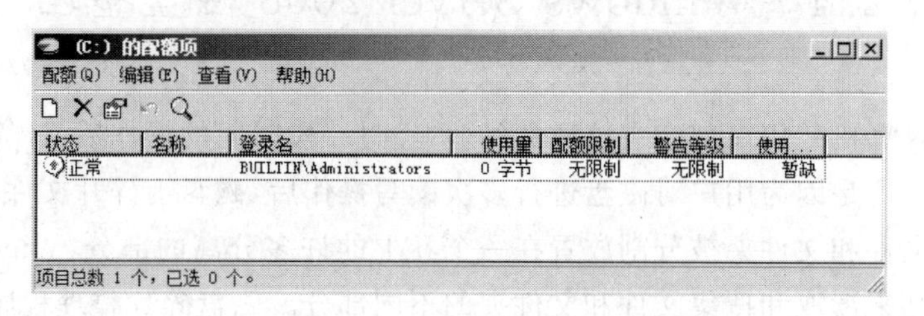

图 2-13 设置配额选项

(4) 单击菜单栏中的"配额"→"新建配额",打开"选择用户"对话框,在"输入对象名称来选择"文本框中输入用户账号为"lwj",如图 2-14 所示。

(5) 接着打开"添加新配额项"对话框,对用户账户"lwj"设置配额限制,将磁盘空间限制为 5 GB,将警告等级设为 4 GB,如图 2-15 所示。

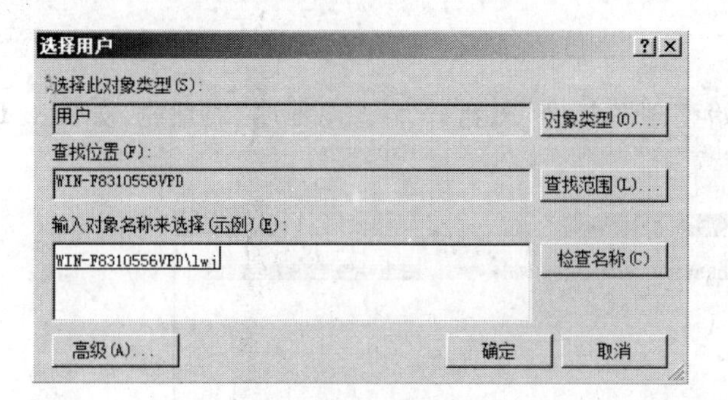

图 2-14 新加卷的配额项

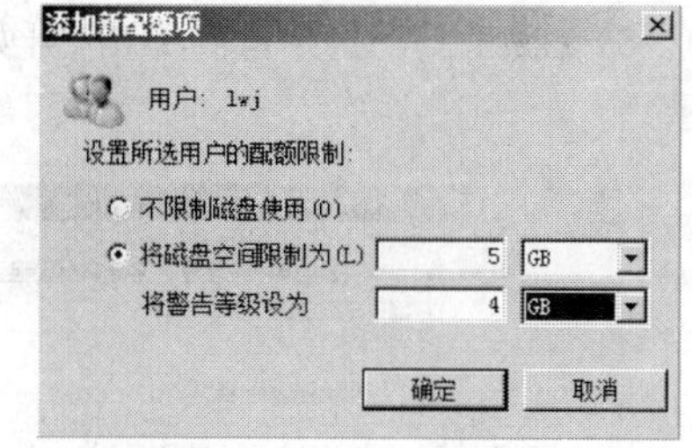

图 2-15 设置用户限制

(6) 返回如图 2-16 所示的"(C:)的配额项"对话框,可以看到对用户账户"lwj"所设置的配额限制,然后关闭对话框。

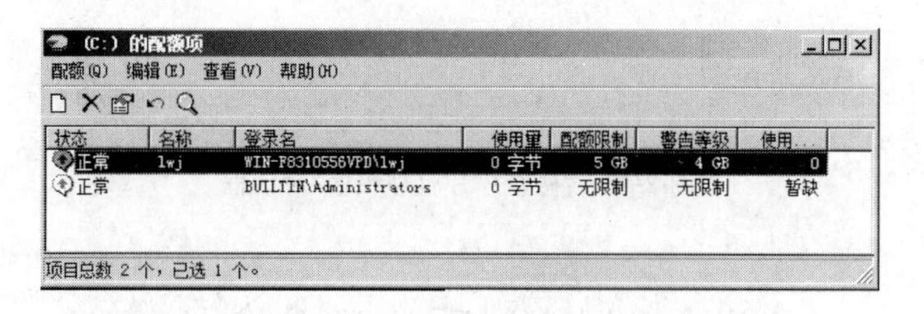

图 2-16 添加配额项后的效果

磁盘配额除了限制网络用户访问服务器空间的大小外,还有许多其他用途,如在 FTP 服务中限定用户能够上传数据的大小;电子邮件服务中限制用户可用的空间;WWW 服务中限制用户在个人网站中可以存放网页文件的容量等。

2.4 Windows Server 2008 磁盘整理

经常使用计算机的用户都会有这样的经验，经过一段时间的操作后，计算机系统的整体性能有所下降。这是因为用户对磁盘进行多次读写操作后，磁盘上碎片文件或文件夹过多。由于这些碎片文件和文件夹被分割放置在一个卷上的许多分离的部分，Windows 系统需要花费额外的时间来读取和搜集文件和文件夹的不同部分。磁盘碎片整理程序将重新安排计算机硬盘上的文件、程序以及未使用的空间，把碎片文件和文件夹的不同部分移动到卷上的同一个位置，使其拥有一个自己独立的连续存储空间，以便程序运行得更快，文件打开得更迅速，同时磁盘上的空闲空间也会得到巩固。

要进行磁盘整理，步骤如下。

（1）选定需要进行磁盘整理的驱动器盘符图标，如 G 盘，单击鼠标右键，在菜单中选择“属性”对话框。

（2）单击“工具”选项卡。

（3）在“工具”选项卡中单击“开始整理”，打开“磁盘碎片整理程序”对话框，如图 2-17 所示。

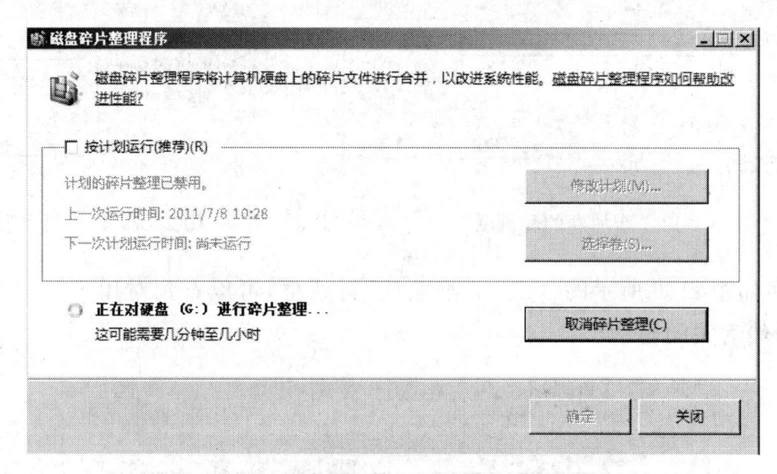

图 2-17 “磁盘碎片整理程序”对话框

2.5 Linux 下的磁盘分区

在安装 Linux 前要对硬盘规划好，即确定好安装在哪个分区。安装 Linux 一般要建立两个分区：根分区（Linux Native）和交换区（Linux Swap），下面以 RHEL6 安装过程为例，介绍 Linux 磁盘分区及文件系统建立。

磁盘分区是整个安装过程里面最重要的部分，如图 2-18 所示。

选择最后一项，创建自定义布局，然后单击“下一步”。图 2-19 中上方为硬盘的分区示意图，目前因为硬盘并未分区，所以呈现的就是一整块而且为 Free 的字样。

在手动分区的窗口中有一些按钮，可以用来改变一个分区的属性，还可以用来创建RAID设备，下面介绍这些按钮。

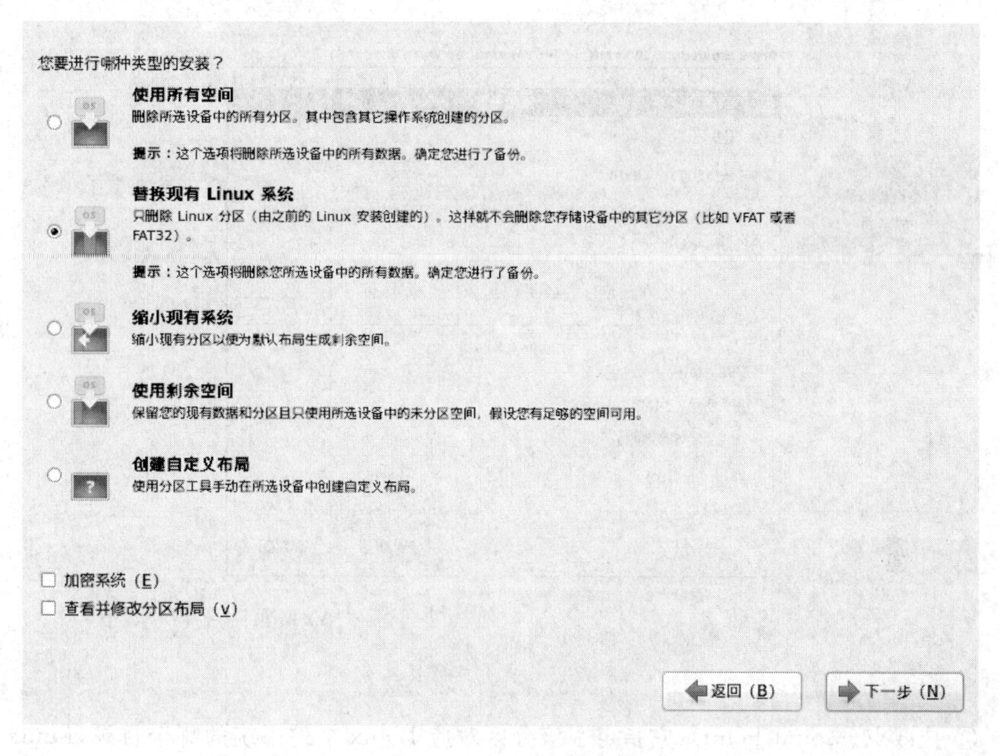

图 2-18　选择磁盘分区方式

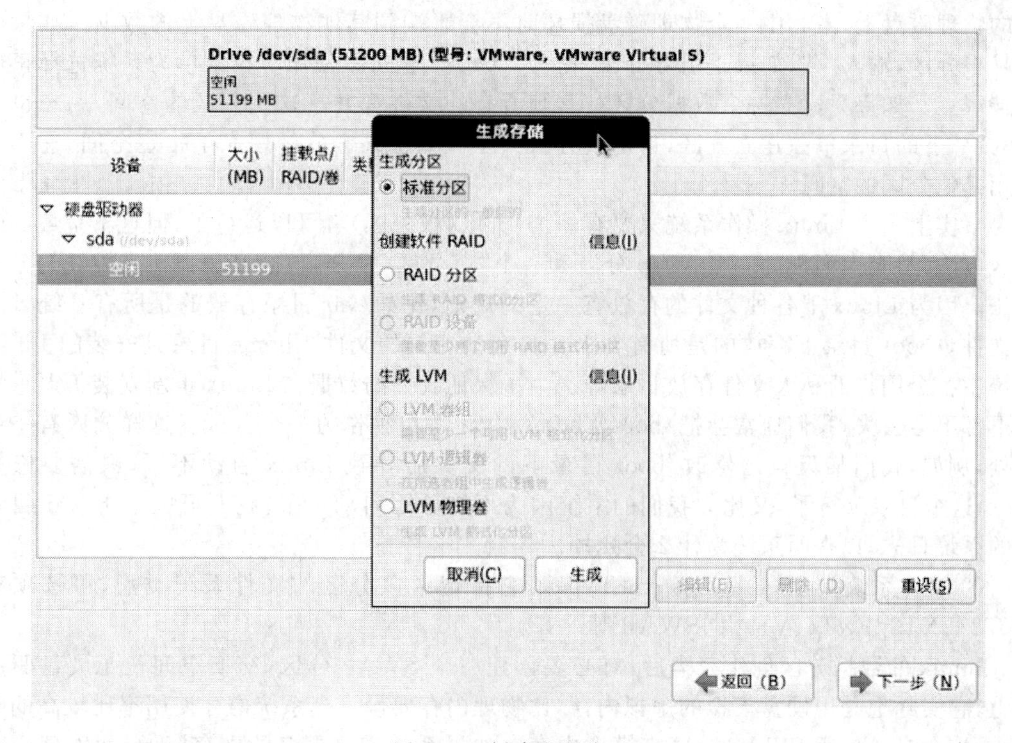

图 2-19　创建磁盘分区

① 单击“新建”创建一个分区，默认选择标准分区，单击“生成”，打开图 2-20，这里以创建/boot 分区为例。

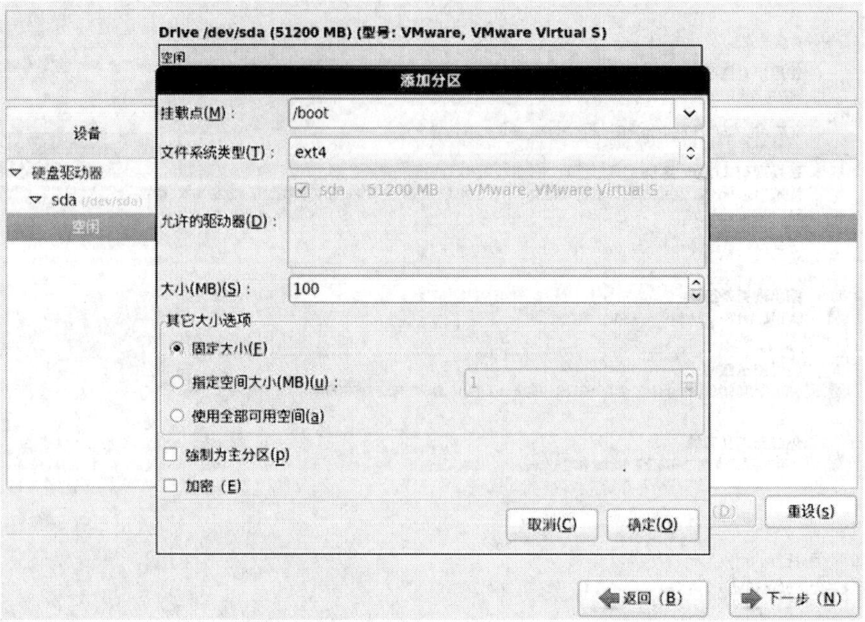

图 2-20　创建/boot 分区

② 挂载点（Mount Point）：它指定了该分区对应 Linux 文件系统的哪个目录，Linux 允许将不同的物理磁盘上的分区映射到不同的目录，这样可以实现将不同的服务程序放在不同的物理磁盘上，当其中一个物理磁盘损坏时不会影响到其他物理磁盘上的数据。如果分区是根分区，输入“/”，如果是引导分区，输入“/boot”，也可以使用下拉菜单为系统选择正确的挂载点。如果只建立一个数据分区“/”，则所有的文件都共享这个分区的空间，用户也可以为“/”下的目录单独建立分区，指定其分区大小。如果某个分区用完了指定空间，它不会占用其他分区的空间。

事实上一个 Linux 操作系统只要有一个/分区（根分区）就可以运行了，但这不是最好的分区方法，甚至上面说的一个 swap 分区和一个“/”分区（根分区）的方法都不是最好的分区方法。因为 Linux 下各种文件的存放有一定的规则，比如/var 目录存放的是所有系统日志等文件，/boot 目录下存放的是所有与 Linux 启动相关的文件，/home 目录是安装的 Linux 系统中各个用户的私人文件存放目录等。为了保证我们的数据在 Linux 重新安装等严重情况下都不会丢失，我们通常会把/boot、/home、/var 等单独作为一个分区。这样分区有一些好处，例如，我们某天自己修改/boot 目录下的文件后导致 Linux 启动不了，只需要修复/boot这个目录就行了，又比如我们的系统因为不知原因启动不了，我们可以分析/var 目录下的系统日志，以查明系统为什么会死掉。

③ 文件系统类型（File System Type）：它指定了该分区的文件系统类型，可选项有 EXT2/EXT3/EXT4、VFAT、SWAP 等。

Linux 的数据分区创建完毕后，有必要创建一个 SWAP 分区，交换空间位于硬盘驱动器上，它实际上是用硬盘模拟的虚拟内存，比物理内存要慢。当系统内存使用率比较高的时候，内核会自动使用 SWAP 分区来模拟内存。如果系统需要更多的内存资源，而物理内存已经充满，内存中不活跃的页就会被转移到交换空间去。虽然交换空间可以为内存比较小的机器提供帮助，但是这种方法不应该被当成是对内存的取代。交换空间可以是一个专用的交换分区（推荐的方法）、交换文件，或两者的组合。系统就能在内存中留出空间用于存储当前正在处理的数据，并在系统面临主内存空间不足的风险时提供应急溢出。

④ 允许的驱动器（Allowed Drivers）：如果计算机上有多个物理磁盘，就可以在这个菜单选项中选中需要进行分区操作的物理磁盘。

⑤ 大小（Size）：指分区的大小（以 MB 为单位），Linux 数据分区的大小可以根据用户的实际情况进行填写。

⑥ 其他大小选项（Additional Size Options）：选择是否将分区保留为固定大小，可以允许分区"扩大"到某程度。如果为固定大小则不允许"扩大"，否则可以"扩大"到指定空间大小（在选项的右侧输入指定大小）或使用全部可用空间。

⑦ 强制为主分区（Force to a Primary Partition）：选择所创建的分区是否为硬盘的 4 个主分区之一。

⑧ 加密（Encrypt）：选择是否加密。

2.6 Linux 磁盘管理基本命令与工具

不管是系统软件还是应用软件，都要以文件的形式存储在计算机的磁盘空间中。因此，应该随时监视磁盘空间的使用情况。在 Linux 操作系统中提供了一组有关磁盘管理的命令。

1. df 命令

功能：检查文件系统的磁盘空间占用情况。可以利用该命令来获取硬盘被占用了多少空间，目前还剩下多少空间等信息。df 命令还可显示所有文件系统对 *i* 节点和磁盘块的使用情况。

格式：df ［选项］

常用选项：

-a 显示所有文件系统的磁盘使用情况，包括 0 块（block）的文件系统，如/proc 文件系统。

-k 以 *k* 字节为单位显示。

-i 显示 *i* 节点信息，而不是磁盘块。

-t 显示各指定类型的文件系统的磁盘空间使用情况。

-x 列出不是某一指定类型文件系统的磁盘空间使用情况（与 t 选项相反）。

-T 显示文件系统类型。

例 2-1 列出各文件系统的磁盘空间使用情况。

```
# df
Filesystem  1K-blocks  Used      Available  Use%   Mounted on
/dev/hda2   1361587    1246406   44823      97%    /
```

df 命令的输出清单的第 1 列代表文件系统对应的设备文件的路径名（一般是硬盘上的分区）；第 2 列给出分区包含的数据块（每块 1 024 B）的数目；第 3、4 列分别表示已用的和可用的数据块数目。第 3、4 列块数之和不等于第 2 列中的块数，是因为默认的每个分区都留了少量空间供系统管理员使用，即使遇到普通用户空间已满的情况，管理员仍能登录和留有解决问题所需的工作空间。清单中 Use%列表示普通用户空间使用的百分比，即使这一数字达到 100%，分区仍然留有系统管理员使用的空间。最后一列 Mounted on 表示文件系统的安装点。

例 2-2 列出文件系统的类型。

```
# df -T
Filesystem  Type  1K-blocks  Used Available  Use%  Mounted on
/dev/hda2   ext3  1361587    1246405 44824   97%   /
```

2. du 命令

du 的英文原义为"disk usage"，含义为统计文件(或目录)所占磁盘空间的大小，显示磁盘空间的使用情况。该命令可以逐级进入指定目录的每一个子目录并显示该目录占用文件系统数据块(1 024 B)的情况。若没有给出指定目录，则对当前目录进行统计。

格式：du ［选项］ ［文件］

常用选项：

-s,--summarize 只分别计算命令列中每个参数所占的数据块总数。

-a,--all 递归地显示指定目录中各文件及子目录中各文件占用的数据块数。若既不指定-s，也不指定-a，则只显示当前目录中的每一个目录及其中的各子目录所占的磁盘块数。

-b 以字节为单位列出磁盘空间使用情况(系统默认以 *k* 字节为单位)。

-k 以 1 024 B 为单位列出磁盘空间使用情况。

-c 最后再加上一个总计(系统默认设置)。

-l 计算所有的文件大小，连硬链接的大小也计算在内。

-x 跳过在不同文件系统上的目录不予统计。

例 2-3 列出/home 各目录所占的磁盘空间，但不详细列出每个文件所占的空间。

```
# du  /home
12  ./zlf/.kde/Autostart
16  ./zlf/.kde
...
```

输出清单中的第一列是以块为单位计的磁盘空间容量，第二列列出目录中使用这些空间的目录名称。

例 2-4 列出所有文件和目录所占的空间(使用 a 选项)，而且以字节为单位(使用 b 选项)来计算大小。

```
#du  -ab  /home
4096  ./zlf/.kde/Autostart/Autorun.desktop
4096  ./zlf/.kde/Autostart/.directory
...
```

3. mkfs 命令

mkfs(Make Filesystem)用途：在分区中创建文件系统(格式化)。

格式：mkfs -t 文件系统类型分区设备

例如：#mkfs -t ext4 /dev/sdb1。

除了 mkfs 命令，还有其他命令可以创建文件系统，这些命令通常在/sbin 目录下，用 ls

查看这些命令。

```
#ls  /sbin/mkfs*
/sbin/mkfs            /sbin/mkfs.ext3           /sbin/mkfs.msdos
/sbin/mkfs.cramfs     /sbin/mkfs.ext4           /sbin/mkfs.vfat
```

4. mkswap 命令

创建交换文件系统，用途：Make Swap。

格式：mkswap 分区设备

在 Linux 系统中，SWAP 分区的作用类似于 Windows 系统中的"虚拟内存"，可以在一定程度上缓解物理内存不足的情况。如果系统没有 SWAP 交换分区，或者现有交换分区的容量不够用，可以通过 mkswap 命令创建交换文件系统以增加虚拟内存。交换分区空间的启用、停用需要使用 swapon、swapoff 命令，free 命令可以查看物理内存、交换空间的使用情况。"swapon -s"命令也可查看交换分区的使用情况。

```
#partx  -a/dev/sdb          //查看分区情况
#mkswap  /dev/sdb5          //格式化一个设备磁盘，将其作为交换分区
#swapon  /dev/sdb6          //启用交换分区
#free|grep -i swap          //查看交换分区使用情况
#swapoff  /dev/sdb6         //停用交换分区
#swapon  -s                 //查看交换分区的状态
```

5. 磁盘分区工具 fdisk

fdisk 是 Linux 下的磁盘分区工具，能将磁盘划分成为若干个分区，同时也能为每个分区指定文件系统，如 fat32、linux、linux swap、fat16 格式等。当然也可以用 fdisk 工具先对磁盘分区，再使用 Linux 格式化命令来格式化文件类型，如 mkdosfs(FAT32)、mk2fs -j (ext3)、mkcramfs(cramfs)等。

例 2-5 查看 fdisk 的主要操作。

```
# fdisk
Command(m for help):m
Command action
a toggle a bootable flag
b edit bsd disklabel
c toggle the dos compatibility flag
d delete a partition
l list known partition types
m print this menu
n add a new partition
o create a new empty DOS partition table
p print the partition table
q quit without saving changes
s create a new empty Sun disklabel
t change a partition's system id
u change display/entry units
v verify the partition table
w write table to disk and exit
x extra functionality(experts only)
```

通过输入“m”，显示 fdisk 命令各参数的说明。其具体意义如下：

a 绑定一个分区为启动分区；

b 编辑一个分区类行为 bsd 的分区；

c 标识一个分区为 DOS 兼容的分区；

d 删除一个分区；

l 列出分区类型；

m 列出帮助信息；

n 添加一个分区；

o 创建一个空的 DOS 分区；

p 列出分区表；

q 不保存退出；

s 创建一个空的 Sun 分区表；

t 改变分区类型码；

u 改变分区大小的显示方式；

v 校验磁盘分区表；

w 把分区表写入硬盘并退出；

x 扩展功能(专家模式)。

例 2-6 要查看已有的分区情况。接下来输入命令 p，下面是输入后的结果：

```
Command(m for help):p
Disk/dev/hdb:255heads,63sectors,2491cylinders
Units = cylinders of 16065 * 512 bytes
Device Boot Start End Blocks Id System
/dev/hdb1 * 1 195 1566306 a5 BSD/386
/dev/hdb2 196 212 136552 + 82Linux swap
…
/dev/hdb12 533 794 2104483 + 83 Linux
Command(mfor help):
```

上面各列的含义如下。

① Device：已有的分区，从最后的/dev/hdb12 可以看出一共分了 12 个区。分区 1～4 是主分区(primary partitions)，大于 5 的都是逻辑分区(logical partition)。

② Boot：如果这一列有 *，那么说明该盘可用来引导系统，也就是我们平时说的启动盘，这里是/dev/hdb1。

③ Start：起始的柱面。并不是所有的硬盘的单个柱面的大小都是一样的，但是可以从前面的提示消息中看出来。这里的是：Units＝cylinders of 16 065×512 B，大概是8 MB。

④ End：结束柱面。这是很重要的一个参数，原因就是 LILO 的 1 024 柱面问题，LILO 不能安装在 1 024 柱面以后，而且有时不能引导 1 024 柱面以后的东西。

⑤ Blocks：分区所占用的块数，块的大小取决于用户的文件系统。一般是 1 KB 左右。这里第一个分区的大小是 1 566 306 KB，大概是 1.5 GB。

⑥ Id：分区类型对应的数字代码，fdisk 中通过 t 指定。其中 82 是交换分区，83 是 Linux 的标准分区。

⑦ System：该分区内安装的系统，和 Id 号码对应。

如果想改变硬盘的分区格式，可以通过 d 参数删除已存在的硬盘分区，再通过 n 参数增加新的分区。在输入 n 后，会要求用户选择分区类型，是主分区（p）还是扩展分区（e），然后就是设置分区大小。如果硬盘上已有扩展分区，则只能增加逻辑分区。在增加分区时，其类型都是默认的 Linux Native，如果要改变为其他类型，输入 t 参数，系统会提示输入要改变的分区及想要多分区类型（如果想知道系统支持的分区类型，输入 l）。

通过以上操作，就可以按照需要来划分磁盘分区了。

6. parted 分区工具

小于 2 TB 的分区一般使用 MBR 分区表，而大于 2 TB 的分区必须使用 GPT 分区表。GPT 格式的磁盘相当于原来 MBR 磁盘中保留 4 个 partition table 的 4×16 B，只留第一个 16 B，类似于扩展分区，真正的 partition table 在 512 B 之后，GPT 磁盘没有 4 个主分区的限制。fdisk 不支持 GPT，可以使用 parted 来对 GPT 磁盘操作。在提示符下输入 parted 就会进入交互式模式，如果有多个磁盘的话，我们需要运行 select sdx x 为磁盘，来进行磁盘的选择。

```
parted>
parted>select sdb 假设磁盘为 sdb
parted>mklabel gpt 将 MBR 磁盘格式化为 GPT
#parted>mklabel msdos 将 GPT 磁盘转化为 MBR 磁盘
parted>mkpart primary 0 100 划分一个起始位置为 0,大小为 100 M 的主分区
parted>mkpart primary 100 200 划分一个起始位置为 100M,大小为 200M 的主分区
#parted>mkpart primary 0 -1 将整块磁盘分成一个分区
parted>print 打印当前分区
parted>quit 退出
```

与 parted 相关的软件还有 qtparted，也能查看到磁盘的结构和所用的文件系统，是图形化的界面。

本章小结

本章主要讲述 Windows Server 2008 和 Linux 中的磁盘管理。首先介绍了磁盘的分类及分区方案，接下来给出了 Windows Server 2008 磁盘管理的功能，简单卷、带区卷、跨区卷、镜像卷和 RAID-5 卷概念以及 Windows Server 2008 磁盘配额与磁盘整理。在 Linux 部分，介绍了磁盘分区的概念和操作，以及磁盘管理的基本命令与工具。

习　　题

1. Windows Server 2008 中的磁盘管理有哪些新功能？
2. 什么是基本磁盘和动态磁盘？动态磁盘的优点是什么？
3. 动态磁盘有哪几种类型的卷？各自有什么特点？
4. 在 Linux 中如何显示出你的系统磁盘空间使用情况？
5. 在 Linux 中如何显示出你的当前目录下所有文件所占的空间？

第3章　文件系统管理

3.1　Windows 文件系统

文件系统指文件命名、存储和组织的总体结构，是操作系统的一个重要组成部分。不同的操作系统支持不同的文件系统。Windows 支持的文件系统包括：文件分配表 FAT (FAT16/FAT32)文件系统、NTFS 文件系统以及光盘文件系统(CDFS)。

3.1.1　FAT 文件系统

FAT(File Allocation Table)称为文件分配表，包括 FAT16 和 FAT32。FAT 是一种适合小卷集、对系统安全性要求不高、需要双重引导的用户应选择使用的文件系统。FAT 文件系统最早被应用于 MS-DOS 操作系统。利用 FAT，文件分配表跟踪文件首块地址、文件名和扩展名、文件建立的日期和时间标志、与文件相关的其他属性。FAT 目录项长度为 32 B，包含了 8.3 风格(是指 8 B 长度的文件名和 3 B 长度的扩展名)的文件名称、属性，以及目录项内容的第一个数据块编号等信息。

采用 FAT 文件系统格式化卷时以簇为单位进行磁盘分配，簇是用来分配保存文件的最小磁盘空间，是计算机中的最小存储单元。一个文件存储时可能占用多个簇，但一个簇只能存储一个文件的数据，如果一个簇存储某文件的末尾数据后还有剩余空间，则该簇剩余的空间被浪费。簇越小，磁盘存储信息就越有效。对于 FAT，默认簇的大小由卷的大小决定。如果用户使用 format 命令格式化卷，也可以指定簇的空间，但簇的数目必须是 512 B 到 65 536 B 之间的 2 次幂。

FAT32 文件系统是 FAT16 文件系统的更新版本，最初在 Windows 95 OSR2 中引入。文件命名规则与 FAT 文件系统相同。FAT16 支持卷最大只有 4 GB，而 FAT32 最大可达到 2 TB(1 TB=1 024 GB)。与 FAT16 相比，FAT32 通过扩展单个逻辑驱动器容量可达 127 GB，不再局限于 FAT16 卷的 2 GB。另外，对于 FAT32，簇的大小可从 1 个扇区(512 B)到 64 个扇区不等，且以 2 的幂次递增。如对于 FAT32 小于 8 GB 的分区，默认簇的大小为 4 KB，而对于 FAT16，当卷空间在 1 GB 到 2 GB 之间，默认簇空间为 32 KB，卷空间在 2 GB 到 4 GB 时为 64 KB。

FAT 文件系统是一种简单的文件系统，从安全和管理的观点看，FAT 有以下缺点。

(1) 易受损害：FAT 文件系统缺少错误恢复技术，当文件系统损害时计算机就要瘫痪或不正常关机。

(2) 单用户：FAT 文件系统是为单用户操作系统开发的，它只有只读、隐藏等少数几个公共属性，不保存文件权限信息，无法实施安全防护措施。

(3) 非最佳更新策略：FAT 文件系统在磁盘的第一个扇区保存其目录信息。当文件改变时，必须更新 FAT，需要磁盘驱动器不断在磁盘分区表寻找。当复制多个小文件时，这种开销很可观。

(4) 没有防止碎片的措施：FAT 文件系统以第一个可用扇区来分配空间，增加了磁盘碎片。

3.1.2 NTFS 文件系统

NTFS 有 5 个版本，最早的版本是 V1.0，随 Windows NT3.1 发布。Windows 的 NTFS 文件系统提供了 FAT 文件系统所没有的安全性、可靠性和兼容性。其设计目标是在大容量的硬盘上能够很快地执行读、写和搜索等操作，甚至包括像文件系统恢复这样的高级操作。NTFS 文件系统设计简单却功能强大。从本质上来讲，卷中的一切都是文件，文件中的一切都是属性，从数据属性到安全属性，再到文件名属性。NTFS 卷中的每个扇区都分配给了某个文件，甚至文件系统的超数据(描述文件系统自身的信息)也是文件的一部分。

NTFS 文件系统有以下主要特性。

(1) 支持活动目录，使网络管理和网络用户可以灵活地查看和控制网络资源。域是 Active Directory 的一部分，帮助网络管理者兼顾管理的简单性和安全性。

(2) NTFS 提供文件和文件夹安全性，通过为文件和文件夹分配 NTFS 权限来维护在本地级和网络级上的安全性。NTFS 分区中的每个文件或文件夹均有一个访问控制列表(ACL)，ACL 包含用户和组安全标识符(SID)及授予给用户和组的权限。

(3) 支持加密功能。可以加密硬盘上的重要文件，使得只有那些拥有系统管理员权限的用户才能访问这些加密文件，从而保证文件安全。

(4) 高可靠性：NTFS 是一种可恢复的文件系统，在 NTFS 分区上用户很少需要运行磁盘修复程序。NTFS 通过使用标准的事务处理日志和恢复技术来保证分区的一致性。发生系统失败事件时，NTFS 使用日志文件和检查点信息自动恢复文件系统的一致性。

(5) 坏簇映射：它检测坏簇或可能包含错误的磁盘区域。对坏簇作标记以防止用户以后在其中存储数据。如果坏簇上有任何数据，则系统将对其进行检索并将其存储在磁盘上的其他区域中。

(6) NTFS 支持对分区、文件夹和文件的压缩。NTFS 提供的文件压缩率可高达 50%。任何基于 Windows 的应用程序对 NTFS 分区上的压缩文件进行读写时不需要事先由其他程序进行解压缩。文件关闭或保存时会自动对文件进行压缩。当对文件读取时，将自动进行解压缩。

(7) NTFS 采用了更小的簇，可以更有效率地管理磁盘空间。对于 NTFS 文件系统，当分区的大小在 2 GB 以下时，簇的大小都比相应的 FAT32 簇小，当分区的大小在 2 GB 以上时(2 GB～2 TB)，簇的大小都为 4 KB。相比之下，NTFS 可以比 FAT32 更有效地管理磁盘空间，最大限度地避免了磁盘空间的浪费。

(8) 支持磁盘配额管理：磁盘配额就是管理员可以为用户所能使用的磁盘空间进行配额限制，每一用户只能使用最大配额范围内的磁盘空间。设置磁盘配额后，可以对每一个用户的磁盘使用情况进行跟踪和控制，通过监测可以标识出超过配额报警阈值和配额限制的用户，从而采取相应的措施。磁盘配额管理功能的提供，使得管理员可以方便合理地为用户分配存储资源，避免由于磁盘空间使用的失控可能造成的系统崩溃，提高了系统的安全性。

(9) 应用审核策略可以对文件夹、文件以及活动目录对象进行审核，审核结果记录在安全日志中，通过安全日志可以查看哪些组或用户对文件夹、文件或活动目录对象进行了什么级别的操作，从而发现系统可能面临的非法访问，通过采取相应的措施，将这种安全隐患减到最低。这些在FAT32文件系统下是不能实现的。

(10) NTFS使用一个“变更”日志来跟踪记录文件所发生的变更。

3.2 管理文件与文件夹的权限

3.2.1 NTFS文件与文件夹的权限类型

NTFS许可是Windows安全的基础之一。它从文件系统层级限制用户对文件的访问操作，进而保护文件不被未授权的用户访问。当用户访问NTFS文件系统中的文件时，系统首先查询一个称为访问控制列表(Access Control List)的许可清单，该清单列举出哪些用户或组对该资源有哪种类型的访问权限。访问控制清单中的各项称为访问控制项。如果用户拥有访问权限，则可以正常执行操作，反之，则会发出访问被拒绝的警告。

(1) 标准NTFS文件权限的类型

- 读取：允许用户读取文件内的数据，查看文件的属性。
- 写入：此权限可以将文件覆盖，改变文件的属性。
- 读取及运行：除了“读取”的权限外，还有运行应用程序的权限。
- 修改：除了“写入”与“读取与运行”权限外，还有更改文件数据、删除文件、改变文件名等权限。
- 完全控制：它拥有上面提到所有的NTFS文件权限，另外，还拥有“修改权限”和“取得所有”权限。

(2) 标准NTFS文件夹权限的类型

- 读取：此权限可以查看文件夹内的文件名称、子文件夹的属性。
- 写入：可以在文件夹里写入文件与文件夹，更改文件的属性。
- 列出文件夹目录：除了“读取”权限外，还有“列出子文件夹”的权限，即使用户对此文件夹没有访问权限。
- 读取与运行：它与“列出文件夹目录”有几乎相同的权限。但在权限的继承方面，“读取与运行”是文件与文件夹同时继承，而“列出子文件夹目录”只具有文件夹的继承性。
- 修改：它除了具有“写入”与“读取与运行”权限，还具有删除，重命名子文件夹的权限。
- 完全控制：它具有所有的NTFS文件夹权限。

3.2.2 NTFS文件夹与文件权限设置

要设置NTFS文件夹的权限，可以选定相应的文件夹，单击鼠标右键，在快捷菜单中单击“属性”，打开如图 3-1 所示“安全”选项卡。

可以单击图 3-1 中的“编辑”按钮，添加或删除访问的组或用户。“安全”选项卡的下面是对组或用户权限的详细设置，单击右下方的“高级”按钮，打开如图 3-2 所示“高级安全设置”对话框。

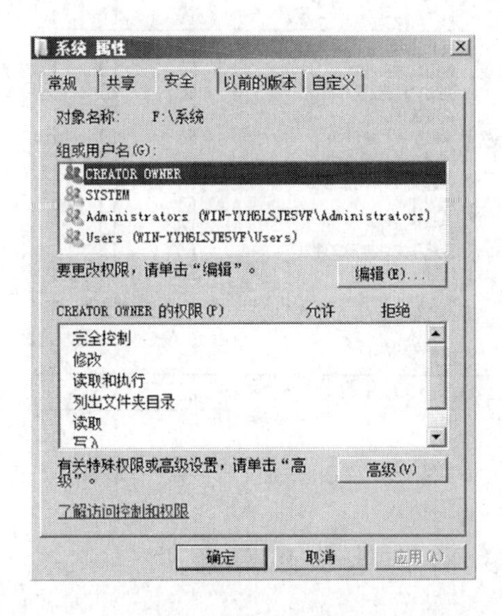

图 3-1 文件夹的“安全”选项卡

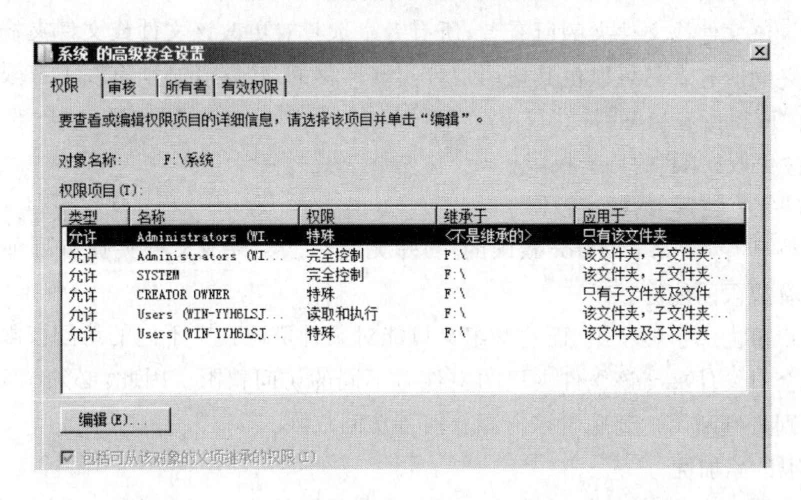

图 3-2 “高级安全设置”对话框

可以在图 3-2“高级安全设置”对话框中添加相应的权限项目，也可以对已有的权限项目进行编辑或删除。可以单击“权限”选项卡下方的“允许将来自父系的可继承权限传播给该对象”复选框，设置文件夹的权限可以继承上一文件夹的权限。也可以重置所有子对象的权限并允许传播可继承权限。也就是说清除子对象所有权限，然后将子对象的权限重新设置成与父对象相同的权限。单击图 3-2 中的“编辑”按钮，打开选定对象的“权限项目”对话框，如图 3-3 所示。

要指派 NTFS 文件权限，选定相应的文件，单击鼠标右键，单击快捷菜单“属性”，打开“属性”对话框中的“安全”选项卡，接下来的操作与指派文件夹权限的操作类似。

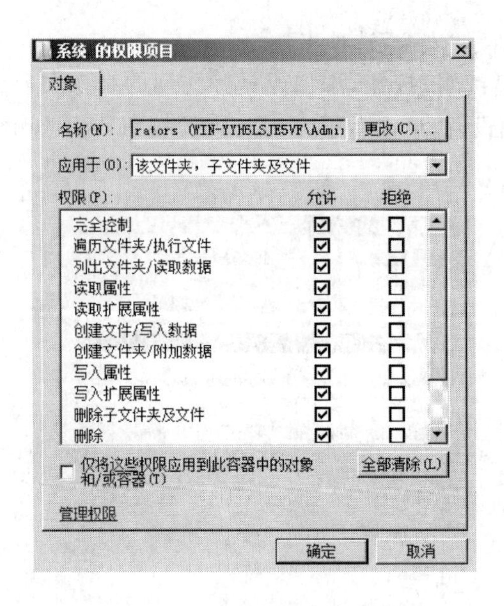

图 3-3 “系统的权限项目”对话框

3.2.3 文件与文件夹的权限约束与有效性

在 NTFS 磁盘分区内，每个文件与文件夹都有其“所有者”。系统默认建立文件或文件夹的用户就是该文件或文件夹的所有者，所有者永远具有更改该文件或文件夹权限的能力。文件或文件夹的所有者是可以由其他用户来实现转移的，转移者必须有以下权限：

① 拥有“取得所有权”的特殊权限；

② 拥有“更改权限”的特殊权限；

③ 拥有“完全控制”的标准权限。

任何一位具有 Administrator 权限的用户，无论对该文件或文件夹拥有哪种权限，永远具有夺取所有权限的能力。

一个用户可能属于多个组，而这些组又可能对某种资源具有不同的访问权限。另外，用户或组可能会对文件夹与该文件夹里的文件有不同的访问权限。因此，必须了解 NTFS 权限的一些法则来判断用户到底对该资源有何种访问权限。

(1) 权限的累加性

当用户属于多个组，而这些组被赋予对某资源不同的访问权限，则该用户对此资源的有效权限是所有权限的总和，即将所有的权限加在一起。

(2) “拒绝”权限会覆盖所有其他权限

虽然用户的有效权限是所有权限的来源的总和。但是只要其中有一个权限是被设为拒绝访问，则用户最后的有效权限将是无法访问此资源。

(3) 文件权限会超越文件夹的权限

如果针对某个文件夹设置了 NTFS 权限，同时也对该文件夹内的文件设置了 NTFS 权限。则以文件的权限设置为优先。

3.3 管理共享文件夹

管理共享文件夹的步骤如下。

(1) 打开“开始”菜单，选择“控制面板”→“管理工具”→“计算机管理”，打开“计算机管理”控制台，然后选择“共享文件夹”，展开之后选择“共享”选项，如图 3-4 所示。在窗口的右边显示出了计算机中所有共享文件夹的信息。

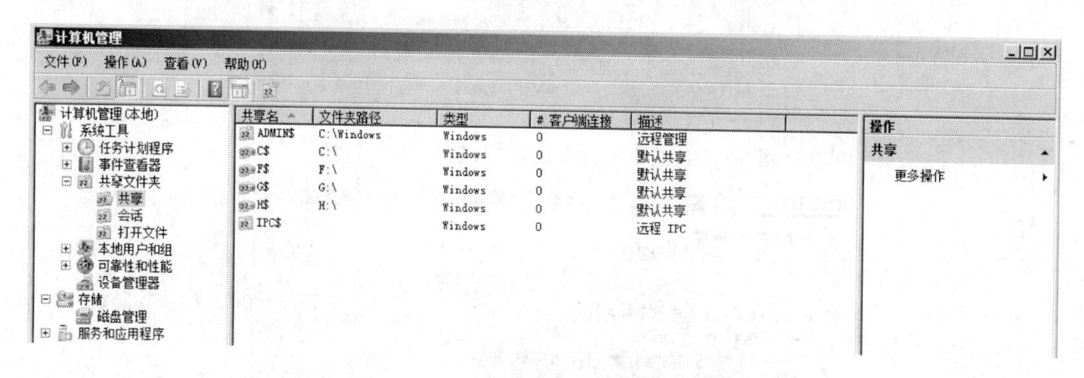

图 3-4 “计算机管理”窗口

(2) 要建立新的共享文件夹，可选择主菜单“操作”中的“新建共享”子菜单，或者在右侧窗口单击鼠标右键选择“新建共享”菜单，打开“创建共享文件夹向导”对话框如图 3-5 所示。

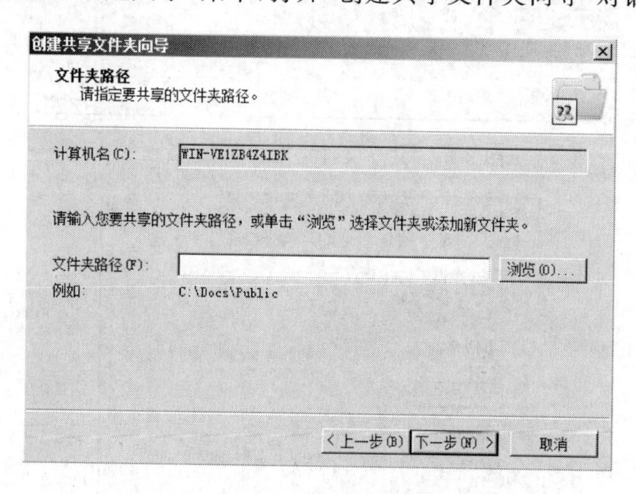

图 3-5 “创建共享文件夹向导”对话框

(3) 在图 3-5 中单击“浏览”按钮，选择“F”盘上的“网络操作系统”设置为共享。

(4) 单击“下一步”，为共享文件夹设置“共享名”、“描述”等信息，如图 3-6 所示。

(5) 单击“下一步”，打开如图 3-7 所示的对话框，对共享文件夹设置权限。用户可以根据自己的需要设置网络用户的访问权限，或者选择“自定义”自己定义网络用户的访问权限。设置完毕后，单击“完成”即可。

要设置共享文件夹，也可以选择相应的文件夹，单击鼠标右键，在快捷菜单中选择“属性”，单击“共享”选项卡，如图 3-8 所示。

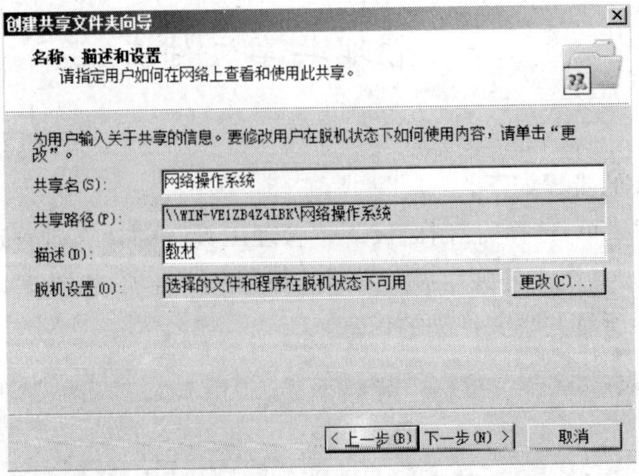

图 3-6　为共享文件夹设置“共享名”和“描述”

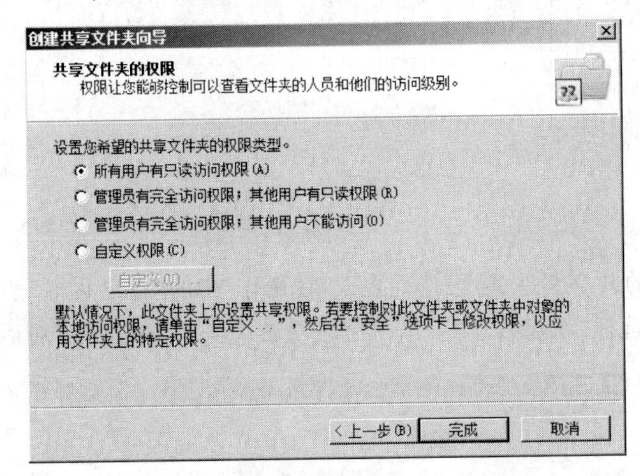

图 3-7　“共享文件夹的权限”对话框

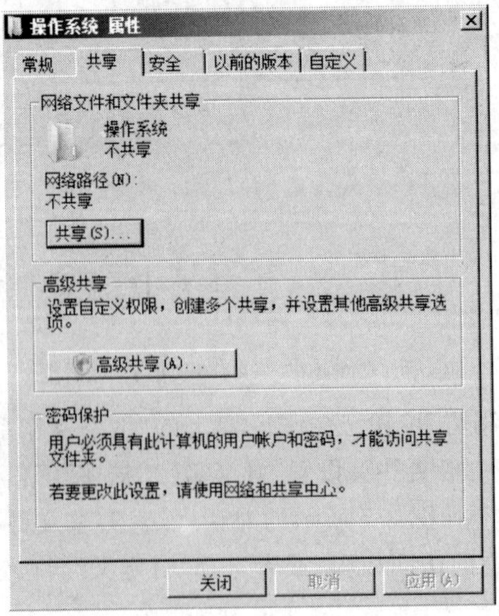

图 3-8　文件夹“共享”选项卡

选择“高级共享”选项，勾选“共享此文件夹”，可以设置共享名和权限，设置允许访问的用户权限，如图 3-9 所示。设置完毕后，单击“确定”即可。

要停止共享文件夹，可以在图 3-4“计算机管理”窗口中，选择要停止的共享的文件夹，单击右键，选择“停止共享”命令。

3.4 文件与文件夹的压缩与加密

在 Windows Server 2008 中可以将 NTFS 分区内的文件、文件夹压缩，以充分利用磁盘空间。设置完压缩属性后，以后文件、文件夹的压缩与解压缩，都是由系统自动完成的。

要设置文件夹的压缩属性，选择相应的文件夹(如 drivers)，单击鼠标右键在快捷方式中选择“属性”，打开如图 3-10 所示“drivers 属性”对话框。

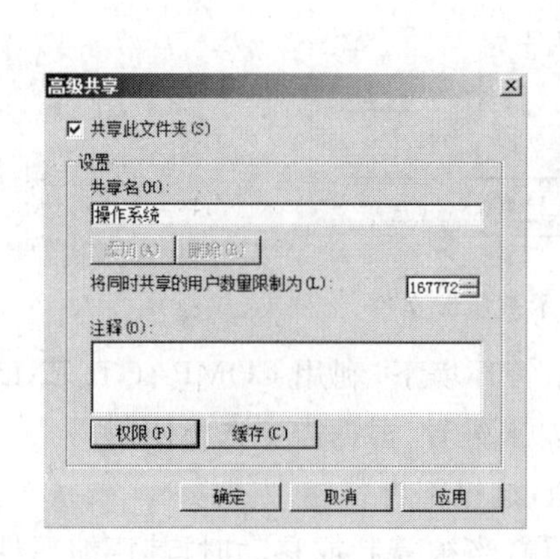

图 3-9 文件夹的“高级共享”

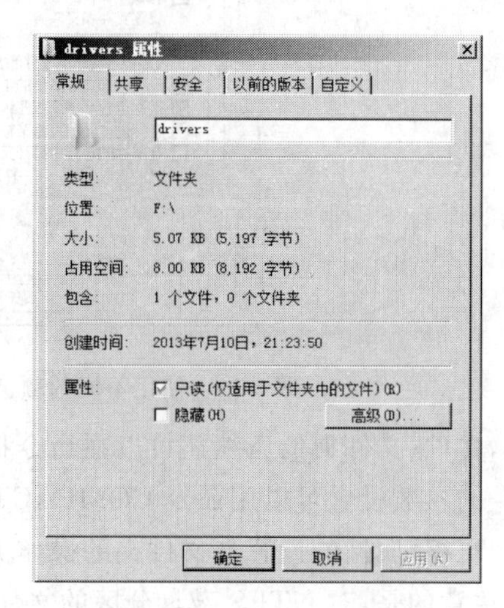

图 3-10 “drivers 属性”对话框

在如图 3-10 所示“drivers 属性”对话框中选择“常规”选项卡，单击“高级”，打开如图 3-11 所示“高级属性”对话框。

单击如图 3-11 所示“高级属性”对话框中的“压缩内容以便节省磁盘空间”复选框，可将该文件夹标记为“压缩”文件夹，单击“确定”，返回如图 3-10 所示“drivers 属性”对话框，单击图 3-10“drivers 属性”对话框中的“确定”，打开如图 3-12 所示“确认属性更改”对话框。

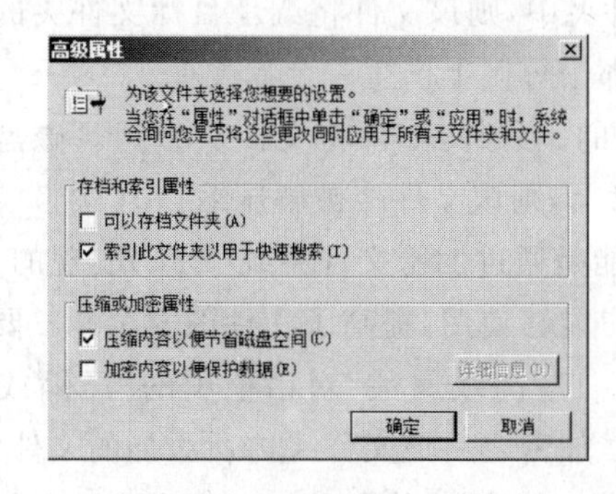

图 3-11 “高级属性”对话框

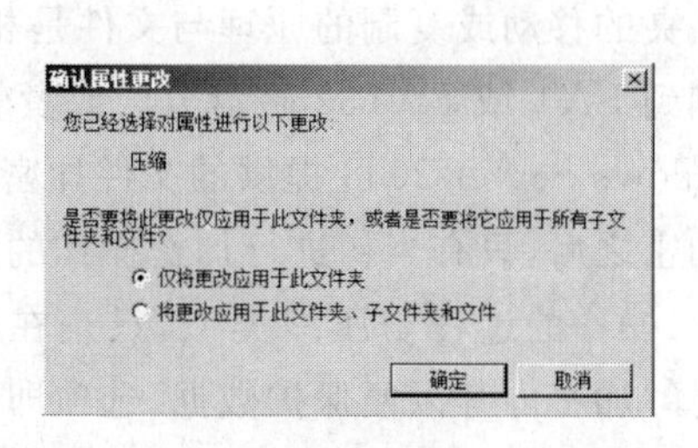

图 3-12 “确认属性更改”对话框

可以选择将更改的压缩属性仅应用于该文件夹,也可以应用于该文件夹、子文件夹和文件。单击“确定”,完成设置。可以看到压缩后的文件夹呈彩色显示。这是因为系统默认用彩色显示加密或压缩的 NTFS 文件。打开“资源管理器”或者“我的电脑”,选择菜单“工具”→“文件夹选项”,选择“查看”属性页,可以看到复选“用彩色显示加密或压缩的 NTFS 文件”,如图 3-13 所示。

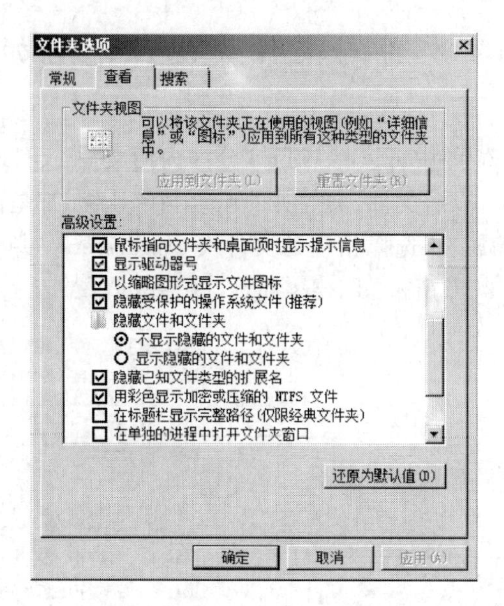

图 3-13　使用不同的颜色显示被压缩文件、文件夹

另外,文件、文件夹的压缩还可以在命令提示符环境下,利用 COMPACT. EXE 程序实现,该命令的参数设置可以用命令 COMPACT/? 来查看,根据需要选择使用。

文件“压缩”属性的设置与文件夹的操作类似,这里不再赘述。

需要注意的是,对 NTFS 磁盘分区的文件来说,当被复制或移动时,其压缩属性的变化依下列情况而不同。

(1) 文件由一个文件夹复制到另外一个文件夹时,由于文件的复制要产生新文件,因此,新文件的压缩属性继承目标文件夹的压缩属性。

(2) 文件由一个文件夹移动到另外一个文件夹时,还要分以下两种情况。

① 如果移动是在同一个磁盘分区中进行的,则文件的压缩属性不变。因为 Windows Server 2008 中,同一磁盘中文件的移动只是指针的改变,并没有真正的移动。

② 如果移动到另一个磁盘分区的某个文件夹中,则该文件将继承目标文件夹的压缩属性。因为移动到另一个磁盘分区,实际上是在那个分区上产生一个新文件。

文件夹的移动或复制的原理与文件是相同的。另外,如果将文件从 NTFS 磁盘分区移动或复制到 FAT 或 FAT32 磁盘分区或者软盘上,则该文件会被解压缩。

Windows Server 2008 提供的文件加密功能是通过加密文件系统(EFS)实现的。文件、文件夹加密之后,只有当初进行加密操作的用户能够使用,提高了文件的安全性。要对文件进行加密,操作的过程与压缩类似,只是在图 3-11“高级属性”对话框中的“压缩或加密属性”处选择“加密内容以便保护数据”选项即可。加密之后该文件夹内所添加的文件、子文件夹与子文件夹内的文件都会被自动加密。当然也可以同时将之前已经存在于该文件夹内的现有文件、子文件夹与子文件夹内的文件加密，或者保留其原有的状态。文件、文件夹的加密也可以在命令提示符环境下，利用 CIPHER.EXE 程序实现，该命令的参数设置可以用命令 CIPHER/? 来查看，并根据需要选择使用。

3.5 卷影副本

共享文件夹的卷影副本提供共享资源中(如文件服务器)文件的即时点副本。通过共享文件夹的卷影副本，可以查看在过去的时间点中存在的共享文件和文件夹。访问文件的以前的版本或卷影副本非常有用，因为这样可以恢复意外删除或覆盖的文件。如果意外删除了某个文件，可以打开以前的版本，然后将其恢复到安全的位置。

使用卷影副本需要注意以下事项。

(1) 当恢复文件时，文件权限不会更改。权限在恢复前后没有变化。当恢复一个意外删除的文件时，文件权限将被设为该目录的默认权限。

(2) 共享文件夹的卷影副本在所有版本的 Windows Server 2008 R2 中都可用。但是，用户界面不可用于服务器核心安装选项。若要利用服务器核心安装为计算机创建卷影副本，需要从另一台计算机远程管理此功能。

(3) 使磁盘联机时，如果磁盘包含卷的卷影副本存储空间，为了防止可能丢失快照，会在使卷本身联机之前使磁盘联机。

(4) 创建卷影副本不能替代创建常规备份。

(5) 当存储区域达到限制值之后，将删除最旧的卷影副本，从而留出空间以便创建更多卷影副本。删除卷影副本之后，将无法检索该副本。

(6) 可以调整存储位置、空间分配和计划以适合需要。在“本地磁盘属性”页面的“卷影副本”选项卡上，单击“设置”。

(7) 每个卷上最多可以存储 64 个卷影副本。达到该限制值之后，将删除最旧的卷影副本，因此无法检索该副本。

(8) 卷影副本是只读的。不能编辑卷影副本的内容。

(9) 只能针对每个卷启用共享文件夹的卷影副本，也就是说，不能在卷上选择要复制或不要复制的特定共享文件夹和文件。

配置卷影副本的步骤如下。

(1) 首先在计算机的 F 盘创建共享文件夹“卷影副本”。在该文件夹内创建文件“测试”，内容为“现在是 11：37 分”。

(2) 在计算机上单击“开始”→“管理工具”→“计算机管理”，打开“计算机管理”控制台，展开“系统工具”节点，右击“共享文件夹”，在弹出菜单中选择“所有任务”→“配置卷影副本”，如图 3-14 所示。

在打开的“卷影副本”对话框中，可以看到当前没有启用任何卷影副本，该卷 F 上共有一个共享文件夹，如图 3-15 所示。

(3) 单击“启用”，弹出如图 3-16 所示的“启用卷影复制”界面，该信息标识启用卷影复制后 Windows 将使用默认计划和设置，单击“启用”开始启用卷影复制。返回如图 3-16 所示的“卷影副本”对话框，可以看到已经创建了一个卷影副本，其时间为 2013/7/24 11：53。

(4) 修改文件夹“卷影副本”中的文件“测试”，在该文件原有数据之外添加“现在是 11：58 分”，如图 3-17 所示。然后将其保存。

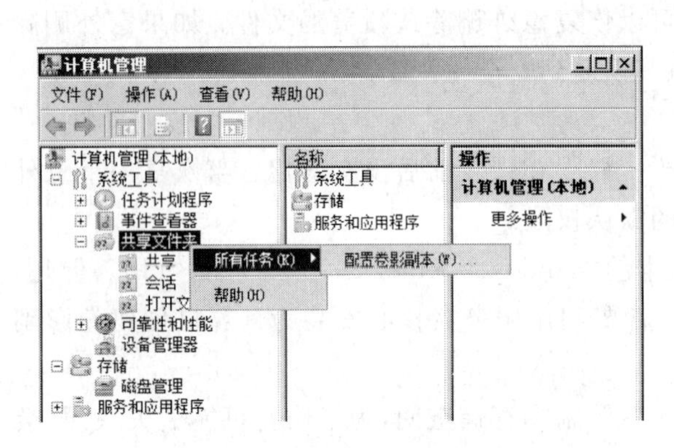

图 3-14 配置卷影副本

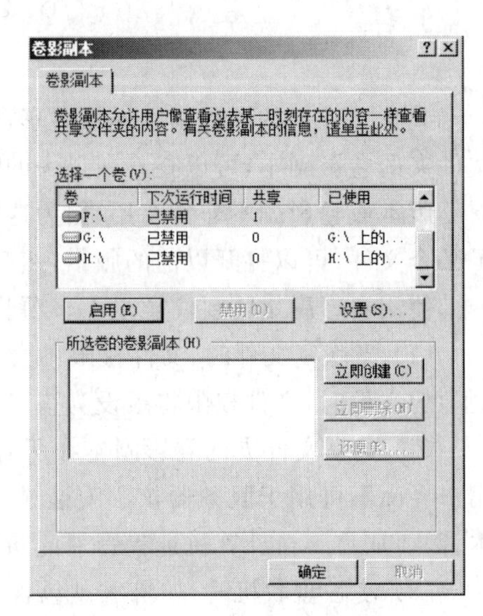

图 3-15 启用和设置卷影副本

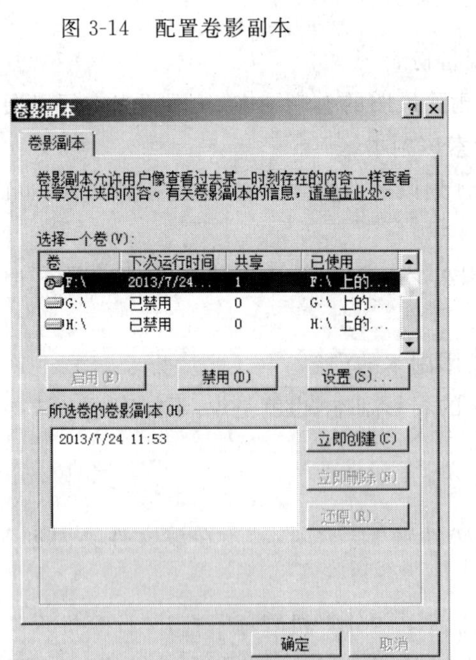

图 3-16 启用和设置卷影副本

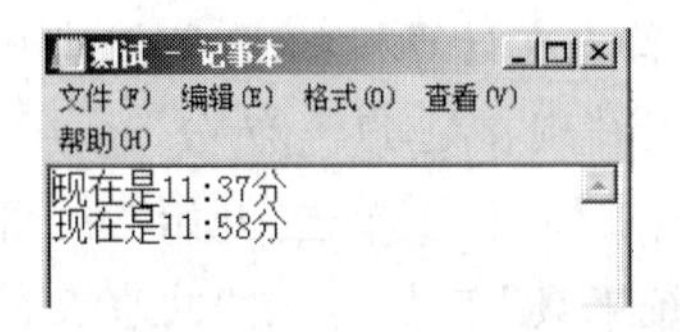

图 3-17 测试文件内容

(5) 在另一个客户端上，可以单击“开始”→“运行”，打开运行对话框后输入原先计算机的路径就可以查看共享文件夹的“卷影副本”，如图 3-18 所示。

接着打开“卷影副本\\192.168.117.129”属性对话框的“以前的版本”选项卡，如

图 3-19 所示。

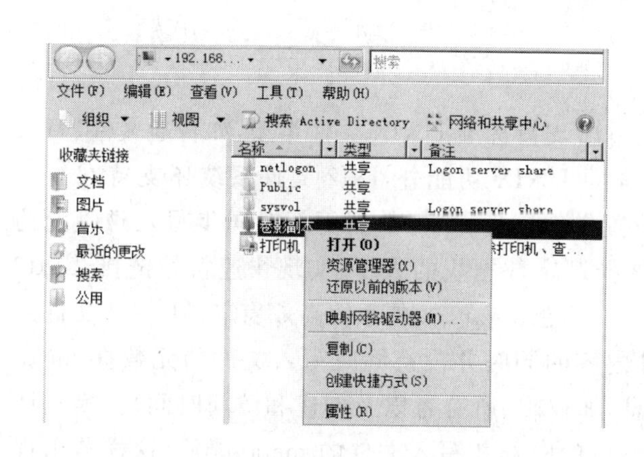

图 3-18　还原以前的版本

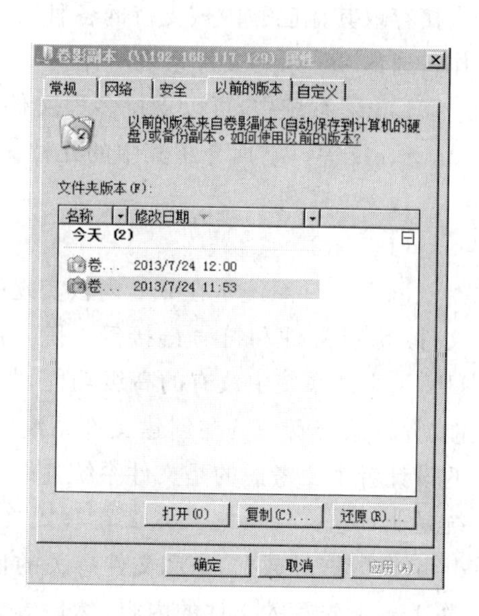

图 3-19　A 上卷影副本文件夹属性

选择文件夹版本，单击“还原”弹出图 3-20 所示的以前的版本界面，该信息表示还原以前的版本后，将替换该文件夹的当前版本，如图 3-20 所示。

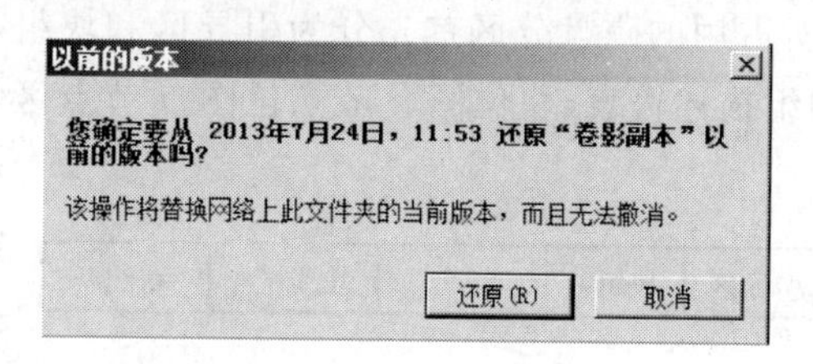

图 3-20　还原以前的版本

单击“还原”开始还原文件夹，最后单击“确定”即可，此时文件测试的内容为“现在是 11∶37分”。

3.6　Linux 文件系统

文件系统是 Linux 操作系统的重要组成部分，Linux 文件系统具有强大的功能，不仅包含着文件中的数据而且还有文件系统的结构，所有 Linux 用户和程序看到的文件、目录、软连接及文件保护信息等都存储在其中。Linux 最早的文件系统是 Minix，后来专门为 Linux 设计的文件系统 ext2(扩展文件系统第二版)被设计出来并添加到 Linux 中，并对 Linux 产生了重大影响。早期的 Linux 内置支持的文件系统不多，自 kernel 2.0.x 起并支持到 VFAT，以后逐渐增加，到目前可以说绝大多数的文件系统都可以支持，只是有一些文件系统如 NTFS 需要重新编译内核才能支持。一个已经安装的 Linux 操作系统究竟支持几种文件系统类型，需要由文件系统类型注册表来描述。注册表通过 file-system_type 节点来描述一个已注册的文件系统类型。Linux 系统也常常使用虚拟文件系统 VFS，通过 VFS 可以直接存取其他已被内核支持的各种文件系统，同时，VFS 使得操作其他文件系统就像是操作普通的 ext 系列文件系统一样。

Linux 系统中，可以支持多种文件系统，如 ext2、ext3、ext4、xfs、vfat、ntfs、iso9660、jfs、romfs、nfs 等。下面介绍其中的几种文件系统。

1. ext 系列

（1）ext2

ext2 文件系统是在 2.2 内核实现的，ext2 支持标准 UNIX 文件类型，如普通文件、目录文件、特别文件和符号链接等。除了标准的 UNIX 功能外，ext2 文件系统还支持在一般 UNIX 文件系统中没有的高级功能，如设置文件属性、支持数据更新时同步写入磁盘的功能、允许系统管理员在创建文件系统时选择逻辑数据块的大小、实现快速符号链接。ext2 的设计者主要考虑的是文件系统性能方面的问题。ext2 文件系统高效稳定，但 ext2 文件系统是非日志文件系统。ext2 在写入文件内容的同时并没有同时写入文件的元数据 meta-data（即数据的数据，是和文件有关的信息，如权限、所有者以及创建和访问时间）。换句话说，Linux 先写入文件的内容，然后等到有空的时候才写入文件的 meta-data。这样若出现在写入文件内容之后，写入 meta-data 之前系统突然断电，就可能造成文件系统处于不一致的状态，尤其在一个有大量文件操作的系统中出现这种情况会导致很严重的后果，这也因此导致了新的日志式文件系统的出现。

ext2 文件系统把它所占用的磁盘分区首先分为引导区和块组，每一个块组中都由超级块、记录所有块组信息的组描述符表、块位图、*i* 节点位图、*i* 节点区和数据区组成，如图 3-21 所示。

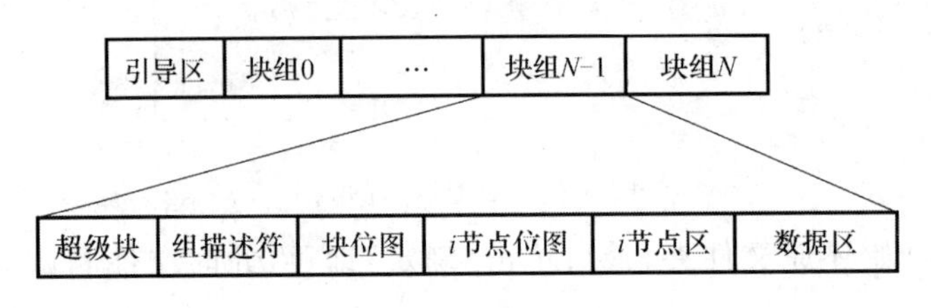

图 3-21　ext2 文件系统

引导块位于文件系统的开头，通常为一个扇区，其中存放引导程序，用于读入并启动操作系统。超级块用于记录文件系统的管理信息，特定的文件系统定义了特定的超级块。inode区（索引节点）存放文件系统所有的 *i* 节点，一个文件或目录占据一个索引节点。第一个索引节点是该文件系统的根节点。利用根节点，可以把一个文件系统挂在另一个文件系统的非叶节点上。数据区用于存放文件数据或者管理数据。

（2）ext3

ext3 文件系统从 ext2 文件系统发展而来，它完全兼容 ext2 文件系统，更加稳定可靠。ext3 可以被称为 ext2 文件系统的日志文件系统升级版。ext3 文件系统继承了 ext2 的许多优点，同时日志文件系统的共有特性在 ext3 文件系统中也都有体现。

ext3 文件系统的特点如下。

① ext3 文件系统的开发不依赖于任何组织。它可以向下兼容 ext2 文件系统，继承了 ext2 文件系统的 e2fsck 工具，该工具同样可以检测、修复 ext3 文件系统，升级方便。

② 易于移植。无论是硬件体系还是内核修改，其移植工作基本上没有过多阻碍。

③ ext3 的效率通常比 ext2 高。尽管使用 ext3 文件系统，有时在存储数据时可能要多次写数据，但从总体上看，ext3 比 ext2 的性能还要好一些。这是因为 ext3 的日志功能对磁盘的驱动器读写头进行了优化，所以文件系统的读写性能较之 ext2 文件系统来说，并没有降低。

④ 多种日志模式。ext3 有多种日志模式，一种日志模式是对所有的文件数据及 meta-data 进行日志记录(data=journal 模式)；另一种日志模式则只对 meta-data 记录日志，而不对数据进行日志记录(即 data=ordered 或者 data=writeback 模式)。系统管理人员可以根据系统的实际工作要求，在系统的工作速度与文件数据的一致性之间做出选择。

(3) ext4

ext4 是 ext3 的改进版，Linux kernel 自 2.6.28 开始正式支持新的文件系统 ext4。ext4 修改了 ext3 中部分重要的数据结构，而不仅仅像 ext3 对 ext2 那样，只是增加了一个日志功能而已。ext4 可以提供更佳的性能和可靠性，以及更为丰富的功能。ext4 的主要特征如下。

① 与 ext3 兼容：执行若干条命令，就能从 ext3 在线迁移到 ext4，而无须重新格式化磁盘或重新安装系统。

② 更大的文件系统和更大的文件：较之 ext3 目前所支持的最大 16 TB 文件系统和最大 2 TB 文件，ext4 分别支持 1 EB(1 048 576 TB，1 EB=1 024 PB，1 PB=1 024 TB)的文件系统，以及 16 TB 的文件。

③ 无限数量的子目录：ext3 目前只支持 32 000 个子目录，而 ext4 支持无限数量的子目录。

④ Extents：ext3 采用间接块映射，当操作大文件时，效率极其低下。比如一个 100 MB 大小的文件，在 ext3 中要建立 25 600 个数据块(每个数据块大小为 4 KB)的映射表。而 ext4 引入了现代文件系统中流行的 extents 概念，每个 extent 为一组连续的数据块，上述文件可表示为“该文件数据保存在接下来的 25 600 个数据块中”，从而提高了效率。

⑤ 多块分配：当写入数据到 ext3 文件系统中时。ext3 的数据块分配器每次只能分配一个 4 KB 的块，写一个 100 MB 文件就要调用 25 600 次数据块分配器，而 ext4 的多块分配器 mballoc(multiblock allocator)支持一次调用分配多个数据块。

⑥ 延迟分配：ext3 的数据块分配策略是尽快分配。而 ext4 和其他现代文件操作系统的策略是尽可能地延迟分配，直到文件在 cache 中写完才开始分配数据块并写入磁盘，这样就能优化整个文件的数据块分配，与前两种特性搭配起来可以显著提升性能。

⑦ 快速 fsck：以前执行 fsck 第一步就会很慢，因为它要检查所有的 inode，而现在 ext4 给每个组的 inode 表中都添加了一份未使用 inode 的列表，今后 fsck ext4 文件系统就可以跳过它们而只去检查那些在用的 inode 了。

⑧ 日志校验：日志是最常用的部分，也极易导致磁盘硬件故障，而从损坏的日志中恢复数据会导致更多的数据损坏。ext4 的日志校验功能可以很方便地判断日志数据是否损坏，而且它将 ext3 的两阶段日志机制合并成一个阶段，在增加安全性的同时提高了性能。

⑨ “无日志”(No Journaling)模式：日志总归有一些开销，ext4 允许关闭日志，以便某些

有特殊需求的用户可以借此提升性能。

⑩ 在线碎片整理:尽管延迟分配、多块分配和 extents 能有效减少文件系统碎片,但碎片还是不可避免地会产生。ext4 支持在线碎片整理,并将提供 e4defrag 工具进行个别文件或整个文件系统的碎片整理。

⑪ inode 相关特性:ext4 支持更大的 inode,较之 ext3 默认的 inode 大小 128 B,ext4 为了在 inode 中容纳更多的扩展属性(如纳秒时间戳或 inode 版本),默认 inode 大小为 256 B。

⑫ 持久预分配(Persistent Preallocation):P2P 软件为了保证下载文件有足够的空间存放,常常会预先创建一个与所下载文件大小相同的空文件,以免未来的数小时或数天之内磁盘空间不足导致下载失败。

⑬ 默认启用 barrier:磁盘上配有内部缓存,以便重新调整批量数据的写操作顺序,优化写入性能,因此文件系统必须在日志数据写入磁盘之后才能写 commit 记录,若 commit 记录写入在先,而日志有可能损坏,那么就会影响数据完整性。ext4 默认启用 barrier,只有当 barrier 之前的数据全部写入磁盘,才能写 barrier 之后的数据(可通过"mount-o barrier=0"命令禁用该特性)。

2. XFS

XFS 最初是由硅图公司(Silicon Graphics Inc.,SGI)于 20 世纪 90 年代初开发的。当时,SGI 发现他们的现有文件系统(Existing File System,EFS)不适应激烈的计算竞争。为解决这个问题,SGI 决定设计一种全新的高性能 64 位文件系统。XFS 是目前绝大多数 SGI 系统所使用的 IRIX 文件系统。2001 年,SGI 将 XFS 应用到 Linux 上并支持 2.4 内核。XFS 文件系统是从商用系统中移植过来的,因此功能强大。

① XFS 是一个全 64 bit 的文件系统,文件可以大于 2 GB,能有效地支持大型的、松散的文件,可以支持上百万太字节的存储空间。

② XFS 文件系统使用 B+树,保证了文件系统可以快速搜索与快速空间分配。XFS 能够持续提供高速操作,文件系统的性能不受目录及文件数量的限制。

③ XFS 具有极高的 I/O 性能,能满足多处理器的要求。在单个文件系统的测试中,其吞吐量最高可达 7 GB/s,对单个文件的读写操作,其吞吐量可达 4 GB/s。

④ 日志提供了高效率的恢复性能。由于 XFS 文件系统开启了日志功能,当意想不到的宕机发生后,磁盘上的文件不再因意外而遭到破坏。

此外,XFS 文件系统具有可与现有的应用及 NFS 兼容、文件系统块的大小可以在 512 B～64 KB 之间由用户指定、具有很小的目录及符号连接(只有 156 B)、满足多媒体及数据采集的需求等特点。

3. JFS

JFS(Journal File System Technology for Linux)是由 IBM 为 AIX 系统开发的,现在可用于 GPL license。在 AIX 上,JFS 经受住了考验,它是可靠、快速和容易使用的。JFS 从一开始就设计成为完全集成日志记录,而不是在现有文件系统上添加日志记录。JFS 提供了基于日志的字节级文件系统,该文件系统是为面向事务的高性能系统而开发的,具有可伸缩性和健壮性。与非日志文件系统相比,JFS 具有快速重启能力。通过使用数据库日志技术,

JFS 能够在几秒或几分钟内就把文件系统恢复到一致状态。JFS 是一个全 64 bit 的文件系统,可以支持更大的文件和分区,是高性能计算(High Performance Computing,HPC)和数据库应用中的理想文件系统。JFS 不仅可以满足服务器(从单处理器系统到高级多处理器和集群系统)的高吞吐量和可靠性需求,还可用于得到高性能和可靠性的客户机。当前的许多 Linux 版本包含 JFS,如 Turbolinux、Mandrake、SUSE、Redhat 以及 Slackware。

4. VFS

为了对各类文件系统进行统一管理,在传统的逻辑文件系统的基础上,Linux 引入了虚拟文件系统(Virtual File System,VFS),为各类文件系统提供一个统一的操作界面和应用编程接口,如图 3-22 所示。

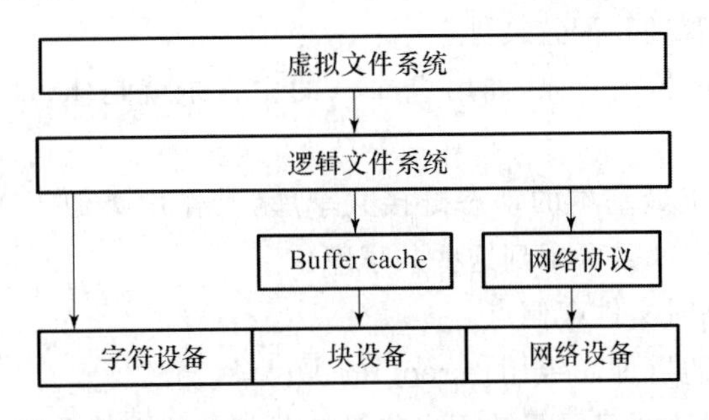

图 3-22　Linux 文件系统架构

在图 3-22 中,逻辑文件系统即从用户角度观察到的文件系统,可分为两大类:字节流式的无结构文件和记录式有结构文件。由字节流(字节序列)组成的文件是一种无结构文件或流式文件,不考虑文件内部的逻辑结构,只是简单地看成是一系列字节的序列,便于在文件任意位置添加内容。通过 VFS 管理各种逻辑文件系统,可以屏蔽它们之间的差异,为用户命令、函数调用和内核其他部分提供访问文件和设备的统一接口,使得不同的逻辑文件系统按照同样的模式呈现在使用者面前。对于用户来讲,觉察不到逻辑文件系统的差异,能使用同样的命令来操作不同的逻辑文件系统所管理的文件。

严格说来,VFS(虚拟文件系统)并不是一种实际的文件系统。它只存在于内存中,不存在于任何外存空间。VFS 在系统启动时建立,在系统关闭时消亡。作为物理文件系统与服务之间的一个接口层,VFS 对 Linux 的每个文件系统的所有细节进行抽象,使得不同的文件系统在 Linux 核心以及系统中运行的其他进程看来,都是相同的。VFS 使 Linux 同时安装、支持许多不同类型的文件系统成为可能。

3.7　Linux 目录结构

Linux 采用的是树型结构,最上层是根目录,其他的所有目录都是从根目录出发而生成的。DOS 和 Windows 也是采用树型结构,但在 DOS 和 Windows 中的树型结构的根是磁盘分区的盘符,有几个分区就有几个树型结构,它们之间的关系是并列的。而在 Linux 中,无论操作系统管理几个磁盘分区,这样的目录树只有一个。目录树中的目录结构如下。

① /bin,bin 是 Binary 的缩写。这个目录存放着普通用户经常使用的命令文件。

② /dev，dev 是 Device(设备)的缩写。该目录下存放的是设备文件，在 Linux 中访问外部设备的方式和访问文件的方式是相同的。

③ /sbin，存放系统管理员使用的管理程序的目录。

④ /boot，存放的是启动 Linux 时使用的一些核心文件，包括内核、一些链接文件以及镜像文件。

⑤ /proc，是一个虚拟的目录，它是系统内存的映射。我们可以通过直接访问这个目录来获取系统信息。/proc 文件系统只存在内存当中，而不占用外存空间。它以文件系统的方式为访问系统内核数据提供接口，用户和应用程序可以通过/proc 得到系统的信息，并可以改变内核的某些参数。

⑥ /etc，存放系统管理和配置文件。

⑦ /home，存放用户的主目录，如用户 user 的主目录就是/home/user，也可以用～/user 表示。

⑧ /lib，存放着系统最基本的动态链接共享库，其作用类似于 Windows 里的 DLL 文件，几乎所有的应用程序都需要用到这些共享库。

⑨ /tmp，公用的临时文件存储点。

⑩ /root，系统管理员(即超级用户 root)的主目录。

⑪ /mnt，系统提供这个目录是让用户临时挂载其他的文件系统。

⑫ /lost＋found，这个目录平时是空的，存放因系统非正常关机而留下的文件。

⑬ /var，存放不断更新的东西，我们习惯将那些经常被修改的目录放在这个目录下。此目录包括各种缓冲区和日志文件。

⑭ /usr，最庞大的目录，要用到的应用程序和文件几乎都在这个目录。

3.8 Linux 下文件系统挂载

在第 2 章我们了解到，Linux 至少需要两个分区才能启动：一个是根分区/，另一个是交换分区。如果启动时根分区加载失败，Linux 就不能完成启动。如果交换分区加载失败，Linux 仍能启动，但在内存不够的情况下速度就会受很大的影响。

Linux 在启动过程中，会按照文件/etc/fstab 中的设置，把各个分区上的文件系统加载到对应到加载点上去。除了加载 Linux 所必需的文件系统外，Linux 的用户还经常需要使用其他的各种文件系统，特别是在一台机器上同时安装多个操作系统的时候。而在 Linux 上工作的时候，常常需要访问 Windows 的 C 盘和 D 盘的内容，甚至是网络上的共享目录，这时需要通过 mount 命令去加载一个文件系统。

mount 命令介绍如下。

```
格式：mount[-t vfstype][-o options]device dir
```

① -t vfstype：指定文件系统的类型，也可以不指定。mount 会自动选择正确的类型。常用类型如：光盘或光盘镜像 iso9660、FAT16 文件系统 msdos、FAT32 文件系统 vfat、ntfs 文件系统 ntfs、Windows 文件网络共享 smbfs、UNIX(Linux)网络文件共享 nfs。

② -o options：主要用来描述设备或档案的挂接方式。常用的参数如下。

- loop：用来把一个文件当成硬盘分区挂接上系统。
- ro：采用只读方式挂接设备。
- rw：采用读写方式挂接设备。
- iocharset：指定访问文件系统所用字符集。
- device：要挂载的设备代号。
- dir：设备在系统上的挂载点（mount point）。

例 3-1 挂载 FAT32，NTFS 文件系统。

假设要挂载 Windows 的 D 盘，设备编号为/dev/hda6，挂载点是/mnt/d。命令如下：

```
# mount  -t  vfat  /dev/hda6  /mnt/d
```

在实际中操作中，中文的文件名和目录名会出现乱码，为了避免这种情况可以指定字符集，命令如下：

```
# mount  -t  vfat  -o  iocharset=cp936  /dev/hda6  /mnt/d
```

注意：cp936 是指简体中文，cp950 是指繁体中文。

在目前多数的 Linux 版本上，加挂 NTFS 分区需要重编译 Linux 内核。如果内核支持 NTFS，可以用以下命令挂载：

```
# mount -t  ntfs  -o iocharset=cp936  /dev/hda6  /mnt/d
```

例 3-2 挂载 U 盘上的文件系统。

Linux 对 USB 设备有很好的支持，U 盘被识别为一个 SCSI 盘，可用以下命令挂载 U 盘上的文件系统：

```
# mount  -t  vfat  /dev/sda1  -o  iocharset=cp936  /mnt/usb
```

本 章 小 结

本章主要介绍了 Windows Server 2008 和 Linux 所支持的文件系统。介绍了在 Windows 中使用的 FAT 和 NTFS 的特点和性能。针对 NTFS 文件系统，讲述了如何管理文件和文件夹的访问许可权限，以及如何添加和管理共享文件夹。在 Linux 部分，主要介绍了在 Linux 操作系统中支持的文件系统的类型及各自的特点，并对 Linux 文件系统的目录结构以及 Linux 文件系统的挂载有初步的了解。

习 题

1. 比较说明 FAT 文件系统和 NTFS 文件系统的特点。
2. NTFS 文件和文件夹的访问权限有哪些？如何设置？
3. 简述 Linux 所支持的几种文件系统及其特点。
4. Linux 中挂载文件系统的命令是什么？如何使用？

第4章　用户和组的管理

4.1　用户与用户组管理概述

正如人在社会中有名字，用户账户 Account 是用户在本机或网络上的标识。为了整个系统的安全与提供良好的服务，每个用户都有自己的账户，并被赋予使用相应资源的权限及许可。这种方式一方面可以帮助管理员对使用系统的用户进行跟踪，并控制他们对系统资源的访问，另一方面也可以利用组账户帮助管理员简化操作的复杂程度，降低管理难度。

4.1.1　Windows Server 2008 工作模式

Windows Server 2008 是一个可建立多个域、可供多人使用的操作系统，既可以作为域控制器，也可以作为成员服务器或独立服务器。在进一步了解 Windows Server 2008 中用户和组的知识之前，我们有必要先了解安装有 Windows Server 2008 的计算机所扮演的角色。

如果计算机是在某个域中作为服务器使用，那么它具有 1 到 2 个角色：域控制器或成员服务器。域控制器是安装有活动目录（Active Directory，AD）的计算机，主要负责管理用户对网络的各种权限，包括登录网络、账号的身份验证以及访问目录和共享资源等。有关活动目录和域的概念可参考本书第 5 章。成员服务器是加入某个域，是域的成员，但不是域控制器。因为它不是域控制器，所以成员服务器不处理与账户相关的信息，如登入网络、身份验证等，不需要安装活动目录，不参与 Active Directory 复制，不存储域安全策略信息。

如果不加入域，不作为域成员的计算机，就属于工作组模式，我们称其为独立服务器。独立服务器是一台具有独立操作功能的计算机，在此计算机上不提供登录网络的身份验证等工作。独立服务器可与网络上的其他计算机共享资源，但是它们不接受 Active Directory 所提供的任何好处。应用程序在独立的 Windows Server 2008 上运行得最快，因为它们没有支持许多账户的系统管理负载，不负担额外的 CPU 功能，不占用保存 Active Directory 所需要的磁盘空间。工作组模式的计算机可以与其他计算机组建成对等网，在访问其他计算机资源的同时，也可将自己的资源提供给其他计算机访问。当然，在必要时也可以把独立服务器转换成为成员服务器或域控制器。

域模式和工作组模式之间的区别有以下几点。

① 创建方式不同。工作组可以由任何一个计算机的管理员来创建，用户在系统的“计算机名称更改”对话框中输入新的组名，重新启动计算机后就创建了一个新组，每一台计算机都有权利创建一个组；而域只能由控制器来创建，然后才允许其他计算机加入这个域。

② 安全机制不同。在域中有可以登录该域的账户，这些账户由域管理员来建立；在工作组中不存在工作组的账户，只有本机中的账户和密码。

③ 登录方式不同。在工作组方式下，计算机启动后自动就在工作组中；登录域时要提交域用户名和密码，当用户登录成功后，才被赋予相应的权限。

我们要把成员服务器与独立服务器区分开，成员服务器就是加入到域里并提供一定服务的服务器，成员服务器是域的成员，虽然它不处理与账号相关的信息，也不存储与系统安全策略相关的信息，但在成员服务器上可以为用户或组设置访问权限，允许用户连接到该服务器并使用相应资源。成员服务器就像一个独立服务器，在该服务器上也有它们自己的本地账户数据库，即安全账户管理器(SAM)，同时它们又具有附加的能力以增强对象的安全性，这些对象是按照保存在域中的安全规则存储在域内的。

本章主要介绍 Windows Server 2008 本地用户和组的管理，有关活动目录中用户及组的概念与操作，请参考本书第 5 章相关内容。

4.1.2 用户及其分类

在计算机网络中，计算机的服务对象是用户，用户通过账户访问计算机资源，所以用户也就是账户。管理用户也就变成了管理账户。每个用户都需要有一个账户，以便登录到域访问网络资源或登录到某台计算机访问该机上的资源。组是用户账户的集合，管理员通常通过组来对用户的权限进行设置从而简化管理。

用户账户由一个账户名和一个密码来标识，账户名是用户的文本标签，密码则是用户的身份验证字符串，是在 Windows Server 2008 网络上的个人唯一标识。用户账户通过验证后登录到工作组或是域内的计算机上，通过授权访问相关资源，也可以作为某些应用程序的服务账户。

根据计算机所扮演的角色的不同，Windows Server 2008 提供 3 种不同类型的用户账户，即域用户账户(Domain User Accounts)、本地用户账户(Local User Accounts)和内置用户账户(Built-in Account)。

1. 本地用户账户

本地用户对应于对等网的工作组模式，建立在非域控制器的 Windows Server 2008 独立服务器、成员服务器以及 Windows XP 客户端。本地账户只能在本地计算机上登录，无法访问域中的其他计算机资源。本地账户具有使用本地资源的权限。本地计算机上都有一个管理账户数据的数据库，称为安全账户管理器(Security Accounts Managers，SAM)。SAM 数据库文件路径为系统盘下的\Windows\system32\config\SAM。在 SAM 中，每个账户都被赋予唯一的安全识别号(Security Identifier，SID)，用户要访问本地计算机，都需要经过该机 SAM 中的 SID 验证。本地的验证过程都由创建本地账户的本地计算机完成，没有集中的网络管理。在 Windows Server 2008 成员服务器中建立的本地用户账户，是域系统管理员无法管理的而且域中的计算机也无法通过这些账号进行资源的访问。

2. 域用户账户

域用户账户存在于 AD 中，可以登录到域上，用于访问网络资源，因此域用户账户的权限比本地用户账户权限大。域用户账户对应于域模式网络，域账户和密码存储在域控制器上的 Active Directory 数据库中，域数据库的路径为控制器中的系统盘下的\Windows\NTDS\NTDS. DIT。因为域账户和密码信息被域控制器集中管理，所以用户可以利用域账户和密码登录域,访问域内资源。

3. 内置用户账户

Windows Server 2008 中还有一种账户叫内置用户账户,它与服务器的工作模式无关。当 Windows Server 2008 安装完毕后,系统会在服务器上自动创建一些内置用户账户,分别如下。

① Administrator(系统管理员):拥有最高权限,管理着 Windows Server 2008 系统和域。可以更改系统管理员的名字,但不能删除该账户。该账户无法被禁止,永远不会到期。

② Guest(来宾):是为临时访问计算机的用户提供的,该账户自动生成,且不能被删除,可以更改名字。Guest 只有很少的权限。

③ Internet Guest:用来供 Internet 服务器的匿名访问者使用,但是在局域网中并没有太大的作用。

4.1.3 用户组及其分类

组(Group)是用户账户的集合,组会被赋予对资源的访问权限及许可。当用户较多时,需要设置的存取权限也就特别复杂。如果能利用组的特性,则会收到事半功倍之效。组可分为本地组(Local Group)和域上的组,本地组存在于本地的安全账户数据库,可被赋予对本地资源的访问许可。域控制器上没有本地组,域上的组存在于 AD 中,可用于赋予对网上资源的访问权限。Windows Server 2008 同样使用唯一安全标识符(SID)来跟踪组,权限的设置都是通过 SID 进行的,而不是利用组名。更改任何一个组的账户名,并没有更改该组的 SID,这意味着在删除组之后又重新创建该组时,不能期望所有组权限和特权都与以前一样。新的组将有一个新的安全标识符,就组的所有权限和特权已经丢失。

按作用域对用户组进行分类,组可以分为创建在本地的组账户和创建在域的组账户。

① 创建在本地的组账户:可以在 Windows Server 2008/2003/2000/NT 独立服务器或成员服务器、Windows XP、Windows NT Workstation 等非域控制器的计算机上创建本地组。这些组账户的信息被存储在本地安全账户数据库(SAM)内。

本地组只能在本地机上使用,它有两种类型:用户创建的组和系统内置的组。

- 用户创建的组:这是系统管理员创建的用来存储特定用户的组。
- 内置的组(Build-in Group):根据安装时的选项,这些组会由系统自动创建。这些内置组是特定的,它们的成员身份被授予了特殊的系统优先权。当把一个或多个用户添加到这些内置组之后,这些用户就会立刻获得该组的优先权。组内成员身份及其优先权起作用之前,用户必须注销并重新登录。

② 创建在域的组账户:该账户创建在 Windows Server 2008 的域控制器上,组账户的信息被存储在 Active Directory 数据库中,这些组能够被使用在整个域中的计算机上。

4.2 Windows Server 2008 本地用户管理

1. 启动"本地用户和组"管理

本地账户是工作在本地机的,只有系统管理员才能在本地创建用户。启动"本地用户和组”的 3 个基本方法如下。

(1) 在“开始”→“运行”对话框的“打开”文本框中输入“lusrmgr. msc”命令，可以直接启动“本地用户和组”管理界面，如图 4-1 所示。

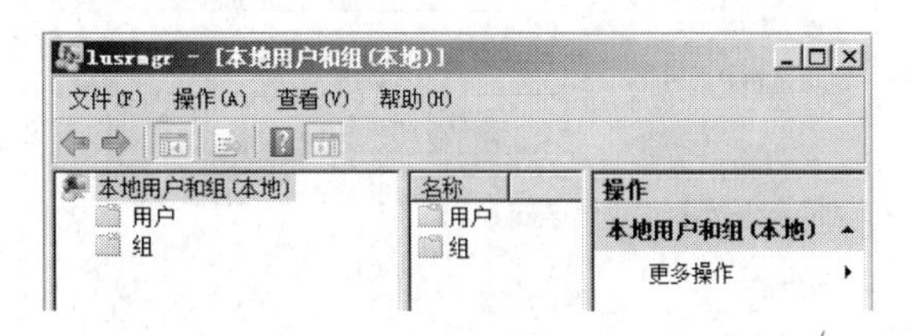

图 4-1 “本地用户和组”管理界面

(2) 选择菜单“开始”→“管理工具”→“计算机管理”→“本地用户和组”，也可以启动“本地用户和组”的管理界面。

(3) 选择“开始”→“管理工具”→“配置”→“本地用户和组”，如图 4-2 所示。

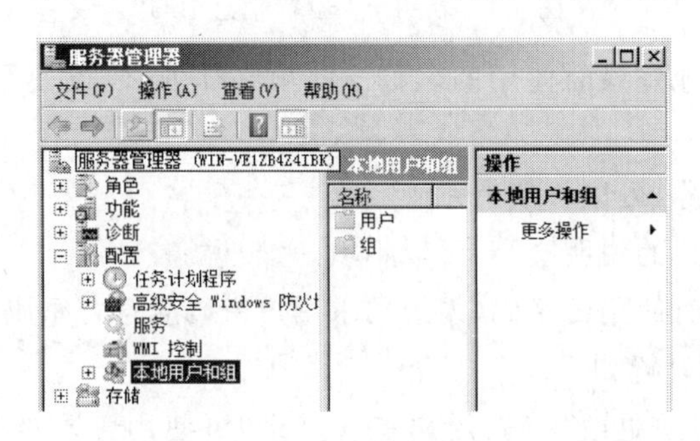

图 4-2 通过“服务器管理器”启动“本地用户和组”管理界面

单击“用户”这个文件夹式的图标，可以看到 Windows Server 2008 安装时的两个用户，一个是 Administrator，另一个是 Guest。其中图标中还有一个向下的箭头，这表示目前该账户处于停用状态，如图 4-3 所示。

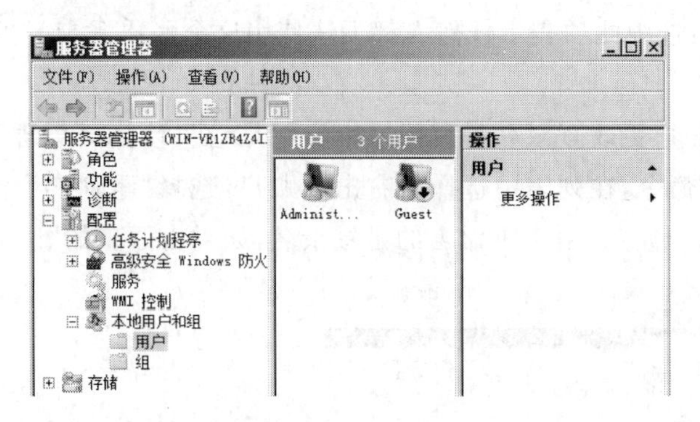

图 4-3 两个默认用户

2. 创建本地用户

下面举例说明怎样创建本地用户，例如，在 Windows 独立服务器上创建本地账户“花嵘”，步骤如下。

启动“本地用户和组”完成后，在窗口中右击“用户”，在弹出的菜单中选择“新用户”命令。弹出“新用户”对话框。新建用户“huarong”，并设置账户属性，用户创建结果如图 4-4

所示,其中各项的含义如下。

新用户
用户名(U): huarong
全名(F): 花嵘
描述(D): 老师
密码(P): ●●●●●●
确认密码(C): ●●●●●●
用户下次登录时须更改密码(M)
用户不能更改密码(S)
密码永不过期(W)
帐户已禁用(B)
帮助(H) 创建(E) 关闭(O)

图 4-4 新用户“花嵘”信息填写

- 用户名:系统本地登录时使用的名称。此项必须填,建议使用容易识记的汉语拼音全拼或缩写。
- 全名:用户的全称,可以不填。
- 描述:关于该用户的说明文字,可以不填。
- 密码:用户登录时使用的密码(系统要求用户密码应符合密码复杂性的要求)。

对于账户和密码的设置如下。

- 用户下次登录时须更改密码:用户首次登录时,使用管理员分配的密码,再次登录时,强制用户更改密码,用户更改后的密码只有自己知道,这样可保证安全使用。
- 用户不能更改密码:只允许用户使用管理员分配的密码。
- 密码永不过期:密码默认的有限期为 42 天,超过 42 天系统会提示用户更改密码,选中此选项表示系统永远不会提示用户修改密码。
- 账户已禁用:选中此项表示任何人都无法使用这个账户登录。

3. 更改账户

对已经建立的账户更改登录名的具体操作步骤是:在“计算机管理”窗口中,选择“本地用户和组”→“用户”命令,在列表中选择并右击该账户,选择“重命名”命令,输入新名字,如图 4-5 和图 4-6 所示。注意,由于重命名的是登录名,如果由原来的“huarong”改为“fuyou”,那么进行系统的再次登录时,必须使用最新的用户名。

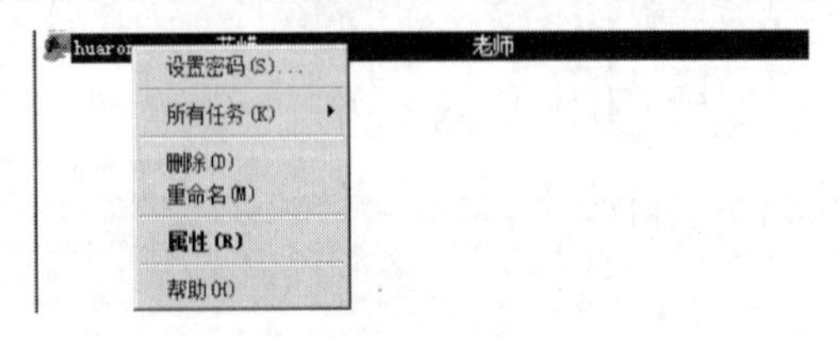

图 4-5 新用户“花嵘”重命名

图 4-6 完成新用户“huarong”的重命名

4. 查看本地用户属性

新建用户账户后,管理员需要对账户做进一步的设置,这是通过设置账户属性来完成的。本地用户属性包括常规、隶属于、配置文件、环境、会话、远程控制、终端服务配置文件与拨入等 9 项，如图 4-7 所示。其中，新建用户均默认“隶属于”User 组，如图 4-8 所示。

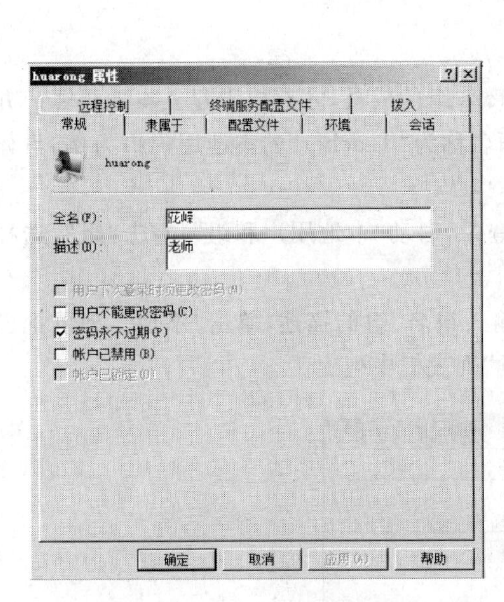

图 4-7　新用户“花嵘”属性

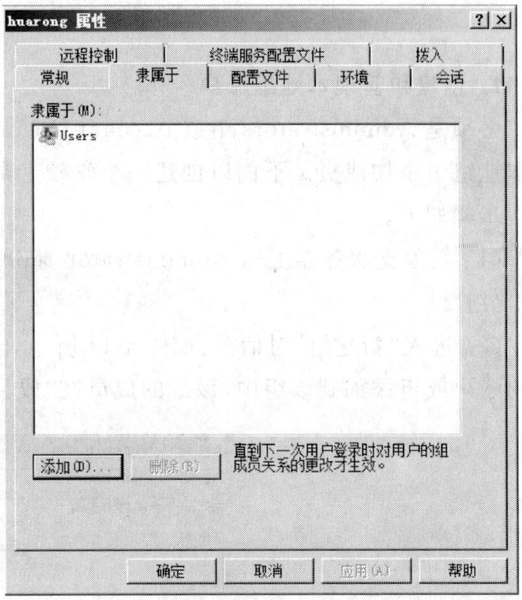

图 4-8　新用户“花嵘”的隶属关系

5. 删除账户

为防止其他用户使用该用户账户登录，就要删除该用户账户，具体的操作步骤是：在“计算机管理”窗口中，选择“本地用户和组”→“用户”命令，在列表中选择并右击该账户，选择“删除”命令，在弹出的对话框中单击“是”，即可删除，如图 4-9 和图 4-10 所示。

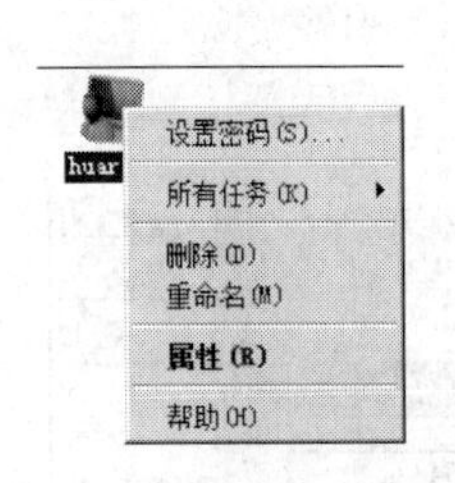

图 4-9　删除用户“huarong”

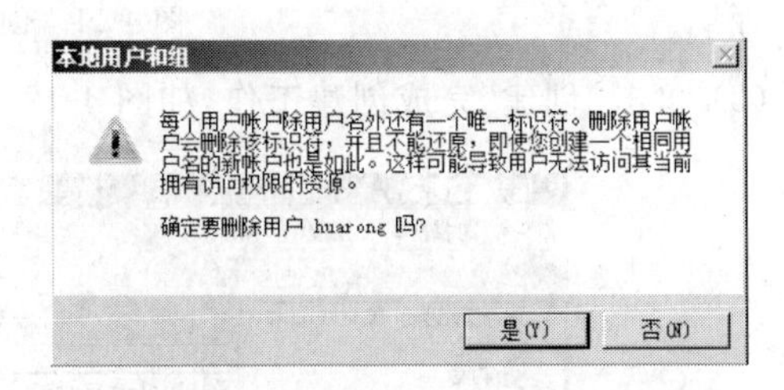

图 4-10　删除用户“huarong”的确认窗口

6. 设置密码

在“本地用户和组”→“用户”列表中选择并右击该账户，选择“设置密码”命令，在弹出的对话框中填写新密码即可。此时，无须提供旧密码。从某种程度上讲，方便了用户，但也会给系统安全带来不利的影响。

7. 禁用与激活账户

禁用与激活一个本地账户的操作基本相似。在“本地用户和组”→“用户”列表中选择并右击该账户，选择“属性”命令，弹出“属性”对话框，选择“常规”选项卡，选中“账户已禁用”复选框，单击“确定”，该账户即被禁用。如果要重新启用某账户，只要取消选中“账户已禁用”复选框即可。

4.3 Windows Server 2008 本地组管理

1. 创建和管理本地组账户

必须是 Administrators 组或 Account Operators 组的成员，才有权限建立本地组账户并在本地组中添加成员。下面以创建一个学校老师名称为“Teacher”的本地用户组为例，具体操作步骤如下。

（1）在独立服务器上以 Administrator 身份登录，启动“本地用户和组”，右击“组”，选择“新建组”。

（2）进入“新建组”对话框，如图 4-11 所示，输入组名、组的描述，单击“添加”，即可把已有的账户或组添加到该组中，该组的成员在“成员”列表框中列出。

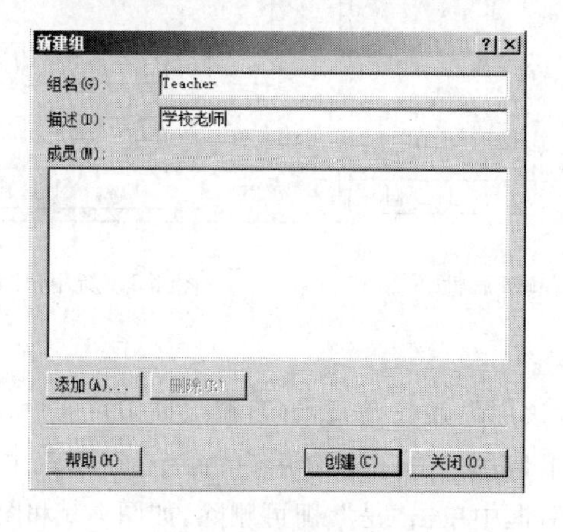

图 4-11　创建用户组

（3）单击“创建”完成创建工作，如图 4-12 所示。

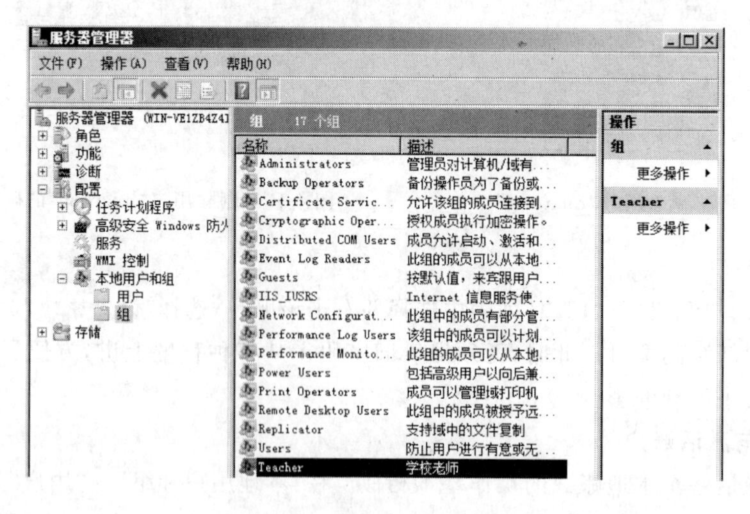

图 4-12　用户“Teacher”创建成功

管理本地组操作较为简单，在“计算机管理”窗口右部的组列表中，右击选定的组，选择快捷菜单中的相应命令可以删除组、更改组名，或者为组添加/删除组成员。

2. 将用户账户加入到组中

如果要让用户拥有其他组的权限，可以将该用户加入到其他组中。下面是将“huarong”加入到“Teacher”组中的步骤。

(1) 在“计算机管理”窗口中，选择“本地用户和组”→“用户”命令，在列表中选择并右击账户“huarong”，弹出“huarong 属性”对话框，选择“隶属于”选项卡。

(2) 单击“添加”，弹出“选择组”对话框，如图 4-13 所示，单击“高级”，在弹出的“选择组”对话框中，单击“立即查找”，然后在查找的结果中选择组名“Teacher”，单击“确定”。

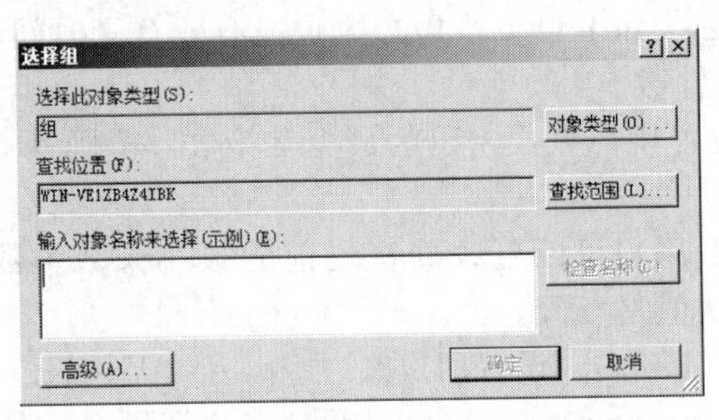

图 4-13 加入用户组：选择组

(3) 将“Teacher”组加入到“隶属于”列表后，单击“确定”，即将此账户加入到组。

3. 内置组

Windows Server 2008 在安装时会自动创建一些组，这种组叫内置组。内置组又分为内置本地组和内置域组，内置域组又分为内置本地域组、内置全局组和内置通用组。

Windows Server 2008 包括如下内置组。

- Administrators：在系统内有最高权限，拥有赋予权限、添加系统组件、升级系统、配置系统参数、配置安全信息等权限。
- Backup Operators：这里所有 Windows Server 2008 都有的组，可以忽略文件系统权限进行备份和恢复，可以登录系统和关闭系统，可以备份加密文件。
- Crytographic Operators：已授权此组的成员执行加密操作。
- Distributed COM Users：允许此组的成员在计算机上启动，激活和使用 DCOM 对象。
- Event Log Readers：此组的成员可以从本地计算机中读取事件日志。
- Guests：内置的 Guests 账户是该组的成员。
- IIS_IUSRS：这是 Internet 信息服务(IIS)使用的内置组。
- Network Configuration Operators：该组内的用户可在客户端执行一般的网络配置。
- Performance Log Users：该组的成员可以从本地计算机和远程客户端管理计数器、日志和警告，而不用成为 Administrators 组的成员。
- Performance Monitor Users：该组的成员可以从本地计算机和远程客户端监视性能计数器，而不用成为 Administrators 组或 Performance Log Users 组的成员。
- Power User：存在于非域控制器上，可进行基本的系统管理。
- Remote Desktop Users：该组的成员可以通过网络远程登录。
- Replicator：该组支持复制功能。它的唯一成员是域用户账户，用于登录域控制器的复制器服务，不能将实际用户账户添加到该组中。
- Users：一般用户所在的组，新建的用户都会自动加入该组，对系统有基本的权力。

4. 用户和组操作的命令

(1) net account 命令

功能:修改用户账户的密码长度、时间以及与用户登录等相关配置。

格式:net accounts[/forcelogoff:{minutes | no}] [/minpwlen:length] [/maxpwage:{days|unlimited}][/minpwage:days][/uniquepw:number] [/sync][/domain]

参数:

无参数:即键入不带参数的 net accounts 命令显示密码、登录限制和域信息的当前配置。

/forcelogoff:{minutes | no} 设置当用户账户或有效登录时间到期时,在结束用户与服务器的会话前要等待的分钟数。

/minpwlen:length 设置用户账户密码的最少字符数。范围是 0～127 个字符,默认是 6 个字符。

/minpwage:days 设置用户可以更改新密码前的最小天数。数值 0 设置无限短时间。范围是 0～49 710 天,默认值是 0 天。

/maxpwage:{days | unlimited} 设置用户账户密码有效天数的最大值。范围是 1～49 710 天(无限),默认是 90 天。/maxpwage:unlimited 设置账户密码永远有效。

/uniquepw:number 要求用户不对 number 次密码更改重复相同的密码。范围是0～24 次密码更改,默认值是 5 次密码更改。

/sync 更新所有成员服务服务器的用户账户数据库。该命令只适用于 Windows NT/2000 Server 域成员计算机。

/domain 对当前域的主域控制器执行操作。否则,操作在本地计算机上执行。

要设置用户密码长度最小为 5,且密码最短时间是 3 天(可以更改密码的最小天数),最长时间 15 天(必须更改密码的天数),并在登录时间到期后用 2 分钟警告强制用户注销,使用命令如下:net accounts /forcelogoff:2 /minpwlen:5 /minpwage:3 /maxpwage:15。

(2) net user 命令

功能:net user 命令用于创建和修改计算机上的用户账户。当不带选项使用本命令时,它会列出计算机上的用户账户。

格式:net user[username][password | *] [options]

参数:username 是用户名。password 是用户账户的密码。它至多可以具有 14 个字符,同时密码必须满足 net accounts 命令的/MINPWLEN 选项指定的最小长度的要求。而"*"提示接下来输入密码。当用户在密码提示符下输入时,密码是不回显的。

net user 命令后可跟很多 options 选项,如:

/add 表示添加用户。

/delete 删除用户。

/domain 表示在当前域的主域控制器上执行操作(非本地用户)。

/expires:{date | never} 设置账户过期日期。若是 never,表示此账户没有时间上的限制。根据国家/地区代码的不同,有效日期的格式可以是月/日/年或日/月/年。/fullname:"name" 是一个用户的完整名字(而不是用户名)。需要把名字用引号括起来。

/homedir:pathname 设置用户的主目录的路径。路径必须已经存在。

/passwordchg:{YES | NO} 指定用户是否可以改变自己的密码。其默认值是 YES。

/passwordreq:{YES | NO} 指定用户的账户是否必须具有密码。其默认值是 YES。

/profilepath[:path] 为用户的登录配置文件设置路径。

/times:{times|ALL}限制用户可以登录的时间。

/usercomment:"text"让管理人员添加或改变账户的用户注释。

/workstations:{computername[,...]|*}列出至多 8 个用户可以登录到网络上的计算机。如果 /WORKSTATIONS 没有列表或列表是 *,用户就可以从任何一台计算机上登录。

例如,要显示用户 John 的信息,使用 net user john。要添加用户 John,其密码是 123,登录时间限制在周 1 至周五的早晨 8 点到下午 10 点,周六至周日的早晨 7 点到下午 9 点。使用命令:net user john 123 /add /times:monday-friday,8AM-10PM; saturday-sunday,7PM-9PM 。要删除用户 John,使用 net user john /delete。

(3) net localgroup 命令

功能:添加、显示或修改本地组。使用不带参数的 net localgroup 命令显示服务器和计算机本地组的名称。

格式:net localgroup[GroupName][UserName] [/add | /delete][/domain]

/add 可以添加组(或将用户添加到组);/delete 将组删除(或将用户从组中删除)。

/domain 对当前域的主域控制器执行操作。否则,操作在本地计算机上执行。

例如,要添加组 class1,使用 net localgroup class1 /add 命令。要将用户 John 添加到组 class1,使用 localgroup class1 john /add 命令。

4.4 Linux 用户和组的图形化管理

Linux 上的用户账户有两种:普通用户账户和超级用户账户(root)。普通用户账户在系统上的任务是进行普通工作。超级用户账户是管理员,可以对普通用户和整个系统进行管理。管理员账户对系统具有绝对的控制权,能够控制所有的程序,访问所有文件,使用系统上的所有功能。就管理的角度而言,root 的权限是至高无上的。所以,root 账户一定要通过安全的密码保护起来,尽量不使用 root 身份来处理日常的事务。通常可以设置一些特定的程序由某些用户以 root 身份去运行,而不必赋予他们 root 权限。

在 Linux 系统中组有两种:私有组和标准组。当创建用户的时候,没有为其指定属于哪个组,Linux 就会建立一个和用户同名的私有组,此私有组中只含有该用户。若使用标准组,可以在创建新用户时,为其指定属于哪个组。当一个用户属于多个组时,其登录后所属的组称为主组,其他的组称为附加组。

Linux 为用户和组的管理提供了图形配置工具。要启动用户管理的图形界面,单击"System"→"Administration"→"Users and Groups",如图 4-14 所示。使用它可以查看、修改、添加和删除本地用户和组群。

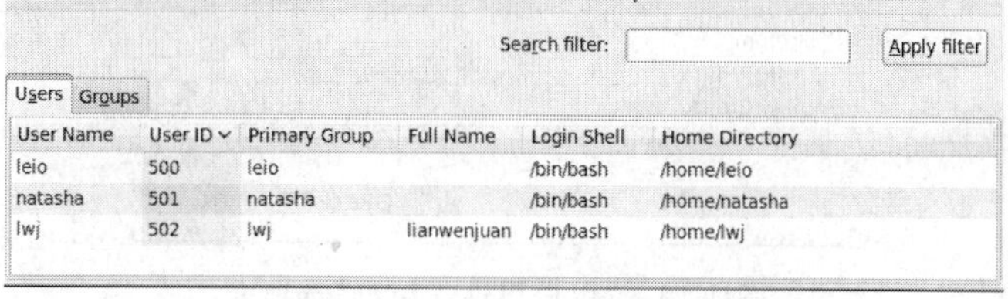

图 4-14 "用户管理器"窗口

单击工具栏中的“Add User”或“Add Group”快捷方式，就可以添加用户或组群。单击添加用户的快捷方式，打开“Create New User”对话框，创建用户 user1，如图 4-15 所示。

添加完用户后，可以修改用户属性。以用户“user1”为例，在图形管理器中单击菜单栏上的“property”快捷方式，打开用户属性对话框，根据需要打开相应的选项卡做设置，如“用户数据”(图 4-16)、“账户信息”(图 4-17)、“口令信息”(图 4-18)、“组群”选项卡(图 4-19)。

图 4-15　创建用户“user1”

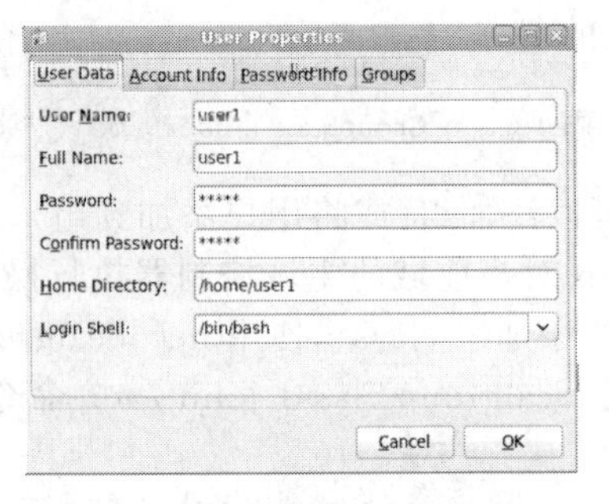

图 4-16　“用户属性—用户数据”选项卡

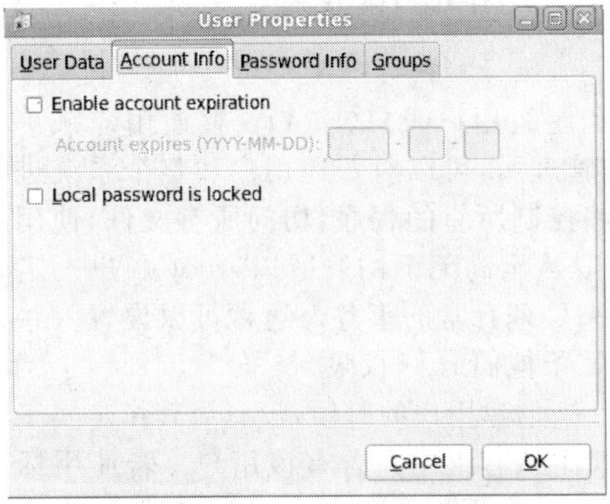

图 4-17　“用户属性—账号信息”选项卡

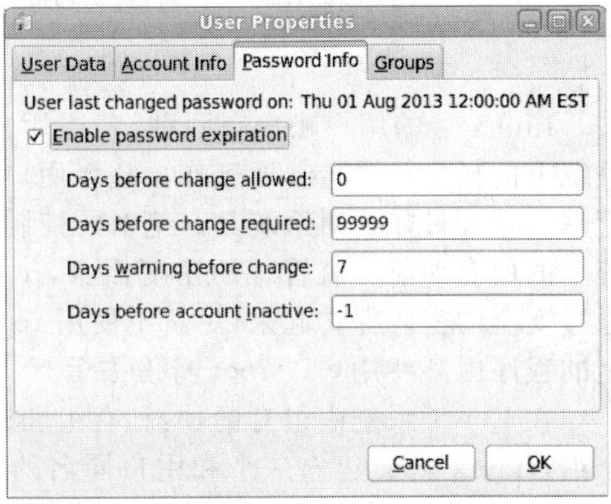

图 4-18　“用户属性—口令信息”选项卡

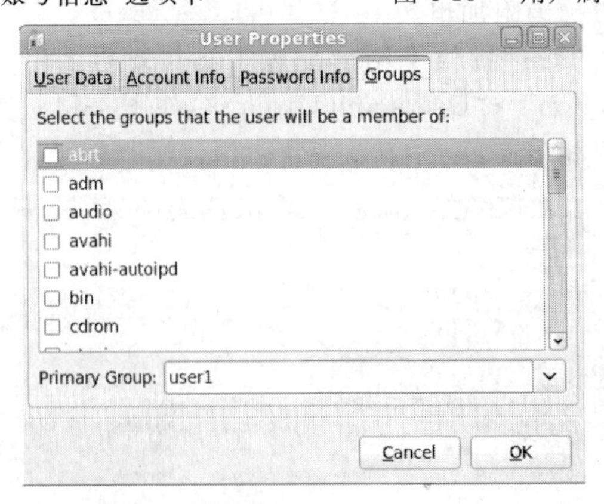

图 4-19　“用户属性—组群”选项卡

4.5 Linux 用户和组配置文件

在 Linux 操作系统中，与用户相关的有两个文件，一个是/etc/passwd，另一个是/etc/shadow。与组相关的有两个文件，一个是/etc/group，另一个是/etc/gshadow。下面介绍这两组文件的具体内容。

1. 用户账户文件——/etc/passwd

/etc/passwd 文件是 Linux 安全的关键文件之一。在文件/etc/passwd 中，每一行保存了一个用户的资料，而用户资料的每一个属性(或数据项)采用冒号":"分隔，每行共包含 7 个字段。我们可以用命令 # head /etc/passwd 显示此文件的前 10 行内容，其结果如下所示：

```
[root@leio lwj]# head/etc/passwd
root:x:0:0:root:/root:/bin/bash
bin:x:1:1:bin:/bin:/sbin/nologin
daemon:x:2:2:daemon:/sbin:/sbin/nologin
adm:x:3:4:adm:/var/adm:/sbin/nologin
lp:x:4:7:lp:/var/spool/lpd:/sbin/nologin
sync:x:5:0:sync:/sbin:/bin/sync
shutdown:x:6:0:shutdown:/sbin:/sbin/shutdown
halt:x:7:0:halt:/sbin:/sbin/halt
mail:x:8:12:mail:/var/spool/mail:/sbin/nologin
uucp:x:10:14:uucp:/var/spool/uucp:/sbin/nologin
```

这 7 个字段依次是 LOGNAME: PASSWORD: UID: GID: USERINFO: HOME: SHELL。其含义为：用户名、用户口令、用户标识数 UID、组标识数 GID、用户信息(用户的附加信息，如姓名、地址等)、用户的根目录、登录 Shell(登录时运行的 Shell 程序，默认指定为/bin/bash)。

UID 的数值范围是 0～65 536，通常，前 500 号为系统使用，0 值这个特殊 UID 的用户登录名是"root"，任何拥有 0 值 UID 的用户都具有根用户(系统管理员)访问权限，注意允许任何其他用户拥有 0 值的 UID 都可能危及系统安全。

系统中有一类用户称为伪用户(pseudo users)，这些用户在/etc/passwd 文件中也占有一条记录，但是不能登录，因为它们的登录 Shell 为空。它们的存在主要是方便系统管理，满足相应的系统进程对文件属主的要求。常见的伪用户如下所示：

bin:　　拥有可执行的用户命令文件
sys:　　拥有系统文件
adm:　　拥有账户文件
uucp:　　UUCP 使用
lp:　　lp 或 lpd 子系统使用
nobody:　　NFS 使用

除了上面列出的伪用户外，还有许多标准的伪用户，例如，audit，cron，mail，usenet 等，它们也都各自为相关的进程和文件所需要。

由于/etc/passwd 文件是所有用户都可读的，如果用户的密码太简单或规律比较明显的话，一台普通的计算机就能够很容易地将它破解，因此对安全性要求较高的 Linux 系统都把加密后的口令字分离出来，单独存放在一个文件中，这个文件是/etc/shadow 文件。只有超级用户才拥有该文件的读权限，这就保证了用户密码的安全性。

2. 用户影子文件——/etc/shadow

由于/etc/passwd 文件是全局可读的，而且口令加密的算法是公开的，如果有恶意用户取得了/etc/passwd 文件，便可以穷举所有可能的明文，通过相同的算法计算出密文进行比较，直到相同，从而破解口令。因此，针对这种安全问题，Linux/Unix 广泛采用了“shadow（影子）文件”机制，将加密的口令转移到/etc/shadow 文件里，该文件只有超级用户 root 可读，而在/etc/passwd 文件的密文域显示为一个 x，从而最大限度地减少了密文泄露的机会。/etc/shadow 文件的每行是 8 个冒号分割的 9 个域。同样我们可以用命令 # head/etc/shadow 来显示此文件的前 10 行内容，如下所示：

```
[root@leio lwj]# head/etc/shadow
root:$6$KGxK76Lx$Y8II/vdxJ5V7nBJukjIe9.xhrLi0sh34d7
My6fSdzaYPU.u2pzAoLdog1:15438:0:99999:7:::
bin:*:14621:0:99999:7:::
daemon:*:14621:0:99999:7:::
adm:*:14621:0:99999:7:::
lp:*:14621:0:99999:7:::
sync:*:14621:0:99999:7:::
shutdown:*:14621:0:99999:7:::
halt:*:14621:0:99999:7:::
mail:*:14621:0:99999:7:::
uucp:*:14621:0:99999:7:::
```

此文件中的字段依次是 username:passwd:lastchg:min:max:warn:inactive:expire:flag，其含义为：登录名:口令:最后一次修改时间:最小时间间隔:最大时间间隔:警告时间:不活动时间:失效时间:标志。

- “登录名”是与/etc/passwd 文件中的登录名相一致的用户账号。
- “口令”字段存放的是加密后的用户口令字，长度为 13 个字符。如果为空，则对应用户没有口令，登录时不需要口令；如果含有不属于集合{./0-9A-Za-z}中的字符，则对应的用户不能登录。
- “最后一次修改时间”表示的是从某个时刻起，到用户最后一次修改口令时的天数。时间起点对不同的系统可能不一样。例如在 SCO Linux 中，这个时间起点是 1970 年 1 月1 日。
- “最小时间间隔”指的是两次修改口令之间所需的最小天数。
- “最大时间间隔”指的是口令保持有效的最大天数。
- “警告时间”字段表示的是从系统开始警告用户到用户密码正式失效之间的天数。
- “不活动时间”表示的是用户没有登录活动但账号仍能保持有效的最大天数。
- “失效时间”字段给出的是一个绝对的天数，如果使用了这个字段，那么就给出相应账号的生存期。期满后，该账号就不再是一个合法的账号，也就不能再用来登录了。

要临时禁止一个用户登录，可以将/etc/passwd 的 Shell 字段写成/sbin/nologin，或在/etc/shadow 文件中该用户 passwd 字段前加入“!”（以后需要解锁的时候，再将“!”去掉）。也可以将/etc/shadow 的第 8 个字段（用户被禁止登录的时间）设定为小于当前日期的值

(注意这个时间的格式是距 1970 年 1 月 1 日的天数)。

3. 用户组账号文件——/etc/group

用户组的相关信息保存在/etc/group 文件中。用命令 # head/etc/group 查看文件前 10 行内容,如下所示:

```
[root@leio lwj]# head/etc/group
root:x:0:root
bin:x:1:root,bin,daemon
daemon:x:2:root,bin,daemon
sys:x:3:root,bin,adm
adm:x:4:root,adm,daemon
tty:x:5:
disk:x:6:root
lp:x:7:daemon,lp
mem:x:8:
kmem:x:9:
```

/etc/group 文件中的字段依次是组名:口令:组标识号:组内用户列表。

- “组名”是用户组的名称,由字母或数字构成。与/etc/passwd 中的登录名一样,组名不应重复。
- “口令”字段存放的是用户组加密后的口令字。一般 Linux 系统的用户组都没有口令,即这个字段一般为空,或者是 * 。
- “组标识号”与用户标识号类似,也是一个整数,被系统内部用来标识组。
- “组内用户列表”是属于这个组的所有用户的列表,不同用户之间用逗号(,)分隔。这个用户组可能是用户的主组,也可能是附加组。

在/etc/group 文件中的每行都列出了组名和组中的用户,这样可方便地了解每个组的用户,而不必根据 GID 在/etc/passwd 文件中从头至尾地寻找同组用户。/etc/group 文件对小组的许可权限的控制并不是必要的,因为系统用来自于/etc/passwd 文件的 UID、GID 来决定文件存取权限,即使/etc/group 文件不存在于系统中,具有相同的 GID 用户也可以小组的存取许可权限共享文件。

4. 组账号文件——/etc/gshadow

如同用户账号文件的作用一样,组账号文件也是为了加强组口令的安全性,防止黑客对其实行暴力攻击,而采用的一种将组口令与组的其他信息相分离的安全机制。用命令 #head/etc/gshadow察看文件前 10 行内容,如下所示:

```
[root@leio lwj]# head/etc/qshadow
root:::root
bin:::root,bin,daemon
daemon:::root,bin,daemon
sys:::root,bin,adm
adm:::root,adm,daemon
tty:::
disk:::root
lp:::daemon,lp
mem:::
kmem:::
```

/etc/gshadow 文件中的字段依次是：用户组名、加密的组口令、组的管理员账号（管理员有权对该组添加、删除账号）、组成员列表（多个用户用逗号隔开）。

4.6 Linux 用户和组操作的常用命令

要维护 Linux 系统中的用户和组，一种方法是利用前面我们介绍的 redhat-config-users 命令打开图形配置界面操作，另一种方法是利用系统为我们提供的命令。通常命令方式是用得较多的，因此掌握用户和组操作的常用命令是非常必要的，下面来看一下常用的命令。

1. id 命令

id 命令用于显示用户当前的 uid、gid 和用户所属组群的列表。

格式：id ［选项］ ［用户］

常用选项如下。

-u：显示用户 ID。

-r：显示实际 ID。

-g：显示用户所属组的 ID。

-G：显示用户所属附加群组的 ID。

-n：显示用户所属群组或附加群组的名称。

例如：

```
# id        //显示当前用户 uid、gid 和用户所属组群
```

显示结果为：

```
uid = 0(root)gid = 0(root)
groups = 0(root),1(bin),2(daemon),3(sys),4(adm),6(disk),10(wheel)
#id  -G  -n  //显示当前用户所属组群名称
```

显示结果为：

```
root,bin,daemon,sys,adm,disk,wheel
```

2. whoami 命令

用于显示当前用户的名称。

3. who 命令

who 命令显示关于当前在本地系统上的所有用户的信息。显示以下内容：登录名、tty（终端设备）、登录日期和时间。如果用户是从一个远程机器登录的，那么该机器的主机名也会被显示出来。

4. w 命令

显示登录到系统的用户情况，w 命令比 who 功能更加强大，它不但可以显示有谁登录到系统，还可以显示出这些用户当前正在进行的工作。

格式：w ［选项］ ［用户］

常用选项如下。

-h：不显示标题。

-u：当列出当前进程和 CPU 时间时忽略用户名。这主要是用于执行 su 命令后的情况。

-s：使用短模式。不显示登录时间、JCPU 和 PCPU 时间。

-f：切换显示 FROM（远程主机名）项。默认值是显示远程主机名。系统管理员可以对源文件作一些修改使得默认值为不显示该项。

-V：显示版本信息。

例如＃w 显示结果为：

```
10:23:16  up  1:32,2 users,load average:0.00,0.04,0.07
USER  TTY     FROM    LOGIN@    IDLE    JCPU    PCPU    WHAT
root  :0      —       8:55am    ?       0.00s   1.19s   /usr/bin/gnome-session
root  pts/0   :0.0    8:55am    0,00s   0.34s   0.03s   w
```

w 命令的显示结果第一行项目按以下顺序排列：当前时间，系统启动到现在的时间，登录用户的数目，系统在最近 1 秒、5 秒和 15 秒的平均负载。然后是每个用户的各项数据，项目显示顺序如下：登录账号、终端名称、远程主机名、登录时间、空闲时间、JCPU、PCPU、当前正在运行进程的命令行。

5. 增加用户账号 useradd（或 adduser）命令

useradd 命令可以创建新的用户账号。

格式：useradd ［选项］ 用户名

常用选项如下。

-c comment：用户描述信息。

-u：设定新用户的 id 值。

-g group（组）：设置用户所属的主要组。

-G groups（组群）：使用户加入一个或多个组，以逗号隔开。

-d home_dir：设置用户的主目录，默认值为用户的登录名，并放在/home 目录下。

-D：创建新账号后为新账号设置的默认信息。

-s shell 类型：指定新用户的登录 Shell。

-f inactive（不活动项）：设置口令在账户过期后几日失效。当值为 0 时账户立即被禁用。而当值为－1 时该选项失效。

-e expire_date：设置账号过期日期，格式为 mm/dd/yy 或 YYYY-MM-DD。

成功创建一个新用户以后，在/etc/passwd 文件中就会增加一行该用户的信息。由于小于 500 的 UID 和 GID 一般都是系统自己保留，不用作普通用户和组的标志，所以新增加的用户和组一般都是 UID 和 GID 大于等于 500 的。用户创建后，在/home 目录下创建了与新用户同名的子目录。需要注意的是在使用 useradd 命令添加用户账号后，还要使用 passwd 命令设置用户口令，才可以使用此账号进行登录，否则此账号被禁止登录。我们可以通过下列命令的使用熟悉 useradd 的用法并掌握相应的配置文件。

```
# useradd student               //增加用户 student
# tail -1/etc/passwd            //查看 passwd 文件中添加的用户账号信息
# tail -1/etc/shadow            //查看 shadow 文件中添加的用户账号信息
```

useradd 命令将自动建立与用户账号同名的组作为该账号的私有组。如果不想添加与用户同名的组，可用 useradd-g 命令在添加用户账号时设置该用户的私有组。

```
# useradd  -g  root  user1                    //添加属于 root 组的 user1 用户
# tail  -1  /etc/passwd                       //查看 passwd 文件中添加的用户账号信息
# useradd -d/usr/sam -m sam                   //此命令创建了一个用户 sam，其中-d 和-m 选项
                                                用来为登录名 sam 产生一个主目录/usr/sam
                                                （/usr 为默认的用户主目录所在的父目录）
# useradd -s/bin/sh -g group -G adm,root gem  //此命令新建了一个用户 gem，该用户的登录
                                                shell 是/bin/sh，它属于 group 用户组，同时
                                                又属于 adm 和 root 用户组，其中 group 用户
                                                组是其主组
```

增加用户账号就是在/etc/passwd 文件中为新用户增加一条记录，同时更新其他系统文件如/etc/shadow，/etc/group 等。

useradd 命令的默认值是指当使用 useradd 命令添加用户账号时，如未指定相应的参数则使用默认值设置。useradd 命令使用的默认值保存在文件"/etc/default/useradd"中。

要显示 useradd 命令的默认值，可以输入：

```
# useradd -D 或# cat/etc/default/useradd      //查看/etc/default/useradd 中内容
```

显示结果为：

```
[root@leio lwj]# useradd -D
GROUP = 100
HOME = /home
INACTIVE = -1
EXPIRE =
SHELL = /bin/bash
SKEL = /etc/skel
CREATE_MAIL_SPOOL = yes
```

6. 修改用户账号 usermod 命令

usermod 命令可以用来修改用户账号的各种属性，包括用户主目录、所在的组、shell 等内容。

格式：usermod ［选项］ 账户名

常用选项如下。

-L：锁定用户密码，使密码无效。

-U：解除密码锁定。

-c<备注>：修改用户账号的备注文字。

-e<有效期限>：修改账号的有效期限。

-f<缓冲天数>：修改密码在过期多少天即关闭账号。

-g<用户组>：修改用户所属的主要组。

-G<组群>：修改用户所属的附加组。

-l<账号名称>：修改用户账号名称。

-s：修改用户登录后使用的 Shell。

-u：修改用户 ID。

下面说明该命令的用法：

```
# usermod  -l  zlf  lily     //修改用户名，把用户名 lily 改为 zlf
# usermod  -L  zlf           //锁定 zlf 用户，使其不能登录
# tail  -1  /etc/shadow      //锁定后查看/etc/shadow 文件，用户 zlf 的口令字段前加了"!"
# usermod  -U  zlf           //对 zlf 用户解锁
# tail  -1  /etc/shadow      //对已锁定的用户账号进行解锁，使其正常登录，shadow 文件中用户
                                zlf 口令字段中的锁定符号"!"已去除
```

7. 删除用户 userdel 命令

userdel 命令用来删除指定的用户账号。

格式：userdel ［选项］ 用户账号

常用选项如下。

-r： 在删除用户的同时删除用户目录。

```
# userdel sam      //此命令删除用户 sam 在系统文件中(主要是/etc/passwd,/etc/shadow,/etc/
                     group 等)的记录,同时删除用户的主目录
```

8. 增加组 groupadd 命令

groupadd 命令向系统中增加了一个新组,新组的组标识号是在当前已有的最大组标识号的基础上加 1。

格式:groupadd ［选项］ 组名

常用选项如下。

-g gid:指定组 ID 号。该组账号的 ID 值必须是唯一的,且其值不能为负值。默认状态下,预设的最小值不得小于 500,且每增加一个组账号,ID 值逐次增 1。

-r:建立系统账号,默认 gid 小于 499。可以与-g gid 结合,指定 gid 大于 500。

```
# groupadd -g 344 lwj      //建立一个新组,并设置组 ID
# tail -1 /etc/group       //验证在/etc/group 文件中加一个 GID 是 344 的组 lwj
```

9. 删除组 groupdel 命令

该命令用于删除指定的组账号。若该组中仍包括某些用户,则必须先删除这些用户,才能删除组。

格式:groupdel 组名

```
#groupdel guest           //删除 guest 组
```

10. 修改组账号 groupmod 命令

groupmod 命令用来更改组的 GID 或组的名称。

格式:groupmod ［选项］ 组名称

常用选项如下。

-g gid:设置欲使用的 GID。

-n＜新的组名＞ ＜原用户组名＞:设置欲使用的组的新名称。

```
# groupmod -g 506 student                     //改变组账号 student 的 GID
# groupmod -n guest2 guest1                   //改变组 guest1 为 guest2
# groupmod-g 10000 -n group3 group2           //将组 group2 的标识号改为 10000,组名修改为 group3
```

11. 口令维护 passwd

该命令用来修改用户的口令。普通用户只能使用不带任何选项的 passwd 命令修改自己的口令,只有超级用户才可以修改其他用户的口令。

格式:passwd ［选项］ 用户名

常用选项如下。

-S:用于查询指定用户的账号状态。

-l:用于锁定账号的口令。

-u:解除锁定。

-d:删除指定账号的口令。

```
# passwd  -S  user1        //查询 user1 口令状态,该命令只有 root 用户可以使用
```

显示结果为:

```
password locked.{password set,MD5 crypt.}    //用户密码已设定
```

要对账户锁定及解锁,输入:

```
# passwd  -l  user1              //锁定账户
# passwd  -u  user1              //解锁账户
```

12. 添加用户到组 gpasswd 命令

gpasswd 命令可用于把一个账户添加到组,或从组中删除,也可以把一个账户设为组管理员。

格式:gpasswd [选项] 组名

常用选项如下。

-a <user> <group>:将用户添加到组。

-d <user> <group>:将用户从组中删除。

-A <user> <group>:将用户置为组管理员。

例如:

```
# gpasswd  -a  user1  bin          //使用 gpasswd-a 命令添加用户 user1 到 bin 组
# groups  user1                    //验证用户 user1 已添加到 bin 组中
# gpasswd  -d user1  bin           //使用 gpasswd -d 命令从 bin 组删除 user1 用户
# groups  user1                    //验证用户 user1 已从 bin 组中被删除
# gpasswd  -A  user1  users        //设置用户 user1 为 users 组管理员
# grep users  /etc/gshadow         //验证 users 组的管理员
# gpasswd  -A  “”  users           //取消组管理员
```

13. 显示用户所属的组 groups 命令

用于显示指定用户所属的组,如未指定用户则显示当前用户所属的组。

```
# groups  root          //查看 root 用户所属的组
```

显示结果为:

```
root:root bin daemon sys adm disk wheel
# head  /etc/gshadow  //从文件 gshadow 中验证 root 用户所属与 groups 的显示结果一致
```

14. 改变用户身份 su 命令

su 命令将当前用户变更为 root 或其他由 name 参数指定的用户,然后开始一个新的会话。若不指定 name 参数,则变更为 root。

格式:su [选项] [name]

常用选项如下。

-c <command>:执行完指令 command 后,立即恢复原来的身份。

-:改变身份并改变相应的环境变量,如 PATH、SHELL、USER、LOGNAME 等。

-m,-p:变更身份时,不改变环境变量。

-s:制定要指定的 Shell。

-f:适用于 csh 与 tsh,使 Shell 不去读取启动文件。

例如,要获取 root 用户权限,请输入:

```
# su                //该命令使用 root 用户特权来运行子 shell。将要求您输入 root 用户密码。
                      按 Ctrl + D 结束子 shell,并且返回到原 shell 会话
# su  jim           //使用有效用户标识和 jim 特权来运行子 shell
# su  -  jim        //使用 jim 的登录环境来启动子 shell
$ echo  $ HOME      //显示用户家目录
#su  root  "-c  /usr/sbin/backup  -9  -u"  //使用 root 用户权限运行 backup 命令,然后返回到
                                             原始 shell,在执行命令时,必须给出 root 用户
                                             密码
```

15. 修改用户信息 chfn

chfn 命令用于设定指定用户的 finger 信息。该信息包括用户全名、办公室电话、家庭电话等内容,保存在"/etc/passwd"文件中的用户信息(USERINFO)字段,可由 finger 命令读取出来。

```
# chfn user1          //设置信息
# finger user1        //显示所设置的信息
```

本章小结

本章介绍了 Windows Server 2008 中用户和组的基本概念及操作。在 Linux 部分,首先通过图形管理界面让用户了解 Linux 系统中用户及组的相关属性,接下来详细讲解了用户和组相关的配置文件,最后给出用户和组的管理命令实现用户和组管理的目的。

习　　题

1. Windows Server 2008 中的用户和组有哪些类型?
2. Linux 中与用户和组有关的配置文件有哪些?
3. Linux 中如何查看有哪些用户正在登录?
4. 在 Linux 中增加用户"lian",修改其密码与默认的登录目录。

第5章 Windows Server 2008 活动目录

5.1 活动目录概述

5.1.1 活动目录功能

微软从 Windows 2000 中引入了活动目录的概念,活动目录是一种集成管理技术,与现实生活中的各种管理模式一样,它的出现是为了更有效、更灵活地实现管理目的。活动目录包括两个方面:目录和与目录相关的服务。目录是存储各种对象的一个物理上的容器;从静态的角度来理解与我们所熟知的“目录”和“文件夹”没有本质区别,仅仅是一个对象,是一个实体;而目录服务是使目录中所有信息和资源发挥作用的服务。目录服务标记管理网络中的所有实体资源(比如计算机、用户、打印机、文件、应用等),并且提供了命名、描述、查找、访问以及保护这些实体信息的一致性的方法,允许相同网络上的其他已授权用户和应用访问这些资源。

活动目录是一个层次的、树状的结构,通过活动目录组织和存储网络上的对象信息,可以让管理员非常方便地进行对象的查询、组织和管理。活动目录具有与 DNS 集成、便于查询、可伸缩可扩展、可以进行基于策略的管理、安全高效等特点,通过组织活动目录,可以实现提高用户生产力、增强安全性、减少宕机时间、减轻 IT 管理的负担与成本等优势。活动目录是一个分布式的目录服务。信息可以分散在多台不同的计算机上,并能够保证快速访问和容错;同时不管用户从何处访问或信息处在何处,都对用户提供统一的视图。

活动目录可以实现如下的功能:

- 提高管理者定义的安全性来保证信息不受入侵者的破坏;
- 目录分布在一个网络中的多台计算机上,提高了整个网络系统的可靠性;
- 复制目录可以使得更多用户获得它并且减少使用和管理开销,提高效率;
- 分配一个目录于多个存储介质中使其可以存储规模非常大的对象。

活动目录还可以从以下方面帮助公司简化管理:

- 消除冗余管理任务,提供对 Windows 用户账号、客户、服务器和应用程序以及现存目录同步能力进行单一点管理;
- 降低桌面系统的行程,针对用户在公司中所担当的角色自动向其分发软件,以减少或消除系统管理员为软件安装和配置而安排的多次行程;
- 更好的实现 IT 资源的最大化,安全地将管理功能分派到组织机构的所有层次上;
- 降低总体拥有成本(TCO),通过使网络资源容易被定位、配置和使用来简化对文件和打印服务的管理和使用。

5.1.2 Windows Server 2008 活动目录新特性

在 Windows 2000 和 Windows 2003 系统中，活动目录服务被命名为 AD Directory Service，而在 Windows 2008 中，活动目录服务有了一个新的名称：Active Directory Domain Service（在下文中简称 ADDS）。名称的改变意味着微软对 Windows Server 2008 的活动目录进行了较大的调整，增加了功能强大的新特性并且对原有特性进行了增强。

1. 活动目录审核新特性

活动目录审核（Audit）并不是 Windows Server 2008 活动目录中的一个新功能，在 Windows Server 2000/2003 的活动目录中也可以指派审核策略。通过审核功能，系统可以将服务器的状态、用户登录状态以及活动目录等状态进行记录，以日志的方式进行储存，管理员可以通过管理工具中的“Event Viewer”来查看日志，查看日志是管理员了解系统状态、排除错误的一个重要手段。

Windows Server 2008 通过将全局的活动目录审核策略 Active Directory Service Access 细化为 4 个子类别，并且增添了新的审核子类别“Directory Service Changes”来实现上述的功能。通过这个新的子类别，我们可以审核活动目录中对象的创建、修改、移动及恢复的行为，这样一来就使日志记录得更加准确。

2. 多元密码策略新特性

目录服务器 DC 的安全性至关重要，密码的保护是安全性保护中重要的一环。为活动目录制定密码策略可以减少人为的和来自网络入侵的安全威胁，保证活动目录的安全。应用过 Windows Server 2000/2003 的用户可能都记得，密码策略需要指派到域上，不能单独应用于活动目录中的对象。换句话说，密码策略在域级别起作用，一个域只能有一个密码策略。统一的密码策略虽然大大提高了安全性，但是提高了域用户使用的复杂度。举个例子来说，企业管理员的账户安全性要求很高，需要超强策略，比如密码需要一定长度、需要每两周更改管理员密码而且不能使用上几次的密码；但是普通的域用户并不需要如此高的密码策略，也不希望经常更改密码并使用很长的密码，超强的密码策略并不适合他们。

为解决这个问题，在 Windows Server 2008 中引入了多元密码策略（Fine-Grained Password Policy）的概念。多元密码策略允许针对不同用户或全局安全组应用不同的密码策略，例如，可以为管理员组指派超强密码策略，密码 16 位以上、两周过期；为服务账号指派中等密码策略，密码 31 天过期，不配置密码锁定策略；为普通域用户指派密码 90 天过期等。多元密码策略适应了不同用户对于安全性的不同要求。

3. 可重启的活动目录域服务

在 Windows Server 2000/2003 中，如果要执行离线整理活动目录数据库或者进入目录服务还原模式进行活动目录的修复或者还原，需要重启服务器进行切换。这时候服务器上的所有服务都会一同停止，这样就影响了其他不依赖于目录服务的一些如 DHCP、流媒体等服务的执行。

在 Windows Server 2008 中支持可重启的活动目录域服务（Restartable Active Directory Domain Services）功能，这时候活动目录域服务（Active Directory Domain Services）直接作为一个服务而存在，可以在系统服务控制台中停止或者启动，而不必像 Windows Server 2000/2003 中必须将服务器重启才能停止。

4. 只读域控制器

只读域控制器(Read-only domain controller,RODC)是 Windows Server 2008 活动目录中变化非常大的一点。在之前的微软服务器操作系统版本中(如 Windows Server 2000/2003),森林中的所有域控制器均可以进行更新,管理员可以在任何一个域控制器上进行写操作,这些操作会同步到其他域控制器上。这样就造成了安全隐患。比如某一台域控制器一旦被盗,或者有人为的恶意操作,将活动目录改写,这样错误的信息也会同步到其他的域控制器,这样一来只能通过活动目录恢复来恢复数据。

RODC 就解决了这样的问题,RODC 具有以下几点特性:RODC 上存有活动目录域服务中所有的对象和属性,但是 RODC 上的数据只可读、不可写,在分支机构如果有 LDAP 的应用程序需要访问活动目录并对活动目录对象作修改,则该 LDAP 应用程序可以重定向到中央站点的可读写 DC 上。同时,RODC 是单向复制,包括 AD 数据库和 SYSVOL,只可以从其他域控制器上同步信息,不可以向其他域控制器同步信息。DNS 也是只读的,客户端找 RODC 进行 DNS 记录更新时,RODC 将返回一个指针。然后客户端计算机将联系指针所指向的 DNS 服务器更新 DNS 记录。可以缓存用户密码,客户端到总公司 DC 进行验证之后,验证信息会缓存在 RODC 上。可以委派一个普通域用户作为 RODC 的本地管理员,可以执行服务器升级驱动等操作,但是没有域控制器或者域的管理权,不能登录到其他域控制器进行管理操作。

5.2 活动目录的结构

5.2.1 活动目录的逻辑结构

“逻辑”与“物理”是对等的,一般地说,“物理”上的是指实实在在的,而“逻辑”上的是指非物理上的、非实体的东西,是一个抽象的概念。活动目录的逻辑结构非常灵活,有目录树、域、域树、域林等,这些名字都不是实实在在的一种实体,只是代表了一种关系,一定范围。逻辑结构还与名字空间有直接关系,逻辑结构为用户和管理员在一定的名字空间中查找、定位对象提供了极大方便。

1. 层次化的目录结构

如图 5-1 所示,活动目录是由组织单元(OU)、域(Domain)、域树(Tree)、森林(Forest)构成的层次结构。如目录树就是由同一名字空间上的目录组成;而域是由不同的目录树组成;域树是由不同的域组成;域林是由多个域树组成。它们是一种完全的树状、层次结构视图,这种关系可以看成是一种动态关系。

2. 面向对象的存储

对象(Object)是对某具体事物的命名,也可以理解为信息实体,典型的对象如用户、打印机或应用程序等。对象通过属性描述它的基本特征,比如一个用户账号的属性中可能包括用户姓名、电话号码、电子邮件地址和家庭住址等。活动目录以对象的形式存储关于网络元素的信息,对象是对象类的一个实例,而每个对象类都有很多属性,这些属性描述了某种对象类的特殊特征。这使得组织机构可以在目录中存储广泛的信息,从而便于组织、管理和控制对它的访问。这种面向对象的存储机制同时也实现了对象的安全，因为对象的属性被封装在对象内部。当然，所有这些对象都有一个全局唯一的标志。

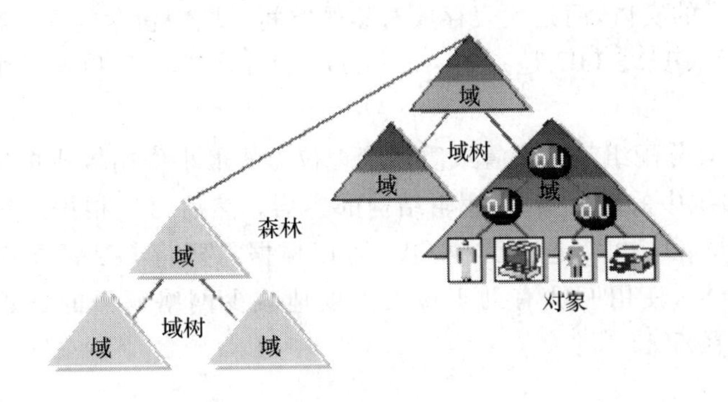

图 5-1　活动目录层次结构

3. 域、域树、森林及信任关系

域是 Windows Server 2008 目录服务的基本管理单位，是对象(如计算机、用户等)的容器，这些对象有相同的安全需求、复制过程和管理。域模式的最大好处就是它的单一网络登录能力，任何用户只要在域中有一个账户，就可以漫游网络。同时域还是安全边界，域管理员只能管理域的内部，除非其他的域显式地赋予它管理权限，它才能够访问或管理其他的域。

一个域可以是其他域的子域或父域，这些子域、父域构成了一棵树——域树。域树是由多个域组成，这些域共享同一表结构和配置，形成一个连续的名字空间，共享相同的 DNS 域名后缀。域树中的域层次越深级别越低，一个“.”代表一个层次，如域 child. Microsoft. com 就比 Microsoft. com 这个域级别低，而域 Grandchild. Child. Microsoft. com 又比 Child. Microsoft. com 级别低。多棵域树就构成了森林。森林中的每一域树拥有它自己的唯一的命名空间。在森林中创建的第一棵域树默认地被创建为该森林的根树(Root Tree)。

域是安全界限，每个域都有自己的安全策略，以及它与其他域的安全信任关系。域信任关系是建立在两个域之间的关系，它可使一个域中的用户由处在另一个域中的域控制器来进行验证。一个域中的用户通过另一域中的域控制器验证，才能使一个域中的用户访问另一个域中的资源。所有域信任关系在关系中只能有两个域：信任域和受信任域。如果域 A 信任域 B，则域 B 中的用户可以通过域 A 中的域控制器进行身份验证后访问域 A 中的资源，称域 A 是信任域，域 B 是受信任域，域 A 与域 B 之间的关系就是信任关系。被信任关系就是被一个域信任的关系，在上面的例子中域 B 就是被域 A 信任，域 B 与域 A 的关系就是被信任关系。信任关系可以是单向的，也可以是双向的，即域 A 与域 B 之间可以是单方面的信任关系，也可以是双方面的信任关系。根据信任是否具有传递性，可将信任关系分为：可传递信任和非可传递信任。可传递信任可将信任扩展到其他域，但非可传递信任则拒绝与其他域的信任关系。

在以前的 Windows 版本中，信任关系是单向的。非传递信任受信任关系中的两个域的共同约束，不会流向域林中的任何其他域，但用户可通过建立两个方向的单向信任关系来建立一个双向的信任关系。Windows Server 2008 树林中的所有信任都是可传递的、双向信任的。当在域林中创建新的域时，在父域和子域之间会自动建立双向的可传递信任关系。如果子域被添加到新的域中，则信任路径会沿着域的层次向上流动，从而扩展到新域与其父域之间创建的初始信任路径，可传递的信任关系会以域树形成时的方向沿域树向上流动，最终在域树的所有域之间创建可传递的信任。

4. 使用包容结构建立组织模型

容器是活动目录名字空间的一部分，与目录对象一样，它也有属性，但与目录对象不同的是，它不代表有形的实体，而是代表存放对象的空间。域中包含的一种特别有用的目录对象类型是组织单元（OU）。OU 是一些 Active Directory 容器，可以在其中放置用户、组、计算机和其他 OU。

OU 是可以向其分配组策略设置或委派管理权力的最小作用域或单位。使用 OU 可以在域中创建表示组织中的层次结构、逻辑结构的容器。然后可以根据组织模型管理账户和资源的配置和使用。OU 可以包含其他 OU，可以根据需要将 OU 的层次结构扩展为模拟域中组织的层次结构，使用 OU 有助于最大限度地减少网络所需的域数目。对组织单元 OU 的理解可参考图 5-2。

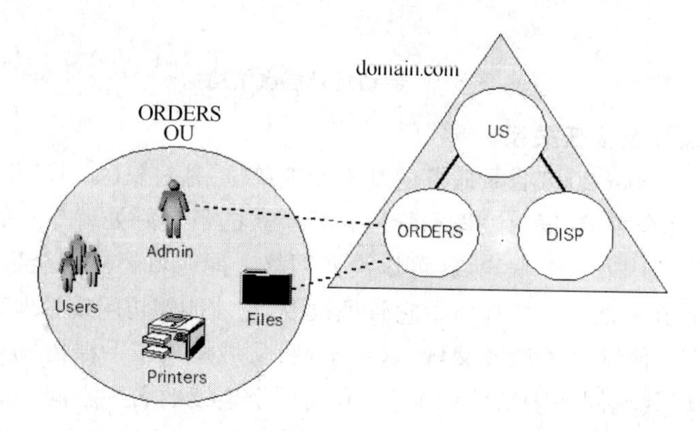

图 5-2 组织单元

从上面对活动目录逻辑结构的介绍，我们可以看出：活动目录的这种层次结构能帮助我们在大型企业网络环境下简化管理、加强网络安全、轻易地查找所需要的对象和资源。

5.2.2 活动目录的物理结构

物理结构与逻辑结构有很大的不同，它们是彼此独立的两个概念。逻辑结构侧重于网络资源的管理，而物理结构则侧重于网络的配置和优化，着眼于活动目录信息的复制。物理结构的两个重要概念是域控制器和站点。

1. 域控制器

域控制器是安装了 Active Directory 的计算机。域控制器管理目录信息的变化，并把这些变化复制到同一个域中的其他域控制器上，使各域控制器上的目录信息处于同步。域控制器也负责用户的登录过程以及其他与域有关的操作，比如身份鉴定、目录信息查找等。一个域可以有多个域控制器。规模较小的域可以只需要两个域控制器，一个实际使用，另一个用于容错性检查。规模较大的域可以使用多个域控制器。

从 Windows 2000 开始，活动目录中的域控制器没有主次之分，活动目录采用了多主机复制方案，每一个域控制器都有一个可写入的目录副本，这为目录信息容错带来了无尽的好处。尽管在某一个时刻，不同的域控制器中的目录信息可能有所不同，但一旦活动目录中的所有域控制器执行同步操作之后，最新的变化信息就会一致。尽管活动目录支持多主机复制方案，然而由于复制引起的通信流量以及网络潜在的冲突，变化的传播并不一定能够顺利进行，因此有必要在域控制器中指定全局目录服务器以及操作主机。全局目录是一个信息仓库，包含活动目录中所有对象的一部分属性，往往是在查询过程中访问最为频繁的属性。全局目录服务器可以提高活动目录中大范围内对象检索的性能，比如在域林中查询所有的打印机操作。如果没有一个全局目录服务器，那么这样的查询操作必须要调动域林中每一个域的查询过程。如果域中只有一个域控制器，那么它就是全局目录服务器。如果有多个域控制器，那么管理员必须把一个域控制器配置为全局目录控制器。

2. 站点

在物理网络中，站点代表由高速网络(如局域网(LAN))连接的一组计算机。通常，同一物理站点中的所有计算机都处于同一建筑物或同一校园网络中。在 AD DS 中，站点对象代表物理站点中可以管理的一些方面，通常是指包括活动目录域服务器的一个网络位置，可以是一个或多个通过 TCP/IP 连接起来的子网。可以使用 Active Directory 站点和服务来管理代表位于这些站点中的站点和服务器的对象。尤其是域控制器之间目录数据的复制。站点内部的子网通过可靠、快速的网络连接起来。站点的划分使得管理员可以很方便地配置活动目录的复杂结构，更好地利用物理网络特性，使网络通信处于最优状态。

5.3 管理活动目录

5.3.1 活动目录的安装

1. 活动目录的安装步骤

步骤 1：打开“运行”对话框，输入 dcpromo 命令，单击“确定”，打开“Active Directory 域服务安装向导”窗口。

步骤 2：取默认设置，单击“下一步”，进入“操作系统兼容性”窗口。

步骤 3：单击“下一步”，进入“选择某一部署配置”窗口；因为这是第一台域控制器，所以选择“在新林中新建域”。

步骤 4：单击“下一步”，进入“命名林根域”窗口，在“目录林根级域的 FQDN”编辑框中输入域控制器所在单位的 DNS 域名，如 cise. sdkd. net. cn，如图 5-3 所示。

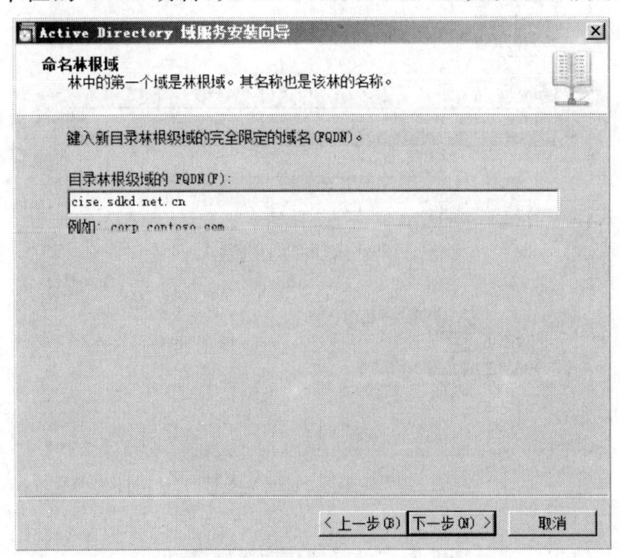

图 5-3 “命名林根域”窗口

步骤 5：单击“下一步”，开始检查所设的域名 cise. sdkd. net. cn 及其相应的 NetBIOS 是否在网络中已使用，避免发生冲突。如未使用，则进入“设置林功能级别”窗口。在“林功能级别”的下拉列表框中，提供了 Windows Server 2000、Windows Server 2003、Windows Server 2008 3 种模式。根据本域控制器所在网络中存在的最低 Windows 版本的域控制器来选择，如图 5-4 所示。

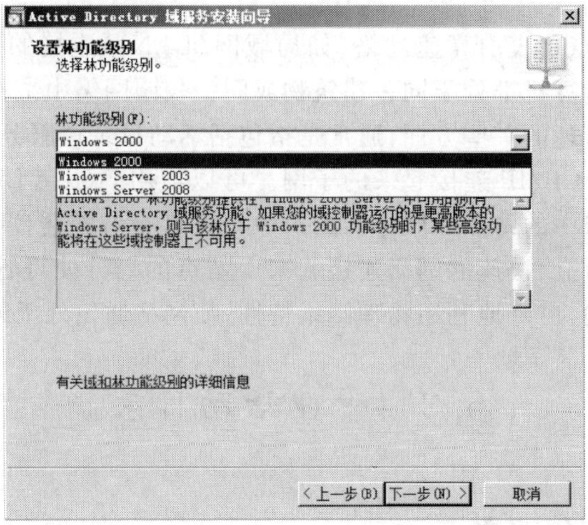

图 5-4 “设置林功能级别”窗口

步骤 6：单击“下一步”，进入“设置域功能级别”窗口。在“域功能级别”的下拉列表框中，提供了 Windows 2000 纯模式、Windows Server 2003、Windows Server 2008 3 种模式。根据网络中存在的 Windows Server 版本，选择相应版本的域功能级别，如图 5-5 所示，此处选择为 Windows Server 2003。如果选择 Windows Server 2008 则域内如果还有其他 Windows Server 2003 的成员服务器或 DC，那么那些以 Windows Server 2003 为服务平台的服务都不能正常使用，而且这个操作是不可逆转的。

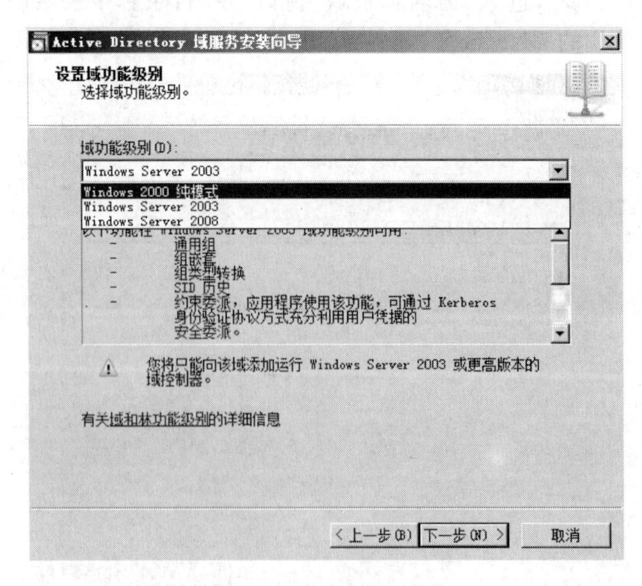

图 5-5 “设置域功能级别”窗口

步骤 7:单击“下一步”,开始检查 DNS 配置。完成后显示“其他域控制器选项”窗口,选中“DNS 服务器”复选框,如图 5-6 所示。

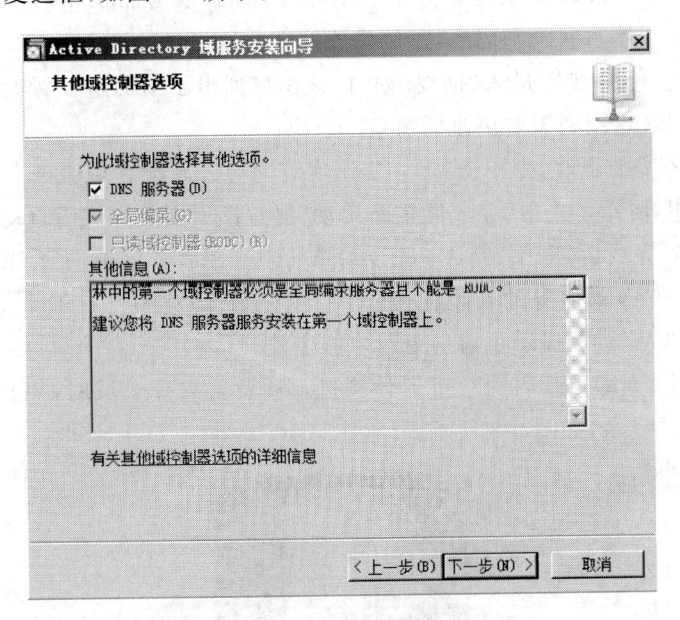

图 5-6 “其他域控制器选项”窗口

步骤 8:单击“下一步”,如域控制器使用的是动态 IP,将弹出警告窗口。一般建议将域控制器配置成静态 IP。单击“是(Y),该计算机将使用动态分配的 IP 地址”,则会弹出警告窗口,提示找不到父域。

步骤 9:单击“是”,进入“数据库、日志文件和 SYSVOL 的位置”窗口。一般为了提高系统性能,便于以后的故障恢复,建议将数据库和日志文件存储的位置放在非系统分区,并分别存储于不同的文件夹内,如图 5-7 所示。

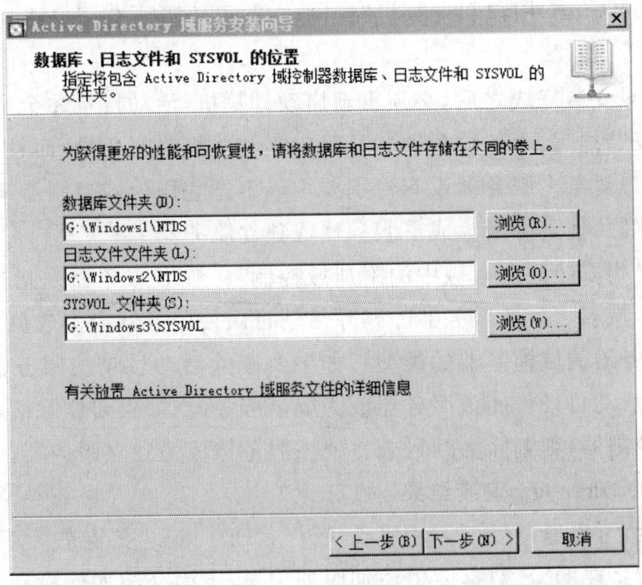

图 5-7 “数据库、日志文件和 SYSVOL 的位置”窗口

步骤 10:单击“下一步”,进入“目录服务还原模式的 Administrator 密码”窗口,设置密码。注意一定要符合密码复杂度要求。修改密码的命令为“net user administrator *”(*为不显示密码),填写两次密码后,密码修改成功。

步骤 11:单击“下一步”,进入“摘要”窗口,该窗口列出了前面所设置的全部信息。如需更改,单击“上一步”返回到需要更改的窗口。

步骤 12:如不需要更改,则单击“下一步”,安装向导开始配置域服务。此过程可能等待时间较长,如不想等待,可选中“完成后重新启动”复选框。安装完成后自动重启。

步骤 13:配置完成后,出现“完成 Active Directory 域服务安装向导”窗口,提示已完成安装 Active Directory 域服务的安装。

步骤 14:单击“完成”,提示重启后更改才能生效。

步骤 15:单击“立即重新启动”,重启计算机。注意重启登录域时,用户账户需使用“域名\用户名”的格式登录,如图 5-8 所示。

图 5-8 登录域

步骤 16:进入系统后,单击“开始”→“管理工具”→“Active Directory 用户和计算机”选项,弹出“Active Directory 用户和计算机”窗口,在此可管理所有用户账户。至此,活动目录安装完成。

注意:活动目录安装完成之后,必须重新启动计算机,活动目录才会生效。

在活动目录安装之后,不但服务器的开机时间和关机时间变长,而且系统的执行速度变慢。所以,如果用户对某个服务器没有特别要求或不把它作为域控制器来使用,可将该服务器上的活动目录删除,使其降级为成员服务器或独立服务器。

成员服务器是指安装到现有域中的附加域控制器,独立服务器是指在名称空间目录树中直接位于另一个域名之下的服务器。删除活动目录使服务器成为成员服务器还是独立服务器,取决于该服务器的域控制器的类型。如果要删除活动目录的服务器不是域中唯一的域控制器,则删除活动目录将使该服务器成为成员服务器;如果要删除活动目录的服务器是域中最后一个域控制器,则删除活动目录将使该服务器成为独立服务器。

2. 检查 Active Directory 安装结果

在安装完成后,可以通过以下方法检验 Active Directory 安装是否正确,在安装过程中一项最重要的工作是在 DNS 数据库中添加服务记录,下面介绍如何检查安装结果。

① 检查 DNS 文件的 SRV 记录。

用文本编辑器打开%SystemRoot%/system32/config/中的 Netlogon.dns 文件，查看 LDAP 服务记录，在本例中为

```
_ldap._tcp..600 IN SRV 0 100 389 WIN-1ECMJ4MYPNI.cise.sdkd.net.cn.
```

② 验证 SRV 记录在 NSLOOKUP 命令工具中运行是否正常。

在命令提示符下，输入

```
NSLOOKUP
set type = srv.
_ldap._tcp.cise.sdkd.net.cn.
```

如果返回了服务器名和 IP 地址，说明 SRV 记录工作正常。

5.3.2 域控制器与 DNS 服务器

如果先安装 DNS 服务器，后安装活动目录，有时可能会发现 DNS 的正向区域和 SRV 记录没有或不全，此时需要强制让域控制器向 DNS 注册 SRV 记录。

下面先删除 DNS 服务器上的正向区域，同时也就删除了该区域下的所有记录。然后，将会让域控制器向 DNS 服务器注册其 SRV 记录。步骤如下。

(1) 打开 DNS 管理器，如图 5-9 所示，右击_msdcs.cise.sdkd.net.cn 区域，单击“删除”命令，在弹出的提示框中，单击“是”。

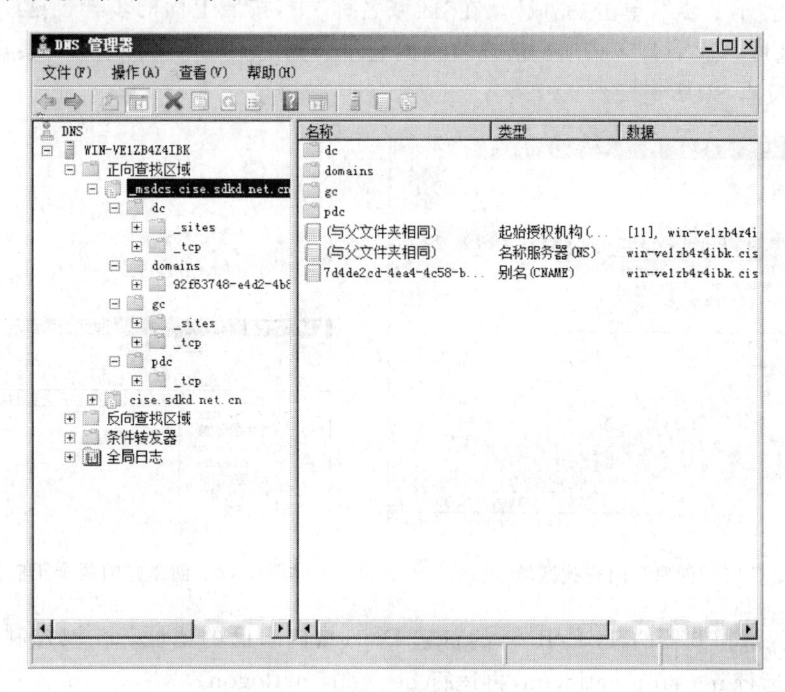

图 5-9 删除正向查找区域

(2) 右击 cise.sdkd.net.cn 区域，单击“删除”命令。在弹出的提示框中，单击“是”。

(3) 右击“正向查找区域”，单击“新建区域”。

(4) 在新建区域向导中，单击“下一步”，如图 5-10 所示，区域类型选择“主要区域”，选中“在 Active Directory 中存储区域”，单击“下一步”。

(5) 在 Active Directory 区域传送作用域中，选择“至此域中的所有域控制器”。

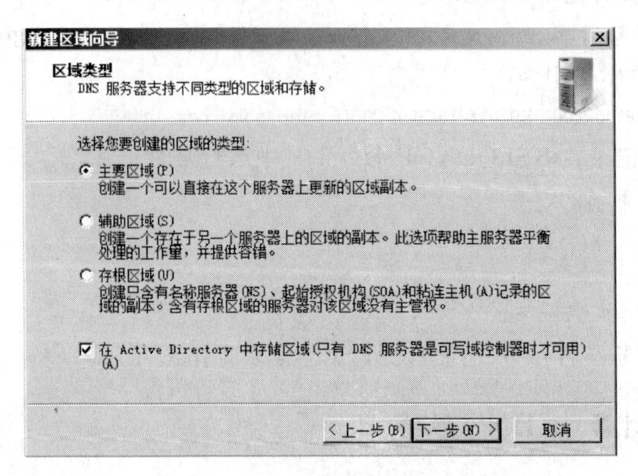

图 5-10　指定区域类型

(6) 输入区域名字_msdcs. cise. sdkd. net. cn，单击“下一步”(注意：_msdcs 是固定格式，如果安装的是 sohu. com，则需要创建的是_msdcs. sohu. com 正向查找区域，如图 5-11 所示)。

(7) 在“动态更新”中，选中“只允许安全的更新”。

(8) 单击“下一步”，单击“完成”。在“区域名称”中，按照上面的步骤创建一个 cise. sdkd. net. cn 区域。这个名字必须是活动目录的名字。如图 5-12 所示，注意观察，刚创建的两个区域下面没有 SRV 记录。

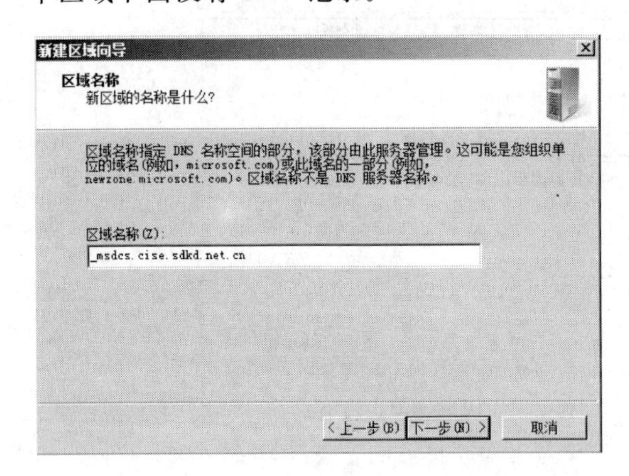

图 5-11　创建正向查找区域

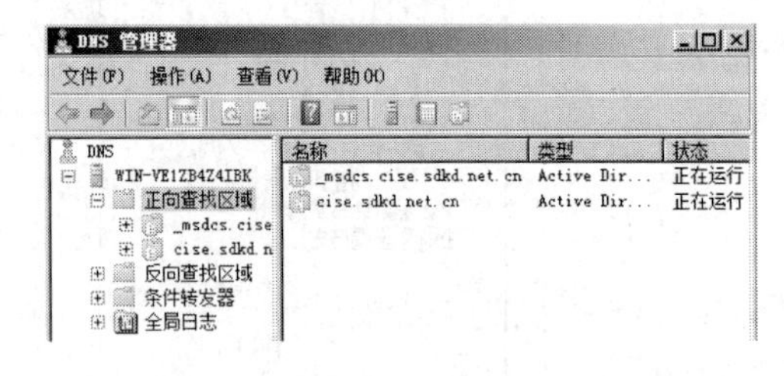

图 5-12　创建好的两个正向查找区域

(9) 确保域控制器的 TCP/IPv4 的首选 DNS 指向自己的地址。在域控制器上命令提示符环境下运行 net stop netlogon，再运行 net start netlogon。

(10) 选中 DNS 服务器刚才创建的两个区域，按 F5 键刷新。会发现已经注册成功 SRV 记录。

5.3.3　子域的创建

由于在单位内部可能有多个部门，每个部门需要创建自己的域，这样就需要创建子域。

步骤1:在运行窗口输入dcpromo。安装程序会检测系统,并自动安装Active Directory域服务所需的文件。出现提示窗口后,连续单击"下一步",进入"选择某一部署配置"窗口。此处选择"现有林和在现有林中新建域"。

步骤2:单击"下一步",进入"网络凭据"窗口。在"键入位于计划安装此域控制器的林中任何域的名称"编辑框中输入网络中已安装的域的名称,如cise. sdkd. net. cn。

步骤3:单击"设置",显示"Windows 安全"窗口,输入用户名和密码。

步骤4:单击"确定",添加到"备用凭据"列表框,如图5-13所示。

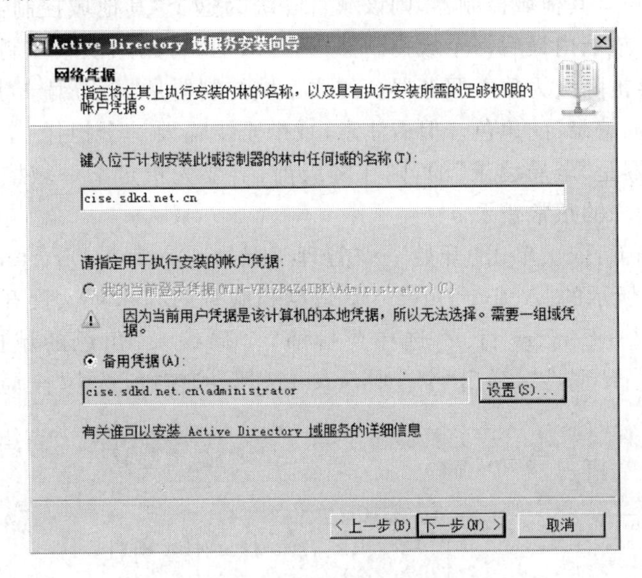

图5-13 添加到"备用凭据"中的用户

步骤5:单击"下一步",开始检查域,然后显示"命名新域"窗口。在"父域的FQDN"的编辑框中输入主域的域名,或单击"浏览"选择。在"子域的单标签DNS名称"编辑框中输入子域的名称,如wangluo。

步骤6:单击"下一步",开始检查所设的域名cise. sdkd. net. cn机器相应的NetBIOS是否在网络中已使用,避免发生冲突。如未使用,则进入"设置域功能级别"窗口。

步骤7:单击"下一步",显示"请选择一个站点"对话框,在"站点"列表框中选择一个新域控制器站点。其他详细步骤请参考活动目录的安装步骤。

5.3.4 辅助域控制器的创建

为了在主域控制器出现故障不能正常工作时,仍然保证用户能正常登录网络,一般还需要一个或多个额外的域控制器,即辅助域控制器。以便在主域控制器出现故障时,辅助域控制器接管主域控制器的工作。除了保障网络的正常运行外,还有备份数据的作用。

安装辅助域控制器前,需要先把辅助域控制器的PNS地址设为主域控制器的IP,否则在辅助域控制器的安装过程中还可能找不到主域。

安装步骤如下。

步骤1:在运行窗口中输入dcpromo,单击"确定",进入"Active Directory域服务安装向导"窗口。

步骤2:单击"下一步",进入"选择某一部署配置"窗口;选择"在现有林中添加域控制器”。

步骤 3:其他步骤和创建子域的基本相同。

5.3.5 活动目录的删除

如网络中不再需要使用域控制器,或将其移至其他服务器上,则需要将当前的 Active Directory 删除,并将其降级为独立服务器或成员服务器,不必重新安装系统。但需要注意的是:如果该域内还有其他域控制器,则该域将降级为这个“其他域控制器”的成员服务器。若这个域控制器为该域内最后一个域控制器,则降级后,将删除该域控制器,且该域控制器所在的计算机也会被降级为独立服务器。如这个域控制器是“全局编录”服务器,则降级后,它将不再担当“全局编录”的角色。但需注意,域中至少需要一个担任“全局编录”的域控制器;如仅该域控制器是“全局编录”的,则在降级前,需要先指定某一域控制器担任“全局编录”,以便不影响用户的正常登录。

指定的步骤如下:依次单击“开始”→“管理工具”→“Active Directory 站点和服务”选项,打开如图 5-14 所示的“Active Directory 站点和服务”窗口,依次展开 Sites→Default→First→Site→Name→Servers 目录,选择要扮演“全局编录”角色的域控制器,并右击其 NTDS Settings,选择“属性”,弹出“NTDS Settings 属性”窗口,选中“全局编录”复选框。

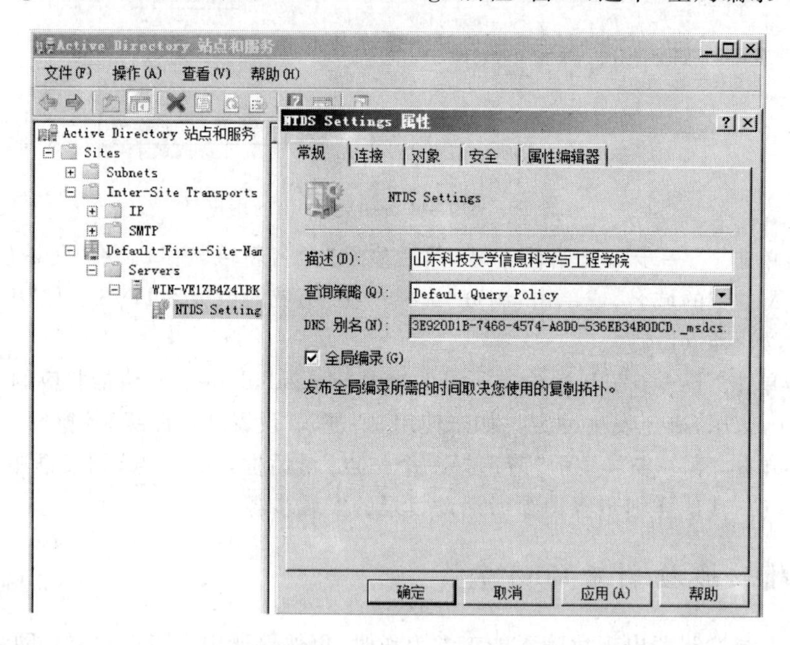

图 5-14　设置“全局编录”的域控制器

删除 Active Directory 的步骤如下。

步骤 1:在运行窗口中输入 dcpromo,单击“确定”,打开“Active Directory 域服务安装向导”窗口。提示将卸载该服务器上的 Active Directory 域服务。

步骤 2:单击“下一步”弹出警告窗口。

步骤 3:如确认要删除该全局编录服务器,单击“确定”。显示如图 5-15 所示的“删除域”窗口,选中“删除该域,因为此服务器是该域中的最后一个域控制器”复选框。

步骤 4:单击“下一步”,显示“应用程序目录分区”窗口,提示在该域控制器中保留列表框中的应用程序目录分区的最后副本。

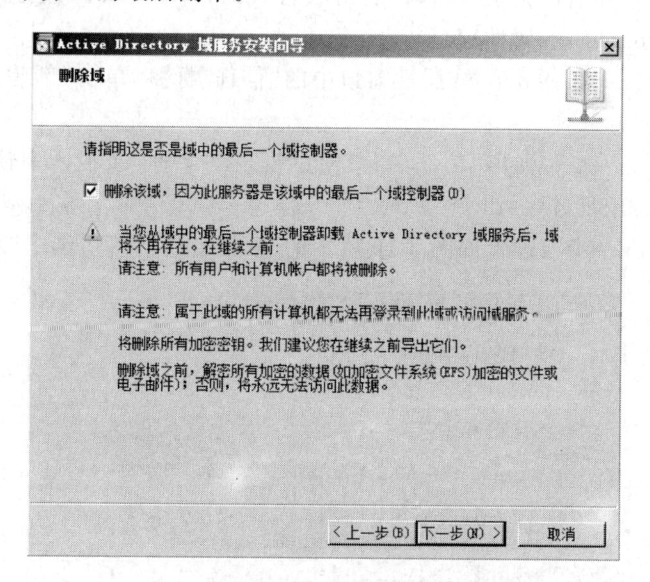

图 5-15 “删除域”窗口

步骤 5:单击“下一步”,显示“确认删除”窗口,选中“Active Directory 域控制器上的所有应用程序目录分区”复选框。

步骤 6:单击“下一步”,显示“删除 DNS 委派”窗口。选中“删除指向此服务器的 DNS 委派。系统可能提示您删除此委派的其他凭据”复选框。

步骤 7:单击“下一步”,显示“管理凭据”。

步骤 8:输入用户账号和密码,单击确定,弹出“Administrator 密码”窗口,输入新密码并确认密码。

步骤 9:单击“下一步”,显示“摘要”窗口。提示删除完成后,此域将不再存在。

步骤 10:单击“下一步”,向导开始配置 Active Directory 域服务并准备降级目录服务。

步骤 11:删除完成后弹出“提示域服务已删除”窗口。单击“完成”,并重启计算机使之成为独立服务器。

5.4 信任关系的创建

域是活动目录的分区,定义了安全便捷、在没有经过授权的情况下不允许其他域中的用户访问本域中的资源。在同一个域内,成员服务器根据 Active Directory 中的用户账户,可以很容易地把资源分配给域内的用户。但我们有时会用到多个域,在多个域环境下,该如何进行资源的跨域分配呢? 比较常用的一种方法是在这几个域之间创建信任关系。

要建立不同域之间的信任关系时,需要建立各自域的域控制器之间的信任。需注意的是,在建立信任之前,需要首先将某些域控制器的 DNS 服务器地址设置为将要与之建立信任关系的域控制器的 IP 地址。

下面是建立域 cise. sdkd. net. cn 和域 sdu. edu. cn 之间信任关系的过程。

步骤 1:依次单击“开始”→“管理工具”→“Active Directory 域和信任关系”选项,打开

“Active Directory 域和信任关系”窗口。右击域名 cise. sdkd. net. cn，选择快捷菜单中的“属性”，打开 cise. sdkd. net. cn 属性窗口。

步骤 2：单击 cise. sdkd. net. cn 属性窗口中的“信任”标签，单击“新建信任”，打开“新建信任向导”对话框。

步骤 3：单击“下一步”，弹出“信任名称”对话框，在“名称”文本框中输入要与之建立信任关系的域的 NetBIOS 名称 sdu。

步骤 4：单击“下一步”，进入如图 5-16 所示的“信任方向”窗口，选中“双向”。

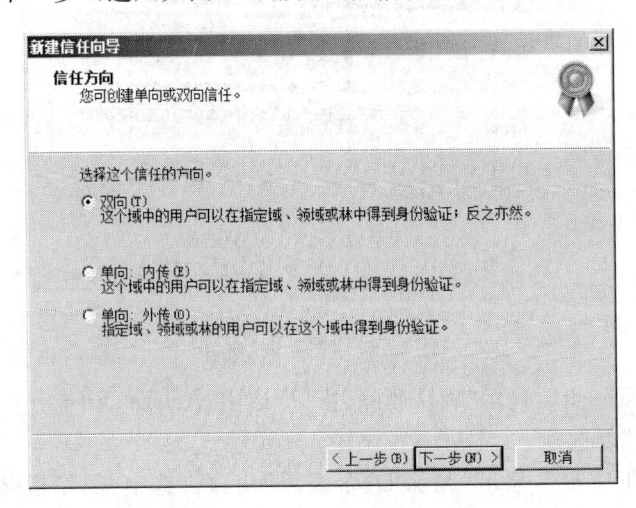

图 5-16 “信任方向”窗口

步骤 5：单击“下一步”，进入“信任方”窗口。如果只与这个域建立信任关系，则选择“只是这个域”。如果还需要和指定的域建立信任关系，则选择“此域和指定的域”。

步骤 6：单击“下一步”，进入“传出新人身份验证级别”窗口。为要建立信任的域 cise. sdkd. net. cn 中的用户选择身份验证的范围。如果两个域属于同样的组织时，可以选择“全域性身份验证”，它可以自动对指定的域用户对使用本地域的所有资源进行验证；如果域之间属于不同的组织时，建议选择“选择性身份验证”，该选项不会自动对指定域的用户使用本地域的所有资源进行身份验证，须向指定域用户授予访问权限。

步骤 7：单击“下一步”，进入“信任密码”窗口，输入信任密码和确认信任密码。

步骤 8：单击“下一步”，进入“选择信任完毕”窗口。列出了前面所有的配置，如需要更改，单击“上一步”直至需要更改的窗口。

步骤 9：如不需要更改，单击“下一步”，进入“信任创建完毕”窗口。

步骤 10：单击“下一步”，进入“确认传出信任”窗口。选择“否，不要确认传出信任”，等在另一台域控制器上创建了信任后再确认传出信任。

步骤 11：单击“下一步”，进入“确认传入信任”窗口。选择“否，不要确认传入信任”，等在另一台域控制器上创建了信任后再确认传出信任。

步骤 12：单击“下一步”，进入“正在完成新建信任向导”窗口，提示创建信任关系成功。

步骤 13：单击“完成”，域控制器 cise. sdkd. net. cn 上的信任关系创建成功。

在另一台域控制器 sdu. edu. cn 上按同样的步骤创建关系，只是在步骤 10 时选择“是，确认传出信任”。

在步骤 11 中，选择“是，确认传入信任”，并输入“sdu. edu. cn”域中有管理权限的账户和密码。

域控制器之间的信任关系创建完成后，客户端计算机只要加入其中任何一个域控制器所在的域，在登录到该域后，就可以访问信任域的资源，而不需要再加入到信任的域。

5.5 账户的管理

用户账户用来记录用户的用户名和口令、隶属的组、可以访问的网络资源，以及用户的个人文件和设置。每个用户都应在域控制器中有一个用户账户，才能访问服务器，并使用网络上的资源。活动目录的一个重要作用就是管理用户账户和组；可以为不同权限的用户账户分配不同的访问权限和磁盘配额；另外，为了管理方便，可将用户账户添加到组，那么该组的用户账户拥有所在组的所有权限，实现了用户账户的集中管理；此外，还可以通过组织单元为组配置组策略。

1. 创建用户账户

步骤1：依次打开"开始"→"管理工具"→"Active Directory 用户和计算机"选项，打开"Active Directory 用户和计算机"窗口，如图5-17所示。

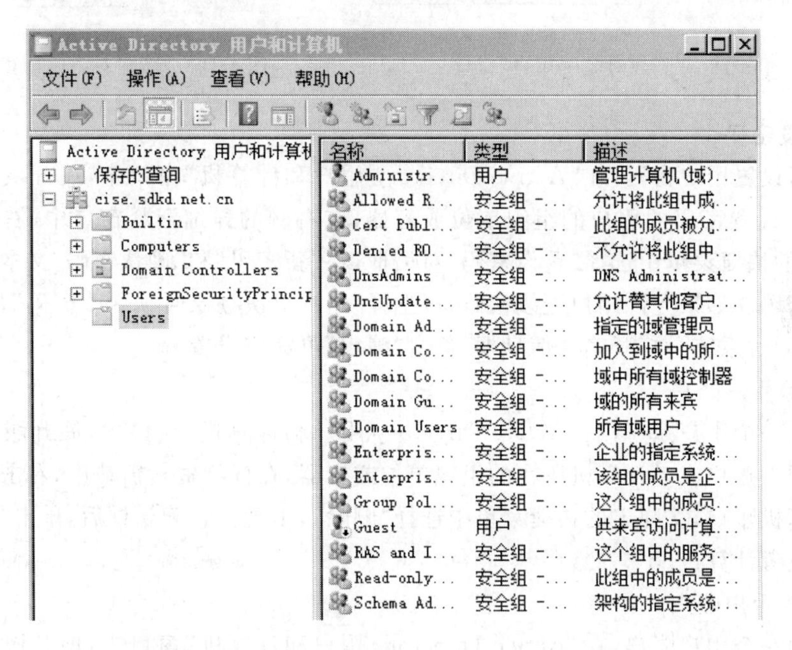

图5-17 "Active Directory 用户和计算机"窗口

步骤2：如果要创建用户账户，鼠标右击要添加用户的组织单位或容器，从弹出的快捷菜单中选择"新建"→"用户"，打开如图5-18所示的"新建对象—用户"窗口。并在其中输入相应的信息。注意，如果有多个域，则创建某一个域的用户时，应该在域的下拉列表框中选择相应的域名。

步骤3：单击"下一步"，输入密码并确认。

步骤4：单击"下一步"，显示用户设置的摘要信息；如果无误，单击"完成"，完成添加用户账户任务。同样方法，可以添加多个用户账户。

用户账户添加完成后，活动目录会为其建立一个唯一的安全识别码(SID)，Windows Server 2008 系统内部利用这个 SID 来识别该用户，有关的权限设置等都是通过 SID 来设置的，而不是利用用户的账户名称。

2. 创建计算机账户

创建计算机账户方法同上，只需在上述步骤 2 中选择“新建”→“计算机”，在弹出的对话框中输入该计算机的名称，单击“确定”即可，如图 5-19 所示。

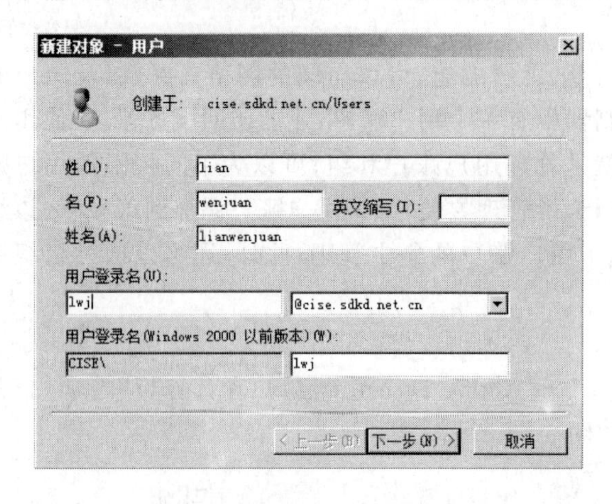

图 5-18 “新建对象—用户”窗口

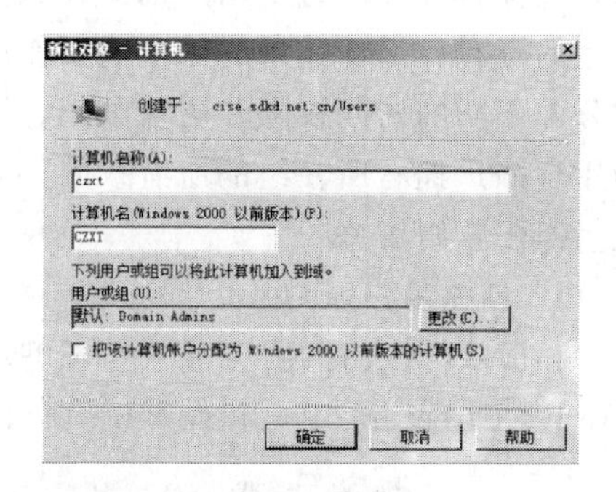

图 5-19 “新建对象—计算机”窗口

3. 重设密码

要重新设置用户密码，在“Active Directory 用户和计算机”窗口中，展开域节点。单击包含要重新设置密码的用户的组织单位或容器，在右侧的详细资料窗口中，右击该用户账户，从弹出的快捷菜单中选择“重设密码”对话框，在“新密码”和“确认密码”文本框中输入要设置的新密码。如果允许用户更改密码，可选择“用户下次登录时须更改密码”，单击“确定”保存设置，同时系统会打开确认信息框，单击“确定”可完成设置。

4. 删除用户账户

要删除一个用户账户，在“Active Directory 用户和计算机”窗口中，展开域节点。单击要删除的用户账户或者计算机所在的组织单位或容器，在详细资料窗口中，右击要停用的用户或者计算机账户，从弹出的快捷菜单中选择“删除”，出现信息确认框后，单击“是”，即可删除该用户或者计算机。

5. 禁用用户账户

要禁用一个用户账户，在“Active Directory 用户和计算机”窗口中，展开域节点。单击要禁用的用户账户或者计算机所在的组织单位或容器，在详细资料窗口中，右击要禁用的用户或者计算机账户，从弹出的快捷菜单中选择“禁用账户”，出现信息确认框后，单击“确定”，即可禁用该用户账户。

6. 为用户添加组

要将用户账户添加到某一组，在“Active Directory 用户和计算机”窗口中，展开域节点。单击要加入组的用户所在的组织单位或容器，在详细资料窗口中，右击该用户账户，从弹出的快捷菜单中选择“添加到组”，打开“选择组”对话框，可以直接输入组对象的名称，也可以打开“高级”选项卡进行查找。然后在组列表中选择一个要添加的组，单击“确定”即可为用户添加组。

7. 移动用户账户

要移动用户账户，在“Active Directory 用户和计算机”窗口中，展开域节点。单击要移动用户或者计算机账户所在的组织单位或容器，在详细资料窗口中，右击要移动的用户账户，从弹出的快捷菜单中选择“移动”，打开“将对象移到容器”对话框，在其中展开域节点，单击用户账户要移动到的目标组织单位，然后单击“确定”即可完成移动，如图5-20所示。

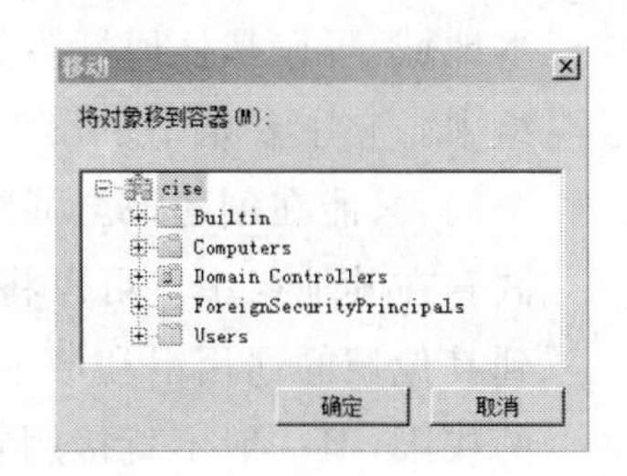

图 5-20　移动用户账户

5.6　组和组织单位的管理

组是指活动目录或本地计算机对象，包含用户、联系人、计算机和其他组等。组可以用来管理用户和计算机对网络资源的访问。使用组，方便了管理访问目的和权限相同的一系列用户和计算机账户。

组织单位是域中包含的一类目录对象，它包含域中一些用户、计算机和组、文件与打印机等资源。不过，组织单位不能包含其他域中的对象。

由于活动目录服务把域又详细地划分成组织单位，且组织单位中还可以再划分下级组织单位，因此组织单位的分层结构可用来建立域的分层结构模型，进而可使用户把网络所需的域的数量减至最小。

5.6.1　组的操作

1. 新建组

步骤 1：在“Active Directory 用户和计算机”控制台目录树中，展开节点。

步骤 2：鼠标右击要进行组创建的组织单位或容器，从弹出的快捷菜单中选择“新建”→“组”命令，打开如图 5-21 所示的对话框，在“组名”文本框中输入要创建的组名，如“网络教研室”。在“组作用域”选项区域中，选择单选按钮来确定组的作用域；在“组类型”选项区域中，通过单选按钮来选择新组的类型。

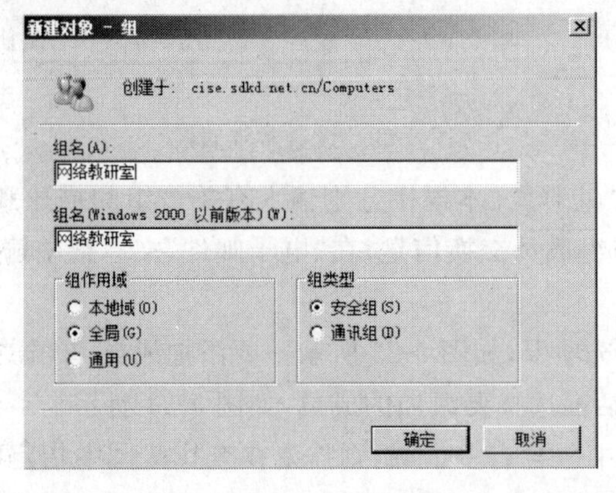

图 5-21　新建组

组作用域中各选项含义如下。

- 本地域：可以从任何域添加用户账户、通用组和全局组。域本地组不能嵌套于其他组中。它主要是用于授予位于本域资源的访问权限。
- 全局：只能在创建该全局组的域上进行添加用户账户和全局组操作，但全局组可以嵌套在其他组中。可以将某个全局组添加到同一个域上的另一个全局组中，或添加到其他域的通用组和域本地组中。虽然可以利用全局组授予访问任何域上的资源的权限，但一般不直接用它来进行权限管理。
- 通用：通用组是集合了上面两种组的优点，即可以从任何域中添加用户和组，可以嵌套于其他域组中。

组类型中各选项含义如下。

- 安全组：用于与对象权限分配有关的场合。
- 通讯组：用于与安全无关的场合。

步骤 3：单击“确定”即可完成新组的创建。

2. 设置组的属性

步骤 1：在“Active Directory 用户和计算机”控制台树中，展开域节点。鼠标单击设置属性的组所在的组织单位或容器，在详细资料窗口中，右击要添加成员的组，从弹出的快捷菜单中选择“属性”命令，打开该组的属性对话框，如图 5-22 所示。

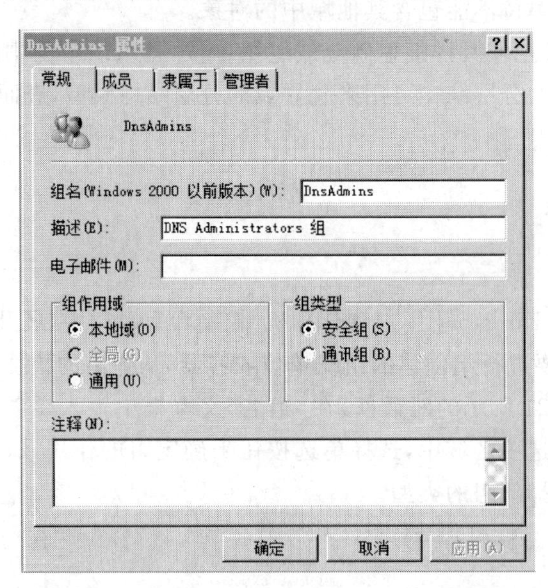

图 5-22 设置常规属性

步骤 2：在“描述”和“注释”文本框中分别输入有关该组的描述和注释；可以修改该组名称；为了便于组管理员与组成员交换信息，在“电子邮件”文本框中输入组管理员的电子邮件地址。

步骤 3：单击“成员”选项卡，如图 5-23 所示。要添加成员，单击“添加”，打开“选择用户、联系人、计算机或组”对话框选择要添加的成员，如图 5-24 所示。

步骤 4：如果当前域中包含有多个域，则需要在查找范围中指定查找用户的位置。单击“查找范围”，显示如图 5-25 所示的“位置”对话框。从中选择要查找的域或者容器，单击“确定”返回。

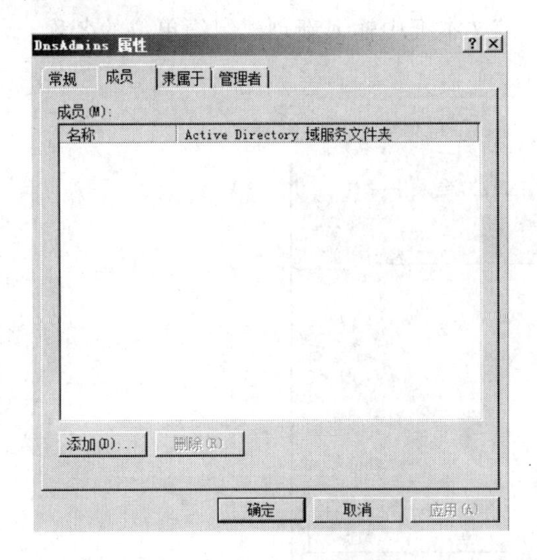

图 5-23　添加成员到组

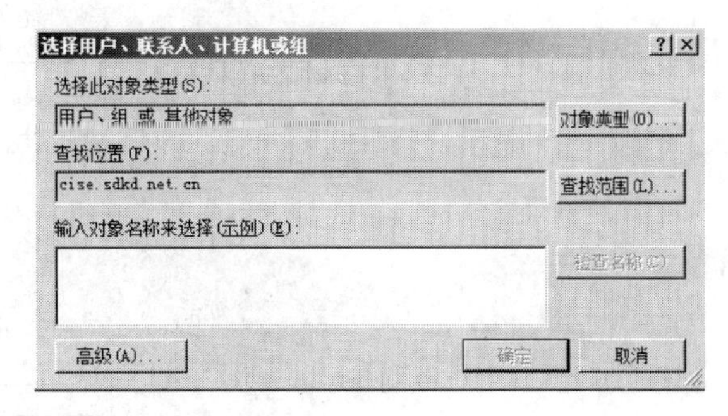

图 5-24　“选择用户、联系人、计算机或组”对话框

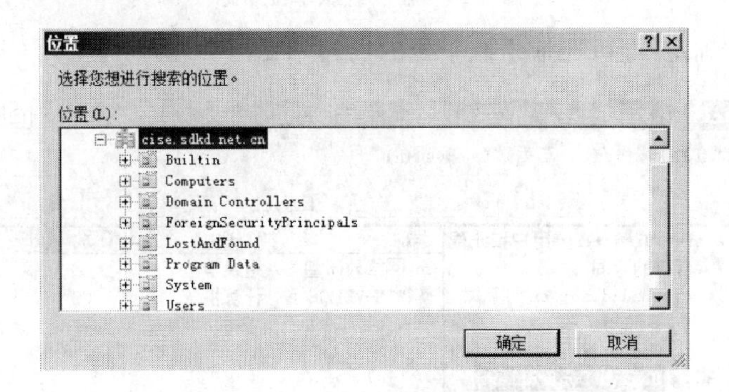

图 5-25　“位置”对话框

步骤 5:单击“高级”,打开“选择用户、联系人、计算机或组”对话框,单击“立即查找”,则列出了域中的所有用户账户。从中可选择要添加到组中的一个或多个用户账户。

步骤 6:单击“确定”,所选用户账户被添加到指定的组中。

步骤 7:用户设置新组的权限,主要通过向新组添加内置组来实现。选择“隶属于”选项卡,单击“添加”,打开“选项组”对话框,为自己创建的组选择内置组。要删除某个组权限,在“隶属于”列表框中选择该组,单击“删除”即可。

步骤 8:要设置组的管理者,选择“管理者”选项卡。要更改组管理者,单击“更改”,打开“选择用户或联系人”对话框选择管理者;要查看管理者的属性,单击“属性”进行查看;如果要清除管理者对组的管理,单击“清除”即可。

步骤 9:属性设置完毕,单击“确定”保存设置并关闭属性对话框。

5.6.2　组织单位的操作

要新建组织单位,执行下列步骤。

步骤 1:在“Active Directory 用户和计算机”控制台目录树中,展开域节点。

步骤 2：鼠标右击域节点或者可添加组织单位的文件夹节点，从弹出的快捷菜单中选择“新建”→“组织单位”命令，在打开的对话框的“名称”文本框中输入新创建组织单位的名称，如图 5-26 所示。

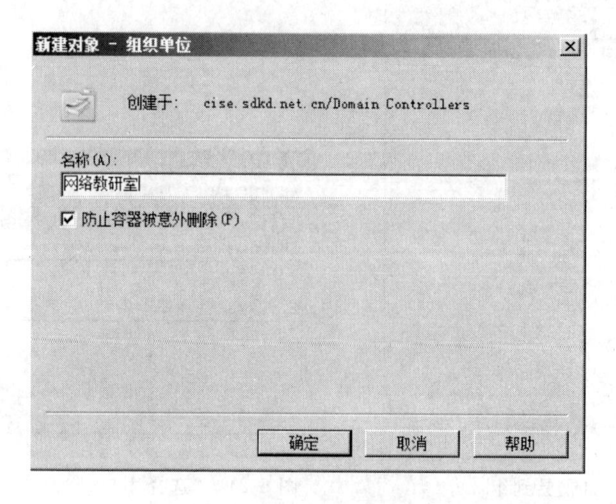

图 5-26 输入组织单位名称

步骤 3：单击“确定”即可完成组织单位的创建，如图 5-27 所示。

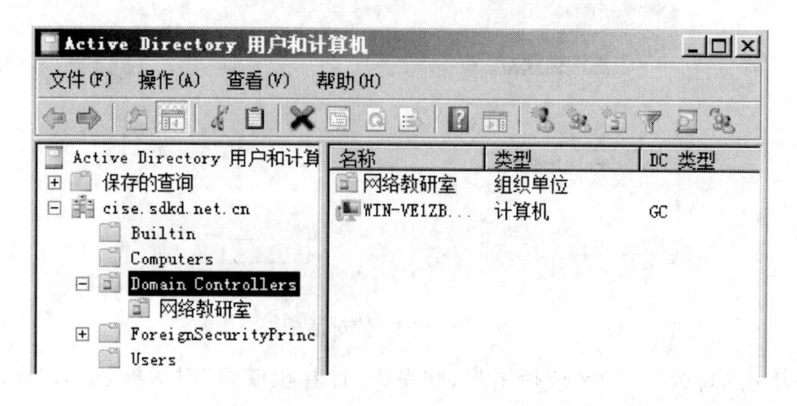

图 5-27 完成组织单位的创建

5.7 组策略

1. 组策略的概念

组策略是管理员为用户和计算机定义并控制程序、网络资源及操作系统行为的主要工具。通过使用组策略可以设置各种软件、计算机和用户策略。组策略是一个 MMC 管理单元，可使系统管理员针对整个计算机或是特定用户来设置多种配置，包括桌面配置和安全配置；它是 Windows 中的一套系统更改和配置管理工具的集合。注册表是 Windows 系统中保存系统软件和应用软件配置的数据库，组策略设置就是在修改注册表中的配置。组策略将系统重要的配置功能汇集成各种配置模块，供用户直接使用，从而达到方便管理计算机的目的，比手工修改注册表要方便、灵活，功能也更强大。根据应用范围可将组策略分为如下

3 类。

- 域的组策略:组策略的设置对整个域都生效。
- 组织单位的组策略:组策略的设置仅对本组织单位有效。
- 站点的组策略:组策略的设置仅对本站点有效。

2. 组策略组成

组策略组件包括以下几种。

(1) 组策略对象组件

在活动目录中包括站点、域和组织单位在内的容器对象都可以连接到一个组策略对象中,通过这种连接,就可以将 GPO 的设置应用于指定容器中的用户和计算机。GPO 由组策略容器和组策略模板组成。

(2) 组策略模板组件

该组件实现了一系列的指令集,基于文件的 GPT 存储在每个域控制器的 Sysvol 中。

(3) 组策略容器组件

组策略容器组件是一个活动目录(AD)对象,列出了一个特定的组策略对象关联的 GPT 名称。

(4) 客户端扩展组件

在 Windows 的客户端中的许多功能是由组策略来管理的。这些功能知道如何获取和处理指向它的组策略。

(5) 组策略编辑器组件

组策略编辑器组件是一个 MMC 管理单元,用于创建和管理 GPO。

(6) 计算机策略组件和用户策略组件

一个 GPO 的策略设置既可用于用户对象,也可用于计算机对象。计算机启动时会自动下载预先设置的策略,用户登录到域控制器时也会下载所属的组策略。

(7) 组策略和本地策略组件

如果用户不属于任何一个域,则启动时使用的是本地的组策略。

3. 组策略应用

(1) 应用 1:定制桌面

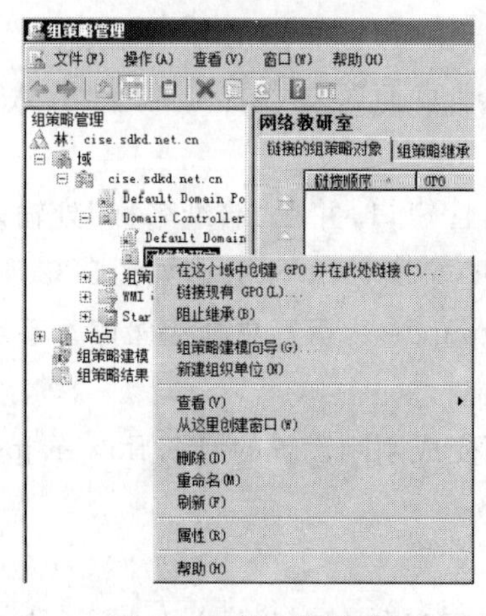

图 5-28 创建组策略

组策略可以帮助用户创建自己的个性桌面,在每一台成员计算机上登录时都会显示定制的桌面。定制步骤如下。

① 登录到域控制器,依次单击"开始→管理工具→组策略管理",进入"组策略管理"窗口,逐步展开"林:cise.sdkd.net.cn"→"域"→cise.sdkd.net.cn→Domain Controllers。

② 在组织单位"网络教研室"上右击,在快捷菜单中选择"在这个域中创建 GPO 并在此处链接",如图 5-28 所示。

③ 在弹出的"新建 GPO"对话框中的名称文本

框中输入 wangluoxitong,单击“确定”,完成组策略的创建,如图 5-29 所示。创建好后的界面如图 5-30 所示。

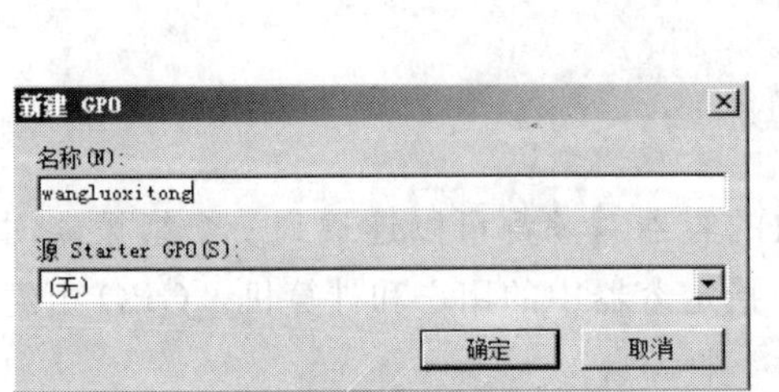

图 5-29　新建组策略

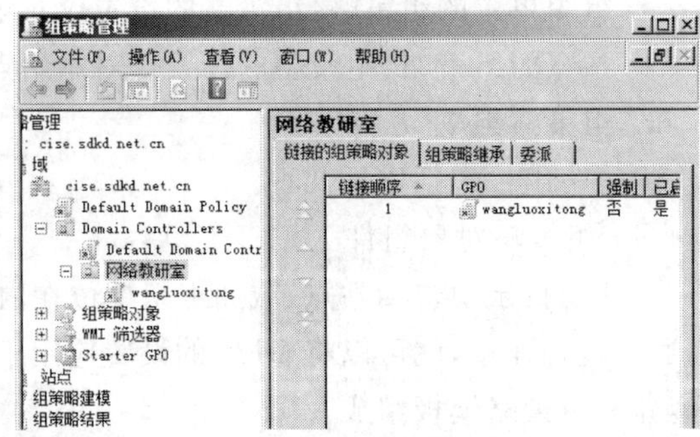

图 5-30　组策略管理

④ 右击策略名称 wangluoxitong,在快捷菜单上选择“编辑”,打开“组策略管理编辑器”窗口,如图 5-31 所示。

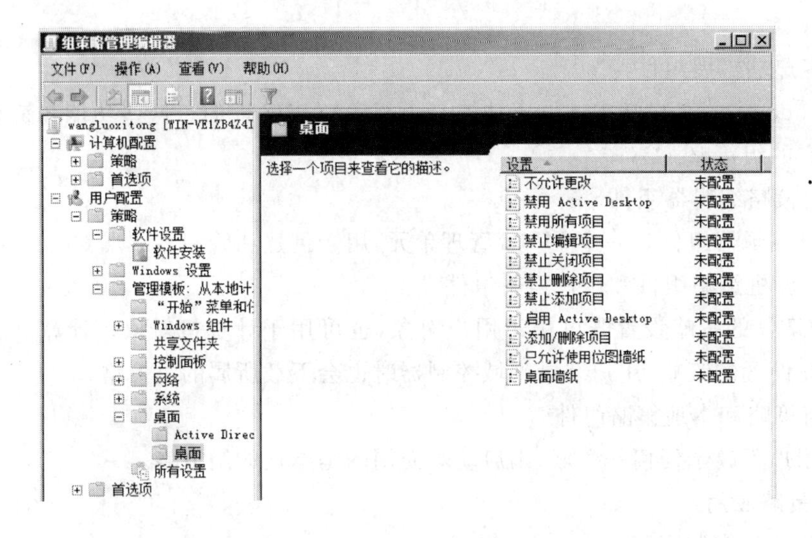

图 5-31　组策略编辑

接下来的步骤是给用户配置一个桌面墙纸。

① 依次展开“用户配置”→“策略”→“管理模板”→“桌面”,双击右侧的“启用 Active Desktop”选项,打开其属性窗口,选择“启用”。

② 在“禁用 Active Desktop”选项上双击,打开其属性窗口,并在“墙纸名称”处输入墙纸的路径,如 C:\Documents and Settings\Administrator\桌面\flower.jpg,如图 5-32 所示。

③ 依次单击“开始”→“运行”,在运行窗口中输入 gpupdate,运行更新组策略。系统会弹出 DOS 窗口,提示“用户策略更新成功完成”。

④ 用“网络教研室”里面的用户登录时,会发现桌面变成刚刚设置的墙纸 flower.jpg。

(2) 应用 2:通过组策略安装应用程序

前期工作步骤如下。

① 部署一台 Windows Server 2008 服务器,并加入到已经存在的域 cise.sdkd.net.cn 中。

② 将所有需要安装软件的客户端加入到与服务器相同的域 cise. sdkd. net. cn 中。

③ 在 AD 中建立相应的组织单元、该组织单元下添加计算机和用户。

④ 在 Windows Server 2008 服务器中共享一个文件夹，用于存储所需分发的软件，在该文件夹属性窗口的“安全”标签中，要给待安装软件的用户只读权限。

设置组策略步骤如下。

(1) 依次打开“开始”→“管理工具”→“组策略管理器”，并展开到“组策略对象”，右击“新建”创建一个新的组策略对象—“软件安装”，如图 5-33 所示。

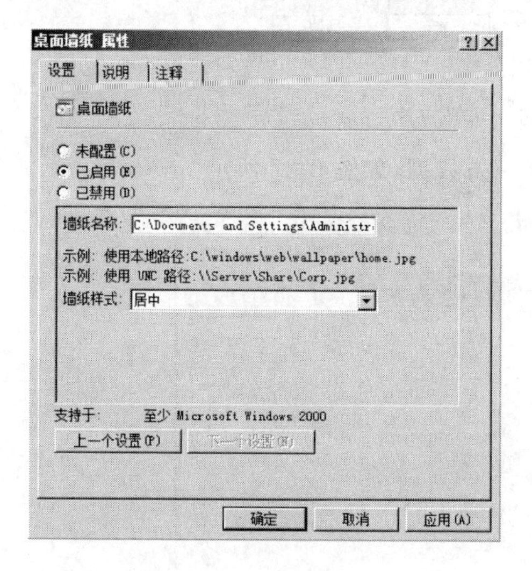

图 5-32　编辑策略

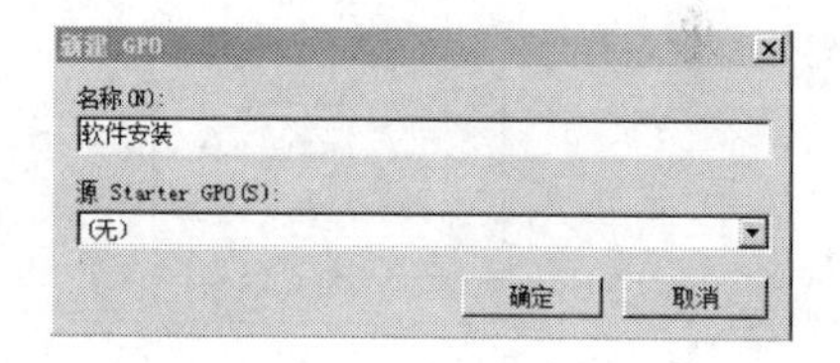

图 5-33　新建策略

(2) 在已经建立的新的组策略对象“软件安装”上右击，选“编辑”选项，进入到“组策略管理编辑器”中。

(3) 依次单击“用户配置”→“策略”→“软件设置”→“软件安装”，在“软件安装”上右击选择“新建”→“数据包”，如图 5-34 所示。

(4) 选择所需部署的软件，只能部署 MSI 格式的应用程序，EXE 格式需要重新封装为 MSI 格式才能部署。选择文件时需要使用它的网络路径，否则客户端将无法读取文件，部署将失败。如图 5-35 所示，选择 OFFICE 2003 安装包 pro11. msi，单击“打开”。

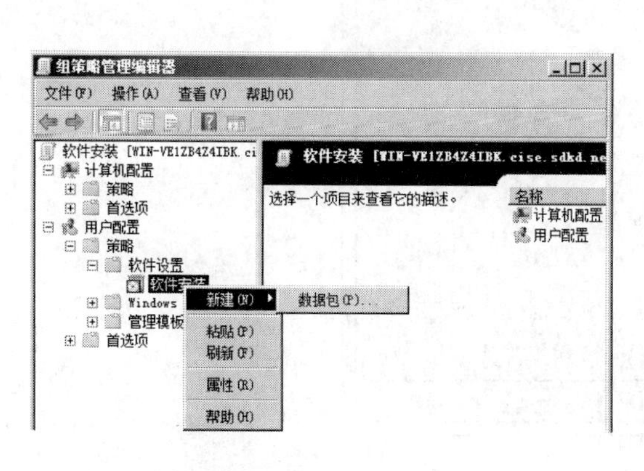

图 5-34　新建数据包

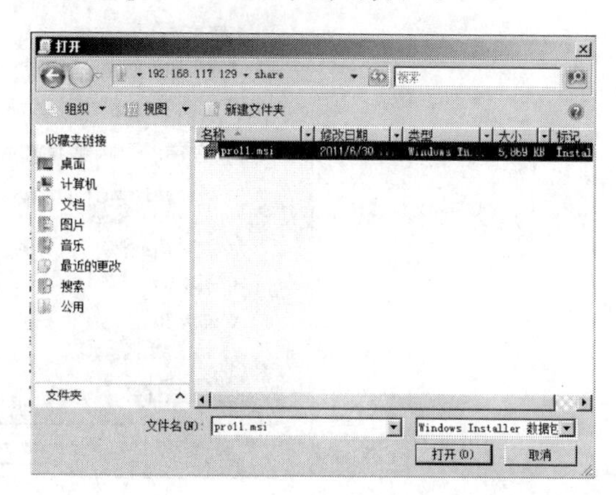

图 5-35　选择安装包

(5) 在弹出的部署软件对话框中,选择“已分配”,如图 5-36 所示。

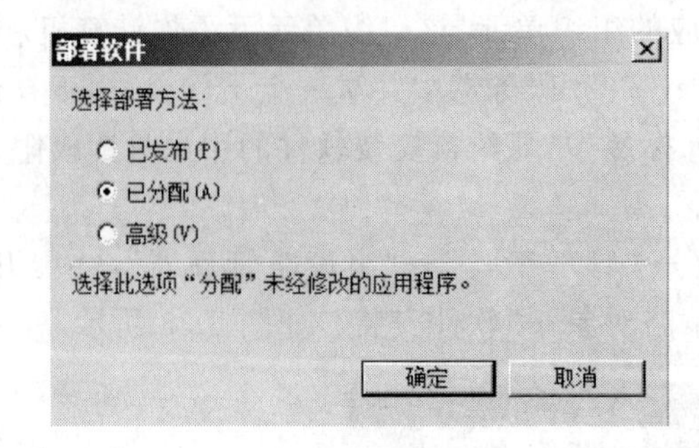

图 5-36 部署方法

建好数据包后,在“软件安装”中已经有一条数据,如图 5-37 所示。

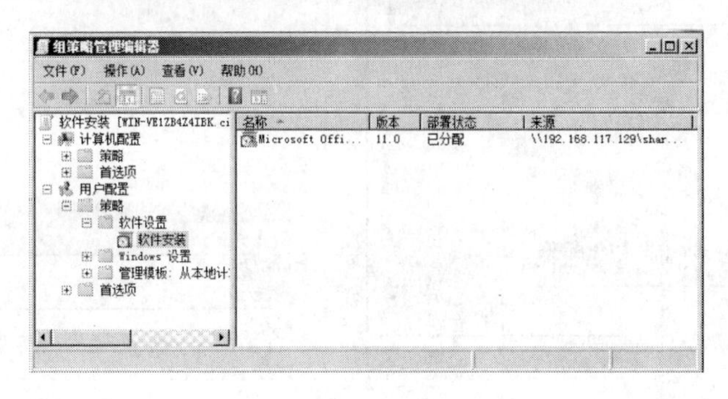

图 5-37 完成创建数据包

(6) 右击新建的数据包,选择“属性”,打开“属性”对话框。选择该对话框上的“部署”标签页,在“部署选项”选项组中,选中“在登录时安装此应用程序”复选框,则当用户登录到 AD 时将自动安装此应用程序,如图 5-38 所示。

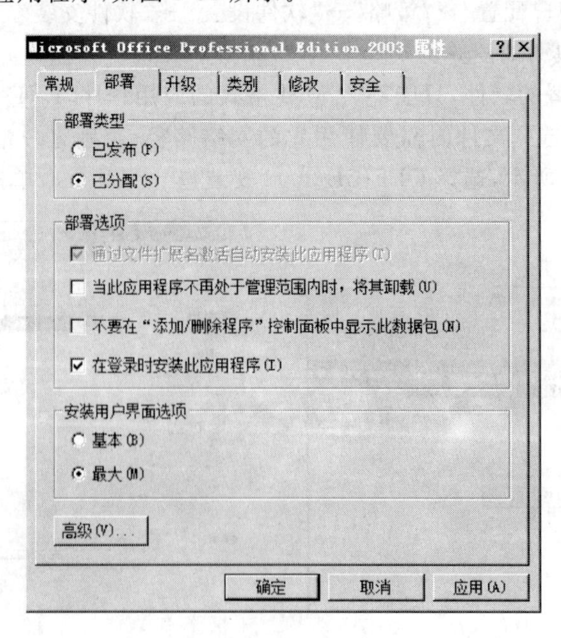

图 5-38 部署选项

(7) 单击“确定”,完成软件部署策略。

(8) 完成组策略编辑后,在所需部署策略的OU(网络教研室)上右击选择“链接现有GPO”,如图5-39所示。如果只想运行当前的组策略对象,那么可以选择“阻止继承”来将上一级的组策略对象阻止。

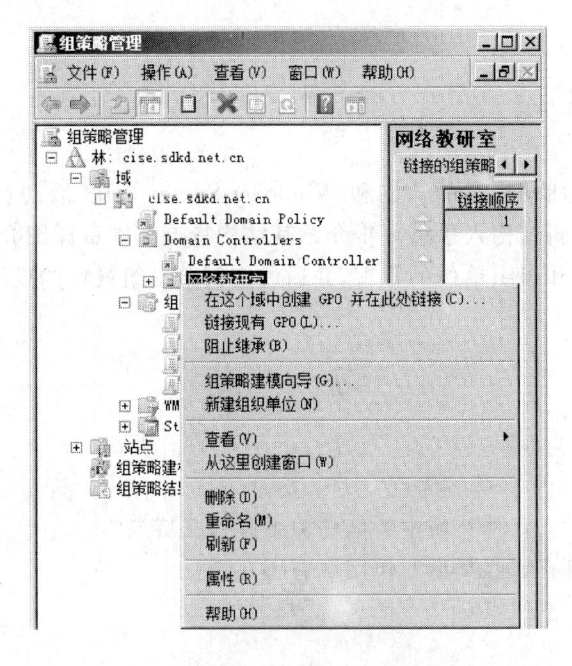

图5-39 链接现有GPO

(9) 选择编辑好的“组策略对象”并单击“确定”,如图5-40所示。

图5-40 选择GPO

(10) 现在可以看到 OU 已经连接到了刚编辑好的组策略对象。

(11) 完成策略部署后，为了使用策略立刻生效，打开命令窗口并输入 gpupdate/force 进行组策略强制更新。稍后提示完成。

(12) 最后，用户在登录客户端时，应用程序 pro11. msi 将会被安装到系统中。

本章小结

本章首先介绍了活动目录的功能和 Windows Server 2008 活动目录新特性，接下来从活动目录的物理和逻辑结构入手进一步介绍其结构特点。本章详细介绍了活动目录的安装步骤，以及域账户、组和组织单位的管理，并通过实例给出组策略的设置。

习　题

1. Active Directory 有哪些优点？
2. 什么是域、域树、森林？域中的信任关系有什么特点？
3. 域模式下的组有哪些类型？作用域有哪几种？

第 6 章　Windows Server 2008 安全管理

6.1　Windows Server 系统安全

6.1.1　增强系统安全

相比传统操作系统，Windows Server 2008 系统最吸引人的地方是它超强的安全功能，下面介绍通过许多新增的安全功能的一些细节配置，如何使 Windows Server 2008 系统更加安全。

1. 拒绝修改防火墙安全规则

Windows Server 2008 系统新增加的高级安全防火墙功能，可以允许用户根据实际需要自行定义安全规则，从而实现更加灵活的安全防护目的。不过该防火墙还有一些明显不足，那就是管理员对它进行的一些设置以及创建的安全规则，几乎都是直接存储在本地 Windows Server 2008 系统注册表中的，非法攻击者只需要编写简单的攻击脚本代码，就能通过修改对应系统注册表中的内容，达到修改防火墙安全规则的目的，从而可以轻松跨越高级安全防火墙的限制。那么如何才能拒绝非法攻击者通过修改系统注册表中的相关键值来跨越高级安全防火墙功能的限制呢？

（1）首先，在 Windows Server 2008 系统运行命令“regedit”，打开系统的注册表控制窗口。

（2）展开 HKEY_LOCAL_MACHINE 节点，找到 SYSTEM\ControlSet001\Services\SharedAccess\Parameters\FirewallPolicy\FirewallRules 注册表子项（如图 6-1 所示），在该注册表子项对应的右侧显示区域中保存了许多防火墙的安全规则以及设置参数。

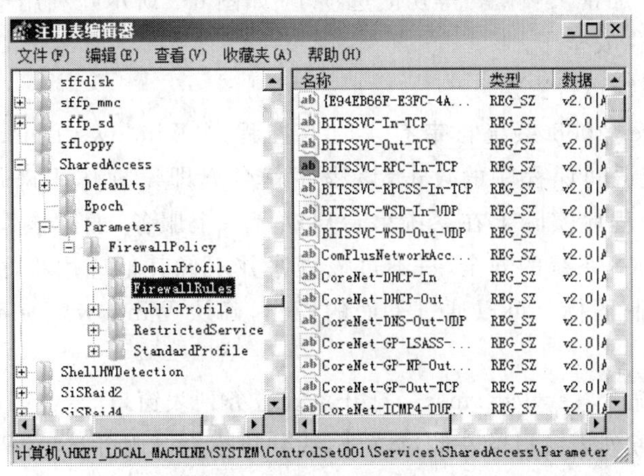

图 6-1　注册表编辑器

很显然，如果非法攻击者具有访问 FirewallRules 注册表子项的权限时，那么它就能随意修改该分支下面的各个安全规则以及设置参数了，而在默认状态下任何普通用户的确是可以访问目标分支的。因此，我们必须限制 Everyone 账号来访问 FirewallRules 注册表子项。

要做到这一点，我们必须先将鼠标选中 FirewallRules 注册表子项，同时用鼠标右键单击该注册表子项，并执行快捷菜单中的"权限"命令，打开目标注册表子项的权限设置对话框；单击该对话框中的"添加"按钮，打开用户账号选择对话框，从中选中"Everyone"账号并将它添加进来，之后选中"Everyone"账号，并将对应该账号的"完全控制"权限调整为"拒绝"，再单击"应用"按钮，如此一来非法攻击者日后就不能随意修改 Windows Server 2008 系统高级安全防火墙的安全规则以及设置参数了，那么 Windows Server 2008 系统的安全性能也就更有保障了。

2. 使用加密解密保护文件安全

Windows Server 2008 系统自身就集成了加密、解密功能，只是在默认状态下该功能使用起来很不方便，因此很少人会想到使用该功能来保护本地系统重要文件的安全。通过下面的设置操作将 Windows Server 2008 系统自带的加密、解密功能集成到鼠标的快捷菜单中，日后我们只要打开目标文件的快捷菜单就可以轻松选用加密、解密功能来保护文件的安全了。

(1) 首先打开 Windows Server 2008 系统的注册表控制窗口。

(2) 接下来展开 HKEY_CURRENT_USER 节点分支，找到 Software\Microsoft\Windows\CurrentVersion\Explorer\Advanced 子项，再用鼠标右键单击"Advanced"注册表子项，并执行快捷菜单中的"新建"/"Dword 值"命令，同时将新创建的双字节值名称设置为"EncryptionContextMenu"。用鼠标双击"EncryptionContextMenu"注册表键值，打开双字节值对话框，在其中输入十进制数字"1"，再单击"确定"按钮执行保存操作，最后按 F5 功能键刷新一下系统注册表，如此一来我们打开某个重要文件的快捷菜单时，就能发现其中包含"加密"、"解密"等功能选项了(如图 6-2 所示)，利用这些功能选项我们就能很轻松地保护文件安全了。

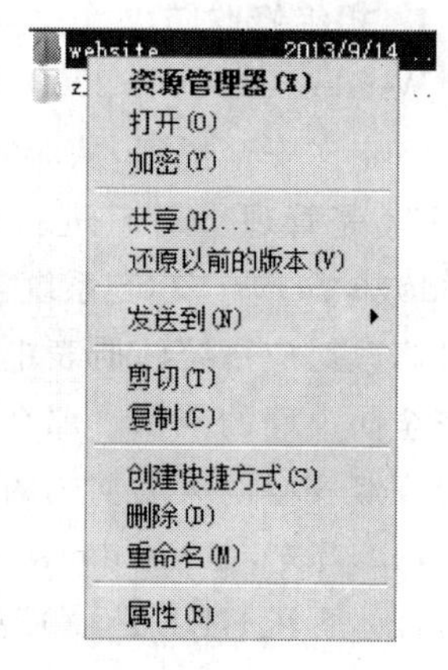

图 6-2　文件夹"加密"

3. 实时监控系统运行安全

Windows Server 2008 系统自带有实时监控程序 Windows Defender，一旦 Windows Server 2008 系统遭遇间谍程序的攻击，该程序就会立即发挥作用来帮助用户解决问题。Windows Defender 程序实际上在系统后台启动了一个服务，通过该系统服务默默地保护 Windows Server 2008 系统的安全，只不过该程序并不像其他应用程序那样会在系统托盘区域处出现一个控制图标。可以通过下面的操作，确认 Windows Defender 程序的服务状态是否正常。

(1) 首先运行命令"services. msc"，打开系统服务列表窗口。

(2) 在系统服务列表窗口的左侧位置处，找到目标系统服务选项"Windows Defender"，并用鼠标右键单击该选项，从弹出的快捷菜单中执行"属性"命令，打开 Windows Defender

服务的属性设置窗口,在该窗口的"常规"标签页面中,我们可以非常清楚地看到目标系统服务的运行状态是否正常。建议将它的启动类型参数修改为"自动",并保存此设置,这样就能确保 Windows Defender 服务时刻来保护 Windows Server 2008 系统的安全了。

为了让 Windows Defender 服务更有针对性地进行实时监控,我们还可以修改 Windows Server 2008 系统的组策略参数,让 Windows Defender 程序对已知文件或未知文件进行监测,同时对监测结果进行跟踪记录,下面就是具体的修改步骤。

(1) 首先在 Windows Server 2008 系统桌面中依次单击"开始"/"运行"命令,在弹出的系统运行对话框中,输入字符串命令"gpedit. msc",按回车键后,打开系统的组策略控制台窗口。

(2) 其次在该控制台窗口的左侧显示区域处,依次点选"计算机配置"/"管理模板"/"Windows 组件"/"Windows Defender"组策略子项,从目标子项下面找到"启用记录已知的正确检测"选项,并用鼠标右键单击该选项,从弹出的快捷菜单中执行"属性"命令,打开目标组策略的属性设置窗口,如图 6-3 所示。

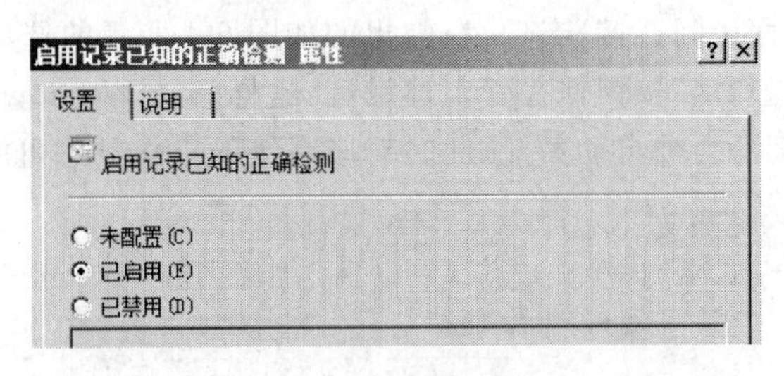

图 6-3 "启用记录已知的正确检测属性"对话框

在该设置窗口中,检查"已启用"选项是否处于选中状态,如果发现该选项还没有被选中时,必须及时将它重新选中,再单击"确定"按钮保存好上述设置操作。按照同样的操作步骤,再打开"启用记录未知检测"组策略的属性设置对话框,选中其中的"已启用"选项,这么一来 Windows Server 2008 系统日后就会对各种类型的文件进行自动检测、记录,我们只要定期查看记录内容就能知道本地系统是否存在安全威胁了。

4. 限制远程连接数量,确保远程连接高效

很多时候,一些不怀好意的用户往往会同时建立多个远程连接,来消耗 Windows Server 2008 服务器系统的宝贵资源,最终达到搞垮服务器系统的目的。下面通过对 Windows Server 2008 服务器系统允许建立的远程连接数量进行适当限制,确保远程连接高效。具体步骤如下。

(1) 首先打开 Windows Server 2008 服务器系统的"开始"菜单,从中依次单击"设置"/"控制面板"命令,在弹出的系统控制面板窗口中,用鼠标双击"管理工具"图表,再从系统管理工具列表窗口中依次双击"终端服务"/"终端服务配置"选项,弹出系统终端服务配置界面。

(2) 在终端服务配置界面的左侧位置处单击"授权诊断"节点选项,选中在对应该分支选项的右侧显示区域中的"RDP-Tcp"选项,并用鼠标右键单击"RDP-Tcp"选项,再单击快捷菜单中的"属性"命令,进入到"RDP-Tcp"选项设置界面。

(3) 单击"RDP-Tcp"选项设置界面中的"网络适配器"选项卡,在对应的选项设置页面中,将最大连接数参数修改为适当的数值,该数值通常需要根据服务器系统的硬件性能来设置，一般情况下我们可以将该数值设置为“5”以下，最后单击“确定”按钮执行设置保存操作。

此外，也可以通过修改系统相关键值的方法，来限制 Windows Server 2008 服务器系统的远程桌面连接数量。打开“HKEY_LOCAL_MACHINE\SOFTWARE\Policies\Microsoft\Windows NT\Terminal Services”注册表子项，在目标注册表子项下面创建“MaxInstanceCount”双字节值，同时将该键值数值调整为“10”，最后单击“确定”按钮保存好上述设置操作。

在实际管理 Windows Server 2008 服务器系统的过程中，一旦发现服务器系统运行状态突然不正常时，可以按照下面的办法强行断开所有与 Windows Server 2008 服务器系统建立连接的各个远程连接，以便及时将服务器系统的工作状态恢复正常。

(1) 在 Windows Server 2008 服务器系统桌面中依次单击“开始”、“运行”选项，在弹出的系统运行对话框中，输入“gpedit. msc”命令，打开组策略控制台窗口。

(2) 在组策略控制台窗口左侧位置处的“用户配置”节点分支，并用鼠标逐一单击目标节点分支下面的“管理模板”/“网络”/“网络连接”组策略选项，之后双击“网络连接”分支下面的“删除所有用户远程访问连接”选项，在弹出的如图 6-4 所示的选项设置对话框中，选中“已启用”选项，再单击“确定”按钮保存好上述设置，这样一来 Windows Server 2008 服务器系统中的各个远程连接都会被自动断开，此时对应系统的工作状态可能会立即恢复正常。

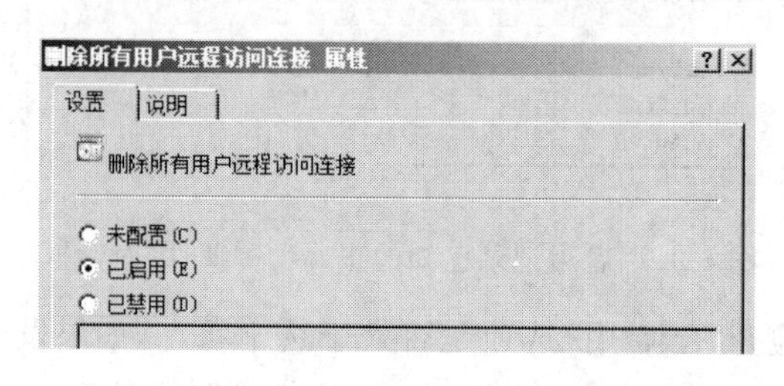

图 6-4　删除所有用户远程访问连接

5. 修改远程连接端口

远程桌面服务所使用的通信协议是 Microsoft 定义的 RDP(Reliable Data Protocol)，RDP 的 TCP 通信端口号是 3389。为了安全起见，我们常需要更改其端口。运行注册表编辑器，找到 HKEY_LOCAL_MACHINE\System\CurrentControlSet\Control\Terminal Server\Wds\rdpwd\tds\tcp 和 HKEY_LOCAL_MACHINE\SYSTEM\CurrentControlSet\Control\TerminalServer\WinStations，也就是 RDP 的端口，改成欲设的端口。

6. 加强系统安全提示

为了防止在 Windows Server 2008 服务器系统中不小心进行了一些不安全操作，尽量将系统自带的 UAC 功能启用起来，并且该功能还能有效防范一些木马程序自动在系统后台进行安装操作。启用步骤如下。

(1) 首先以系统管理员身份进入 Windows Server 2008 系统，依次单击“开始”、“运行”命令，输入“msconfig”并单击“确定”按钮后，进入对应系统的实用程序配置界面。

(2) 在实用程序配置界面中单击“工具”标签，进入如图 6-5 所示的标签设置页面，从该设置页面的工具列表中找到“启用 UAC”项目，再单击“启动”按钮，最后单击“确定”按钮并重新启动一下 Windows Server 2008 系统，如此一来用户日后在 Windows Server 2008 服务器系统中不小心进行一些不安全操作时，系统就能及时弹出安全提示。

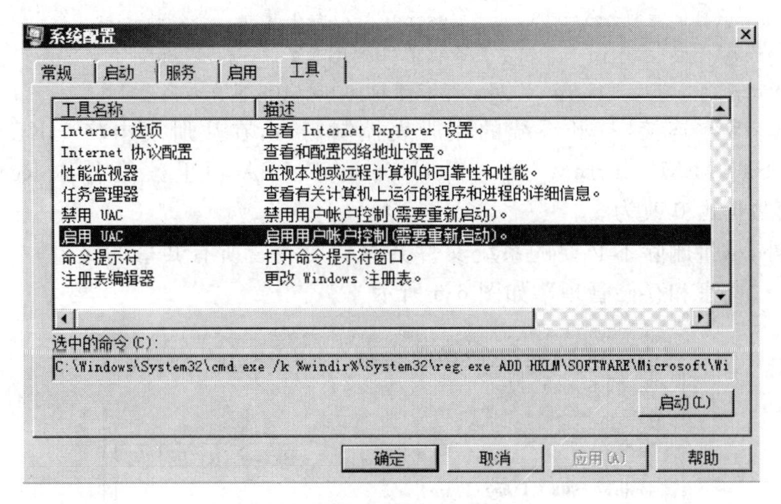

图 6-5　系统配置

6.1.2　防止外部远程入侵

默认情况下,Windows 开放一些共享和端口,而正是这些开放的共享和端口,黑客可以获取用户计算机的信息,并连上用户的计算机。为了让系统变为铜墙铁壁,应该删除一些共享,封闭这些端口,常见的端口如 TCP 的 135、139、445、593、1025 端口和 UDP 的 135、137、138、445 端口,以及一些流行的后门端口(如 TCP 2745、3127、6129 端口)和远程服务端口 3389。此外,Windows 系统的一些服务也可能是不安全的因素,所以,除非必要,尽量关闭这些服务。

1. 关闭 139 端口

通过 139 端口入侵是网络攻击中常见的一种攻击手段,一般情况下 139 端口开启是由于 NetBIOS 网络协议的使用。NetBIOS 即网络基本输入输出系统,系统可以利用 WINS 服务、广播及 Lmhost 文件等多种模式将 NetBIOS 名解析为相应 IP 地址,从而实现信息通信。在局域网内部使用 NetBIOS 协议可以非常方便地实现信息通信,但在 Internet 上,NetBIOS 就相当于一个后门程序,很多攻击者都是通过 NetBIOS 漏洞发起攻击。

通常,攻击者首先在网络上查找存在 139 端口漏洞的主机地址,查找过程中可以使用一些扫描工具,如 SuperScan。扫描结束后,如果找到一台存在 139 端口漏洞的主机,就可以在命令行方式下使用“nbtstat-a[IP 地址]”命令获得用户的信息情况,并获得攻击主机名称和工作组。接下来攻击者需要做的就是实现与攻击目标资源共享,使用 Net View 和 Net use 命令显示计算机列表和共享资源,并使用 nbtstat-r 和 nbtstat-c 命令查看具体的用户名和 IP 地址。要关闭 139 端口,打开“本地连接属性”→“TCP/IPv4 属性”→“高级”→“WINS NetBIOS 设置”,选中“禁用 TCP/IP 的 NETBIOS”。

2. 禁止 ipc $ 空连接

ipc(internet process connection)是远程网络连接。而 ipc $ 、admin $ 、c $ 、d $ 、e $ 这些是 winnt 和 Win2000 的默认共享。ipc $ 就是一种管道通信,它在两个 ip 间建立一个连接。一般如果对方主机开了 139、445 端口,就说对方开了共享。空连接是在没有信任的情况下与服务器建立的会话,换句话说,它是一个到服务器的匿名访问。ipc $ 是为了让进程间通信而开放的命名管道,可以通过验证用户名和密码获得相应的权限。借助空连接可以列举目标主机上的用户和共享,访问 everyone 权限的共享,访问小部分注册表等。其步骤可以是:

```
c:\>net use \\目的主机 ip\ipc $  ""  /user:""  //首先建立一个空连接
c:\>net view\\目的主机 ip    //查看远程主机的共享资源,前提是建立了空连接后
c:\>nbtstat -A 目的主机 ip //得到远程主机的 NetBIOS 用户名列表
```

要禁止 ipc $空连接,打开系统的注册表控制窗口,在注册表中将 HKEY_LOCAL_MACHINE\SYSTEM\CurrentControlSet\Control\LSA 项里数值名称 RestrictAnonymous 的数值数据由 0 改为 1。

除此以外,尽量删除不必要的系统文件共享。要查看所有共享的文件,打开“开始”→“管理工具”→“共享和存储管理”,如图 6-6 所示。

共享和存储管理(本地)

共享 | 卷

11 项

共享名	协议	本地路径	配额	文件屏蔽	卷影
协议: SMB (11 项)					
ADMIN$	SMB	C:\Windows			
C$	SMB	C:\			
E$	SMB	E:\			
F$	SMB	F:\			
G$	SMB	G:\			
H$	SMB	H:\			
IPC$	SMB				
NETLOGON	SMB	G:\Windows3\...			
Public	SMB	C:\DFSRoots\...			
SYSVOL	SMB	G:\Windows3\...			

图 6-6 共享和存储管理(本地)窗口

对于图中“共享”选项卡中的共享,可以借助 DOS 命令删除。如删除图 6-6 中的 e 盘共享,只需输入命令“net share e $ /del”。

3. 关闭 135 端口,防止 RPC 漏洞

Windows 系统下的 135 端口主要用于使用 RPC(Remote Procedure Call,远程过程调用)协议并提供 DCOM(分布式组件对象模型)服务,通过 RPC 可以保证在一台计算机上运行的程序能顺利地执行远程计算机上的代码;使用 DCOM 可以通过网络直接进行通信,能够跨包括 HTTP 协议在内的多种网络传输。

RPC 本身在处理通过 TCP/IP 的消息交换部分有一个漏洞,该漏洞是由于错误地处理格式不正确的消息造成的。该漏洞会影响到 RPC 与 DCOM 之间的一个接口,该接口侦听的端口就是 135。有名的“冲击波”病毒就是利用 RPC 漏洞来攻击计算机的。

防止 RPC 漏洞的具体步骤如下。

(1) 单击“开始”/“运行”,输入“dcomcnfg”,单击“确定”,打开组件服务。

(2) 在弹出的“组件服务”对话框中,选择“计算机”选项,右键单击“我的电脑”,选择“属性”。

(3) 在出现的“我的电脑属性”对话框“默认属性”选项卡中,去掉“在此计算机上启用分布式 COM”前的勾。

(4) 选择“默认协议”选项卡,选中“面向连接的 TCP/IP”,单击“移除”按钮。

(5) 单击“确定”按钮,设置完成,重新启动后即可关闭 135 端口。

(6) 接下来打开“管理工具”/“服务”,找到 RPC Locator 服务,右击选中“属性”,在“恢复”选项卡中将“第一次失败”、“第二次失败”和“后续失败”都设置为不操作,如图 6-7 所示。

4. 关闭远程连接端口,不允许连接到计算机

打开“本地组策略编辑器”→“本地计算机策略”→“计算机配置”→“管理模板”→“网络”→“网络连接”→“Windows 防火墙”→“标准配置文件”,双击后在右侧窗口中找到“Windows 防火墙:允许入站远程桌面例外”,右击选择“属性”并打开,选中“已禁用”,单击“应用”或“确定”,如图 6-8 所示。

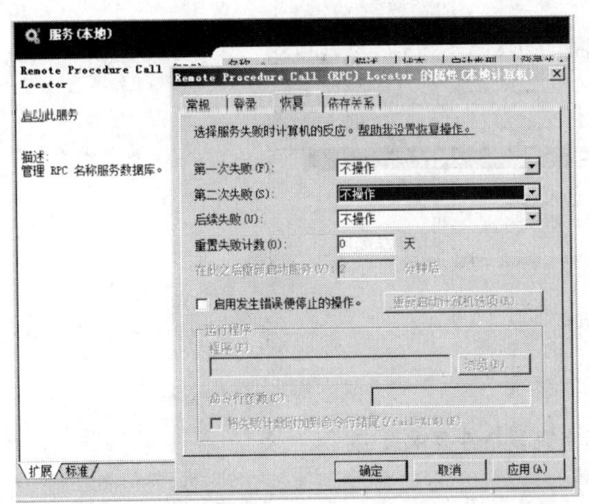

图 6-7 RPC 服务的设置

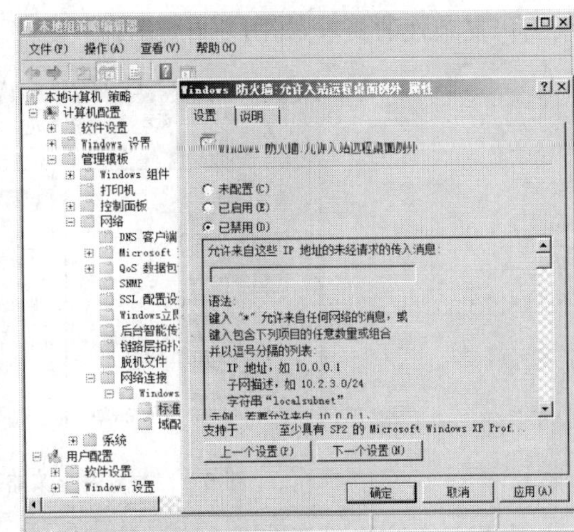

图 6-8 远程连接端口的关闭

5. 禁用服务

打开“控制面板”,进入“管理工具”→“服务”,关闭以下服务:

- Kerberos Key Distribution Center{授权协议登录网络};
- Print Spooler{打印机服务};
- Remote Registry{使远程计算机用户修改本地注册表};
- Routing and Remote Access{在局域网和广域网提供路由服务};
- Server{支持此计算机通过网络的文件、打印和命名管道共享};
- Special Administration Console Helper{允许管理员使用紧急管理服务远程访问命令行提示符};
- TCP/IPNNetBIOS Helper{提供 TCP/IP 服务商的 NetBIOS 和网络上客户端的 NetBIOS 名称解析的支持而使用户能够共享文件、打印和登录到网络};
- Terminal Services{允许用户以交互方式连接到远程计算机}。

6.2 Windows Server 2008 本地安全策略

6.2.1 本地安全策略的组成

单击“开始”→“管理工具”→“本地安全策略”选项,即可打开“本地安全策略”对话框。也可以通过命令方式打开,单击“开始”→“运行”,在弹出的对话框中输入“secpol. msc”命令。本地安全策略由以下几个项目组成:账户策略、本地策略、高级安全 Windows 防火墙、公钥策略等，每一个策略中又包含许多子项目。

6.2.2 账户策略

1. "密码策略"设置

用户可以通过"开始"→"管理工具"→"本地安全策略"→"账户策略"→"密码策略"来查看密码复杂性的要求，如图 6-9 所示。

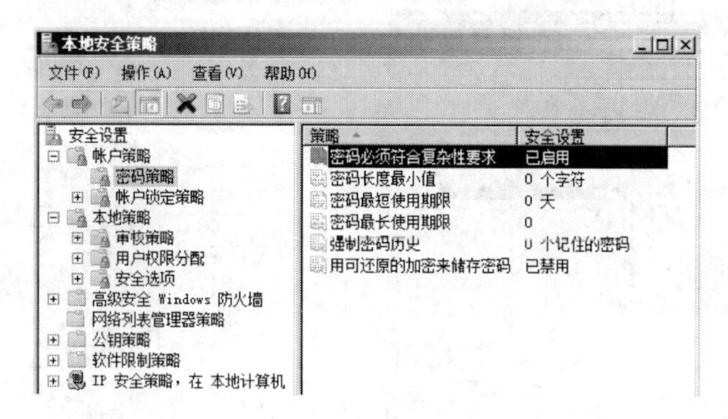

图 6-9 本地安全策略-密码复杂性要求设定

其默认的安全设置在图中有所体现。

- 密码必须符合复杂性要求：复杂性要求包括密码不能包含用户的账户名，不能包含用户姓名中超过两个连续字符的部分；至少有 6 个字符长；包含以下四类字符中的三类字符：①英文大写字母；②英文小写字母；③10 个基本数字；④非字母字符（如！、$、#、%）。
- 密码长度最小值：可选范围为 1～14，0 表示允许不设置密码。
- 密码最短使用期限：可选范围为 0～998，独立服务器默认为 0 天，域控制器默认为1 天。
- 密码最长使用期限：可选范围为 1～999 天，默认为 42 天，0 表示永不过期。
- 强制密码历史：用于限制用户更改账号密码之前不得使用的旧密码个数。范围为 0～24，独立服务器默认为 0，域控制器默认为 24。
- 用可还原的加密来存储密码：用于确定操作系统是否使用可还原的加密来存储密码，此策略为某些应用程序提供支持，这些应用程序使用的协议需要用户密码来进行身份验证。除非应用程序需求比保护密码信息更重要，否则不予启用。

双击"密码必须符合复杂性要求"来禁用该选项，这样，就可以使用简单密码了，如图 6-10 所示。

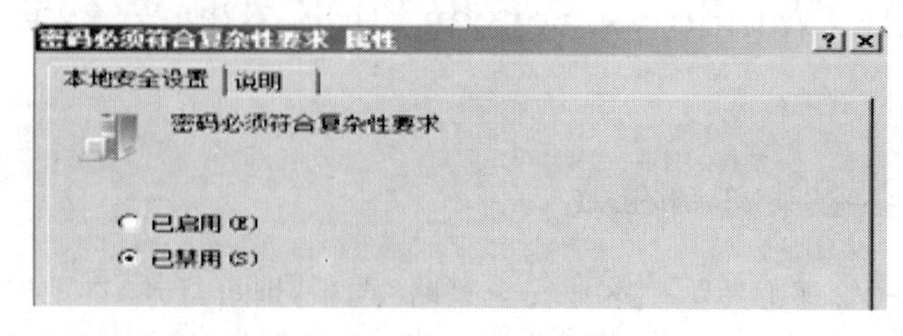

图 6-10 禁用"密码必须符合复杂性要求"

设置完成后，单击“开始”→“运行”，在弹出的运行对话框中输入“gpupdate/force”命令，完成策略的刷新域即时生效即可。

2. “账户锁定策略”设置

利用账户锁定策略，可以控制用户登录时输入密码的次数，防止恶意登录情况出现。其设置过程为：打开“本地安全策略”，在窗口的左边部分选择“账户策略”分支下的“账户锁定策略”，在右边窗口双击“账户锁定阈值”，在弹出的对话框中设置账户锁定阈值为5，然后单击“确定”，保存后退出，如图6-11所示。经过多次设置，系统就安全多了。

账号锁定指在某些情况下，为保护账号安全而将此账户进行锁定，使之在一定时间内不能再次登录，从而挫败连续的猜解尝试。主要包括账户锁定阈值、账户锁定时间、复位账户锁定计数器。

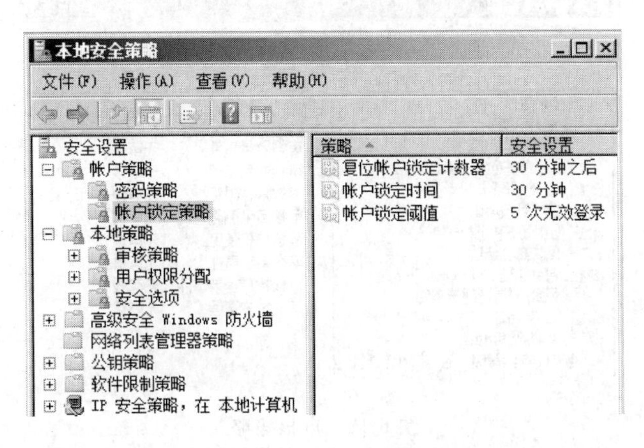

图 6-11　账户锁定阈值

- 复位账户锁定计数器：如果定义了账号锁定阈值，此重置事件必须小于或等于账号锁定时间。
- 账户锁定时间：默认为30分钟。
- 账户锁定阈值：用户登录输入密码失败时，将记做登录尝试失败。Windows Server 2008独立服务器默认值为0表明账号不锁定，域控制器默认未配置。

6.2.3　本地策略

本地策略包括审核策略、用户权限分配和安全选项。

1. “审核策略”设置

审核策略是指通过将所选类型的事件记录在服务器或工作站的安全日志中来跟踪用户活动的过程。安全审核策略是Windows 2008的一项功能，负责监视各种与安全性有关的事件。每当用户执行指定的某些操作时，审核日志就会记录一项。如对文件、安全策略、注册表等进行修改就会触发审核项，记录其执行的操作、相关用户信息、操作日期和时间。通过配置审核策略，系统可以自动地记录登录到本地计算机上面的所有信息，因此监视系统事件对于检测入侵者以及危及系统数据安全性的尝试是非常必要的，失败的登录尝试就是一个应该被审核的事件的范例。

通过审核可以记录下列信息：

- 用户账号信息的完整性；

• 系统安全配置是否更改；
• 用户指定的文件、文件夹或打印机进行哪种类型的访问；
• 用户登录系统时间、成功与否、日期与时间等。

Windows Server 2008系统的审核功能在默认状态下并没有启用，可以针对特定系统事件来启用、配置它们的审核功能，这样该功能才会对相同类型的系统事件进行监视、记录，网络管理员日后只要打开对应系统的日志记录就能看到审核功能的监视结果了。

(1) 审核策略设置

打开“本地安全策略”，在窗口的左边部分选择“本地策略”分支下的“审核策略”，如图6-12所示。

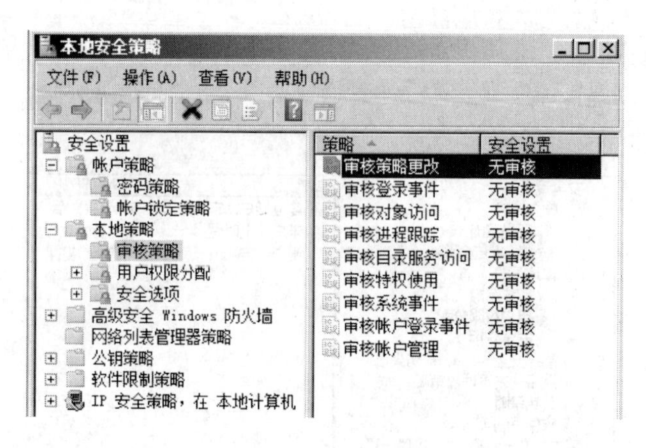

图6-12 审核策略

① Windows Server 2008系统就会对不同类型的操作进行跟踪，来启用适合自己的审核策略。部分策略说明如下。

• 审核策略更改：确定是否对用户权限分配策略、审核策略或信任策略的更改进行审核。
• 审核登录事件：确定是否对此策略应用的系统中发生的登录和注销事件进行审核。
• 审核对象访问：确定是否审核用户访问时间，如对文件、文件夹、注册表项、打印机的访问。
• 审核进程跟踪：专门用来对服务器系统的后台程序运行状态进行跟踪记录。
• 审核特权使用：专门用来跟踪、监视用户在服务器系统运行过程中执行除注销操作、登录操作以外的其他特权操作的，任何对服务器系统运行安全有影响的一些特权操作都会被审核功能记录保存到系统的安全日志中，网络管理员根据日志内容就容易找到影响服务器运行安全的细节。
• 审核系统事件：确定是否审核用户重启关机以及对系统安全或安全日志有影响的事件。
• 审核账户登录事件：是专门用来跟踪、监视服务器系统登录账号的修改、删除、添加操作的，任何添加用户账号操作、删除用户账号操作、修改用户账号操作，都会被审核功能自动记录下来。

② 对于各个审核项，可以进行如下的审核配置。

• 成功：操作成功时会生成一个审核项。

• 失败：请求操作失败时会生成一个审核项。

• 无审核：相关操作不会生成审核项。

③ 为了对系统事件进一步监控，增强安全性，推荐如下配置。

• 审核账户登录事件：成功、失败。

• 审核账户管理：成功、失败。

• 审核目录服务访问：失败。

• 审核登录事件：成功、失败。

• 审核对象访问：失败。

• 审核策略更改：失败、成功。

• 审核特权使用：失败。

• 审核过程跟踪：失败。

• 审核系统事件：成功与失败。

配置与启用审核策略后，系统将自动对指定事件惊醒审核和记录。可以借助 Windows 事件查看器查看的关于"安全"事件中审核失败与成功的日志信息。依次单击"开始"→"管理工具"→"事件查看器"，如图 6-13 所示。

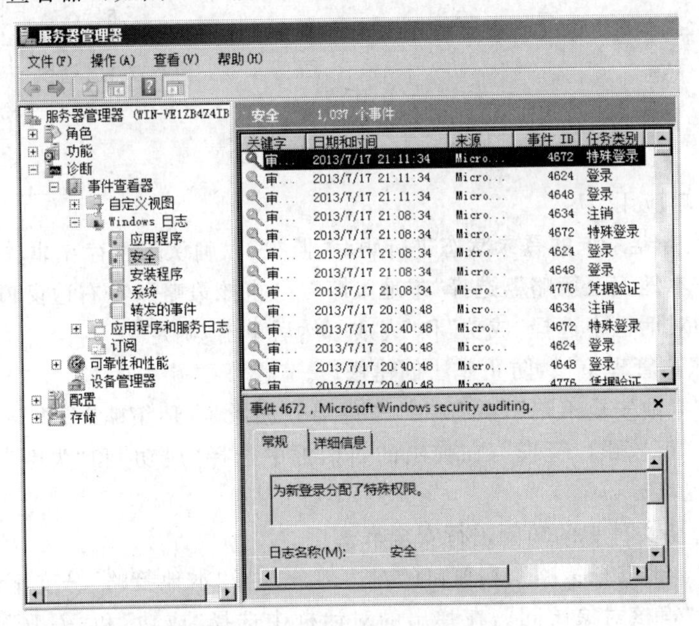

图 6-13 查看安全事件审核日志信息

一旦开启审核，则会记录大量的信息，默认情况下保存在 system32\winevt\logs\下。在 Windows Server 2008 中，默认已经设置文件大小，大小如下。

• 应用程序日志：1 024 KB。

• 安全日志：20 MB。

• 系统日志：20 MB。

• 安装程序日志：20 MB。

• 转发的事件日志：20 MB。

要更改某个日志的默认设置，可以在该日志(如图 6-13 中的"安全"日志)上右击并选择菜单中的"属性"选项，打开图 6-14。在"日志最大大小"文本框中输入 1 024 000 KB(1 GB)

大小，然后选择“日志满时将其存档，不覆盖事件”，以免丢失历史事件日志。最后单击“确定”，即可完成配置。

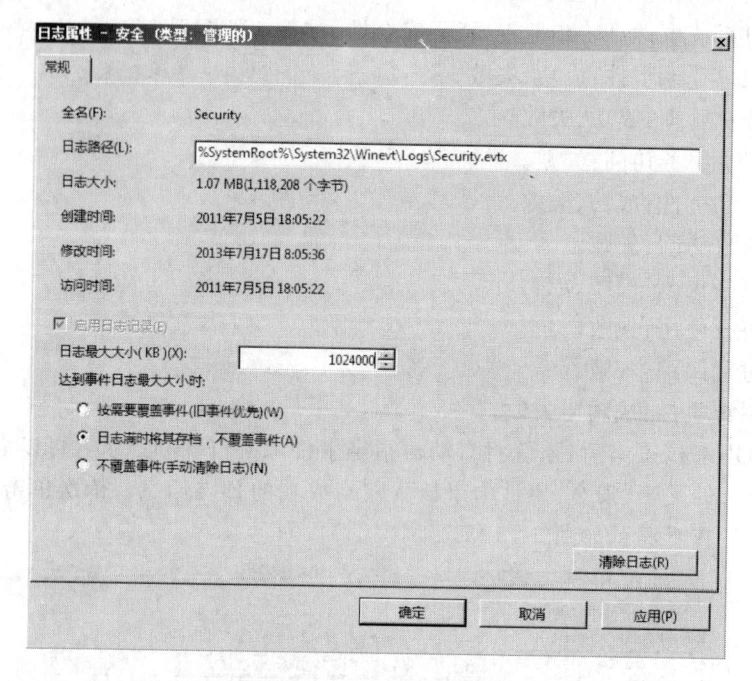

图 6-14　审核日志属性设置

(2) 审核策略应用

应用 1：对服务器系统的登录状态进行跟踪、监视，以确认是否存在非法的登录行为。

步骤：打开“本地安全策略”，选择“本地策略”→“审核策略”，在右边窗口双击“审核登录事件”，在弹出的对话框中选择“成功”和“失败”，然后单击“确定”。

应用 2：对账户管理审核，防止非法创建账户。

步骤：打开“本地安全策略”，在窗口的左边部分选择“本地策略”分支下的“审核策略”，在右边窗口双击“审核账户管理”，在弹出的对话框中选择“成功”和“失败”选项，然后单击“确定”，保存后退出。

应用 3：对重要文件夹的访问进行安全审核。

步骤：打开“本地安全策略”，在窗口的左边部分选择“本地策略”分支下的“审核策略”，在右边窗口双击“审核对象访问”，在弹出的对话框中选择“成功”和“失败”选项，然后单击“确定”，保存后退出。

2. “用户权限分配”设置

通过“用户权限分配”，管理员可以将部分安全功能设置分配给指定用户账号，一方面减少系统或网络管理员的工作负担，另一方面通过将重要权限分到不同的用户账号，可以避免因个别用户访问权限过大而造成安全威胁。

在“本地安全策略”控制台的左侧，单击“本地策略”→“用户权限分配”，双击“用户权限分配”，在右侧的控制窗口中有若干可供设置的选项，如图 6-15 所示。

部分权限说明如下。

- 从网络访问此计算机：确定哪些用户和组能够通过网络连接到该计算机。
- 向域中添加工作站：允许用户向指定的域中添加一台计算机。

- 允许从本地登录：允许用户在计算机上开启一个交互式的会话。
- 允许通过终端服务登录：允许用户使用远程桌面连接登录到计算机上。
- 装载和卸载设备驱动程序：确定哪些用户有权安装和卸载设备驱动程序。
- 还原文件及目录：允许用户在恢复备份的文件或文件夹时，避开文件和目录的许可权限，并且作为对象的所有者设置任何有效的安全主体。

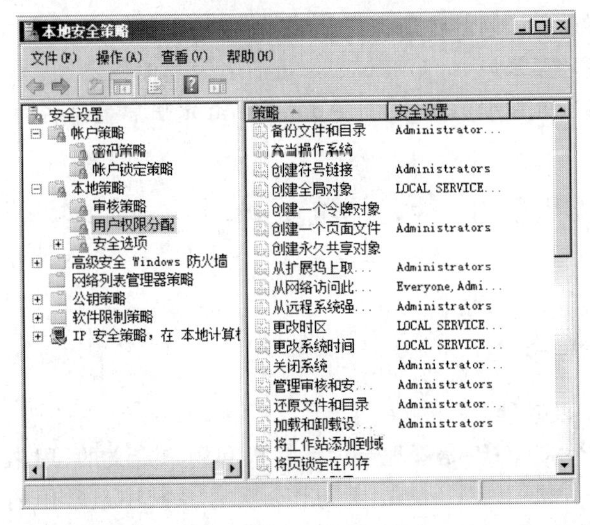

图 6-15　本地安全策略-用户权限分配

应用 1：设置“关闭系统”权限为“只允许 Administrators 组”，其他全部删除。

应用 2：设置“备份文件和目录”为“只允许 Administrators 组和 Backup Operators 组”，其他全部删除。

3. “安全选项”设置

打开“本地安全策略”，在窗口的左边部分选择“本地策略”分支下的“安全选项”，如图 6-16 所示。

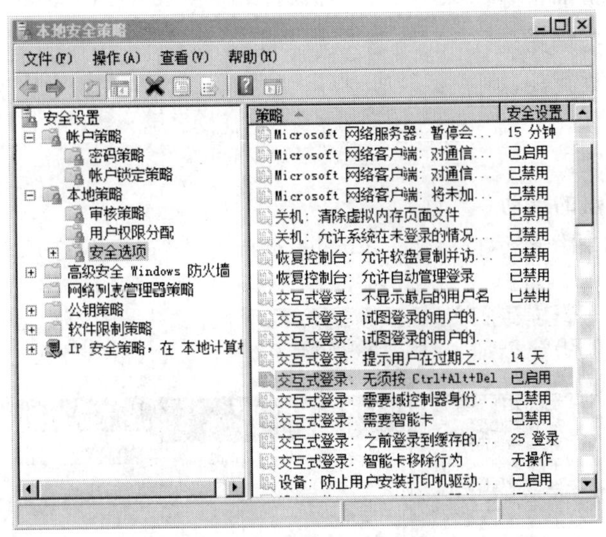

图 6-16　交互式登录

建议如下设置。

- 交互式登录：不显示上次的用户名，启用。

- 网络访问:不允许 SAM 账户和共享的匿名枚举,启用。
- 网络访问:不允许为网络身份验证储存凭证,启用。
- 网络访问:可匿名访问的共享,全部删除。
- 网络访问:可匿名访问的命名管道,全部删除。
- 网络访问:可远程访问的注册表路径,全部删除。
- 网络访问:可远程访问的注册表路径和子路径,全部删除。
- 账户:重命名来宾账户,将 Guest 账户重命名为其他账户。
- 账户:重命名系统管理员账户,将 Administrator 账户重命名为其他账户。

6.3 本地组策略安全管理

6.3.1 组策略概述

1. 组策略的定义及功能

组策略(Group Policy,GP)是管理员为计算机和用户定义的,用来控制应用程序、系统设置和管理模板的一种机制。GP 也是 Windows 操作系统中最常用的管理组件之一,支持安全部署、定制安全策略、软件限制域分发等。简单地说,组策略就是介于控制面板和注册表之间的一种修改系统、设置程序的工具。组策略高于注册表,组策略使用更完善的管理组织方法,可以对各种对象中的设置进行管理和配置,远比手工修改注册表方便、灵活、功能也更加强大。使用组策略可以实现的功能如下:

- 账户策略的设定;
- 本地策略的设定;
- 脚本的设定;
- 用户工作环境的定制;
- 软件的安装与删除;
- 限制软件的运行;
- 文件夹的转移;
- 其他系统设定。

2. 组策略编辑器的启动

方法 1:单击“开始”→“运行”,输入 gpedit. msc,单击“确定”,打开本地计算机组策略编辑器,如图 6-17 所示。

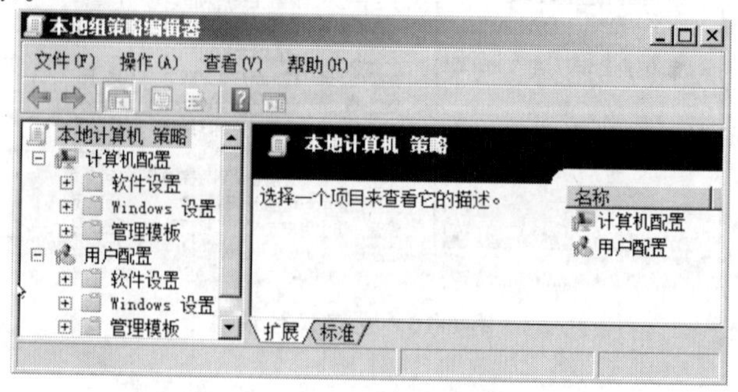

图 6-17 打开本地计算机组策略编辑器

方法 2:单击“开始”→“运行”,输入“MMC”,单击“确定”,打开 Microsoft 管理控制台。单击“文件”→“添加或删除管理单元”,在“可用的管理单元”中选择添加“组策略对象编辑器”,如图 6-18 所示。单击“完成”,然后单击“确定”,则打开控制台根节点下的“本地计算机策略”。

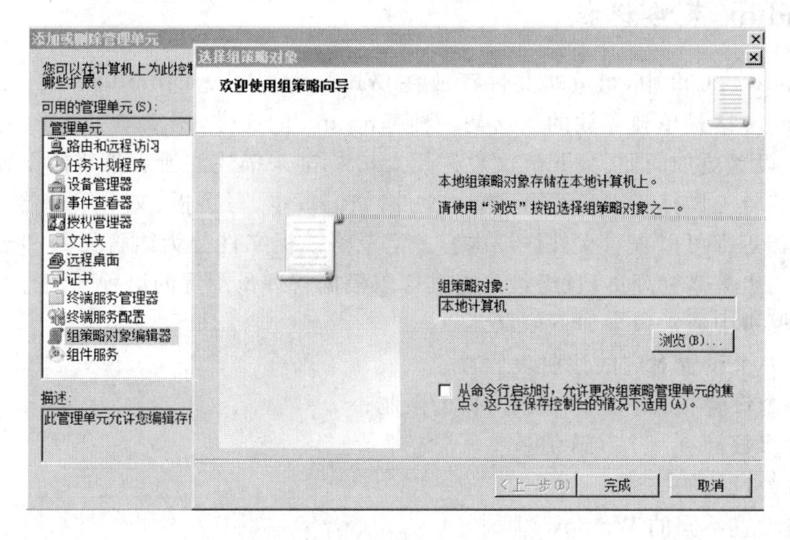

图 6-18　添加组策略对象编辑器

组策略主界面共分为左右两个窗格,左边窗格中的“本地计算机策略”由“计算机配置”和“用户配置”两个子项构成,右边窗格中是针对左边某一配置可以设置的具体策略。

3. 组策略的基本配置

(1) 计算机配置

计算机配置包括所有与计算机有关的策略设置,它们用来指定操作系统行为、桌面行为、安全设置、计算机开机与关机脚本、指定的计算机应用选项以及应用设置。

(2) 用户配置

用户配置包括所有与用户相关的策略设置,它们用来指定操作系统行为、桌面设置、安全设置、指定和发布的应用选项、应用设置、文件夹重定向选项、用户登录与注销脚本等。

(3) 组策略插件扩展

- 软件设置。
- Windows 设置:账号策略、本地策略、事件日志、受限组、系统服务、注册表、文件系统、IP 安全策略、公钥策略。
- 管理模板。

4. 组策略的应用范围与顺序

组策略的基本单元是组策略对象 GPO,它是一组设置的组合。有两种类型的组策略对象:本地组策略对象和非本地组策略对象。组策略作用范围为:由它们所链接的站点、域或组织单元。

组策略的应用顺序为:本地组策略对象→站点的组策略对象→域的组策略对象→组织单元的组策略对象。

5. 组策略的应用时机

计算机配置:计算机开机时自动启用,域控制器默认每隔 5 分钟自动启用,非域控制器默认每隔 90～120 分钟自动启动,此外不论策略是否有变动系统每隔 16 小时自动启动一次。

用户配置:用户登录时自动启用,系统默认每隔 90 分钟自动启动,此外不论策略是否有变动系统每隔16小时自动启动一次。

手动启动组策略的命令是：gpupdate /target：compute /force。

6.3.2 admx策略模板

在Windows 2008中，组策略文件存放在Windows\PolicyDifinitions下。组策略模板文件是以.admx格式单独存放的。这是一种基于xml的文件，用来描述基于注册表的组策略，使得安全设置更加简便。admx文件采用xml标准来描述注册表策略的设置，管理员可以通过多种编辑工具打开或者编辑admx文件，如记事本、写字板、文本编辑器、Visual Studio、IE浏览器等都可以查看文件详细内容。组策略模板文件分为语言无关和语言特定，以适用于所有的组策略管理员，且组策略工具可以根据管理员配置的语种来调整其管理界面。

组策略模板中通常包含如下信息：

- 与每一个设置对应的注册表位置；
- 与每个设置相关联的选项或对值的限制；
- 设置多数都有一个默认值；
- 对每个设置的描述；
- 支持设置不同的Windows版本。

6.3.3 安全设置策略

安全设置策略主要用于保护计算机的安全。所有的安全策略都是基于“计算机配置”的策略。尽管Windows 2008提供了强大的安全机制，但在默认情况下并未配置，起不到任何保护作用，所以必须根据需要启用并配置这些安全策略，以确保系统安全。

打开“本地组策略编辑器”窗口，依次单击“本地计算机策略”→“计算机配置”→“Windows设置”→“安全设置”，即可开始配置相关策略，如图6-19所示。

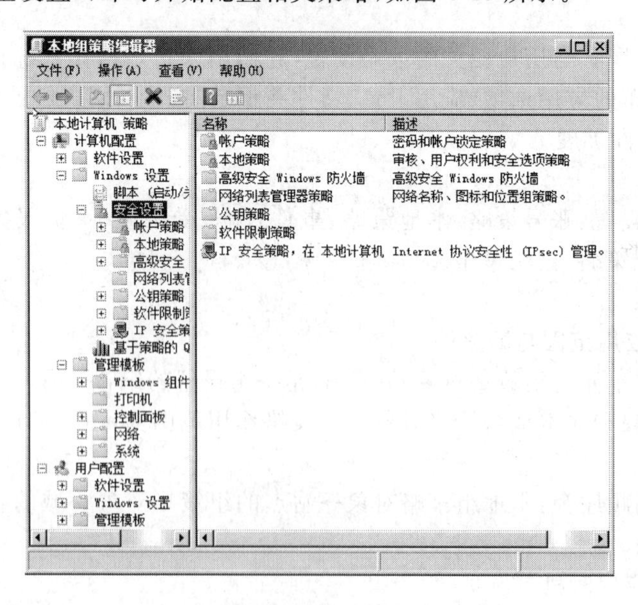

图6-19 “本地组策略编辑器”窗口

1. 账户策略

账户策略主要用于限制本地用户账户或域用户账户的交互方式，包括密码策略和账户锁定策略。密码策略用于域或本地用户账户的密码设置，账户锁定策略用于域或本地用户账户，确定某个账号被锁定在系统之外的情况和时间长短。账户策略的具体设置可参考本章本地安全策略中的相关内容。

2. 本地策略

本地策略包括审核策略和用户权限分配，相关设置可参考本章本地安全策略中的相关内容。

3. 高级安全 Windows 防火墙

通过“高级安全 Windows 防火墙”设置，可以禁止来自外网的非法 ping 攻击。其步骤如下。

(1) 以特权身份登录进入 Windows Server 2008 服务器系统，打开“本地组策略编辑器”窗口，依次展开“本地计算机策略”→“计算机配置”→“Windows 设置”→“安全设置”→“高级安全 Windows 防火墙”。

(2) 打开“高级安全 Windows 防火墙”→“本地组策略对象”选项，再用鼠标选中目标选项下面的“入站规则”项目，接着在对应“入站规则”项目右侧的“操作”列表中，单击“新规则”选项，此时系统屏幕会自动弹出新建入站规则向导对话框，依照向导屏幕的提示，先将“自定义”选项选中，再将“所有程序”项目选中，之后从协议类型列表中选中“ICMPv4”，如图 6-20 所示。

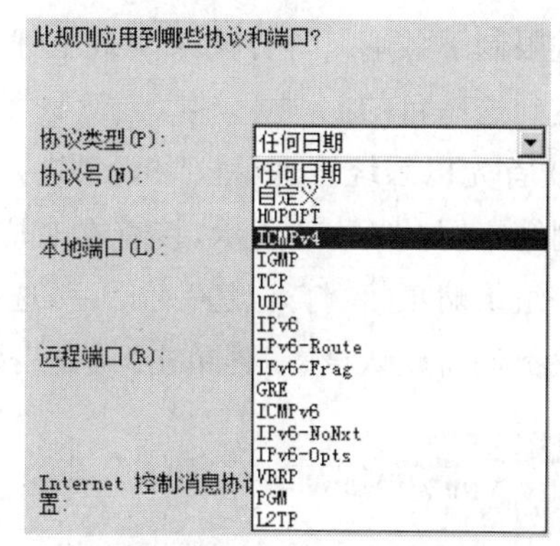

图 6-20 协议类型列表中选中“ICMPv4”

(3) 接下来向导会提示我们选择什么类型的连接条件，这时可以选中“阻止连接”选项，同时依照实际情况设置好对应入站规则的应用环境，最后为当前创建的入站规则设置一个适当的名称。完成上面的设置任务后，将 Windows Server 2008 服务器系统重新启动一下，这么一来 Windows Server 2008 服务器系统日后就不会轻易受到来自外网的非法 ping 测试攻击了。

4. 软件限制策略

软件限制策略，就是限制某些软件的使用。其主要功能在于控制未知或不信任软件的安装，其目的在于控制不信任的、不被允许的软件在网络或本地计算机上运行。使用软件限制策略，可通过标识并指定允许运行的软件来保护计算机环境免受不信任软件的破坏。可以为组策略对象定义“不受限”或“不允许的”默认安全级别，从而决定是否在默认情况下运行软件。可通过对特定软件创建软件限制策略规则来对默认情况进行例外处理，这些规则用来标识和控制软件的运行方式。

软件限制策略中的规则标识一个或多个应用程序，已指定是否允许其运行。通常使用下列 4 个规则来标识软件。

- 哈希规则：使用可执行文件的加密密钥。
- 证书规则：用软件发布者为.exe 文件提供的数字签名证书。
- 路径规则：使用.exewen 文件位置的本地路径、通用名字约定或注册表路径。
- 区域规则：使用可执行文件源自的 Internet 区域。

软件限制策略通过组策略得以实施，需要将策略设置应用于组策略对象时，该对象需要与本地计算机、站点、域或组织单位相连，如果应用了多个策略设置，将遵循以下优先级顺序：本地计算机策略→站点策略→域策略→组织单位策略。

（1）创建软件限制策略

在 Windows Server 2008 默认情况下，并没有创建软件限制策略。

要创建软件限制策略，打开“本地组策略编辑器”控制台，并依次单击“计算机配置”→“Windows 设置”→“安全设置”→“软件限制策略”。右击“软件限制策略”，选择快捷菜单中的“创建软件限制策略”选项，系统将自动完成软件限制策略类型的创建，在对象类型中将会发现“安全级别”、“其他规则”、“强制”、“指派的文件类型”、“受信任的发布者”，如图 6-21 所示，其对象类型的操作在随后展开。

应用：通过软件限制策略，限制普通用户使用迅雷下载。

在 Windows Server 2008 系统环境下，限制普通用户随意使用迅雷工具进行恶意下载的方法有很多，例如可以利用 Windows Server 2008 系统新增加的高级安全防火墙功能，或者通过限制下载端口等方法来实现上述控制目的，除了这些方法外，还可以利用软件限制策略来达到这一目的。

① 首先以系统管理员权限登录进入 Windows Server 2008 系统，打开本地组策略的软件限制策略，如图 6-22 所示，接着在对应“软件限制策略”选项的右侧显示区域，用鼠标双击“强制”组策略项目，打开设置对话框，选中其中的“除本地管理员以外的所有用户”选项，其余参数都保持默认设置，再单击“确定”按钮。

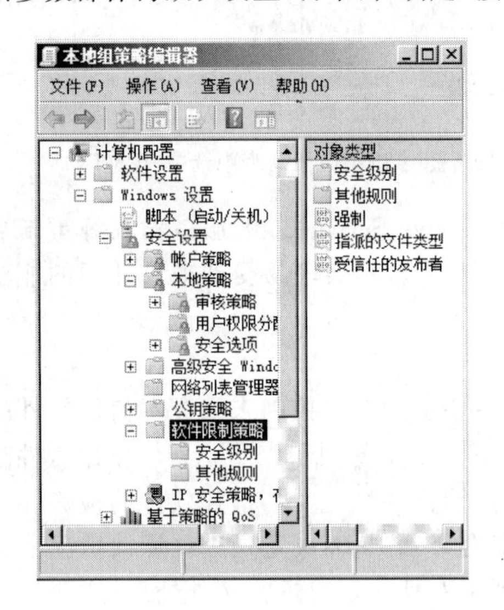

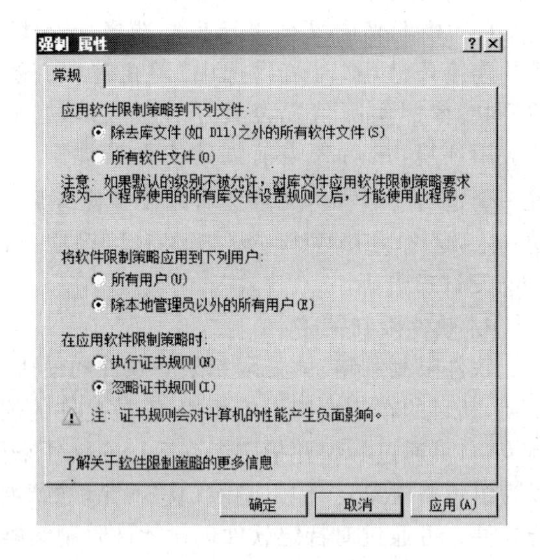

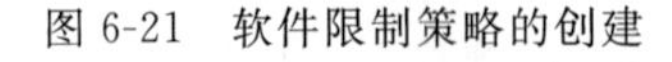
图 6-21 软件限制策略的创建

图 6-22 强制属性

② 接下来选中“软件限制策略”节点下面的“其他规则”选项，再用鼠标右键单击该组策略选项，从弹出的快捷菜单中单击“新建路径规则”命令，在其后出现的设置对话框中，单击“浏览”按钮选中迅雷下载程序，同时将对应该应用程序的“安全级别”参数设置为“不允许”，最后单击“确定”按钮执行参数设置保存操作。

③ 重启 Windows Server 2008 系统，当用户以普通权限账号登录进入该系统后，就不能正常使用迅雷程序进行恶意下载了，不过当以系统管理员权限进入时，仍然可以正常运行迅

雷程序进行下载。

(2) 安全级别设置

安全级别是指操作系统对应用策略所具备的访问级别，创建软件限制策略后，需要对其安全级别进行设置。使用软件限制策略时，可以为组策略对象GPO定义如下默认的安全级别中的一种：不受限的、不允许的或基本用户。

- 不受限的：软件访问权限由用户的访问权限来决定。
- 不允许的：无论用户的访问权限如何，软件都不会运行。
- 基本用户：允许程序访问一般用户可以访问的资源，但没有管理员的访问权限。

在默认情况下，Windows Server 2008 设置为“不受限的”。管理员可以根据需要进行修改其他默认安全级别。步骤如下。

① 选择“安全级别”，如图 6-23 所示，然后双击右边的“不允许的”，获取当前“属性”的对话框，如图 6-24 所示。

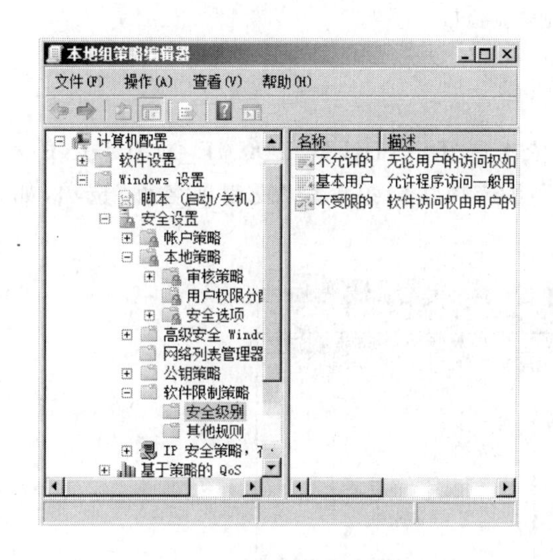

图 6-23　设置安全级别

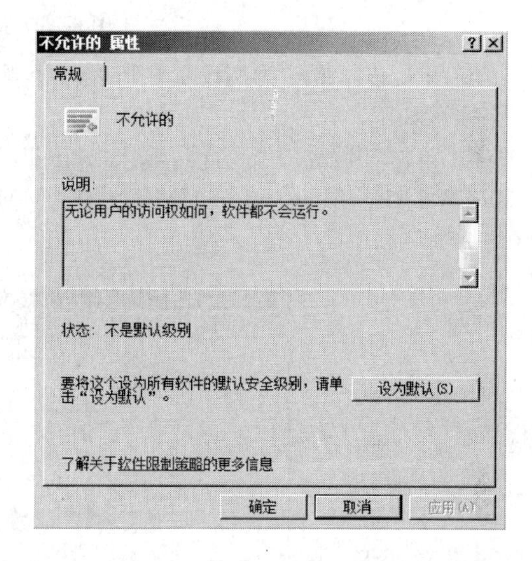

图 6-24　安全级别“不允许的属性”对话框

② 单击“设为默认”，显示如图 6-25 所示的“软件限制策略”对话框，提示所选择的“您选择的默认等级比当前默认安全等级还要严格，更改到此默认安全等级可能会使一些应用程序停止工作”。单击“是”，则完成从“不受限制的”到“不允许的”设置的更改。

(3) 设置路径规则

应用程序路径规则允许对软件所在的路径进行标识，还允许使用软件的注册表路径规则。由于路径规则软件限制策略是按照软件所在的路径指定的，故路径移动后，该软件限制规则将不再适用。

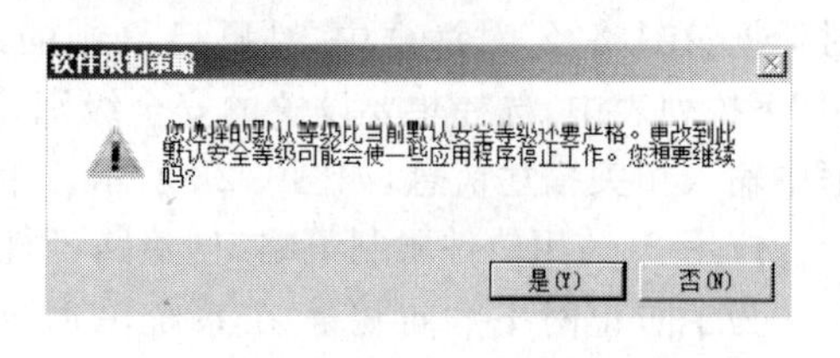

图 6-25　“软件限制策略”对话框

注册表路径规则是指很多应用程序将其安装文件夹或应用程序目录的路径存储的在系统注册表中，可以通过创建一个路径规则，且该路径规则将使用注册表中所存储的值。格式如%＜Registry Hive＞\＜Registry Key Name＞\＜Value Name＞%。

在“本地组策略编辑器”窗口中，展开“软件限制策略”中的“其他规则”，如图 6-26 所示，默认已经设置了“%SystemRoot%”和“%ProgramFilesDir%”的路径规则限制，并且默认软件访问规则为“不受限的”。

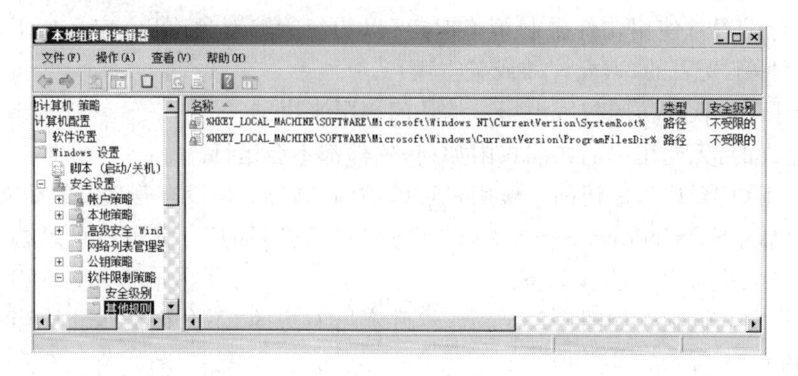

图 6-26　其他规则窗口

应用 1：以 MMC 为例设置注册表路径规则

步骤如下。

① 单击“开始”→“运行”，输入“regedit”，依次展开到 HKEY_LOCAL_MACHINE→SOFTWARE→Microsoft→MMC，右击“MMC”并选择快捷菜单中“复制项名称”选项，如图 6-27 所示。

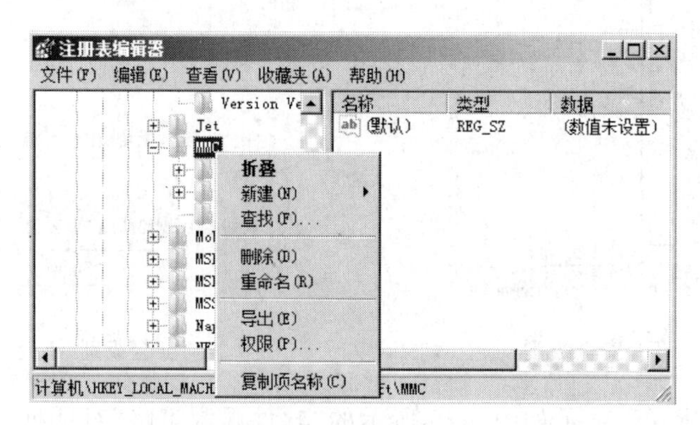

图 6-27　“注册表编辑器”窗口

② 右击“其他规则”并选择快捷菜单中的“新建路径规则”选项。打开“新建路径规则”对话框，在“路径”对话框中，粘贴已复制的注册表项，并在首部加入“%”符号。在“安全级别”下拉列表中，选择想要设置的安全级别，同时为了便于记忆和识别，还可以在“描述”对话框中输入相关描述信息，如图 6-28 所示。单击“确定”，保存设置即可。

应用 2：利用软件限制策略，创建路径规则，拒绝网络病毒藏于临时文件夹

为了防止网络病毒隐藏在系统临时文件夹中，可以按照下面的操作设置 Windows Server 2008 系统的软件限制策略。

① 首先打开组策略控制台窗口，依次选中“计算机配置”/“Windows 设置”/“安全设置”/“软件限制策略”/“其他规则”选项，用鼠标右键单击该选项，并执行快捷菜单中的“新建路径规则”命令，打开如图 6-29 所示的设置对话框。

② 单击其中的“浏览”按钮，从弹出的文件选择对话框中，选中并导入 Windows Server 2008 系统的临时文件夹，同时再将“安全级别”参数设置为“不允许”，最后单击“确定”按钮

保存好上述设置操作。这样一来，网络病毒就不能躲藏到系统的临时文件夹中了。

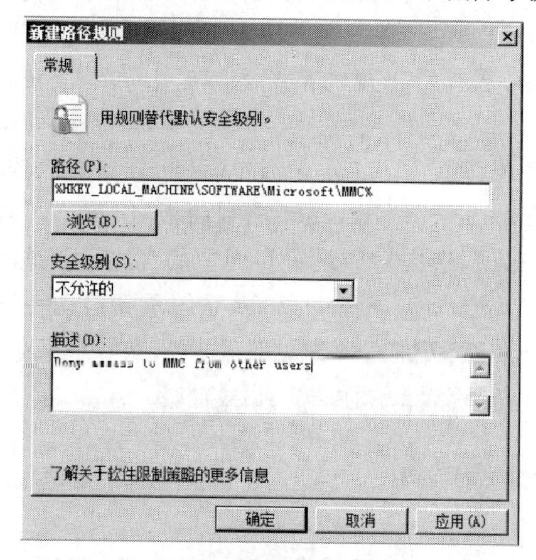

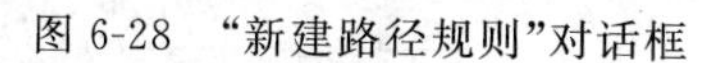
图 6-28 “新建路径规则”对话框

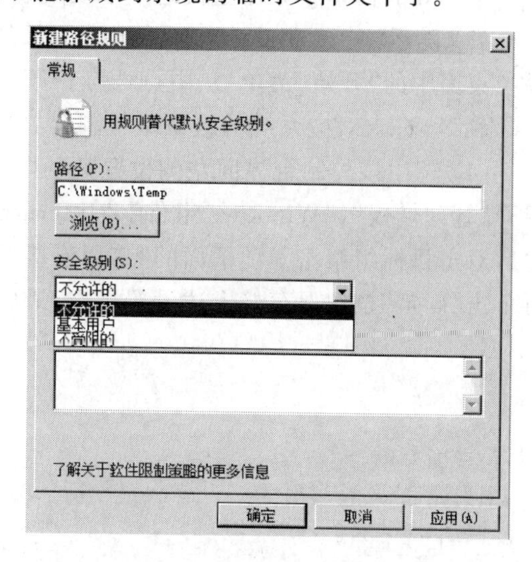

图 6-29 新建路径规则

6.3.4 IE 安全策略

为了减少通过 IE 造成的安全隐患，可以定制非法控件下载、定制安全区域、统一部署浏览器工具栏等，在基于活动目录组策略应用中，集中部署 IE 的应用。IE 内置的很多安全功能都允许管理员或计算机拥有者进行定制。

1. 限制文件下载

在 Windows Server 2008 系统环境中使用 IE 浏览器上网浏览网页时，时常会有一些恶意程序自动下载到本地硬盘上，为了防止恶意程序的任意下载，可进行如下配置。

（1）以管理员账号登录系统，打开“本地组策略编辑器”窗口，展开“计算机配置”→“管理模板”→“Windows 组件”→Internet Explorer→“安全功能”→“限制文件下载”，如图 6-30 所示。

（2）双击“限制文件下载”子项中的“Internet Explorer 进程”组策略选项，如图 6-31 所示，并在“属性”对话框中选择“已启用”，单击“确定”保存设置。

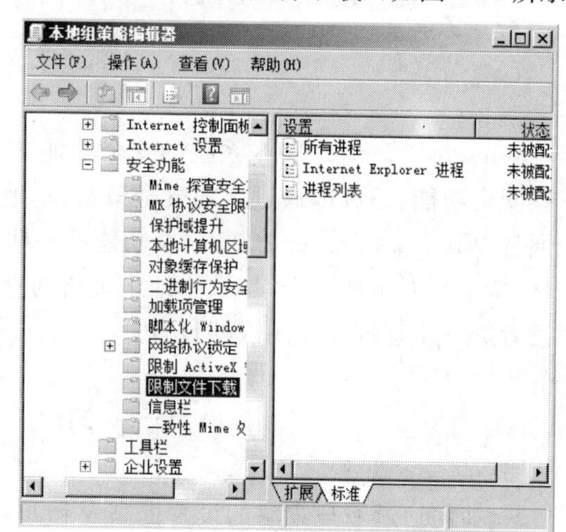

图 6-30 “本地组策略编辑器”窗口

2. 限制普通用户上网访问

（1）首先以普通权限账号登录 Windows Server 2008 系统，打开对应系统的“开始”菜单，从中点选 IE 浏览器选项，在弹出的 IE 浏览器窗口中单击“工具”选项，从下拉菜单中执行“Internet 选项”命令，进入 Internet 选项设置窗口。

（2）接下来单击该设置窗口中的“连接”选项卡，并单击对应选项设置页面中的“局域网设置”按钮，此时系统屏幕上会出现一个如图 6-32 所示的设置对话框，选中其中的“为 LAN 使用代理服务器”项目，同时任意输入一个无效的代理服务器主机地址以及端口号码，再单击“确定”按钮执行参数保存操作。

(3) 随后注销 Windows Server 2008 系统，换以系统管理员身份重新登录系统，打开该系统桌面中的“开始”菜单，从中点选“运行”命令，从其后出现的系统运行框中执行“gpedit.msc”命令，进入对应系统的组策略控制台界面。

(4) 选中该控制台界面左侧位置处的“计算机配置”节点分支，并从目标分支下面依次展开“管理模板”、“Windows 组件”、“Internet Explorer”、“Internet 控制面板”组策略子项，之后双击目标组策略子项下面的“禁用连接页”选项，选中对应设置界面中的“已启用”选项，再单击“确定”按钮保存好上述设置操作，最后将 Windows Server 2008 系统重新启动一下。

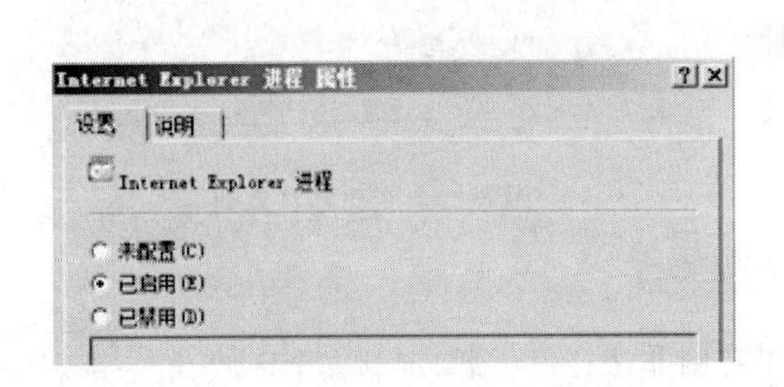

图 6-31 “Internet Explorer 进程属性”对话框

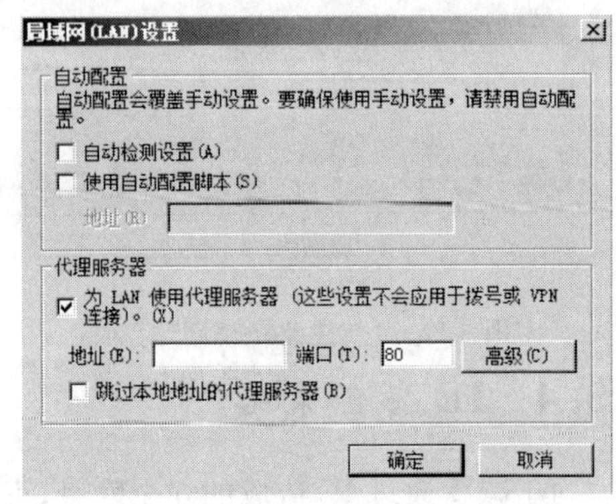

图 6-32 局域网(LAN)设置

这样一来，以后当用户以普通权限的账号登录 Windows Server 2008 系统，并在该系统环境中上网访问时，IE 浏览器会自动先搜索一个无效的代理服务器，并企图通过该代理服务器进行网络访问，显然这样的访问操作是不会成功的。而用户以系统管理员权限在 Windows Server 2008 系统环境下访问时，IE 浏览器不会优先连接代理服务器，而是直接可以进行上网访问，这样的访问当然能够看到内容。

本 章 小 结

Windows Server 2008 系统的安全功能非常强大，而它的强大之处不仅仅是新增加了一些安全功能，还可以通过本地安全策略、本地组策略以及域控制器的管理来加强。本章首先通过 Windows Server 2008 安全功能的一些配置来加强 Windows Server 2008 系统的安全性，接下来对本地安全策略、本地组策略的管理和配置进行详细的介绍，并通过一些案例使读者进一步理解并应用这些设置。

习 题

1. 如何通过账户策略的设置提高 Windows Server 2008 的安全性？
2. 可以对 Windows Server 2008 进行哪些设置来防止外部远程入侵？

第7章 Linux系统管理命令

7.1 Linux命令基础

7.1.1 命令的使用

Linux是一个真正意义上的多用户操作系统,用户要使用该系统,首先必须登录,使用完系统后,必须退出。用户登录系统时,为了使系统能够识别该用户,必须输入用户名和密码,经系统验证无误后才可以登录系统使用。Linux是真正的多用户操作系统,可以同时接受多个用户的远程和本地登录,也允许同一个用户多次登录。Linux为本地用户提供了虚拟控制台访问方式,允许用户在同一时间从不同的控制台进行多次登录。

虚拟控制台的选择可以通过按ALT键加上F1～F6六个功能键来实现。例如,用户登录后,按一下ALT＋F2组合键,可以看到"login:"提示符,这其实就是第二个虚拟控制台,而这时再按下ALT＋F1组合键,用户则又可以回到第一个虚拟控制台。可以通过使用虚拟控制台来感受Linux系统多用户的特性。例如,用户可以在某一虚拟控制台上进行的工作尚未结束时,就可以切换到另一个虚拟控制台上开始另一项工作。

1. 打开终端

在Linux系统中打开终端的方式有以下两种。一种是单击菜单"Applications"→"System Tools"→"Terminal";另一种是在Linux桌面上单击鼠标右键,从弹出的快捷菜单中选择终端命令。一般的Linux使用者均为普通用户,而系统管理员一般使用超级用户账号完成系统管理的工作。不同的用户登录,其终端的提示符略有不同。在使用/bin/bash时,如果是超级用户登录,打开终端后的提示符是#;如果是一般用户,提示符是$。

2. 打印字符工作方式

Linux系统是以全双工的方式工作,即从键盘把字符输入系统,系统再将字符回送到终端,并显示出来。通常,回送到终端的字符与输入字符相同。但也有个别的时候,系统不回送符号。键盘上大多数字符是普通打印字符,它们没有特殊含义。只有少数特殊字符指示计算机做专门的操作。其中最常见的特殊字符是回车键Enter,它表示输入行结束;系统收到回车信息便认为输入的当前行结束。系统的响应是让光标回到下一行的行首。

控制符是指控制终端工作方式的非显示字符。输入一般控制字符必须先按下控制键,或称为CTRL键,然后再按所对应的字符键。例如,输入回车符可直接按回车键,也可以先按控制键,再按m键,CONTROL-m或CTRL-m也是回车符。一些常用的控制符如下:CTRL-d表示终端的输入结束;CTRL-g控制终端响铃;CTRL-h称为退格键,用于改正输入的错误。此外，还有两个特殊键，一个是 Delete 键，另一个是 Break 键。有些 Linux 系统中，Delete 键表示立即终止程序。在大多数系统里，也用 CTRL-c 终止程序。一般来说，Break 键与 Delete 键、CTRL-c 的功能基本相同。终端显示提示符后，用户就可以输入命令请示系统执行。这里所谓命令就是请示调用某个可执行程序。当命令输入完毕后，按回车键可以执行命令，因为系统只有收到回车键才认为命令行结束。

此外，在命令行编辑状态下，还有如下一些辅助操作。

（1）Tab 键：自动补齐功能，所谓补齐是指当键入的字符足以确定目录中一个唯一的文件时，只需按 Tab 键就可以自动补齐该文件名的剩下部分，例如，要把目录/freesoft 下的文件 gcc-2.8.1.tar.gz 解包，当输入到 tar xvfz/freesoft/g 时，如果此文件是该目录下唯一以 g 开头的文件，这时就可以按下 Tab 键，这时命令会被自动补齐为 tar xvfz/freesoft/gcc-2.8.1.tar.gz，非常方便。

（2）反斜杠“\”：强制换行。

（3）快捷键 Ctrl＋U：清空至行首。

（4）快捷键 Ctrl＋K：清空至行尾。

（5）快捷键 Ctrl＋L：清屏。

（6）快捷键 Ctrl＋C：取消本次命令编辑。

3. 命令分类及使用

Linux 命令是用于实现某一类功能的指令或程序，命令的执行依赖于解释器程序（例如，/bin/bash）。Linux 中包含多个解释程序，管理员可设置用户登录后使用的解释程序，通常这些程序存放在/bin 目录下。例如，可以使用 # ls -l /bin/ * sh 查看系统内的 Shell，结果如下：

```
[lwj@localhost ~]$ ls -l  /bin/*sh
-rwxr-xr-x. 1 root root 875784 Jan 23  2010 /bin/bash
lrwxrwxrwx. 1 root root      4 Mar 19 00:47 /bin/csh -> tcsh
-rwxr-xr-x. 1 root root 102216 Dec  3  2009 /bin/dash
lrwxrwxrwx. 1 root root      4 Mar 19 00:44 /bin/sh -> bash
-rwxr-xr-x. 1 root root 374688 Nov 20  2009 /bin/tcsh
```

Linux 命令分为内部命令和外部命令，其中内部命令属于 Shell 解释器的一部分，如 cd；外部命令是独立于 Shell 解释器之外的程序文件，如 echo 等。

格式：命令名 ［选项］ ［参数］

选项：用于调节命令的具体功能。通常以“-”引导短格式选项（单个字符），例如“-l”；以“--”引导长格式选项（多个字符），例如“--color”；多个短格式选项可以写在一起，只用一个“-”引导，例如“-al”。

参数：表示命令操作的对象，如文件、目录名等。

需要注意的是，在 Linux 系统中，目录属于一种特殊的文件，因此对文件进行操作的许多命令也可以用于目录操作。

4. 使用帮助

可以使用内部命令 help，查看 Bash 内部命令的帮助信息。命令的“--help”选项适用于大多数外部命令。也可以使用 man 命令阅读手册页，使用“↑”、“↓”方向键滚动文本，使用 Page Up 和 Page Down 键翻页，按 Q 或 q 键退出阅读环境、按“/”键后查找内容。执行 man man 命令之后，可以得知 man 命令分为 8 个部分，如：user commands、system call、c library functions 等。

```
MANUAL SECTIONS
       The standard sections of the manual include:

       1      User Commands

       2      System Calls

       3      C Library Functions

       4      Devices and Special Files

       5      File Formats and Conventions

       6      Games et. Al.

       7      Miscellanea

       8      System Administration tools and Deamons

       Distributions  customize  the  manual section to their specifics, which
       often include additional sections.
```

要在不同的部分查找命令 manual,可以在 man 命令后面使用数字说明,如:

```
#man 5 ls  //调出 ls 命令手册的第五部分,当然前提是 ls 手册存在第五部分
```

默认则调出命令手册的第一部分。如:

```
#man ls  //调出 ls 命令手册的第一部分
```

7.1.2 基本命令与通配符

1. date 命令

date 命令的功能是显示和设置系统日期和时间。

格式:date[选项]显示时间格式(以+开头,后面接格式)

date 设置时间格式命令中各选项的含义分别为:

-d datestr,--date datestr 显示由 datestr 描述的日期;

-s datestr,--set datestr 设置 datestr 描述的日期;

-u,--universal 显示或设置通用时间。

在使用 date 命令输出日期和时间时,可以按某种特定格式输出,此时需要指定输出格式。例如,% H 小时(24 小时格式);% I 小时(12 小时格式);% M 分(00..59);% p 显示出 AM 或 PM;% s 从 1970 年 1 月 1 日 00:00:00 到目前经历的秒数;% S 秒(00..59);% T 时间(24 小时制)(hh:mm:ss);% X 显示时间的格式(%H:%M:%S);% a 星期几的简称(Sun..Sat);% A 星期几的全称(Sunday..Saturday);% m 月(01..12);% x 显示日期的格式(mm/dd/yy);% y 年的最后两个数字(1999 则是 99);% Y 年(如 1970)等。需要特别说明的是,只有超级用户才能用 date 命令设置时间,一般用户只能用 date 命令显示时间。

```
# date,//用预定的格式显示当前的时间
$ date´+This date now is=>%x,time is now=>%X,thank you!´  //用指定的格式显示时间
• # datc -s 14:36:00                          //设置时间为下午 14 点 36 分
• # date -s 131128                          //设置时间为 2013 年 11 月 28 号
• # date-date ˝1 days ago˝+˝%Y-%m-%d˝                //设置日期为一天前
```

2. 命令别名 alias

用户可以为使用频率较高的复杂命令行设置简短的别名,用法是:

```
alias 别名=´实际执行的命令´
```

要查看命令别名,使用:

```
alias [别名]
```

要取消已设置的命令别名,使用:

```
unalias 别名
```

取消所有别名:

```
#unalias  -a
```

3. 命令历史

用户登录系统后，所输入的命令都被保存起来，~/.bash_history 就是保存用户曾经执行过的命令的文件。可以通过修改 HISTSIZE 参数设置记录历史命令的条数，默认为 1 000 条。例如：

```
#vi/etc/profile
HISTSIZE=200
```

用户可以使用"↑"、"↓"按键逐条翻看，允许编辑并重复执行。也可以使用 history 命令调用或清除历史命令。

```
#history-c      //清除历史命令
#! n            //执行历史记录中的第 n 条命令
#! str          //执行历史记录中以"str"开头的命令
```

4. 通配符与正则表达式

通配符又称多义符。在描述文件时，有时在文件名部分用到一些通配符，以加强命令的功能。在 Linux 下，可以使用以下通配符：

- *，用来代表任意多个连续的符号；
- ?，用来代表至少一个符号；
- []，用来代表某一范围内的一个符号，例如[a-z]，[1-3,5]。

举例如下。

① file*：表示以 file 开头的所有文件，如 file、file1、file123 等。

② file?：表示以 file 开头，后面至少有一个符号的所有文件，如 file1、file12、file123 等。

③ file[1-5]：表示已 file 开头，后面有一个符号，这个符号可能是 1、2、3、4 或 5。如 file1、file2、file3、file4、file5。

正则表达式(regular expression)就是用一个"字符串"来描述一个特征，然后去验证另一个"字符串"是否符合这个特征。正则表达式可以验证字符串是否符合指定特征，如验证是否是合法的邮件地址；可以用来查找字符串，如从一个长的文本中查找符合指定特征的字符串，比查找固定字符串更加灵活方便；还可用来替换，比普通的替换更强大。基本的正则表达式见表 7-1。

表 7-1 基本的正则表达式

符号表示	含义	用法	匹配的字符串示例
普通字母，如"d"	代表字母"d"	dog	dog，dogma
*	通配符：前一个字符出现零次或多次	hel*o	hello，theldfeo
.	通配符：任意单个字符	test.txt	mytest! txt
[ ]	通配符：集合中的任意单个字符	file[1234]	file1，file2
[^]	通配符：不在集合中的任意单个字符	file[^0-9]	filea，fileA
^	定位点：行首	^test	以字符串"test"开头的行
$	定位点：行尾	test$	以字符串"test"结尾的行
.*	.(任一字符)与*(零或以上)的组合	^test.*123	如：以 test 开头的"testing1234"字符串
\	将下一个字符视为文字	test\.$	如"test."结尾的行

7.1.3 输入输出重定向

Linux 下使用标准输入 stdin 和标准输出 stdout 来表示每个命令的输入和输出。这两个标准输入输出系统默认与控制终端设备(键盘、显示器等)相联系在一起。因此，在标准情况下，每个命令通常从它的控制终端(键盘)中获取输入，将输出打印到控制终端的屏幕上。但是也可以重新定义程序的输入 stdin 和输出 stdout，将它们重新定向。重定向允许将标准输出或错误消息从程序重定向到文件，以进行保存或稍后分析，或禁止其在终端显示。还可以通过文件而非键盘将输入读取至命令行程序。Bash 的标准输入输出及重定向操作见表 7-2 和表 7-3。

表 7-2 Bash 的标准输入输出

类型	设备文件	文件描述编号	默认设备
标准输入	/dev/stdin	0	键盘
标准输出	/dev/stdout	1	显示器
标准错误输出	/dev/stderr	2	显示器

表 7-3 Bash 的重定向操作

类型	操作符	用途
重定向标准输入	<	将命令中接收输入的途径由默认的键盘更改为指定的文件
重定向标准输出	>	将命令的执行结果输出到指定的文件中，而不是屏幕
	>>	将命令执行的结果追加输出到指定文件
重定向标准错误	2>	清空指定文件的内容，并将标准错误信息保存到该文件中
	2>>	将标准错误信息追加输出到指定的文件中
重定向标准输出和标准错误	&>	将标准输出、标准错误的内容全部保存到指定的文件中，而不是直接显示在屏幕上

例如：

```
$ ls  /etc/>etcdir                    //将标准输出重定向到文件
$ ls  /etc/sysconfig/>>etcdir         //将标准输出重定向追加到文件
$ nocmd  2>errfile                    //将错误输出重定向到文件
$ ls  afile  bfile  &>errfile         //将标准输出和错误输出重定向到文件
```

7.1.4 管道

在 Linux 中，管道连接着一个命令的标准输出和另一个命令的标准输入，允许将一个程序的标准输出信息作为另一个程序的输入信息。管道操作符号是"|"，用来连接左右两个命令，将左侧的命令输出的结果，作为右侧命令的输入(处理对象)。

格式：cmd1 | cmd2 [...|cmdn]

例如：ls 命令可以查看指定目录下的文件。但是如果目录的内容卷动速度快，会使得用户无法查看。解决的方法之一是把输出用管道导入到 less 工具。less 是一个分页工具，它允许用户一页一页(或一个屏幕一个屏幕)地查看信息。使用竖线(|)可以把命令的输出结果用管道导入到命令中，例如：

```
#ls  -al /etc|less
```

现在，就可以一个屏幕一个屏幕地查看/etc 目录的内容了。如果要向前移动一个屏幕，按[Space]键；如果要向后移动一个屏幕，按[b]键；如果要退出，按[q]键。使用 less 命令时，还可以使用箭头键来前后移动。

7.2 文件操作命令

Linux 中的目录名和文件名有大小写之别，在使用中应当注意使用正确的方式。跟

DOS、Windows 操作系统类似，在 Linux 下每个文件可以有扩展名，但跟 DOS 操作不同，在 DOS 操作系统下，可以通过文件的扩展名来表示可执行文件，如. exe、. com 等扩展名表示可执行文件，而在 Linux 中可执行文件与扩展名无关，由文件的权限决定。

1. 文件显示命令 ls 详解

格式： ls ［选项］ ［路径］

作用：该命令用于列出指定目录下的所有文件。可以使用许多不同选项更改文件列表的表示形式。

常用选项：

-a：显示所有文件及目录。

-l：除文件名称外，亦将文件属性、权限、拥有者、文件大小等详细列出。

-r：将文件以相反次序显示(原定依英文字母次序)。

-t：将文件依建立时间的先后次序列出。

-A：同-a，但不列出“.”(目前目录)及“..”(父目录)。

-F：在列出的文件名称后加一符号；例如可执行文件则加“*”，目录则加“/”。

-R：同时列出目录和子目录下的文件。

例如，# ls-l 的显示结果如下：

```
[lwj@localhost ~]$ ls -l
total 68
-rw-rw-r--. 1 lwj  lwj   120 Apr 27 18:48 a.tgz
drwxrwxr-x. 2 lwj  lwj  4096 May  6 14:57 code
drwxr-xr-x. 2 lwj  lwj  4096 Mar 18 17:29 Desktop
drwxr-xr-x. 2 lwj  lwj  4096 Mar 18 17:28 Documents
drwxr-xr-x. 2 lwj  lwj  4096 Apr 10 12:32 Downloads
drwxr-xr-x. 2 root root 4096 Apr 15 15:49 drr
-rw-rw-r--. 1 lwj  lwj    11 Apr 14 20:26 f1
```

当用 # ls-l 命令显示文件或目录的详细信息时，最左边的一列为文件的类型和存取权限，其中各位的含义如图 7-1 所示。

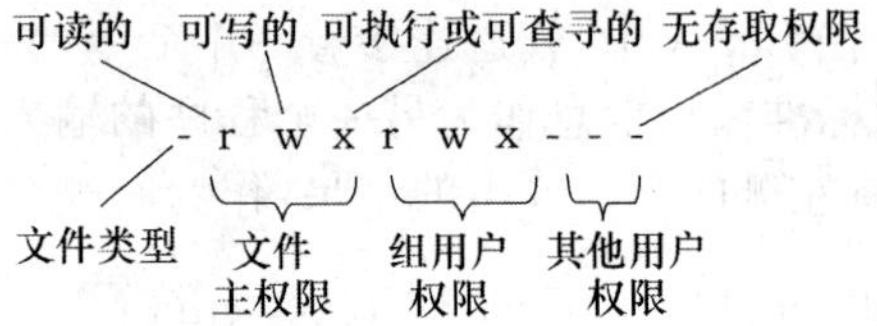

可读的 可写的 可执行或可查寻的 无存取权限

- r w x r w x - - -

文件类型 文件主权限 组用户权限 其他用户权限

图 7-1 文件权限表示

下面介绍每列含义。

(1) 第一个字段：文件类型和权限。

第一列表示文件的类型，主要有以下几种：

- -表示是普通文件；
- d 表示是目录；
- l 表示是软链接文件；
- b 表示是块设备文件，例如硬盘的存储设备等；
- c 表示是字符设备文件，如键盘等；
- s 表示是套接字文件，此主要跟网络程序有关；
- p 表示是管道文件。

第二列至第十列为第二部分，这部分一共 9 列，每 3 列为一组，共分为 3 组。Linux 系统中将用户区分为 3 种类型，即文件主(owner)、同组用户(group)、可以访问系统的其他用户(others)。分别用以下字母表示：

- u 代表所有者(user)；
- g 代表所有者所在的组群(group)；

• o 代表其他人，但不是 u 和 g(other)；
• a 代表全部的人，也就是包括 u、g 和 o。

由左至右分别代表了属主的权限、属组的权限、其他人的权限。存取权限规定 3 种访问文件或目录的方式：读(r)、写(w)、可执行或查找(x)。

(2) 第二个字段：文件硬链接数或目录子目录数，如果一个文件不是目录，那么这一字段表示这个文件所具有的硬链接数；如果是一个目录，则这个字段表示该目录所含子目录的个数。

(3) 第三个字段：文件的属主，即文件的所有者，有时候我们将一个文件复制给另一用户，要记得将文件的属主也要改变，否则可能会发生文件权限不对的错误。

(4) 第四个字段：文件的属组，即文件的所属组，即在此组里的用户对文件拥有不同的权限。

(5) 第五个字段：文件的大小，大小以字节显示。

(6) 第六个字段：最近一次文件内容的修改时间。

(7) 第七个字段：文件或者目录名。

例 7-1 列出目前工作目录下所有名称是 s 开头的文件，并按照文件建立时间逆序显示：

```
#ls  -ltr  s*
```

例 7-2 将/bin 目录以下所有目录及文件详细资料列出：

```
#ls  -lR  /bin
```

此外，在使用 ls 显示文件时，系统会以不同的颜色显示不同类型的文件，如蓝色表示目录；绿色表示可执行文件；红色表示压缩文件；浅蓝色表示链接文件；灰色表示其他文件；红色闪烁表示链接的文件有问题了；黄色是设备文件，包括 block、char、fifo。用 dircolors -p 看到默认的颜色设置，包括各种颜色和"粗体"、下划线、闪烁等定义。

2. 文件的查找命令

在 Linux 操作系统下，可以使用如下命令进行文件的查找。

(1) find 命令

格式：find[目录][选项表达式]

作用：在指定目录下查找文件或目录，目录默认时表示在当前目录下查找。

常用选项如下。

-print：默认选项，显示要查找的目录及子目录下的文件。

-name：按文件名称查找，允许使用通配符，如" * "表示 0 个或多个任意字符，"?"表示一个任意字符。

-size：按文件大小查找。

-user：按文件属主查找用户名。

-type x(x=d,l,f)：查找指定类型的文件。

-amin n：查找 n 分钟以前被访问过的所有文件。

-atime n：查找 n 天以前被访问过的所有文件。

-cmin n：查找 n 分钟以前文件状态被修改过的所有文件。

-ctime n：查找 n 天以前文件状态被修改过的所有文件。

-mmin n：查找 n 分钟以前文件状态被修改过的所有文件。

-mtime　n:查找 n 天以前文件状态被修改过的所有文件。

① 通过文件名查找。

知道了某个文件的文件名,却不知道它存于哪个目录下,此时可通过查找命令找到该文件,命令如下:

```
# find  /  -name  httpd.conf   -print
```

② 根据部分文件名查找。

当要查找某个文件时,不知道该文件的全名,只知道这个文件包含几个特定的字母,此时用查找命令也是可找到相应文件的,这时使用通配符 * 或?。

```
#  find  /  -name *http*  -print
```

③ 根据文件的特征查询。

如果仅知道某个文件的大小、修改日期等特征也可使用 find 命令把该文件查找出来。例如,知道文件大小为 2 500 B,在 etc 目录下,可使用如下命令查找:

```
#find  /etc  -size  -2500c  -print
```

(2) locate 命令

格式:locate 文件名

作用:locate 命令用于查找文件,比 find 命令的搜索速度快,它需要一个数据库,这个数据库由每天的例行工作(crontab)程序来建立。当我们建立好这个数据库后,就可以方便地来搜寻所需文件了,查找本质是在数据库中进行查找。为保证查找的准确性,需要及时执行 udpatedb 命令对数据库进行更新。

例 7-3　查找 whereis 文件。

```
#locate whereis
/usr/bin/whereis
```

(3) whereis 命令

格式:whereis[选项]文件名

作用:用来寻找命令的可执行程序(二进制文件)、原始程序和使用手册(在系统数据库中查找)。

常用选项如下。

-b:仅查找二进制文件。

-m:仅查找 man 手册文件。

-s:仅查找源程序文件。

(4) which 命令

格式:which 文件名

作用:在指定的目录中查找指定文件,只能用来查找可执行文件,并且只在 PATH 指定的目录中查找。

例 7-4　查找 ls 文件。

```
# which ls
/bin/ls
```

3. 显示文件内容

(1) cat 命令

格式:cat[选项]文件列表

作用:将文件的内容显示到终端上,或者合并文件的内容。

常用选项如下。

-n(或--number):由 1 开始对所有输出的行数编号。

-b(或--number-nonblank):和-n 相似,只不过对于空白行不编号。

-s(或--squeeze-blank):当遇到有连续两行以上的空白行,就代换为一行的空白行。

-v(或--show-nonprinting)。

-e:在每行末尾显示 $ 符号。

例 7-5 显示 2.txt 文件,同时显示出每一行的行号,并在每行末尾显示 $ 符号。

```
#cat  -ne  2.txt
1     This ia a text file $
2     end $
```

(2) more 命令

格式:more[选项][文件名]

作用:more 是最常用的工具之一,最常用的就是显示输出的内容,然后根据窗口的大小进行分页显示,还能提示文件的百分比。退出 more 的动作指令是 q。

常用选项如下。

+num:从第 num 行开始显示。

-num:定义屏幕大小,为 num 行。

+/pattern:从 pattern 前两行开始显示。

(3) less 命令

格式:less[参数][文件]

作用:less 工具也是对文件或其他输出进行分页显示的工具,应该说是 Linux 系统查看文件内容的工具,功能极其强大;less 的用法比起 more 又更加的有弹性,more 没有办法向前面翻,只能往后面看;less 可以使用[pageup]、[pagedown]等按键的功能来往前往后翻看文件。

(4) head 命令

格式:head[-n number][文件名]

作用:head 是显示一个文件的内容的前多少行。

常用选项如下。

-n 行数值:显示一个文件的内容的前多少行。

(5) tail 命令

格式:tail[-n number][文件名]

作用:tail 是显示一个文件的内容的后多少行。

常用选项如下。

-n 行数值:显示一个文件的内容的后多少行。

4. 文件的创建及类型查看

(1) touch 命令

用途:新建空文件(文件尚不存在),或更新文件时间标记(对于已存在的文件来说)。

格式:touch　文件名…

(2) file 命令

用途:查看文件类型。

格式:file　文件名…

5. 文件复制、移动、删除命令

(1) 文件复制命令 cp

格式:cp　[options]　source　dest
　　cp　[options]　source　directory

作用:将一个文件复制至另一文件,或将数个文件复制至另一目录。

选项说明如下。

-a:尽可能将文件状态、权限等信息都照原状予以复制。

-r:若 source 中含有目录名,则将目录下的文件依序复制至目的地。

-f:若目的地已经有相同名字的文件存在,则在复制前先予以删除再行复制。

-p:不改变文件的修改时间和日期。

-v:输出操作报告。

-i:复写文件时要求用户确认。

例 7-6　复制文件 aaa(已存在),并命名为 bbb。

```
#cp  aaa  bbb
```

例 7-7　将所有的 C 语言程序复制至 Finished 子目录中。

```
#cp  *.c  Finished
```

(2) 移动文件命令 mv 命令

格式:mv　[options]　source　dest
　　mv　[options]　source　directory

作用:将一个文件移至另一文件,或将数个文件移至另一目录。

常用选项如下。

-f:强制覆盖已有的文件。

-u:在目标文件比原文件新时,不覆盖。

-v:在移动每个文件时给出响应。

-b:当目标文件存在时,备份该文件。

例 7-8　将文件 aaa 更名为 bbb。

```
#mv  aaa  bbb
```

例 7-9　将所有的 C 语言程序移至 Finished 子目录中。

```
#mv  -i  *.c  Finished
```

(3) 文件删除命令 rm 命令

格式:rm[options]name...

作用:删除文件及文件夹。

常用选项如下。

-i:删除文件时要求确认(默认的选项)。

-r:递归删除整个子目录。

-f:强制删除,不要求确认。

例 7-10 无条件删除/home/www 整个子目录。

```
#rm  -rf  /home/www
```

6. 文件排序命令:sort

sort 命令的功能是对文件中的各行进行排序,sort 命令可以被认为是一个非常强大的数据管理工具,用来管理内容类似数据库记录的文件。

sort 命令将逐行对文件中的内容进行排序,如果两行的首字符相同,该命令将继续比较这两行的下一字符,如果还相同,将继续进行比较。该命令的语法格式如下:

sort [选项] 文件

说明:sort 命令对指定文件中所有的行进行排序,并将结果显示在标准输出上。如不指定输入文件或使用"-",则表示排序内容来自标准输入。

7. 内容查找 grep 命令

用途:在文件中查找并显示包含指定字符串的行。

格式:grep [选项]... 查找条件 目标文件

常用命令选项如下。

-i:查找时忽略大小写。

-v:反转查找,输出与查找条件不相符的行。

查找条件的设置是:要查找的字符串以双引号括起来,"^……"表示以……开头,"……$"表示以……结尾,"^$"表示空行。

例 7-11 过滤出 hosts 文件中的非注释行(不以"#"号开头的行)。

```
# grep -v  "^#"  /etc/hosts
```

例 7-12 查找系统启动时识别的 USB 总线信息。

```
# dmesg|grep"USB"
```

7.3 目录操作命令

1. 显示工作目录和改变工作目录

(1) 显示当前工作目录-pwd 命令

格式:pwd

作用：显示工作目录的路径名称。pwd 命令将当前目录的全路径名称（从根目录）写入标准输出。全部目录使用/（斜线）分隔。第一个/表示根目录，最后一个目录是当前目录。

（2）改变当前工作目录命令

格式：cd　[directory]

作用：更改当前目录。cd 命令设置某一进程的当前工作目录。用户必须具有指定目录中的执行（搜索）许可权。如果未指定目录参数，cd 命令会将当前工作目录设置为登录目录（在 ksh 和 bsh 环境中是 $HOME，而在 csh 环境中则是 $home）。如果指定的目录名是完整的路径名，它就成为当前工作目录。完整的路径名以/（斜杠）开头，表示根目录，而.表示当前目录，或者..表示父目录。

例 7-13　要将当前工作目录更改为登录（主）目录，输入：# cd。

例 7-14　要更改为目录/usr/include，输入：# cd　/usr/include。

例 7-15　要转至当前目录的下一级 sys 子目录，输入：# cd　sys。

例 7-16　要转至当前目录的上一级，输入：# cd　..。

2. 目录的创建、删除

（1）创建目录命令-mkdir

格式：mkdir　[-m Mode]　[-p]　directory

作用：mkdir 命令创建由 Directory 参数指定的一个或多个新的目录。每个新目录包含标准项.（点）和..（点-点）。

常用选项：

-m Mode：设置新创建的目录的许可权（即读、写、执行权限），其值由变量 Mode 指定。Mode 变量的值以符号形式或者数字形式表示。

-p：创建丢失中间路径名称目录。如果没有指定-p 标志，则每个新创建的目录的父目录必须已经存在。

例 7-17　要在当前工作目录下创建一个名为 Test 的新目录（用默认的许可权创建 Test 目录），请输入：# mkdir Test。

例 7-18　要在以前已创建的/home/demo/sub1 目录中新建一个使用 rwxr-xr-x 许可权的名为 Test 的新目录，请输入：# mkdir　-m　755　/home/demo/sub1/Test。

例 7-19　要在目录/home/demo/sub2 中新建一个使用默认许可权的名为 Test 的新目录，请输入：# mkdir　-p　/home/demo/sub2/Test。

注意：如果/home、/home/demo 和/home/demo/sub2 目录不存在，-p 标志会自动创建。

（2）删除目录命令-rmdir

格式：rmdir　[-p]　Directory

作用：rmdir 命令从系统中删除 Directory 参数指定的目录。在删除该目录前，它必须为空，并且必须有它的父目录的写权限。

常用选项：

-p Directory　沿着 Directory 参数指定的路径名删除所有目录。在删除父目录前父目录必须为空且用户必须有父目录的写权限。

例 7-20 删除 mydir 目录。

```
#rmdir  mydir
```

注意:在使用该命令之前,应先使用 rm 命令删除该目录下的文件。

例 7-21 要删除/home、/home/demo 和/home/demo/mydir 目录,请输入:

```
#rmdir  -p  /home/demo/mydir
```

该命令首先删除/mydir 目录,如果删除后其父目录为空,则删除其父目录。如果在删除父目录时,它不为空或没有写权限,命令终止。

3. 创建链接的命令

用途:为文件或目录建立链接(Link)

格式:ln [-s] 源文件或目录… 链接文件或目标目录

常用命令选项:

-s:建立符号链接文件(省略此项则建立硬链接)。

链接有两种,一种被称为硬链接(Hard Link),另一种被称为符号链接(Symbolic Link)。符号链接指向原始文件所在的路径,又称为软链接;硬链接:指向原始文件对应的数据存储位置。注意建立硬链接时,链接文件和被链接文件必须位于同一个文件系统中,并且不能建立指向目录的硬链接。而对符号链接,则不存在这个问题。符号链接可以建立对于文件和目录的链接。符号链接可以跨文件系统,即可以跨磁盘分区。链接名可以是任何一个文件(可包含路径),也可以是一个目录。并且允许它与目标不在同一个文件系统中。默认情况下,ln 产生硬链接。

UNIX/Linux 下的文件有 2 部分:数据和文件名。数据的地址由 inode 来管理,而文件名指向 inode,有超过 1 个的文件名部分指向同一个 inode,这些文件名则叫作硬连接。

硬链接文件和原文件指向同样的数据,两者就像克隆一样,inode 号也相同,当删除原文件时,硬链接文件仍然存在有效。但硬链接文件不同于文件的复制。应该说硬链接文件的产生只是原文件所在目录文件的内容发生改变,原文件的数据并没有得到复制,而复制文件,磁盘上有两份数据。简单说,硬链接就是一个类似于别名的概念。当原来的名字没有了,别名照样可以使用。

软连接其实就是新建立一个文件,这个文件就是专门用来指向别的文件的(那就和 Windows 下的快捷方式的那个文件有很接近的意味)。软链接产生的是一个新的文件,但这个文件的作用就是专门指向原文件的,删了这个软链接文件,那就等于不需要这个链接,和原来的存在的实体原文件没有任何关系。

硬链接的作用:允许一个文件拥有多个有效路径名,这样用户就可以建立硬链接到重要文件,以防止"误删"的功能。因为对应该目录的索引节点有一个以上的链接。只删除一个链接并不影响索引节点本身和其他的链接,只有当最后一个链接被删除后,文件的数据块及目录的链接才会被释放。

例 7-22 将文件链接为另一个目录中的相同名字。

```
#ln  index  manual
```

这会将 index 链接到新的名称 manual/index。

例 7-23 将几个文件链接为另一个目录中的名称,请输入:

```
#ln  chap2  jim/chap3  /home/manual
```

这会将 chap2 链接到新的名称/home/manual/chap2；将 jim/chap3 链接到新的名称/home/manual/chap3。

例 7-24 创建一个符号链接。

```
#ln -s /tmp/toc toc
```

7.4 文件和目录的权限

1. 文件和目录的一般权限

一个文件都有一个所有者，表示该文件是谁创建的。同时，该文件还有一个组编号，表示该文件所属的组，一般为文件所有者所属的组。

(1) 文件的存取权限

- 读权限(r)：表示只允许指定用户读取相应文件的内容，而禁止对它做任何的更改操作。将所访问的文件的内容作为输入的命令都需要有读的权限。例如 cat、more 等。
- 写权限(w)：表示允许指定用户打开并修改文件。例如命令 vi、cp 等。
- 执行权限(x)：表示允许指定用户将该文件作为一个程序执行。

(2) 目录的存取权限

- 读权限(r)：当用户对某个目录只有读权限时，那么该用户可以用 ls 命令显示此目录的信息。需要注意的是，仅拥有读权限是不能进入该目录的(即不能用 cd 命令来进入该目录)。
- 写权限(w)：表示允许用户从目录中删除或添加新的文件，通常只有文件主才有写权限。
- 执行权限(x)：表示允许用户在目录中查找，能用 cd 命令将工作目录改到该目录。

2. 文件和目录的特殊权限

文件和目录都具有读、写、执行的权限，对文件和目录来说其具体含义是不同的，如果用户想具体查看这些文件或目录的权限，只需使用#ls -l 命令显示目录或文件的详细信息即可。但除了普通的读、写、执行权限以外，文件或目录还具有一些特殊权限，如果文件或目录设置了这些特殊权限，则具有特殊含义，并在使用#ls -l 命令显示的时候会显示不同。先来对比一下具有特殊权限和没有特殊权限的文件与目录所表现的不同。

```
[lwj@localhost dir1]$ ls -l
total 12
drwxrwxr-x. 2 lwj lwj 4096 Aug 31 14:26 dir1
drwxrwsr-t. 2 lwj lwj 4096 Aug 31 14:31 dir2
-rw-rw-r--. 1 lwj lwj    0 Aug 31 14:23 file1
-rwSr-Sr-T. 1 lwj lwj    4 Aug 31 14:31 file2
```

从命令显示结果看，文件和目录分别在读、写、执行权限相应的位置被置为 s/S、s/S、t/T。这三个位置分别对应着特殊权限 setuid、setgid、setsticky。

如果是一个可执行文件，那么在该文件执行时，它具有调用该文件的用户拥有的权限。而 setuid、setgid 可以来改变这种设置。

setuid：只对文件有效，该设置使文件在执行阶段具有文件所有者的权限。典型的文件是/usr/bin/passwd。如果一般用户执行该文件，则在执行过程中，该文件可以获得 root 权限，从而可以更改用户的密码。因为只要在相应的文件上加上 UID 的权限，就可以用加权限人的身份去运行这个文件，所以我们只需要将 bash 复制出来到另一个地方，然后用 root 加上 UID 权限，只要用户运行此 Shell 就可以用 root 的身份来执行任何文件了。

setgid：该权限只对目录有效。目录被设置该位后，那么任何用户在此目录下创建的文件所属的组都具有和该目录所属的组相同的属性。

sticky bit：sticky 一般只用在目录上，用在文件上起不到什么作用。该位可以理解为防删除位。首先我们要知道，要删除一个文件，你不一定要有这个文件的写权限，但你一定要有这个文件的上级目录的写权限。也就是说，你即使没有一个文件的写权限，但你有这个文件的上级目录的写权限，你也可以把这个文件给删除。也就是说，如果拥有上级目录的写权限，就可以删除文件或子目录，即使该用户不是这些文件的所有者，也没有读或写的许可。

一个文件是否可以被某用户删除，主要取决于该文件所在的目录是否对该用户具有写权限。如果没有写权限，则这个目录下的所有文件都不能被删除，也不能在这个目录下创建文件。但是如果希望用户能够在此目录下添加文件但同时不能删除文件，则可以对目录使用 sticky bit 位。设置黏滞位后，就算用户对目录具有写权限，也不能删除该文件，目录下的文件只能由超级管理员或该文件的所有者删除。

例如：AAA 用户和 BBB 用户同属 AAA 组，但用 AAA 用户创建的文件，权限设置为 777 后，还是不能用 BBB 用户删除。用 ls -l 显示上层目录权限，发现 AAA 用户创建文件位置的上层目录的权限是 drwxrwxrwt，即存在"t"的权限，就是设置了"文件的黏滞(sticky)位"。它的作用是：普通文件的 sticky 位会被 Linux 内核忽略，但目录的 sticky 位表示这个目录里的文件只能被 owner 和 root 删除。所以下面用 root 用户，对这个文件夹 chmod -t 后，用 BBB 用户就可以删除刚才 AAA 用户创建的文件了。

在一个目录上设了 sticky 位后，(如/home，权限为 1777)所有的用户都可以在这个目录下创建文件，但只能删除自己创建的文件(root 除外)，这就对所有用户能写的目录下的用户文件起到了保护的作用。可以通过 chmod o+t tmp 来设置 tmp 目录的 sticky bit，而且/tmp 目录默认是设置了这个位的。

最后，总结一下就是，当用户具有写权限时，用户可以在当前目录增加或者删除文件，但需要几个前提：①需要对此目录有可执行权限；②要想删除文件，那么 sticky bit 位是没有设置的。

setuid、setgid、setsticky 这三个特殊的权限，在＃ls -l 显示文件或目录的详细属性时，分别占用了 rwxrwxrwx 中的 x 位，即 setuid 使用了 user 的 x 位，setgid 使用了 group 的 x 位，setsticky 使用了 other 的 x 位。如果设置了 setuid、setgid、setsticky 权限且 user、group、other 分别具有 x 权限，则显示为 rwsrwsrwt；如果设置了 setuid、setgid、setsticky 权限但 user、group、other 不具有 x 权限，则显示为 rwSrwSrwT。也就是说大写字母表示只有特殊权限没有 x 权限，小写字母表示同时具有特殊权限和 x 权限。

3. 权限的修改

chmod 命令用于改变或设置文件或目录的存取权限。注意只有文件主或超级用户 root 才有权用 chmod 改变文件或目录的存取权限。

(1) chmod 命令

格式：chmod ［选项］ 文件和目录列表

作用：chmod 命令修改方式位和指定文件或目录的扩展访问控制表（ACL）。可以用符号或数字定义方式（完全方式）。

常用选项：

-c：只有在文件的权限确实被改变时，才进行详细说明；

-f：不打印权限不能改变的文件的错误信息；

-v：详细说明权限的变化；

-R：递归改变目录及其内容的权限。

前面在介绍 ls 命令时，已经介绍文件的权限形态，例如-rwx------。要设置这些文件的形态就用 chmod 这个命令，然而在使用 chmod 之前需要先了解权限参数的用法。权限参数可以有两种使用方法：数字表示法和英文字母表示法，对这两种方法文件权限的修改可以通过绝对方式或者符号模式。

（2）以绝对方式改变权限

用绝对方式设置或改变文件的存取权限就是用数字“1”和“0”表示“rwxrwxrwx”的 9 个权限位。相应的权限为：置为“1”表示有相应权限，置为“0”表示没有相应权限。例如，某个文件的存取权限是文件主有读、写和执行的权限，组用户有读和执行的权限，其他用户仅有读的权限。用符号模式表示就是 rwxr-xr--，用二进制数字表示就是 111101100。

为了方便记忆和表示，通常将这 9 位二进制数用等价的 3 个从 0 到 7 的八进制数表示，即从右到左 3 个二进制数换成一个八进制数。这样，上述二进制数就等价于八进制数“754”。也就是说，mode 是以 3 位八进制数字出现的，最左位表示文件主权限，中间位表示组用户权限，最右位表示其他用户权限。例如，chmod 664 ex1 使文件 ex1 的文件主和同组用户具有读写权限，但其他用户只可读。

（3）以符号模式改变权限

操作对象可以是下述字母中的任一个或它们的组合：u 表示用户（user），即文件或目录的所有者；g 表示同组（group）用户，即与文件属主有相同组 ID 的所有用户；o 表示其他（others）用户；a 表示所有（all）用户，它是系统默认值。

操作符号可以是下述符号：

- ＋添加某个权限；
- －取消某个权限；
- ＝赋予给定权限并取消其他所有权限（如果有的话）。

mode 所表示的权限可用下述字母的任意组合：r 表示可读；w 表示可写；x 表示可执行。

上面这三部分必须按顺序输入，可以用多个 key，但必须以逗号隔开。例如：

```
$ chmod a+x ex1   //表示将文件 ex1 的权限改为所有用户(a)都有执行权限(+x)
$ chmod u=r,ug=x ex1  //表示将文件 ex1 的权限重新设置为文件主可以读和执行，组用户可以执行，
                       其他用户无权访问
```

（4）特殊权限的设置

操作这些标志与操作文件权限的命令是一样的，都是 chmod，有两种方法来操作：

1）chmod u＋s temp　//为 temp 文件加上 setuid 标志（setuid 只对文件有效）。

chmod g＋s tempdir　//为 tempdir 目录加上 setgid 标志（setgid 只对目录有效）。

chmod o＋t temp　//为 temp 文件加上 sticky 标志（sticky 只对目录有效）。

2）采用八进制方式。文件的一般权限通过三组八进制数字来置标志，如 666、777、644 等，这三组八进制分别表示 user、group 和 others 的权限。要设置特殊权限，需要在这三组八进制数字的前面再加一个八进制数字，即 4666、2777 等。例如用户新建了一个目录 dir1，

默认权限是 644，现在增加特殊权限 setgid 和 setsticky，使用 chmod 命令修改。

```
#chmod 3644 dir1
```

说明：新增加的这个八进制数字"3"在数值上等价于二进制数"011"，将二进制对应位表示成 abc 的话，其意义如下：

a -setuid 位，如果该位为 1，则表示设置 setuid；

b -setgid 位，如果该位为 1，则表示设置 setgid；

c -sticky 位，如果该位为 1，则表示设置 sticky。

进一步，用 # ls -ld -dir1 命令查看此目录修改后的权限，发现显示的结果为：drw-r-Sr-T。

目录 dir1 的权限中有 S 和 T。这是因为 setuid、setgid、sticky 位在显示时分别借用了 user 的 rwx 权限中的 x 位，group 的 rwx 权限中的 x 位以及 others 的 rwx 权限中的 x 位。同时系统规定：如果本来在该位上有 x 权限，同时又设置了殊权限标志，则相应地显示为小写字母 s，s 和 t。否则，显示为大写字母 S，S，T。

4. umask 命令

umask 命令用来设置限制新建文件权限的掩码。其一般格式是：umask mode。

当新文件被创建时，其最初的权限由文件创建掩码决定。用户每次注册进入系统时，umask 命令都被执行，并自动设置掩码 mode 来限制新文件的权限。用户可以通过再次执行 umask 来改变默认值，新的权限将会把旧的覆盖掉。

利用 umask 命令可以指定哪些权限将在新文件的默认权限中被删除。例如，可以使用下面的命令创建掩码，取消组用户的写权限以及其他用户的读、写和执行权限。例如：

```
# umask u=,g=w,o=rwx
```

执行该命令以后，下面所建新文件的文件主权限未作任何改变，而组用户没有写权限，其他用户的所有权限都被取消。应注意，在 umask 命令和 chmod 命令中，操作符"="的作用恰恰相反。在 chmod 中，利用它来设置指定的权限，而其余权限都被取消；但是在 umask 命令中，它将在原有权限的基础上把指定的权限删除。

此外，也可以使用八进制数值来设置 mode。在 umask 中所指定的权限表示要删除的权限，所以，如果一个文件原来的初始权限是 777，那么执行命令 umask 022 以后，那么该文件的权限将变为 755；如果该文件原来的初始权限是 666，那么该文件的权限将变为 644。

使用下面的命令可以检查新创建文件的默认权限：

```
#umask  -S
```

上面命令中，选项-s 表示以字符形式显示当前的掩码。

如果直接输入 umask 命令不带任何参数，那么将以八进制形式显示当前的掩码。系统默认的掩码是 0022。

5. 改变文件或目录的所有权 chown

格式：chown ［选项］ owner file

作用：chown 命令将 file 参数指定的文件的所有者更改为 owner 参数指定的用户；owner 参数的值可以是可在/etc/passwd 文件中找到的用户标识或登录名，还可以选择性地指定组；group 参数的值可以是可在/etc/group 文件中找到的组标识或组名。只有 root 用户可以更改文件的所有者，只在使用者是 root 用户或拥有该文件的情况下才可以更改文件的组，如果拥有文件但不是 root 用户，则只可以将组更改为你是其成员的组。

常用选项：

-f：禁止除用法消息之外的所有错误消息。

-h：更改遇到的符号链接的所有权，而非符号链接指向的文件或目录的所有权。

当遇到符号链接而未指定-h 标志时，chown 命令更改链接指向的文件或目录的所有权，而非链接本身的所有权。

-H：如果指定了-R 选项，并且引用类型目录的文件的符号链接在命令行上指定，chown 变量会更改由符号引用的目录的用户标识（和组标识，如果已指定）和所有在该目录下的文件层次结构中的所有文件。

-L：如果指定了-R 选项，并且引用类型目录的文件的符号在命令行上指定或在遍历文件层次结构期间遇到，chown 命令会更改由符号链接引用的目录的用户标识（和组标识，如果已指定）和在该目录之下的文件层次结构中的所有文件。

-P：如果指定了-R 选项并且符号链接在命令行上指定或者在遍历文件层次结构期间遇到，则如果系统支持该操作，chown 命令会更改符号链接的所有者标识（和组标识，如果已指定）。chown 命令不会执行至文件层次结构的任何其他部分的符号链接。

例 7-25 将文件 program. c 的所有者改为 jim。

```
#chown  jim  program.c
```

例 7-26 要将目录 /tmp/src 中所有文件的所有者和组分别更改为用户 john 和组 build。

```
#chown  -R  john.build  /tmp/src
```

chgrp 改变文件或目录的组所有权，它的语法和 chown 一样，有许多同样的选项。

例 7-27 将/home/pub 的组成员改为 student。

```
#chgrp  student  /home/pub
```

例 7-28 使用 -R 递归改变组的所有权。

```
#chgrp  -R  student  /home/pub
```

7.5 文件的压缩和打包

7.5.1 文件压缩命令

1. zip 命令

格式：zip ［选项］ targetfile sourcefilelist

作用：对 sourcefilelist 指定的文件或文件列表进行压缩，生成 targetfile. zip 文件。

常用选项：

-f：将文件压缩后并附加到 myzip。

-r：将当前目录及子目录中的文件都压缩到 myzip 中。

-t：只处理 mmddyyyy 之后的文件。

-x：需要压缩的文件。

-d：从压缩文件中删除不必要的文件。

-m:压缩文件产生后,删除已经被压缩的文件。

2. compress 命令

格式:compress [选项] 文件列表

作用:用 Lempel-ziv 压缩方法来压缩文件或压缩标准输入。在用 compress 压缩文件时,将在原文件名之后加上扩展名.Z。如果不指定文件,则压缩标准输入,其结果返回标准输出。

常用选项:

-r:递归操作,如果指定目录,则压缩该目录及其子目录中的所有文件。

-c:将压缩数据返回标准输出,而默认情况下为压缩文件时将压缩数据返回文件。

-v:显示每个文件夹的压缩百分比。

例 7-29 压缩/mnt/lgx/a1.doc 文件。

```
#compress  /mnt/lgx/a1.doc
```

结果压缩后生成 a1.doc.Z 文件。

3. gzip 命令

格式:gzip [选项] 文件目录列表

作用:用 Lempel-ziv 编码压缩文件。

常用选项:

-c:压缩结果写入标准输出,原文件保持不变。默认时 gzip 将原文件压缩为.gz 文件,并删除原文件。

-v:输出处理信息。

-d:解压缩指定文件。

-t:测试压缩文件的完整性。

例 7-30 压缩/mnt/lgx/a1.doc。

```
#gzip -v  /mnt/lgx/a1.doc
```

该命令产生 a1.doc.gz 的压缩文件。

4. gunzip 命令

格式:gunzip [选项] 文件列表

作用:解压缩用 gzip 命令(以及 compress 和 zip 命令)压缩过的文件。

常用选项:

-c:将输出写入标准输出,原文件保持不变。默认时,gunzip 将压缩文件变成解压缩文件。

-l:列出压缩文件中的文件而不解压缩。

-r:递归解压缩,深入目录结构中,解压缩命令行变元所指定目录中的所有子目录内的文件。

7.5.2 文件打包命令

格式:tar [选项] 文件目录列表

作用:对文件目录进行打包备份。

常用选项：

-c：建立新的归档文件。

-r：向归档文件末尾追加文件。

-x：从归档文件中解出文件。

-O：将文件解开到标准输出。

-v：处理过程中输出相关信息。

-f：对普通文件操作。

-z：调用 gzip 来压缩归档文件，与-x 联用时调用 gzip 完成解压缩。

-Z：调用 compress 来压缩归档文件，与-x 联用时调用 compress 完成解压缩。

例 7-31 用 tar 打包文件/mnt/lgx/a1. doc。

```
#tar  -cvf  /mnt/lgx/a1.doc
```

产生一个以.tar 为扩展名的打包文件。

例 7-32 用 tar 解开打包文件。

```
#tar  -xvf  /mnt/lgx/a1.doc.tar
```

在通常情况下，tar 打包与 gzip（压缩）经常联合使用，效果更好。方法是首先用 tar 打包，如：#tar -cvf /mnt/lgx/a1. doc（产生 a1. doc. tar 文件），然后用 gzip 压缩 a1. doc. tar 文件，如：#gzip /mnt/lgx/a1. doc. tar（产生 a1. doc. tar. gz 文件）。

例 7-33 解压 a1. doc. tar. gz 文件。

方法 1：

```
#gzip  -dc  /mnt/lgx/a1.doc.tar.gz（产生 a1.doc.tar 文件）
#tar  -xvf  /mnt/lgx/a1.doc.tar（产生 a1.doc 文件）
```

这两个命令也可使用管道功能，把两个命令合二为一：

```
#gzip  -dc  /mnt/lgx/a1.doc.tar.gz|tar -xvf
```

方法 2：使用 tar 提供的自动调用 gzip 解压缩功能

```
#tar  -xzvf  /mnt/lgx/a1.doc.tar.gz
```

经过 tar 打包后，也可用 compress 命令压缩（注：gzip 比 compress 压缩更加有效），产生一个以. tar. Z 为后缀的文件，在解包时，可先用“uncompress 文件名”解压，然后用“tar-xvf 文件名”解包。也可直接调用“tar -zxvf 文件名”解包。

7.6 进程操作及计划任务管理

7.6.1 进程操作

程序是保存在硬盘、光盘等介质中的可执行代码和数据，是静态保存的代码。进程在 CPU 及内存中运行的程序代码，是动态执行的代码。程序在执行时可能产生多个进程，一个进程也可以再产生其他进程。与进程相关的标识有很多，如：一个真实（read）UID、一个有效（effective）UID 和一个保存（saved）UID、一个真实 GID、一个有效 GID 和一个保存 GID 等。下面介绍比较重要的几个。

PID：进程的 ID 号，内核按照进程创建的顺序给每个进程分配一个独一无二的 ID 号。控制进程的大多数命令需要 PID 来指定操作的目标。

PPID:父进程的 ID,即 PID。Linux 没有提供创建新进程去运行某个特定程序的系统调用,现有进程必须克隆自身去创建一个新进程。克隆出的进程能够把它正在运行的那个程序替换成另一个不同程序。被克隆的进程叫父进程,克隆出的副本叫子进程。

UDI 和 EUID:真实的和有效的用户 ID。进程的 UID 就是其创建者的用户标识号,或者说就是复制了父进程的 UID 值,通常,只允许创建者(也称为属主)和超级用户对进程进行操作。EUID 是"有效"的用户 ID,这是一个额外的 UID,用来确定进程在任何给定的时刻对哪些资源和文件具有访问权限。对于大多数进程来说,UID 和 EUID 是一样的,例外的情况是 setuid 程序。

GID 和 EGID:真实的和有效的组 ID。它们的关系与 UID 和 EUID 一样,可由 setgid 程序来"转换"。此外 Linux 还有一个保存 GID,类似于保存 UID。

1. 进程操作的相关命令

(1) ps 命令

用途:查看静态的进程统计信息。

格式:ps aux/ps-elf

常用命令选项:

a:显示当前终端下的所有进程信息。

u:使用以用户为主的格式输出进程信息。

x:显示当前用户在所有终端下的进程信息。

-e:显示系统内的所有进程信息。

-l:使用长格式显示进程信息。

-f:使用完整的格式显示进程信息。

-r:只显示正在运行的进程。

```
# ps  aux
USER  PID  %CPU  %MEM VSZ RSS TTY STAT START TIME   COMMAND
root      1   0.0   0.3     2648   604 ?       S      Apr02     0:13  init[3]
root      2   0.0   0.0        0      0 ?       SN   Apr02     0:00  [ksoftirqd/0]
root      3   0.0   0.0        0      0 ?       S<    Apr02     0:19  [events/0]
root      4   0.0   0.0        0      0 ?       S<    Apr02     0:00  [khelper]
```

在上面显示的结果中,stat 中的参数意义如下:

D:不可中断 Uninterruptible(usually IO)。

R:正在运行,或在队列中的进程。

S:处于休眠状态。

T:停止或被追踪。

Z:僵尸进程。

W:无足够内存分配,进入内存交换(从内核 2.6 开始无效)。

X:死掉的进程。

(2) top 命令

用途:查看动态的进程排名信息。

对比 ps、top 两个命令的不同,可适当介绍 top 工具的命令按键:P、M、N、h、q。

按 P 键根据 CPU 占用情况对进程列表进行排序。

按 M 键根据内存占用情况进行排序。

按 N 键根据启动时间进行排序。

按 h 键可以获得 top 程序的在线帮助信息。

按 q 键可以正常退出 top 程序。

使用空格键可以强制更新进程状态显示。

```
# top
top-06:08:48 up 4 days,  6:57,  1 user,  load average:0.00,0.00,0.00
Tasks:  60 total,  1 running,  59 sleeping,  0 stopped,  0 zombie
Cpu(s):0.3% us,  0.7% sy,0.0% ni,97.4% id,  0.4% wa,  0.1% hi,1.1% si
Mem:    191228k total,  171424k used,    19804k free,    19436k buffers
Swap:  265064k total,     1284k used,  263780k free,  120480k cached
PID USER PR NI VIRT RES SHR S  %CPU  %MEM   TIME+   COMMAND
6779 root       16  0  2536  832  668 R  3.8  0.4  0:00.04 top
    1 root       16  0  2648  604  520 S  0.0  0.3  0:13.54 init
    2 root       34  19    0    0    0 S  0.0  0.0  0:00.07 ksoftirqd/0
```

（3）pgrep 命令

用途:根据特定条件查询进程 PID 信息。

常用命令选项:

-l:列出进程的名称。

-U:根据进程所属的用户名进行查找。

-t:根据进程所在的终端进行查找。

```
# pgrep  "init"
1
# pgrep -l  "log"
2538 syslogd
2541 klogd
3221 login
# pgrep  -l  -U  teacher  -t  tty1
27483 bash
27584 vim
```

（4）pstree 命令

用途:以树型结构显示各进程间的关系。

常用命令选项:

-p:列出进程的 PID 号。

-u:列出进程对应的用户名。

-a:列出进程对应的完整命令。

2. 进程的不同启动方式

（1）手工启动

前台启动:用户输入命令,直接执行程序。

后台启动:在命令行尾加入“&”符号。

```
# cp  /dev/cdrom mycd.iso &
[1]28454
```

（2）调度启动

使用 at 命令,设置在某个特定的时间执行一次任务。

使用 crontab 命令，设置按固定的周期(如每天、每周等)重复执行预先计划好的任务。

(3) 进程的前后台调度

Ctrl＋Z 组合键：将当前进程挂起，即调入后台并停止执行。

jobs 命令：查看处于后台的任务列表。

fg 命令：将处于后台的进程恢复到前台运行，需指定任务序号。

```
# jobs
[1]-  Stopped                  cp/dev/cdrom mycd.iso
[2]+   Stopped                  top
# fg 1
```

3. 终止进程的运行

Ctrl＋C 组合键：中断正在执行的命令。

(1) kill、killall 命令

kill 用于终止指定 PID 号的进程。

kill all 用于终止指定名称的所有进程。

-9 选项用于强制终止。

例如：

```
# pgrep  -l "portmap"
2869  portmap
# kill  -9  2869
# killall  -9  vim
```

(2) pkill 命令

用途：根据特定条件终止相应的进程。

常用命令选项：

-U：根据进程所属的用户名终止相应进程。

-t：根据进程所在的终端终止相应进程。

```
# w|grep  -v"root"
14:10:10 up  6:08,  4 users,  load average:0.00,0.01,0.00
USER     TTY    FROM              LOGIN@    IDLE    JCPU     PCPU     WHAT
teacher tty1    -                 14:04     5:34    0.16 s   0.16 s   -bash
hackli  pts/1   173.17.17.174 14:05     4:32    0.17 s   0.17 s   -bash
# pkill  -9   -t                  pts/1
# w|grepv      "root"
14:12:22 up  6:10,  3 users,  load average:0.00,0.00,0.00
USER     TTY    FROM              LOGIN@    IDLE    JCPU     PCPU     WHAT
teacher tty1    -                 14:04     7:46    0.16 s   0.16 s   -bash
```

7.6.2 计划任务管理

(1) at 命令

at 命令用于在指定的日期、时间点自动执行预先设置的一些命令操作，属于一次性计划任务。服务脚本名称：/etc/init.d/atd。

设置格式：

```
at [HH:MM] [yyyy-mm-dd]
```

在使用 at 命令前，其对应的系统服务 atd 必须已经运行，否则可能会出现错误提示：Can't open/var/run/atd.pid to signal atd. No atd running?

要启用 atd 系统服务，输入：# service atd start。

可以在 at 交互环境中输入多条命令，最后按 Ctrl+D 组合键提交。例如：

```
# at 23:45
at>shutdown -h now
at><EOT>
job 1 at 2013-09-14 23:45
# atq
1   2013-09-14 23:45 a root
```

注意：使用 at 命令设置的任务只在指定时间点执行一次，若只指定时间则表示当天的该时间，若只指定日期则表示该日期的当前时间。

(2) crontab 命令

crontab 按照预先设置的时间周期（分钟、小时、天……）重复执行用户指定的命令操作，属于周期性计划任务。服务脚本名称：/etc/init.d/crond。主要配置文件有：

- 全局配置文件，位于文件：/etc/crontab。
- 系统默认的设置，位于目录：/etc/cron. * /。
- 用户定义的设置，位于文件：/var/spool/cron/用户名。

下面看一下全局配置文件的内容：

```
# cat/etc/crontab
SHELL = /bin/bash
PATH = /sbin:/bin:/usr/sbin:/usr/bin
MAILTO = root
HOME = /
# run-parts
01 * * * * root run-parts/etc/cron.hourly
02 4 * * * root run-parts/etc/cron.daily
22 4 * * 0 root run-parts/etc/cron.weekly
42 4 1 * * root run-parts/etc/cron.monthly
```

在全局配置文件中，设置了每隔一定时间执行一项任务计划。时间的表示要遵循固定的格式：

分钟　小时　日期　月份　星期　命令

其中：分钟的取值为 0～59 之间的任意整数；小时的取值为 0～23 之间的任意整数；日期的取值为 1～31 之间的任意整数；月份的取值为 1～12 之间的任意整数；星期的取值为 0～7 之间的任意整数，0 或 7 代表星期日；最后的命令可以是要执行的命令或程序脚本。时间数值的特殊表示方法，如：

*：表示该范围内的任意时间。

,：表示间隔的多个不连续时间点。

-：表示一个连续的时间范围。

/:指定间隔的时间频率。

例如:

```
0   17   *    *    1-5       //周一到周五每天17:00
30   8   *    *    1,3,5     //每周一、三、五的8:30
0   8-18/2   *    *    *     //8点到18点之间每隔2小时
0   *    */3   *    *        //每隔3天
```

要编辑、查看、删除cron计划任务,可以使用下面的命令:

- 编辑计划任务:crontab -e [-u 用户名]。
- 查看计划任务:crontab -l [-u 用户名]。
- 删除计划任务:crontab -r [-u 用户名]。

下面通过具体的例子来说明crontab的使用方法。

例7-34　root用户,任务如下:

每天早上7:50自动开启sshd服务,22:50时关闭。

每隔5天清空一次FTP服务器公共目录/var/ftp/pub。

每周六的7:30时,重新启动httpd服务。

每周一、三、五的17:30时,打包备份/etc/httpd目录。

操作:

```
# crontab  -e
50 7 * * *    /sbin/service sshd start
50 22 * * *    /sbin/service sshd stop
0 * * /5 * *    /bin/rm - rf/var/ftp/pub/ *
30 7 * * 6    /sbin/service httpd restart
30 17 * * 1,3,5   /bin/tar jcvf httpdconf.tar.bz2/etc/httpd
```

例7-35　jerry用户,任务如下:每周日晚上23:55时将"/etc/passwd"文件的内容复制到宿主目录中,保存为pwd.txt文件。

操作:

```
# crontab  -e  -u jerry
55 23 * * 7   /bin/cp/etc/passwd/home/jerry/pwd.txt
```

例7-36　任务如下:root用户查看自己的计划任务列表;

查看并删除jerry用户设置的计划任务。

操作:

```
# crontab  -l
50 7 * * *   /sbin/service sshd start
50 22 * * *   /sbin/service sshd stop
0 * */5 * *   /bin/rm  -rf/var/ftp/pub/ *
30 7 * *6   /sbin/service httpd restart
30 17 * * 1,3,5   /bin/tar jcvf httpdconf.tar.bz2/etc/httpd
# crontab  -l  -u jerry
55 23 * * 7   /bin/cp/etc/passwd/home/jerry/pwd.txt
# crontab  -r  -u jerry
# crontab  -l  -u jerry
no crontab for jerry
```

7.7 Linux 网络命令

1. ping

格式:ping[选项] Host

常用选项:

-c Count:指定要被发送(或接收)的回送信号请求的数目,由 Count 变量给定。

-w timeout:这个选项仅和-c 选项一起才能起作用。它使 ping 命令以最长的超时时间去等待应答(发送最后一个信息包后)。

-d:开始套接字级别的调试。

-D:这个选项引起 ICMP ECHO_REPLY 信息包向标准输出的十六进制转储。

-f:指定 flood-ping 选项。-f 标志"倾倒"或输出信息包,在它们回来时或每秒 100 次,选择较快一个。每一次发送 ECHO_REQUEST,都打印一个句号,而每接收到一个 ECHO_REPLY 信号,就打印一个退格。这就提供了一种对多少信息包被丢弃的信息的快速显示。仅仅 root 用户可以使用这个选项。

-L:对多点广播 ping 命令禁用本地回送。

-l:Preload 在进入正常行为模式(每秒 1 个)前尽快发送 Preload 变量指定数量的信息包。-l 标志是小写的 L。

-n:指定仅输出数字。不企图去查寻主机地址的符号名。

-p:Pattern 指定用多达 16 个"填充"字节去填充你发送的信息包。这有利于诊断网络上依赖数据的问题。例如,-p ff 全部用 1 填充信息包。

-r:忽略路由表直接送到连接的网络上的主机上。如果主机不在一个直接连接的网络上,ping 命令将产生一个错误消息。这个选项可以被用来通过一个不再有路由经过的接口去 ping 一个本地主机。

-R:指定记录路由选项。-R 标志包括 ECHO_REQUEST 信息包中的 RECORD_ROUTE 选项,并且显示返回信息包上的路由缓冲。

-s:PacketSize 指定要发送数据的字节数。默认值是 56,当和 8 字节的 ICMP 头数据合并时被转换成 64 字节的 ICMP 数据。

-S:hostname/IP addr 将 IP 地址用作发出的 ping 信息包中的源地址。在具有不止一个 IP 地址的主机上,可以使用-S 标志来强制源地址为除了软件包在其上发送的接口的 IP 地址外的任何地址。如果 IP 地址不是以下机器接口地址之一,则返回错误并且不进行任何发送。

-T:ttl 指定多点广播信息包的生存时间为 ttl 秒。

-v:请求详细输出,其中列出了除回送信号响应外接收到的 ICMP 信息。

主要功能:ping 命令发送一个因特网控制报文协议(ICMP)ECHO_REQUEST 去从主机或网关那里获得 ICMP ECHO_RESPONSE 信号。默认情况下,ping 命令将连续发送回送信号请求到显示器直到接收到中断信号(Ctrl-C)。

例 7-37 要检查网络和主机 canopus 的连接性,并且指定要发送的回送信号请求的数目，请输入：#ping -c 5 canopus。

例 7-38 要想获取有关主机 lear 的信息，并且启动套接字级别的调试，请输入：

```
#ping  -d  lear
```

例 7-39 要指定发送到主机 opus 信息包的发送时间间隔为 5 秒，请输入：

```
#ping  -i  5  opus
```

2. traceroute

格式：traceroute ［选项］ Host

常用选项：

-m：Max_ttl 设置用于输出探测信息包的最大存活时间（最大的跳跃数），默认值 30。

-n：以数字方式而不以符号加数字的方式打印跳跃地址。该标志为在路径上找到的每个网关保存名称服务器的“地址到姓名”查询。

-p：Port 设置用于探测的基本 UDP 端口号。默认值为 33434。traceroute 命令取决于目标主机的开放式 UDP 端口范围，base 到 base＋nhops－1。如果 UDP 端口不可用，则该选项可以用于选择一个未曾使用的端口范围。

-q：Nqueries 指定 traceroute 命令在每个 Max_ttl 设定值处发出的探测数目。默认值为三次探测。

-r：忽略正常的路由表，并直接发送探测信息包至已链接到网络上的主机。如果指定的主机不在直接连接的网络上，则返回一个错误。该选项可以用于通过 routed 守护进程路由表中未注册的接口向本地主机发出 ping 命令。

-s：SRC_Addr 以数字格式将下一 IP 地址用作输出探测信息包的源地址。

-t：TypeOfService 将探测信息包中的 TypeOfService 变量设置为 0～255 范围内的一个十进制整数。默认值为 0。

-v：接收除 TIME_EXCEEDED 和 PORT_UNREACHABLE 以外的信息包（详细输出）。

-w：WaitTime 设置等待探测响应的时间（以秒计），默认值为 3 秒。

主要功能：traceroute 命令试图跟踪 IP 信息包至某个因特网主机的路由，其具体方法是：先启动具有小的最大存活时间值（Max_ttl 变量）的 UDP 探测信息包，然后该值一次增加一个跳跃值，直至返回 ICMP PORT_UNREACHABLE 消息。traceroute 命令唯一的强制性参数就是目标主机名称或 IP 地址。traceroute 命令将根据输出接口的最大传输单元（MTU）确定探测信息包的长度。UDP 探测信息包被设置为一个不可能的值，以防止目标主机的处理。

3. ifconfig

格式：ifconfig ［选项］

常用选项：

-a：显示系统中所有接口信息。

-d：显示关闭的接口。

-l：可以使用此标志列出系统中所有可用接口，不带其他额外信息。

-u：显示启动的接口。

down：标记接口为不活动（down），禁止系统试图通过接口发送信息。

up:将接口标记为活动(up)。

主要功能:配置或显示 TCP/IP 网络的网络接口参数。可以使用 ifconfig 命令指定网络接口地址,并配置或显示当前网络接口配置信息。在系统启动时必须使用 ifconfig 命令以定义机器上当前每个接口的网络地址。在系统启动后,也可以用来重新定义接口地址和其他的操作参数。网络接口配置保持在运行的系统上,而且必须在系统重新启动时复位。

ifconfig 功能在未提供可选参数时显示网络接口的当前配置。#ifconfig 命令单独使用时显示当前系统中活动的网卡设置,结果如下:

```
eth0      Link encap:Ethernet  HWaddr 00:50:BA:ED:14:F0
inet addr:219.218.202.39  Bcast:219.218.202.255  Mask:255.255.255.0
UP BROADCAST RUNNING MULTICAST  MTU:1500  Metric:1
RX packets:1141 errors:0 dropped:0 overruns:0 frame:0
TX packets:468 errors:0 dropped:0 overruns:0 carrier:0
collisions:0 txqueuelen:100
Interrupt:11 Base address:0xec00
lo        Link encap:Local Loopback
inet addr:127.0.0.1  Mask:255.0.0.0
UP LOOPBACK RUNNING  MTU:16436  Metric:1
RX packets:6 errors:0 dropped:0 overruns:0 frame:0
TX packets:6 errors:0 dropped:0 overruns:0 carrier:0
collisions:0 txqueuelen:0
```

显示结果的第一行是本机的以太网卡配置参数,这里显示了网卡的设备名和硬件的 MAC 地址。第二行显示本机的 IP 地址信息,分别是本机的 IP 地址,网络广播地址和子网掩码地址。第三行显示的是设备的网络状态。MTU(最大传输单元)和 Metric(度量值)字段显示的是该接口当前的 MTU 和度量值。后几行显示统计值。RX 和 TX 分别表示接收和发送的数据包数。如果网卡已经完成配置却还是无法与其他设备通信,那么可以从 RX 和 TX 的显示数据简单地分析一下故障原因。Interrupt:11 Base address:0xec00 显示的是网卡的中断调用号和端口号,这是两个非常重要的硬件配置信息。

在上面 ifconfig 命令结果中,还有一个以 lo 为首的部分。lo 是 Loop-back 网络接口,从 IP 地址 127.0.0.1 就可以看出来,它代表本机。这是一个称为回送设备的特殊设备,它自动由 Linux 配置以提供网络的自身连接。无论是否接入网络,这个设备总是存在的,除非在内核编译室禁止了网络功能。

有时需要为某个设备接口配置多个 IP 地址,办法是使用设备别名。例如 eth0 设备可以有 eth0、eth0:0、eht0:1 等多个别名,每个都可以有一个独立的 IP 地址:

```
Ifconfig  eth0   211.85.203.22  netmask  255.255.255.128  broadcast 211.85.203.127
ifconfig  eth0:0  211.85.203.23  netmask  255.255.255.128  broadcast 211.85.203.127
```

这样,211.85.203.22 和 211.85.203.23 都会被绑定在 eth0 设备上,在同样的网络设备上使用不同的 IP 地址。

另外,ifup 命令用于启动指定的非活动网卡设备,该命令与 ifconfig up 命令相似。ifdown 命令用于停止活动的网卡设备,该命令与 ifconfig down 相似。这两个命令的格式如下:

```
#ifup   网卡设备名
#ifdown   网卡设备名
```

4. route

格式:ROUTE [-f] [-p] [command] [destination] [MASK netmask] [gateway] [METRIC metric] [IF interface]

常用选项:

command:可以是 print(列出当前路由表)、delete(删除路由表条目)、add(添加路由表条目)和 change(修改已有路由表条目)这些命令之一。

-f:清空所有路由表的网关条目。

-p:这个选项与 add 命令一块使用时用于添加永久的静态路由表条目。

作用:route 命令主要用来管理本机路由表,可以查看,添加、修改或删除路由表条目。

例 7-40 不带参数的 route 命令可以显示当前的路由表,例如,在运行 route 命令后得到如下所示结果。

```
Kernel IP routing table
Destination     Gateway     Genmask          Flags Metric   Ref   Use   Iface
219.218.202.0   *           255.255.255.0    U     0        0     0     eth0
127.0.0.0       *           255.0.0.0        U     0        0     0     lo
```

其中各个字段的含义如下:

Destination:表示路由的目标 IP 段

Gateway:网关使用的主机名或者 IP 地址。

Genmask:表示路由的子网掩码。

Flags:U 表示路由在启动,H 表示 target 是一台主机,G 表示使用网关,R 表示对动态路由表进行复位设置,D 表示动态安装路由,M 表示修改路由,! 表示拒绝路由。

Metric:表示路由的单位开销量。

Ref:表示依赖本路由现状的其他路由数目。

Use:表示路由表条目被使用的数目。

Iface:表示路由所发送的包的目的网络。

例 7-41 添加到达 IP 为 157.0.0.0,掩码为 255.0.0.0 的目标网络的路由,指定网关为 157.55.80.1,跳数定义为 3,使用网络界面 2。

```
#route ADD 157.0.0.0 MASK 255.0.0.0 157.55.80.1 METRIC 3 IF 2
```

例 7-42 仅列出以 157 开头的目标网络的路由条目。

```
#route   print   157*
```

例 7-43 删除到达目标子网 157.0.0.0 的路由条目。

```
#route   delete   157.0.0.0
```

5. hostname

格式:hostname [主机名] [-s]

作用:设置或显示当前主机系统的名称。这个名字通常在系统安装时确定,只有得到 root 用户权限的用户,才能设置主机名。可以用此命令修改主机名,如:

```
#hostname linux.server
```

修改当前主机的名字为 linux. server。可以将此命令写入系统的配置文件中，使得每一次系统启动都能正确地完成设置。某些情况下，这种改动方式会产生一些小问题，例如：可能会导致 sendmail 的启动变慢，每次系统启动总要等待几分钟。这是因为，一些软件首先要获得 hostname，再从 hostname 去解析对应的 IP 地址，如果网络连接比较慢，或者 DNS 的设置不正确，那么 DNS 解析就需要几分钟时间。因此，需要在改动完 hostname 之后，也修改/etc/hosts 文件，将新的主机名和 IP 地址的对应关系加入到该文件中，这样一来，名字解析就可以立即完成了。

6. netstat

格式：netstat ［选项］

常用选项：

-a：显示所有 socket，包括正在监听的。

-c：每隔 1 秒就重新显示一遍，直到用户中断它。

-i：显示所有网络接口的信息。

-n：以网络 IP 地址代替名称，显示出网络连接情形。

-r：显示核心路由表。

-t：显示 TCP 协议的连接情况。

-u：显示 UDP 协议的连接情况。

-v：显示正在进行的工作。

netstat 命令的功能是显示网络连接、路由表和网络接口信息，可以让用户得知目前都有哪些网络连接正在运作。

本 章 小 结

本章以 RHEL6 为例，详细介绍了 Linux 操作系统的安装过程，并对 Linux 操作系统下的常用命令进行了介绍。Linux 系统使用的命令繁多，本章将命令分成几类，对每一类中的常用命令及使用方法进行了详细介绍。

习　　题

1. 查找/etc 目录下文件大小小于 2500 B 的文件。
2. 修改目录/share 的所有者和所属的组均为 lwj。
3. 将/home/lwj/目录下所有后缀为 doc 的文件打包。
4. 查看本机 IP 地址。

第8章　文件共享服务

计算机网络把各种单个的计算机连接起来，实现相互之间的通信和资源共享。随着计算机网络的发展和社会需求的不断增长，计算机网络与计算机网络之间的连接也显得越来越重要。计算机网络的功能主要体现在以下三个方面。

信息交换。这是计算机网络最基本的功能，用户可以在网上传送电子邮件、发布新闻消息、进行电子购物、电子贸易、远程电子教育等。

资源共享。所谓的资源是指构成系统的所有要素，包括软、硬件资源，如：大容量磁盘、高速打印机、绘图仪、通信线路、数据库、文件和其他计算机上的有关信息。由于受经济和其他因素的制约，这些资源并非(也不可能)所有用户都能独立拥有，所以网络上的计算机不仅可以使用自身的资源，也可以共享网络上的资源，这样可以增强网络上计算机的处理能力，提高计算机软硬件的利用率。

分布式处理。一项复杂的任务可以划分成许多部分，由网络内各计算机分别协作并行完成有关部分，使整个系统的性能大为增强。

文件共享服务是最常见的资源共享的一种形式。在封闭的 Windows 环境中，可以通过简单的配置实现文件共享。随着 Linux 操作系统的广泛使用，需要在 Windows 和 Linux 之间以及 Linux 之间进行文件共享服务，这些共享服务可以通过 NFS 以及 Samba 实现。

8.1　NFS 服务器

8.1.1　NFS 概述

网络文件系统(Network File System，NFS)是一种在网络上的机器间共享文件的方法，文件就如同位于客户的本地硬盘驱动器上一样。Red Hat Linux 既可以是 NFS 服务器，也可以是 NFS 客户，这意味着它可以把文件系统导出给其他机器，也可以挂载从其他机器上导入的文件系统。

NFS 对于在同一网络上的多个用户间共享目录很有用途。譬如，一组致力于同一工程项目的用户可以通过使用 NFS 文件系统(通常被称作 NFS 共享)中的一个挂载为/myproject的共享目录来存取该工程项目的文件。要存取共享的文件，用户进入各自机器上的/myproject 目录。这种方法既不用输入口令又不用记忆特殊命令，就像该目录位于用户的本地机器上一样。

8.1.2 NFS的安装与启动

1. NFS的安装

在RHEL6系统安装后，NFS的服务器与客户端程序默认已经安装。可以用以下命令查看NFS服务器所需的软件包是否已装。

```
[lwj@localhost ~]$ rpm -qa|grep nfs
nfs-utils-lib-1.1.4-8.1.el6.i686
nfs4-acl-tools-0.3.3-5.el6.i686
nfs-utils-1.2.1-10.el6.i686
```

如果没有安装，则在RHEL6安装光盘上找到所需的nfs-utils和nfs-utils-lib的rpm安装包，使用rpm命令安装，例如：#rpm -ivh nfs-utils-1.2.1-10.el6.i686.rpm。

Ubuntu 12.04上默认是没有安装NFS服务器的，首先要安装NFS服务程序：

```
#  sudo apt-get install nfs-kernel-server
```

安装nfs-kernel-server时，apt会自动安装nfs-common和portmap。安装完毕后，宿主机就相当于NFS Server。

在centos 5中，用#yum install nfs-utils portmap安装nfs，而在centos 6中，需要使用#yum install nfs-utils rpcbind安装。

2. NFS的启动和停止

要把文件系统中的文件共享出去，首先保证机器上启动了NFS服务。启动NFS服务就是需要启动一组程序，包括装配服务器和NFS协议服务器。

在RHEL6中，可以使用#service nfs start|stop|restart|status或#/etc/rc.d/init.d/nfs start|stop|restart|status等命令来启动服务|停止服务|重启服务|查询服务状态。

(1) 使用以下命令来启动NFS守护进程：

#/sbin/service nfs start 或 #/etc/rc.d/init.d/nfs start

(2) 使用以下命令来查看NFS守护进程的状态：

#/sbin/service nfs status 或 #/etc/rc.d/init.d/nfs status

(3) 使用以下命令来停止NFS守护进程：

#/sbin/service nfs stop 或 #/etc/rc.d/init.d/nfs stop

对nfs服务的启动、停止及状态查询的效果如下：

```
[root@localhost lwj]# service nfs start
Starting NFS services:                                     [  OK  ]
Starting NFS quotas:                                       [  OK  ]
Starting NFS daemon:                                       [  OK  ]
Starting NFS mountd:                                       [  OK  ]
[root@localhost lwj]# service nfs status
rpc.mountd (pid 2667) is running...
nfsd (pid 2664 2663 2662 2661 2660 2659 2658 2657) is running...
rpc.rquotad (pid 2652) is running...
[root@localhost lwj]# service nfs stop
Shutting down NFS mountd:                                  [  OK  ]
Shutting down NFS daemon:                                  [  OK  ]
Shutting down NFS quotas:                                  [  OK  ]
Shutting down NFS services:                                [  OK  ]
```

在ubuntu12.04中，使用#sudo /etc/init.d/nfs-kernel-server start|stop|restart|status等命令来启动服务|停止服务|重启服务|查询服务状态。

8.1.3 NFS服务器的配置

NFS配置文件是/etc/exports，可以直接修改配置文件/etc/exports来设置NFS服务器要共享哪些目录，将这些共享目录共享给哪些客户端主机，以及共享的客户端的身份与权限等。下面给出的是 ubuntu12.04 中的/etc/exports 文件：

```
exports ✖
# /etc/exports: the access control list for filesystems which may be
exported
#               to NFS clients.  See exports(5).
#
# Example for NFSv2 and NFSv3:
# /srv/homes       hostname1(rw,sync,no_subtree_check) hostname2
(ro,sync,no_subtree_check)
#
# Example for NFSv4:
# /srv/nfs4        gss/krb5i(rw,sync,fsid=0,crossmnt,no_subtree_check)
# /srv/nfs4/homes  gss/krb5i(rw,sync,no_subtree_check)
```

配置文件中以＃开头的是注释，用户可根据需要去掉注释使得设置生效，或者按照固定的格式添加共享。添加共享的格式如下：

共享的目录名称	客户端1(权限)	客户端2(权限)	……
directory	NFS_client1(options)	NFS_client2(options)	……

其中：

(1) directory 为要导出的文件系统或目录名称，该目录必须是一个绝对路径。

(2) NFS_client 是可以访问该 NFS 服务器的客户机主机，主机名称可以使用以下格式：

- 单个机器：一个全限定域名(能够被服务器解析的)，主机名(能够被服务器解析的)，或 IP 地址。
- 使用通配符指定的一系列机器：使用“*”或“?”字符来指定字符串匹配。当你在全限定域名中指定通配符时，点(.)不包括在通配符的匹配项目内。例如：*.example.com 包括 one.example.com，但不包括 one.two.example.com。通配符不能被用在 IP 地址中；如果逆向 DNS 查寻失败了，通配符可能碰巧会奏效。
- IP 网络：使用 a.b.c.d/z，这里的 a.b.c.d 是网络，z 是子网掩码中的位数(如 192.168.137.0/24)。另一种可以接受的格式是 a.b.c.d/netmask，这里的 a.b.c.d 是网络，netmask 是子网掩码(如 192.168.137.0/255.255.255.0)。
- Netgroups：格式为@group-name，这里的 group-name 是 NIS netgroup 的名称。

基本权限：指定目录应该有只读权限还是读写权限。

(3) options 可以是诸如 permissions(如 ro，rw)、sync 或 async、root_squash 或 no_root_squash、annonuid、anongid 等选项。常用的参数如下：

- ro：客户端对共享目录中的文件只读。
- rw：客户端有读写权限。
- root_squash：禁止客户端的 root 用户映射为服务器端的 root 用户，而是把 root 用户映射为匿名用户 nobody，这是 Linux 系统中特意定义的一个站位账号，作为远程的 root 在 NFS 服务器上的用户身份。类似地，将所属的组映射为 nogroup。
- no_root_squash：将客户端的 root 用户映射为服务器端的 root 用户。客户上的根用户就会对导出的目录拥有根特权。选择这个选项会大大降低系统的安全性，除非绝对必要，建议不使用此设置。
- all_squash：将任何客户端用户映射为本地 NFS 服务器端的匿名用户(默认设置)。
- anonuid：为匿名用户指定本地用户 ID。
- anongid：为匿名用户指定本地组群 ID。

- insecure:允许来自高于 1024 的端口的连接,在号码小于 1024 的端口上启动的服务必须以根用户身份启动。这个选项来允许根用户以外的用户来启动 NFS 服务。
- insecure_locks:允许不安全的文件锁定,不需要锁定请求。
- no_subtree_check:禁用子树检查。如果某文件系统的子目录被导出,但是整个文件系统没有被导出,服务器会检查所请求的文件是否在导出的子目录中,这种检查叫作子树检查(subtree checking)。选择这个选项来禁用子树检查。如果整个文件系统被导出,选择禁用子树检查可以提高传输率。
- Sync:按要求同步写操作。该选项不允许服务器在请求被写入磁盘前回复这些请求。如果没有此设置,则 async 会被使用。
- no_delay:立即强制同步写操作,不推迟写入磁盘的操作。

下面给出一些具体的例子。

(1) 修改/etc/exports 文件,添加下面的一行

```
/public  192.168.193.141(rw,all_squash,no_subtree_check,anonuid = 505,anongid = 505)
```

表示客户端主机 192.168.193.141 可以共享 NFS 服务器中的/public 目录,权限为读写,并且服务器将所有客户端 uid 设置为 505(注意:505 是服务器端存在的一个用户 ID),gid 设置为 505(注意:505 是服务器端存在的一个组 ID)。

(2) 修改/etc/exports 文件,添加下面的一行

```
/opt/bak     192.168.193.0/24(ro,sync,no_subtree_check,root_squash)
```

表示子网 192.168.193.0/24 的所有主机可以共享 NFS 服务器中的/opt/bak 目录,权限为只读,同时服务器将客户端的用户 ID 和组群 ID 映射为匿名的用户 ID 和组群 ID。

8.1.4 NFS 的客户端配置

使用 mount 命令可以把网络中 NFS 服务器的共享目录挂载到主机的文件系统中,就像使用本地文件系统中的目录一样使用 NFS 挂载目录,用户不会感觉到有什么不同之处。

(1) 显示 NFS 服务器的共享目录:在使用 mount 命令挂载 NFS 服务器的共享目录之前,使用下面的命令先来查询 NFS 服务器中是否允许本地计算机连接的共享目录:

```
# showmount  -e [NFS 服务器主机地址]
```

如果不指定 NFS 服务器,默认设置为显示当前主机中 NFS 服务器的信息。

还可以使用-d 参数来不指定 NFS 服务器中已被客户端连接的所有共享目录,以及用-a 参数显示指定 NFS 服务器的所有客户端主机及其所连接的目录。命令格式如下:

```
# showmount  -d [NFS 服务器主机地址]
# showmount  -a [NFS 服务器主机地址]
```

(2) 挂载 NFS 服务器中的共享目录:在确认 NFS 服务器设置正确之后,在客户端主机使用 mount 命令来挂载 NFS 服务器的共享目录到本地目录。mount 命令的格式如下:

```
# mount  NFS 服务器地址:共享目录  本地挂载点目录
```

特别说明,在 NFS 服务器地址与共享目录之间用":"隔开,挂载点为本地空目录。

下面在"/mnt"目录下建立一个 nfs 子目录,然后把用户在 NFS 服务器上(IP:192.168.193.141)的共享目录挂载到本地的空目录/mnt/nfs 上。使用命令如下:

```
# mount  192.168.193.141:/public  /mnt/nfs
```

(3) 当把某个 NFS 服务器的共享目录正确地挂载到本地之后,可以使用如下命令来查询该目录的挂载状态:

```
# mount|grep nfs
```

(4) 挂载后，对共享目录的操作

假设客户端已经将服务器中的共享目录挂载到本地/mnt/nfs文件夹中，在权限允许的情况下，用户可以使用ls、touch、rm、mkdir等命令来操作。

需要注意的是，在设置了服务器端的共享目录及客户端映射的身份和权限后，还要结合共享目录本身的权限。例如，我们在服务器端的/etc/exports文件中添加了。

```
/public * (rw,all_squash,no_subtree_check,anonuid = 505,anongid = 505)
```

随后使用命令#mount 192.168.137.10:/public /mnt/nfs挂载，接下来进入/mnt/nfs目录，用touch命令添加一个空文件file1，结果却出现权限错误：

```
[root@localhost lwj]# mount 192.168.193.141:/public /mnt/nfs
[root@localhost lwj]# cd /mnt/nfs
[root@localhost nfs]# touch file1
touch: cannot touch `file1': Permission denied
```

重新在服务器端查看一下共享目录/public属性：

```
[root@localhost lwj]# ls -ld /public
drwxr-xr-x. 2 root root 4096 Sep  1 15:43 /public
```

因为服务器端设置将客户端映射为用户id=505的用户(假定此用户是一个存在于服务器中的一个普通用户user1)，而此用户对目录/public是没有写权限的，所以不允许客户端的操作。在服务器端用命令#chmod 777/public修改共享目录的权限后，再次在客户端添加一个文件file1后，在客户端查看挂载的目录/mnt/nfs，发现多了一个文件file1，且其user和group均为user1。

```
[root@localhost /]# ls -l /mnt/nfs
total 0
-rw-r--r--. 1 user1 user1 0 Sep  1 16:01 file1
```

同时，还可以在服务器端查看共享目录/public，也能看到新添加的文件file1，且其user和group均为user1。

```
[root@localhost /]# ls -l /public
total 0
-rw-r--r--. 1 user1 user1 0 Sep  1 16:01 file1
```

(5) NFS共享目录的卸载

当客户端不再需要使用某个NFS服务器的共享目时，可使用下面的命令来卸载目录的共享：

```
#umount  /mnt/nfs
```

8.1.5 自动挂载NFS文件

通过修改配置文件/etc/fstab，可以实现nfs文件开机时自动挂载。/etc/fstab中分区加载过程是：首先Linux系统启动时会执行/etc/rc.d/rc.sysinit脚本；然后该脚本执行fsck命令检查Linux分区是否有错误(无错继续下一步)；最后读取/etc/fstab文件的内容，并挂载文件中的文件系统。

文件/etc/fstab存放的是系统中的文件信息，每个文件都对应一个独立的行，每行中的字段都有空格或Tab键分开。

fstab文件信息格式如下：

```
fs_spec  fs_file  fs_type  fs_options  fs_dump  fs_pass
```

其中：

(1) fs_spec：设备名或者设备卷标名。该字段定义希望加载的文件系统所在的设备或远程文件系统，对于一般的本地块设备情况来说：IDE设备一般描述为/dev/hdXN，X是IDE设备通道(a， b， or c)，N代表分区号；SCSI设备一描述为/dev/sdXN。对于NFS

情况，格式一般为“IP:directory”。对于procfs，使用“proc”来定义。

(2) fs_file:该字段描述希望的文件系统加载的目录点，对于swap设备，该字段为none;对于加载目录名包含空格的情况，用40来表示空格。

(3) fs_type:定义了该设备上的文件系统，一般常见的文件类型为swap、ext3、ext4、xfs、jfs、smbfs、vfat(Windows系统的fat32格式)、NTFS、iso9600等。

(4) fs_options:指定加载该设备的文件系统是需要使用的特定参数选项，多个参数是由逗号分隔开来。对于大多数系统使用“defaults”就可以满足需要。其他常见的选项包括：

- ro:以只读模式加载该文件系统。
- rw:以读写的模式加载该文件系统。
- sync:不对该设备的写操作进行缓冲处理，这可以防止在非正常关机时情况下破坏文件系统，但是却降低了计算机速度。
- user:允许普通用户加载该文件系统。
- quota:强制在该文件系统上进行磁盘定额限制。
- auto:在启动或在终端中输入 mount -a 时自动挂载。
- noauto:不再使用 mount -a 命令(例如系统启动时)加载该文件系统。

(5) fs_dump:该选项被“dump”命令使用来检查一个文件系统应该以多快频率进行转储，若不需要转储就设置该字段为0。

(6) fs_pass:该字段被fsck命令用来决定在启动时需要被扫描的文件系统的顺序，根文件系统“/”对应该字段的值应该为1，其他文件系统应该为2。若该文件系统无须在启动时扫描则设置该字段为0。

示例文件：

```
# /etc/fstab
# Created by anaconda on Tue Mar 19 00:42:07 2013
#
# Accessible filesystems, by reference, are maintained under '/dev/disk'
# See man pages fstab(5), findfs(8), mount(8) and/or blkid(8) for more info
#
/dev/mapper/VolGroup-lv_root /                       ext4    defaults        1 1
UUID=c8fa941f-b2a1-4f3e-813c-1245008dbd50 /boot                   ext4    defaults        1 2
/dev/mapper/VolGroup-lv_swap swap                    swap    defaults        0 0
tmpfs                   /dev/shm                tmpfs   defaults        0 0
devpts                  /dev/pts                devpts  gid=5,mode=620  0 0
sysfs                   /sys                    sysfs   defaults        0 0
proc                    /proc                   proc    defaults        0 0
```

如果我们希望客户端开机自动加载网络文件系统NFS，可编辑此文件，添加下面这行：

```
192.168.193.141:/public  /mnt/nfs  ext4  defaults  0  0
```

8.2 Samba服务器及其配置

8.2.1 Samba简介

1. Samba的基础知识

Samba是用来实现SMB的一种软件，由澳大利亚的Andew Tridgell开发，是一种在Linux(UNIX)环境下运行的免费软件。Samba作为一个工具套件，实现了服务信息块(Server Message Block,SMB)协议，SMB协议由服务器及客户端程序构成。SMB的工作原理是让NetBIOS(Windows 95网络邻居通信协议)与SMB这两种协议运行在TCP/IP的通信协议上，且使用 NetBIOS name server 让用户的 Linux 机器可以在 Windows 的网络邻居里被看到，使 Windows 用户享受由 Linux 主机提供的文件与打印服务。

2. Samba 的主要功能

通过使用 Samba，Linux 系统可以实现如下功能：

(1) 文件服务和打印服务：在 Linux 和 Windows 系统之间提供 Windows 风格的文件和打印机共享，Windows 可通过它使用 Linux 的资源。

(2) 提供 smb 客户功能：利用 Samba 提供的 smbclient 程序可以在 Linux 下以类似 FTP 的方式访问 Windows 资源。

(3) 作为主要域控制器和域中成员的功能。

(4) WINS 服务器以及浏览功能，能在 Windows 网络中解析 NetBios 的名字。

(5) 提供命令行工具，利用该工具可以有限制地支持 Windows 的某些管理功能。

此外，还可以支持 SSL(Secure Socket Layer)，提供支持 SWAT(Samba Web Administration Tool)。

3. Samba 的组成

Samba 由两个主要程序组成，它们是 smbd 和 nmbd。Samba 提供了四个服务：文件和打印服务、授权与被授权、名字解析、浏览服务。前两项服务由 smbd 提供，后两项服务则由 nmbd 提供。这两个守护进程在服务器启动到停止期间持续运行，功能各异。smbd 是 Samba 的核心。它负责建立对话进程、验证用户身份、提供对文件系统和打印机的访问机制。nmbd 实现了"Network Brower"(网络浏览服务器)的功能。它的作用是对外发布 Samba 服务器可以提供的服务。

smbd 为客户机提供服务器中共享资源的访问，处理到来的 SMB 软件包，为使用该软件包的资源与 Linux 进行协商，监听 TCP 协议的 139 端口(SMB)、445 端口(CIFS)；nmbd 提供基于 NetBios 主机名称的解析，为 Windows 网络中的主机进行名称解析，使主机(或工作站)能浏览 Linux 服务器，它监听 UDP 协议的 137～138 端口。

8.2.2 RHEL6 中 Samba 服务器的安装与启动

1. Samba 服务器的安装

首先查看一下是否已安装 Samba 软件包，如果没有安装，则在 RHEL6 光盘中找到与 Samba 相关的软件包，或者访问 http://mirrors.ustc.edu.cn/centos/5/os/i386/centos/找到相关软件包，使用 rpm 命令安装即可。

查看 RHEL6 中是否安装 Samba：

```
[lwj@localhost Packages]$ rpm -qa|grep samba
samba4-libs-4.0.0-19.alpha8_git20090916.el6.i686
samba-winbind-clients-3.4.4-50.el6.i686
samba-common-3.4.4-50.el6.i686
samba-client-3.4.4-50.el6.i686
```

其中 samba-common-3.4.4 是为 Samba 服务器和客户端提供支持的公共包，samba-client-3.4.4 是 Samba 客户端。为了安装 Samba 服务器，从 RHEL6 光盘中找到服务器程序文件 samba-3.4.4 的 rpm 包后执行安装即可。

```
[lwj@localhost Packages]$ ls samba*
samba-3.4.4-50.el6.i686.rpm
samba4-libs-4.0.0-19.alpha8_git20090916.el6.i686.rpm
samba-client-3.4.4-50.el6.i686.rpm
samba-common-3.4.4-50.el6.i686.rpm
samba-winbind-3.4.4-50.el6.i686.rpm
samba-winbind-clients-3.4.4-50.el6.i686.rpm
```

```
[root@localhost Packages]# rpm -ivh samba-3.4.4-50.el6.i686.rpm
warning: samba-3.4.4-50.el6.i686.rpm: Header V3 RSA/SHA256 Signature, key ID f21
541eb: NOKEY
Preparing...                ########################################### [100%]
   1:samba                  ########################################### [100%]
```

如果在 RHEL6 中可以上网,也可以使用 # yum -y install samba samba-client samba-common samba-winbind samba-winbind-clients 命令进行在线安装。

2. RHEL6 Samba 服务的启动和停止

在以前的版本中,只需要启动 smb 即可。在 RHEL6 中需要启动 smb 和 nmb 两个进程。

(1) 使用以下命令来启动守护进程 smb 和 nmb:

service smb start # /etc/rc. d/init. d/smb start

service nmb start # /etc/rc. d/init. d/nmb start

(2) 使用以下命令来查看 Samba 守护进程的状态:

service smb status 或 # /etc/rc. d/init. d/smb status

(3) 使用以下命令来停止守护进程 smb:

service smb stop # /etc/rc. d/init. d/smb status

(4) 要配置 Samba 随系统启动,在终端键入:

chkconfig smb on //自动启动 smb

chkconfig nmb on //自动启动 nmb

chkconfig smb --list //查看配置结果

chkconfig nmb -list //查看配置结果

或者使用 Red Hat 的配置工具 setup 进行服务配置,在系统启动里勾选 2 个服务:smb 和 nmb。

(5) 在 smb 和 nmb 启动后,可以查看其进程信息。

要查看进程信息,可以使用 # ps -eaf|grep smbd 或 # netstat -anp|grep nmbd,查看结果为:

```
[root@localhost /]# service smb start
Starting SMB services:
[root@localhost /]# service nmb start
Starting NMB services:
[root@localhost /]# ps -eaf|grep smbd
root      5193     1  0 18:29 ?        00:00:00 smbd -D
root      5195  5193  0 18:29 ?        00:00:00 smbd -D
root      5249  2876  0 18:31 pts/1    00:00:00 grep smbd
[root@localhost /]# ps -eaf|grep nmbd
root      5206     1  0 18:29 ?        00:00:00 nmbd -D
root      5253  2876  0 18:31 pts/1    00:00:00 grep nmbd
[root@localhost /]# netstat -anp|grep smbd
tcp        0      0 :::139                      :::*                        LISTEN      5193/smbd

tcp        0      0 :::445                      :::*                        LISTEN      5193/smbd

unix  2      [ ]         DGRAM                    61052  5193/smbd
[root@localhost /]# netstat -anp|grep nmbd
udp        0      0 192.168.193.136:138         0.0.0.0:*                               5206/nmbd

udp        0      0 0.0.0.0:138                 0.0.0.0:*                               5206/nmbd

udp        0      0 192.168.193.136:137         0.0.0.0:*                               5206/nmbd

udp        0      0 0.0.0.0:137                 0.0.0.0:*                               5206/nmbd
```

可以看到,smbd 和 nmbd 均已启动,且 smbd 监听的是 tcp 139 端口和 tcp 445 端口。而 nmbd 主要监听 udp 的 137 端口和 138 端口。NetBIOS 的 udp 协议使用的是 137 端口,数据包服务使用的是 udp 协议 138 端口,可见 nmbd 进程监听这两个端口号具有名称服务和数据包服务的功能。需要注意的是,为使客户端访问 Samba 服务,如果服务器中有防火墙,必须开放 Samba 服务使用的 tcp 和 udp 的相关端口号。命令如下:

iptables -I INPUT -p tcp -dport 139 -j ACCEPT

```
# iptables -I INPUT -p tcp -dport 445 -j ACCEPT
# iptables -I INPUT -p udp -dport 137 -j ACCEPT
# iptables -I INPUT -p udp -dport 138 -j ACCEPT
```

也可以打开如图 8-1 所示的防火墙图形配置界面，将相关的服务选中。

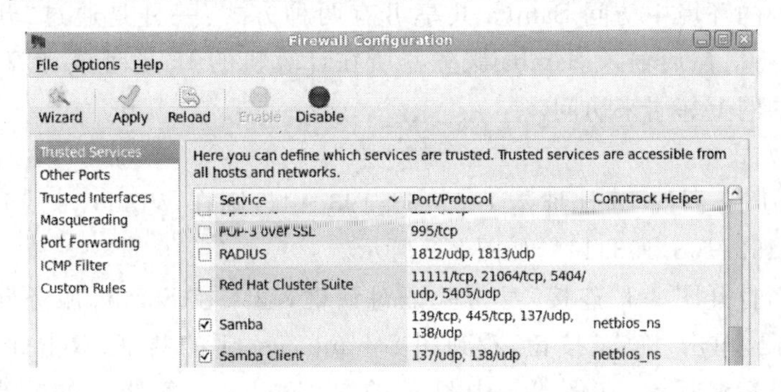

图 8-1　防火墙图形配置界面

3. Samba 服务器的配置

可以使用命令行方式来配置 Samba 服务器，也可以使用图形化界面的 Samba 服务器配置工具来配置。要使用图形配置界面可以用命令 # yum -y install system-config-samba 安装图形配置工具，也可以找到相关的 rpm 包进行安装。安装完后，在终端输入 # system-config-samba 即可打开配置界面。

Samba 服务器配置工具要求在添加 Samba 用户之前，在充当 Samba 服务器的 Red Hat Linux 系统上必须存在一个活跃的现存用户账号。Samba 用户和这个现存的 Red Hat Linux 用户账号相关联。下面我们在 Linux 中先创建一个用户 smb_user1，然后用 smbpasswd 命令将此用户其添加到 Samba 的用户数据库中。在添加的时候需要输入 smb 密码，这个密码与用户登录 Linux 系统的密码没有关系，主要是用于客户端登录 samba 服务器用的。若要使 Samba 和 Linux 用户密码相同，可以修改/etc/samba/smb. conf，打开 UNIX password sync＝YES 选项。

```
[root@localhost /]# useradd smb_user1
[root@localhost /]# passwd smb_user1
[root@localhost /]# smbpasswd -a smb_user1
New SMB password:
Retype new SMB password:
Added user smb_user1.
```

RHEL6 中的新版 Samba 默认将密码存放在/var/lib/samba/private/passdb. tdb 文件中，而不是原来的/etc/samba/smbpasswd。可以使用 pdbedit 命令来查看数据库中的用户，也可以新建、删除此数据库中的 samba 用户。使用 pdbedit 修改 Samba 用户的命令如下：

```
# pdbedit -a username              //新建 Samba 用户，注意此用户必须是 Linux 系统中存在的用户
# pdbedit -x username              //删除 Samba 用户
# pdbedit -L                       //列出 Samba 用户列表，读取 passdb. tdb 数据库文件
# pdbedit -Lv                      //列出 Samba 用户列表的详细信息
# pdbedit -c "[D]" -u username     //暂停该 Samba 用户的账号
# pdbedit -c "[]" -u username      //恢复该 Samba 用户的账号
```

下面的例子是先显示 Samba 用户列表，然后将其中的一个用户删除。

```
[root@localhost /]# pdbedit -L
smb_user1:502:
smb_user2:503:
[root@localhost /]# pdbedit -x smb_user2
[root@localhost /]# pdbedit -L
smb_user1:502:
```

8.2.3 客户端使用 Samba 共享

1. Windows 客户端访问 Samba 服务器

在 Windows 的环境中访问 Samba 共享可有两种方式：一种是通过“开始→搜索计算机”或“开始→运行”，然后输入 Samba 服务器所在计算机的 IP 地址或计算机名；另一种是通过 Windows 的网上邻居来访问。

(1) 第一种方式

假设 Samba 服务器的 IP 地址是 192.168.193.141，则在 Windows 找到“运行”对话框并在其中输入\\192.168.193.141，如图 8-2 所示。

单击“确定”，打开图 8-3“连接”身份验证对话框，输入在 Samba 服务器中添加的用户 smb_user1 及密码，单击“确定”按钮，看到图 8-4smb_user1 的共享，双击此共享，打开共享文件对话框如图 8-5 所示，在图 8-5 中显示的是 Samba 服务器上的共享文件（默认是/home/smb_user1目录中的文件）。

图 8-2 “运行”对话框

图 8-3 “连接”身份验证对话框

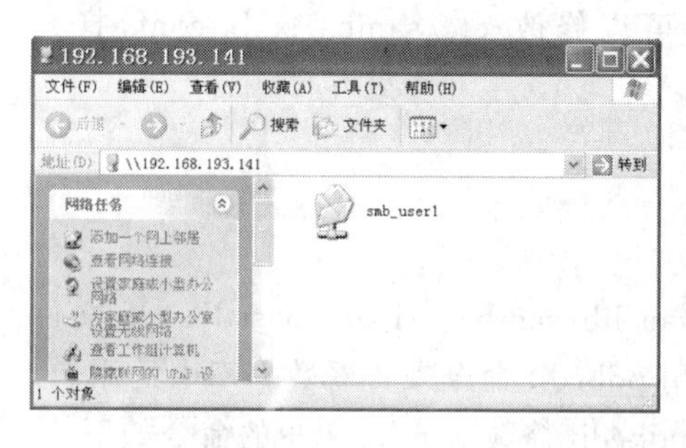

图 8-4 smb_user1 的共享

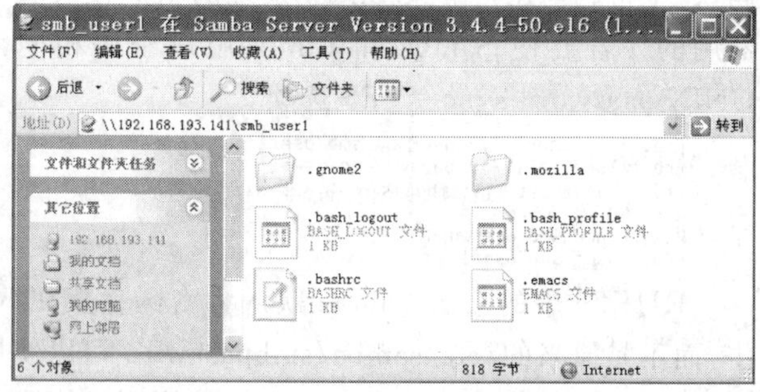

图 8-5 Samba 服务器上的共享

需要注意的是：如果 Samba 服务器开启了 selinux，需要将 selinux 关掉。关闭方式有两种，一是通过修改配置文件/etc/selinux/config，将其中的 selinux＝enforcing 改为 selinux＝disabled；二是使用命令＃setenforce 0，然后重启 Samba 服务。

(2) 第二种方式

打开 Windows“网上邻居”，可以看到前面所设置的计算机的说明（即 workgroup）。双击图中的计算机图标，弹出需要用户输入的登录 Samba 服务器的用户名和密码（以用户验证模式为例）。在其中输入前面 Samba 用户管理中创建或修改用户所确定的用户名和密码。当正确的输入了登录 Samba 服务器的用户名和密码后，就能看到 Samba 服务器所提供的资源。

需要说明的是，当用 Windows XP 连接 Linux 并以一个用户身份登录成功后，想再试试其他用户能否成功登录就会提示不允许一个用户使用一个以上用户名与一个服务器或共享资源的多重连接，这时需要断掉当前用户重新登录，需要执行 net 命令 C:\>net use * /del/y，如图 8-6 所示。

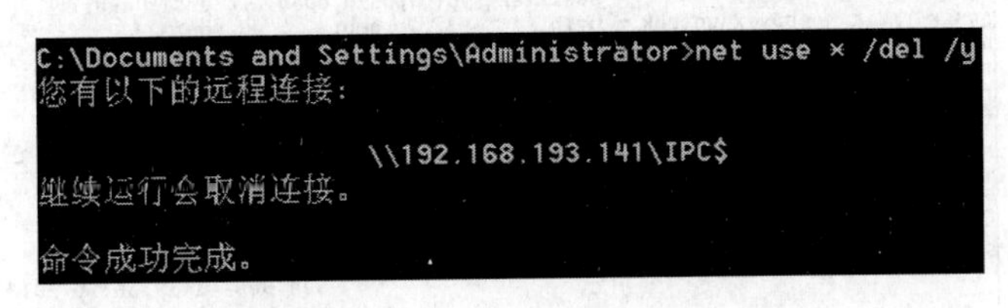

图 8-6　net use 命令执行效果图

2. Linux 客户端访问 Samba 服务器

Samba 服务器的资源可在 Samba 管理工具中进行管理。另外，用户还可以在终端上使用下面的命令来检查服务器所共享的资源（如图 8-7 所示，在图中的密码部分直接回车即可）。

```
# smbclient  -U  username  -L  servername(或 server ip)
```

其中-U 可以省略，以匿名方式查看。

```
[lwj@localhost /]$ smbclient -L 192.168.193.141
Enter lwj's password:
Domain=[MYGROUP] OS=[Unix] Server=[Samba 3.4.4-50.el6]

        Sharename       Type      Comment
        ---------       ----      -------
        IPC$            IPC       IPC Service (Samba Server Version 3.4.4-50.el6)
Domain=[MYGROUP] OS=[Unix] Server=[Samba 3.4.4-50.el6]

        Server               Comment
        ---------            -------
        LOCALHOST            Samba Server Version 3.4.4-50.el6

        Workgroup            Master
        ---------            -------
        MYGROUP              LOCALHOST
```

图 8-7　显示服务器共享的资源

smbclient 命令是 Samba 提供的一个类似 FTP 客户程序的 Samba 客户程序，用以访问 Windows 共享或 Linux 提供的 Samba 共享。其命令格式为：

```
# smbclient  //servername/sharename  -U  username
```

在命令的实际使用过程中，把 servername 替换为想连接的 Samba 服务器的主机名或 IP 地址，把 sharename 替换为想浏览的共享的名称（即在 smb.conf 配置文件中以"[]"来定义的共享名），把 username 替换成系统的 Samba 用户名（如图 8-8 所示）。输入正确的口令或按回车键（若该用户不要求输入口令）。如果看到了 smb:\>提示，就表示已成功地登录了。登录后，类似 ftp，可以使用 ls 列出当前目录文件，使用 cd 切换目录，使用 put 上传，get 下载文件等，可以通过键入"help"或"?"来获得一个命令列表。要退出 smbclient，在 smb:\>提示下键入 exit。另外，在 smb:\>提示下针对客户端执行命令，可以在命令前加"!"，如 smb:\>! ls 列出的是客户端当前目录下的文件信息，而不是 samba 服务器上的。其他常用命令可参考表 8-1。

```
[root@localhost /]# smbclient //192.168.193.141/homes -U smb_user1
Enter smb_user1's password:
Domain=[MYGROUP] OS=[Unix] Server=[Samba 3.4.4-50.el6]
smb: \> ?
?              allinfo          altname          archive          blocksize
cancel         case_sensitive   cd               chmod            chown
close          del              dir              du               echo
exit           get              getfacl          hardlink         help
history        iosize           lcd              link             lock
lowercase      ls               l                mask             md
mget           mkdir            more             mput             newer
open           posix            posix_encrypt    posix_open       posix_mkdir
posix_rmdir    posix_unlink     print            prompt           put
pwd            q                queue            quit             rd
recurse        reget            rename           reput            rm
rmdir          showacls         setmode          stat             symlink
tar            tarmode          translate        unlock           volume
vuid           wdel             logon            listconnect      showconnect
..             !
smb: \> pwd
Current directory is \\192.168.193.141\homes\
smb: \> dir
  .                                   D        0  Sun Sep  1 19:50:50 2013
  ..                                  D        0  Sun Sep  1 19:50:50 2013
  .bashrc                             H      124  Sat Jan 23 00:22:04 2010
  .gnome2                            DH        0  Fri Jan 29 01:07:40 2010
  .mozilla                           DH        0  Tue Mar 19 00:43:07 2013
  .bash_profile                       H      176  Sat Jan 23 00:22:04 2010
  .bash_logout                        H       18  Sat Jan 23 00:22:04 2010
  .emacs                              H      500  Wed Jan 24 05:40:31 2007

               49954 blocks of size 131072. 2090 blocks available
smb: \>
```

图 8-8 Linux 客户端使用 Samba 共享

表 8-1 smb 命令提示符下的命令

命令	含义
? 或 help	提供帮助
! [shell command]	在本地执行 Shell 命令
cd[目录]	切换到服务器的指定目录
lcd[目录]	切换客户端目录
dir 或 ls	列出当前目录下的文件
md 或 mkdir	在服务器上创建目录
rd 或 rmdir	删除服务器上的目录
get	从服务器上下载文件。如 smb:\>get f1 f2 可以从服务器上下载文件 f1,并以文件名 f2 保存在本地(如果省略 f2,新文件名与原文件相同)
mget	从服务器上下载多个文件。如 smb:\>get f1 f2 f3 下载 3 个文件
put	向服务器上传文件。如 smb:\>put f1 f2 将文件 f1 上传到服务器,并改名为 f2
mput	向服务器上传多个文件。如 smb:\>put f1 f2 f3,上传了 3 个文件
exit 或 quit	退出

另外,还可以在终端上使用# smbstatus 命令来查看 Samba 资源的使用情况,使用# smbstatus-b 命令来简要显示 Samba 资源的使用情况。其在终端上的显示结果如图 8-9 所示。

```
[lwj@localhost ~]$ smbstatus

Samba version 3.4.4-50.el6
PID     Username      Group        Machine
-------------------------------------------------------------------
4369    smb_user1     smb_user1    pc2009112719msr (::ffff:192.168.40.1)
4500    smb_user1     smb_user1    localhost      (::ffff:192.168.193.141)

Service      pid     machine       Connected at
-------------------------------------------------------
IPC$         4369    pc2009112719msr  Sun Sep  1 20:46:58 2013
smb_user1    4500    localhost       Sun Sep  1 21:18:18 2013

No locked files
```

图 8-9 显示 Samba 资源的使用情况

8.2.4 Samba 配置文件

1. 主配置文件 smb. conf

smbd 和 nmbd 使用的全部配置信息全都保存在/etc/samba/smb. conf 文件中。smb. conf 向 smbd 和 nmbd 两个守护进程说明输出什么以便共享，共享输出给谁及如何进行输出。/etc/samba/smb. conf 是 Samba 中最重要的一个配置文件，类似 Windows 的 *. ini 文件，通过它可以配置服务器的权限，共享目录、打印机和机器所属的工作组等各种选项。

/etc/samba/smb. conf 主要由网部分组成：全局设置 Global Settings 和共享定义 Share Definitions。在全局设置 Global Settings 中包括许多参数，用来定义 Samba 共享及其详细信息。参数的设置用“名称＝值”的格式来表示，如 netbios name＝LINUX9。行首加“#”或“;”表示该行为注释行。

在共享定义 Share Definitions 里面，包括一些共享目录及对打印机的设置，用户可添加自己共享的目录，每个共享目录可作为一个区段，每个区段用一个方括号括起来，不区分大小写，如[public]、[home]等。

(1) 全局设置 Global Settings

在全局设置[global]中提供了全局参数，对 Samba 的功能具有很大的影响，主要用来设置整个系统规则。在全局设置中的参数设置，又可以按照其不同的作用分为与网络相关的选项(network related options)、日志选项(logging options)、独立服务器选项(standalone server options)、域成员选项(domain members options)、域控制器选项(domain controller options)、名字解析(name resolution)、打印选项(printing options)等几类。

1) 与网络相关的选项(network related options)

- workgroup＝MYGROUP//设定 Samba Server 的工作组名，可在网上邻居中看到。
- server string＝Samba Server Version %v //Samba Server 的注释，支持变量，具体可参考表 8-2。

表 8-2 Samba 中的环境变量

环境变量	说明	环境变量	说明
%S	共享名	%G	当前对话的用户的主组
%P	共享的主目录	%H	用户的共享主目录
%u	共享的用户名	%v	samba 服务器的版本号
%U	用户名	%h	samba 服务器的主机号
%g	用户所在的工作组	%m	客户端 NETBIOS 名称
%T	系统日期和时间	%L	服务器 NETBIOS 名称
%M	客户端的主机名	%N	NIS 服务器名
%p	NIS 服务器的 home 目录	%I	客户端的 IP

- netbios name＝MYSERVER//设置 Samba Server 的主机名为 MYSERVER。
- interfaces＝lo eth0 192.168.12.2/24 192.168.13.2/24//设置 Samba 服务器使用的网络接口，如果有多个网络接口要在这里列出。

- hosts allow＝127. 192. 168. 12. 192. 168. 13. //允许登录的 Linux-Samba 的主机名单，可以是单个 IP 地址，也可以是子网如 127. 和 192. 168. 12. 等，多个 IP 地址或子网用空格分开，不在此范围的主机将不能得到 Samba 提供的服务。
- guest account＝pcguest //设置 Samba 服务器的来宾账号，即当访问共享资源不需要输入用户名和密码时的账户。现在设置是 pgguest，如果没有该用户，则映射为 nobody。

2）日志选项(logging options)

- log file＝/var/log/samba/log. %m //设定 Samba Server 日志文件的储存位置和文件名(%m 代表客户端主机名)，通常为每一个连接的客户机设置一个日志文件。如果是一个固定的日志文件名，说明将所有客户端信息存储的一个日志文件中。
- max log size＝50//设置日志文件的最大容量，单位是 KB，如果是 0 表示不做限制。

3）独立服务器选项(standalone server options)

- security＝user//指定的安全模式是用户级。
- Samba 的安全模式有 user、share、server、domain 和 ads。
  - ➢ share 模式：不需要提供用户名和密码。
  - ➢ user 模式：Samba 的默认配置，此模式下，需要提供用户名和密码，而且身份验证由 Samba Server 负责。
  - ➢ server 模式：需要提供用户名和密码，但可指定其他机器(Windows 2000/XP 等)或另一台 Samba Server 做身份验证。
  - ➢ domain 模式：需要通过用户名和密码，指定 Windows 的域服务器做身份验证。
  - ➢ ads 模式：需要提供用户名和密码，可以指定 Windows 活动目录做身份验证。
- passdb backend＝tdbsam//后端存储用户数据信息的方式。

目前有 3 种方式：smbpasswd、tdbsam、ldapsam。sam 是安全账户管理器(secutity account manager)。

- smbpasswd：该方式使用 SMB 工具 smbpasswd 给系统用户设置 samba 密码。
- tdbsam：使用数据库文件/var/lib/samba/private/passdb. tdb 创建用户数据库。既可使用 smbpasswd 创建 samba 用户，也可使用 pdbedit 创建 samba 账户(注意要创建的 samba 用户首先必须是系统用户)；
- ldapsam：基于 LDAP 账户管理方式验证用户，前提是要建立 LDAP 服务。

注意新版本的 samba 服务器可使用 tdbsam 或 ldapsam。RHEL6 中的 Samba 服务器默认将密码存放在/var/lib/samba/private/passdb. tdb 文件中，而不是原来的/etc/samba/smbpasswd。为了与以前的版本兼容，smbpasswd 也可使用，但需要修改配置。

4）域成员选项(domain members options)

- realm＝MY_REALM //当 security＝ads 时，指定主机所属的域。
- password server＝＜NT-Server-Name＞//指定某台服务器(包括 Windows 和 Linux)作为用户登入时密码的验证，此项需设置 security＝server 时才可使用。

5）打印机选项(printing options)

- load printers＝yes //是否在开启 Samba Server 时即共享打印机，默认值为 yes。
- cups options＝raw//将 cups 类型的打印机打印方式设置为二进制方式。
- printcap name＝/etc/printcap//设定 Samba Server 参考/etc/printcap 的打印

机设定。

- printcap name＝lpstat//在 UNIX system V 中，设置为 lpstat 可以从假脱机(spool)中获得打印机列表。
- printing＝cups//设置打印机的类型，标准打印机类型如 bsd、sysv、plp、lprng、aix、hpux、qnx、cups。

(2) 共享定义 Share Definitions

1) 共享用户主目录[homes]

在[homes]部分指定使用者本身的“家”目录，当使用者以 Samba 使用者身份登入 Samba Server 后会看到自己的家目录。如果在 Windows 工作站登录的名字与 Samba 服务器中的用户名相同，提供的口令也一致，那么打开网络邻居，看到用户名作为主目录共享名。双击共享目录图标，就可获得访问该目录的权力。

```
[homes]
  comment = Home Directories  //说明提供的服务为用户主目录服务，不影响操作
  browseable = no  //指定其他用户能否浏览该用户主目录。一般置为 no，禁止其他用户访问，确保
数据安全
  writable = yes//使用户访问该目录时具有写入权限，取值为 yes，若只有读取权限时应置为 no
  valid users = %S//只有此名单内的用户或组才能访问共享资源，格式是用户名@组名，%S 表示当
前登录的用户。
```

2) 共享打印机[printers]

[printers]部分用于指定如何共享 Linux 网络打印机，从 Windows 系统访问 Linux 网络打印机时，共享应是 printcap 中指定的 Linux 打印机名。

```
[printers]
  comment = All Printers      //打印机注释
  path = /var/spool/samba     //设置打印队列路径
  browseable = no             //是否允许浏览打印机内的内容
  guest ok = no               //连接时是否需要密码
  writable = no               //是否允许写入。打印机是输出设备，不可写入，应置为 no
  printable = yes             //启用打印机
  public = no                 //是否允许 guest 打印，默认 no
```

3) 设置公共访问目录[public]

[public]段提供了所有用户都可以共同访问的目录。除了那些属于维护人员具有读、写、执行权外，其他用户只具有读取的访问权限。

```
[public]
  path = /home/samba              //指定公众共享目录路径
  public = yes                    //取值为 yes，允许公众共享；否则，禁止公众共享该目录
  writable = yes                  //取值为 yes 时，公众对/home/samba 有可写权力
  printable = no                  //取值为 yes 时，公众对/home/samba 有打印权力
  write  list = adm,student1      //指定具有可写权力的用户名单
  write list = @staff             //属于 staff 用户组的用户对共享目录有写的权限
```

4) 为域登录 netlogon 设置域登录目录

```
[netlogon]
```

```
    path = /var/lib/samba/netlogon        //设置共享目录的完整路径
    guest ok = yes                        //设置不需要密码就可以服务资源
    writable = no                         //是否具有写权限
    share modes = no                      //表示文件不能被多个用户同时打开
```

5）设置私用目录

[fredsdir]段用于指定私用目录，以供指定的用户使用，该用户对该目录具有写权限。

```
[fredsdir]
  path = /lgx                  //指定私用目录路径，以便指定用户可读写
  valid users = lgx2001        //指定使用该目录的合法用户
  valid  users = %student      //指定使用该目录的合法组
  public = no                  //当取值为 no 时，该私用目录不供公众用户所共享
  writable = yes               //指定的用户对该私用目录具有写权限
  printable = yes              //取值为 yes 时，可打印
```

6）共享光驱设备

修改 smb. conf 之前，先安装光驱，可执行下列命令：

```
# mount  /mnt/cdrom
```

然后定制 smb. conf 内容如下：

```
[cdrom]
  path = /mnt/cdrom        //指定设备加载点
  readyonly = yes          //该设备用于只读
  public = yes             //该设备向公众开放
```

2. passdb. tdb 文件和 secrets. tdb 文件

RHEL6 中的新版 Samba 默认将密码存放在：/var/lib/samba/private/passdb. tdb 文件中，而不是原来的/etc/samba/smbpasswd。用 ls 命令查看一下：

```
[root@localhost /]# ls /var/lib/samba/private
passdb.tdb  secrets.tdb
```

其中 passdb. tdb 用来存放 Samba 账户，secrets. tdb 用来存放 Samba 账户密码。可以使用 pdbedit 命令来查看数据库中的用户，也可以新建、删除此数据库中的 Samba 用户。

3. smbusers 文件

这里有必要提到 Samba 用户账户映射这个概念，出于账号安全考虑，为防止 Samba 用户通过 Samba 账号来猜测系统用户的信息，所以，就出现了 Samba 用户映射，如，将 tom 账户映射成其他的名称，然后用其他的名称如 jack、rhood 都可以登录，其权限及登录密码都与 tom 一样。

要实现账户映射，先在/etc/samba/smb. conf 中将账户映射服务打开，即找到 username map＝/etc/samba/smbusers 这一行，将其前面的“;”去掉即可，然后修改/etc/samba/smbusers，在里面添加一行 tom＝jack rhood，保存退出，重启 smb 服务，然后就可以用 jack 及 rhood 登录 redhat 共享目录，其权限及登录密码与 tom 完全一致。

8.2.5 Samba 实例

（1）用户级访问模式，所有用户可访问家目录且可写：

```
[global]
workgroup = MYGROUP
```

```
netbios name = MYSERVER
server string = Linux Samba Server TestServer
security = user
#=========Share Definitions========
[homes]
comment = Home Directories
browseable = no//禁止其他用户浏览
writable = yes  //可写
```

验证：假设 smb_user1 是 Samba 服务器中的用户，且 smb_user1 具有家目录/home/smb_user1。输入＃smbclient //ServerIP/homes -U smb_user1 可访问 smb_user1 的家目录。

(2) 用户级访问模式，设置[public]实现只有属于 staff 组的用户对共享目录可写，其余用户为只读：

```
[global]
workgroup = MYGROUP
netbios name = MYSERVER
server string = Linux Samba Server TestServer
security = user
#=========Share Definitions========
[public]
comment = Public Stuff
path = /home/samba                        //共享文件夹的位置
create mask = 0664                        //用户创建文件时的权限，设置为 r-xr-xr--
directory mask = 0775                     //创建目录时的权限，设置为 rwxrwxr-x
browseable = yes                          //是否可浏览，是
public = yes                              //允许公众共享
valid users = smb_user1,@staff,nobody     //可以访问共享的有效用户，nobody 代表匿名用户
write list = @staff
```

验证：假设 smb_user1 和 smb_user2 都是 Samba 服务器中的用户，但只有 smb_user2 属于组 staff。分别输入＃smbclient //ServerIP/public -U smb_user1 和＃smbclient//ServerIP/public -U smb_user2 可访问/home/samba 目录，但只有以 smb_user2 的身份访问才能写。

(3) 配置 samba，实现以匿名用户可读写。修改文件 /etc/samba/smb.conf，修改 security 参数，部分内容如下：

```
[global]
workgroup = MYGROUP
netbios name = MYSERVER
server string = Linux Samba Server TestServer
#=========Share Definitions========
[sharedoc]
comment = My share
path = /sharedoc
public = yes        //允许匿名用户访问，同 guest ok = yes
```

```
writeable = yes     //可写
browseable = yes    //是否可浏览,是
```

说明:当 security 配置成 share 时,访问共享目录不需要输入密码。修改完配置后可以使用命令#testperm 来测试配置文件的正确性。

客户端验证:在客户端输入#smbclient //ServerIP/sharedoc,匿名连接到 Samba 服务器。

(4) 综合实例。

要求:在"/var/share/"目录中建立子目录 public、training、devel。其中 public 目录用于存放公共数据,如公司的规章制度、员工手册、常用表格等文件;peixun 目录用于存放公司的技术培训资料;kaifa 目录用于存放项目开发数据。

实现如下功能。

① 将"/var/share/public"目录共享为 public,所有员工可匿名访问,但是只能读取文件,不能写入。

② 将"/var/share/peixun"目录共享为 peixun,允许开发部及技术部的员工只读访问;管理员 root 可以删除。

③ 将"/var/share/kaifa"目录共享为 kaifa,技术部的员工都可以读取该目录中的文件,但是只有管理员 root 及技术部的员工有删除权限。

操作步骤如下。

① 在/var/sahre/目录下创建 public、peixun、kaifa,分别设置权限为 777(类似于设置 Windows 共享权限)。进一步设置/var/share/kaifa 目录黏滞位权限(devel 权限为 1777),以便实现有权限的用户在/var/share/kaifa 目录中只能写入目录或文件,不能删除他人的目录或文件。最终设置如下:

```
[root@localhost /]# ls -l /var/share
total 12
drwxrwxrwt. 2 root root 4096 Sep  2 00:51 kaifa
drwxrwxrwx. 2 root root 4096 Sep  2 00:38 peixun
drwxrwxrwx. 2 root root 4096 Sep  2 00:45 public
```

② 建立相关系统用户与组(只用于访问 Samba 文件服务器),并添加到 Samba 服务器数据库中:

```
#groupadd tech                    //创建技术组(技术部员工)
#groupadd project                 //创建项目组(项目组员工)
#useradd -M -g tech  lee          //创建系统用户 lee 并加入 tech 组,不为其创建宿主目录
#useradd -M -g tech  tom          //创建系统用户 tom 并加入 tech 组,不为其创建宿主目录
#useradd -M -g project  jarry     //创建系统用户 jarry 并加入 project 组,不为其创建宿主目录
#useradd -M -g project  linda     //添加用户 linda 并加入 project 组,不为其创建宿主目录
#smbpasswd -a root                //添加 samba 用户 root
#smbpasswd -a lee                 //添加 samba 用户 lee
```

类似地,添加其他用户 jarry、tom、linda。

③ 修改 smb. conf 配置文件,进行共享目录的设置,经过配置文件检查工具:#testparm 命令检查后显示的配置清单如下(security 设置为 user):

```
[global]
workgroup = MYGROUP
netbios name = MYSERVER
server string = Linux Samba Server TestServer
```

```
[public]
path = /var/share/public
public = yes
writable = no
[peixun]
path = /var/share/peixun
valid users = root,@tech,@proj
write list = root
[peixun]
path = /var/share/peixun
valid users = @tech,@proj
write list = root,@proj
```

④ 重启 Samba 服务；

⑤ 客户端验证。

本章小结

本章主要介绍了使用 NFS 和 Samba 进行文件共享的方法。首先对 NFS 服务器的启动、停止、配置方法及配置文件进行了介绍，接下来介绍了 Samba 服务器的功能、Samba 服务器的配置方法以及配置文件的结构。通过对本章的学习，使读者熟练掌握对 NFS 和 Samba 服务的配置。

习　　题

1. 什么是 NFS？简述 NFS 服务器及客户端的配置过程。
2. Samba 包括哪几部分？各部分有何作用？
3. 简单介绍 Samba 配置文件的结构及 Samba 服务器的配置方法。

第 9 章　DNS 服务器配置与管理

9.1　计算机名称与名称解析

1. 计算机名称

在网络系统中，计算机名称一般存在着以下三种形式。

(1) 计算机名(Local Host Name)

要查看和设置本地计算机名，可以打开计算机“属性”对话框或在命令行输入 hostname 命令。

(2) NetBIOS 名

NetBIOS 使用长度限制在 16 个字符的名称来标识计算机资源，这个标识也称为 NetBIOS 名，每个 NetBIOS 名称中的第 16 个字符被 Microsoft NetBIOS 客户用作名称后缀，用来标识该名称，并表明用该名称在网络上注册的资源的有关信息。该名字主要用于 Windows 早期的客户端，NetBIOS 名可以通过广播方式或者查询网络中的 WINS 服务器进行解析。用户可以在命令行输入 c:\>nbtstat -n 查看本机的 NetBIOS 名。

(3) 完全限定性域名(FQDN)

FQDN 是指主机名加上全路径，全路径中列出了序列中的所有域成员。FQDN 可以从逻辑上准确地表示出主机在什么地方，也可以说它是主机名的一种完全表示形式。该名字不可超过 256 个字符，用户平时访问 Internet 使用的就是完整的 FQDN。

2. 名称解析

提到名称解析，通常首先想到的是 DNS，因为 DNS 是名称解析中最重要的过程，但 DNS 并不是名称解析的唯一过程。也就是说当一台计算机发送 IP 地址查询请求后(如客户端在浏览器的地址栏中输入要登录的网址)，并不是立即使用 DNS 服务进行查询，当然也不是仅仅使用 DNS 服务查询。

名称解析的具体的过程如下。

(1) 客户端首先验证所要登录的地址是不是本机。也就是说查看是不是自己，即与 Local Host Name 是否相同。如果相同则解析成功，否则执行下一步。

(2) 客户端查询本机的 HOSTS 文件。

HOSTS 是一个没有扩展名的系统文件，可以用记事本等工具打开，其作用就是将一些常用的网址域名与其对应的 IP 地址建立一个关联“数据库”。当用户在浏览器中输入一个需要登录的网址时，系统会首先自动从 HOSTS 文件中寻找对应的 IP 地址，一旦找到，系统会立即打开对应网页，如果没有找到，则系统会再将网址提交 DNS 域名解析服务器进行 IP

地址的解析。

HOSTS文件在不同操作系统的位置不完全一样：Windows NT/2000/XP/Vista/7/8的默认位置为%SystemRoot%\system32\drivers\etc\。动态目录由注册表键\HKEY_LOCAL_MACHINE\SYSTEM\CurrentControlSet\Services\Tcpip\Parameters\DataBasePath决定。在Windows中，默认的HOSTS文件通常是空白的或包含了注释语句并使用了一条默认规则：127.0.0.1 localhost。HOSTS文件具有系统属性，系统默认是不显示此文件的，要显示系统文件，需要单击工具→文件夹选项→查看，之后在"高级设置"中取消"勾选隐藏受保护的系统文件"。

(3) 客户端向公网上的DNS服务器或向网内的DNS服务器发送请求。

(4) 查看本机的NetBIOS名称缓存。

这种情况一般是所查询的计算机不在公网上，而是在内网中。NetBIOS名称缓存中存储的是最近与本机成功通信过的内网计算机名和IP地址；通常在本地会保存最近与自己通信过的计算机的NetBIOS名和IP地址的对应关系。可以在DOS下使用c:\>nbtstat -c命令查看缓存区中的NetBIOS记录。

(5) 客户端查询WINS服务器，即向WINS Server发送请求。

WINS可以动态地将NetBIOS名和计算机的IP地址进行映射。它的工作过程为：每台计算机开机时，先在WINS服务器注册自己的NetBIOS名和IP地址，其他计算机需要查找IP地址时，只要向WINS服务器提出请求，WINS服务器就将已经注册了NetBIOS名的计算机的IP地址响应给他。当计算机关机时，也会在WINS服务器中把该计算机的记录删除。

(6) 客户端向网内发出广播，在本网段广播中查找。

(7) 客户端查询本机的LMHOSTS文件。

LMHOSTS是用来进行NetBIOS名静态解析的，将NetBIOS名和IP地址对应起来，功能类似于DNS，只不过DNS是将域名/主机名和IP对应，LMHOSTS是个纯文本文件，微软提供了一个示例程序LMHOSTS.SAM，位于%SystemRoot%\system32\drivers\etc\目录下。LMHOSTS文件跟我们在前面已经接触过的HOSTS文件的格式一样，其规则也一样，但是与HOSTS不同的是，LMHOSTS文件中可以指定执行某种特殊功能的特定命令。LMHOSTS文件最适合网络上没有WINS服务器的环境，因为此时只好使用广播的方式，但是由于大部分的路由器不会将广播信息发送到其他网络，因此利用广播方式可能无法与其他网段内的主机通信，这时就可以利用LNHOSTS文件来解决问题。

如果通过以上步骤都没有解析成功，则客户端无法访问。

9.2 WINS概念及工作原理

WINS(Windows Internet Name Service)是由微软公司开发出来的一种网络名称转换服务，主要用于NetBIOS(网络基本输入/输出系统协议)名字服务，处理的是NetBIOS计算机名，所以也被称为NetBIOS名字服务器(NetBIOS Name Server，NBNS)。

WINS是基于客户/服务器的模型，它有两个重要的部分：WINS客户和WINS服务器。客户主要在加入或离开网络时向WINS服务器注册自己的名字或解除注册。WINS服务器主要负责处理由客户发来的名字和 IP 地址的注册和解除注册信息。WINS 客户进行查询时,服务器会返回当前查询的名字对应的 IP 地址。此外,服务器还负责对数据库进行备份和更新。

通常 WINS 与 DHCP(动态主机配置协议)一起工作,当使用者向 DHCP 服务器要求一个 IP 地址时,DHCP 服务器所提供的 IP 地址被 WINS 服务器记录下来,使得 WINS 可以动态地维护计算机名称与 IP 地址的资料库。另外,WINS 可以和 DNS 进行集成,这使得非 WINS 客户通过 DNS 服务器解析获得 NetBIOS 名字。

WINS 为 NetBIOS 名字提供名字注册、更新、释放和转换服务,允许 WINS 服务器维护一个将 NetBIOS 名链接到 IP 地址的动态分布式数据库,可以将 NetBIOS 计算机名称转换为对应的 IP 地址,大大减轻了对网络交通的负担。下面是 WINS 提供的服务。

1. 名字注册

名字注册就是客户端让 WINS 服务器获得信息的过程。在 WINS 服务中,名字注册是动态的。当一个客户端启动时,它向所配置的 WINS 服务器发送一个名字注册信息(包括了客户机的 IP 地址和计算机名),如果 WINS 服务器正在运行,并且没有其他客户计算机注册了相同的名字,服务器就向客户端计算机返还一个成功注册的消息(包括了名字注册的存活期 TTL),否则注册失败(发回一个负确认的信息)。

2. 名字更新

因为客户端被分配了一个 TTL(存活期),所以它的注册也有一定的期限,过了这个期限,WINS 服务器将从数据库中删除这个名字的注册信息。它的过程是这样的:在过了存活期的 1/8 后,客户端开始不断试图更新它的名字注册,如果收不到任何响应,WINS 客户端每过 2 分钟重复一次更新,直到存活期过了一半;当存活期过了一半时,WINS 客户端将尝试与次选 WINS 服务器更新它的租约,它的过程与首选 WINS 服务器一样;如果时间过了一半后仍然没有注册成功的话,该客户端又回到它的首选 WINS 服务器了。在该过程中,不管是首选还是次选 WINS 服务器,一旦名字注册成功之后,该 WINS 客户端的名字注册将被提供一个新的 TTL 值。

3. 名字释放

在客户端正常关机过程中,WINS 客户端向 WINS 服务器发送一个名字释放的请求,以请求释放其映射在 WINS 服务器数据库中的 IP 地址和 NetBIOS 名字。收到释放请求后,WINS 服务器验证一下,在它的数据库中是否有该 IP 地址和 NetBIOS 名字,如果有就可以正常释放了,否则就会出现错误(WINS 服务器向 WINS 客户端发送一个负响应)。如果计算机没有正常关闭,WINS 服务器将不知道其名字已经释放了,则该名字将不会失效,直到 WINS 名字注册记录过期。

4. 名字解析

当客户端计算机想要转换一个名字时,它首先检查本地 NetBIOS 名字缓存器;如果名字不在本地 NetBIOS 名字缓存器中,便发送一个名字查询到首选 WINS 服务器(每隔 15 秒发送一次,共发三次),如果请求失败,则向次选 WINS 发送同样的请求;如果都失败了,那么名字解析可以通过其他途径来转换(例如本地广播、LMHOSTS 文件和 HOSTS 文件或者 DNS 来进行名字解析)。

在各种名字解析方式之中,WINS 名字服务具有一些优点。首先,WINS 名字解析服务是以点对点的方式直接进行通信的,并可以跨越路由器访问其他子网中的计算机,这便克服了广播查询无法跨越路由器和加重网络负担的不足；其次，与静态处理域主机名(Host Name)的DNS服务器不同，WINS名字服务还是一种很少人工干预的动态名字服务；最后，WINS名字服务不仅能够用于NetBIOS名字查询，而且还可以辅助域主机名(Host Name)的查询，可以结合DNS和WINS服务器的好处进行Internet域名查询。

9.3 DNS的基本概念与原理

在网络中唯一能够用来标识计算机身份和定位计算机位置的方式就是IP地址，但网络中往往存在许多服务器，如E-mail服务器、Web服务器、FTP服务器等，记忆这些纯数字的IP地址不仅枯燥无味，而且容易出错。通过DNS服务器，将这些IP地址与形象易记的域名一一对应，使得网络服务的访问更加简单，而且可以实现与Internet的融合。

1. DNS域名空间与区域

DNS是一种分布式的、层次型的、客户机(Client)/服务器(Server)模式的数据库管理系统。其结构类似于一棵倒置的树，由最顶端的根一层一层往下延伸。这样所组成的结构，即称为域的名称空间(Domain Name Space)，如图9-1所示。

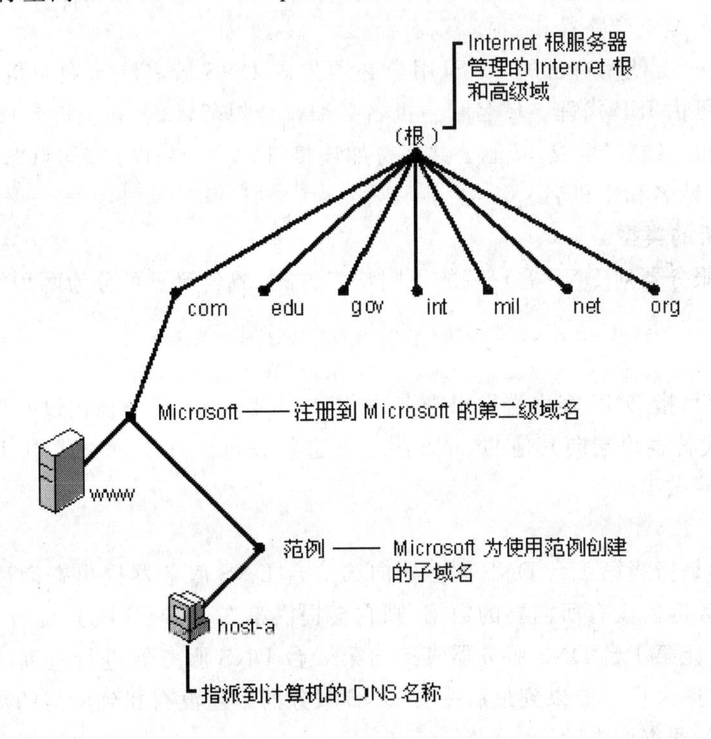

图9-1　DNS域名结构图

(1) 根域：代表域名命名空间的根，用“.”表示。

(2) 顶级域：直接处于根域下面的域。在Internet中，顶级域InterNIC进行管理和维护。顶级域名常见的有两类：一是国家级顶级域名，如CN表示中国，UK表示英国等；二是通用的顶级域名，如COM代表有关公司企业、商业机构等名称，EDU代表有关教育机构、学术单位等名称，NET代表网络提供商等名称，ORG代表有关政府机关、社会团体、非营利组织等名称,GOV 代表有关组织机构、财团法人等名称。

由于当初是由美国所发展出来的 DNS 系统,所以最早根本没有考虑跨国家的范围。但随着 Internet 的崛起,Internet 上用户的急剧增加且又属于全球性的功能,美国 NIC 组织必须要重新定义 DNS。但重新定义的话,其影响层面非常大。所以现在又增加了七个通用的顶级域名,即:FIRM 表示公司企业;SHOP 表示销售公司和企业;WEB 表示突出万维网络活动的单位;ARTS 表示突出文化、娱乐活动的单位;REC 表示突出消遣、娱乐活动的单位;INFO 表示提供信息服务的单位;NOW 表示个人。

(3) 二级域:在顶级域下面,用来标明顶级域以内的一个特定组织。

在国家顶级域名下注册的二级域名均由该国家自行确定。我们国家将二级域名划分为"类别域名"和"行政区域名"两大类。其中,类别域名 6 个,分别是:AC 表示科研机构;COM 表示工、商、金融等企业;EDU 表示教育机构;GOV 表示政府部门;NET 表示互联网络、接入网络的信息中心和运行中心;ORG 表示各种非营利性组织。行政区域名 34 个,适用于我国的省、自治区、直辖市,例如 bj 为北京市、sh 为上海市等。

(4) 子域:在二级域的下面所创建的域,它一般由各个组织根据自己的需求与要求自行创建和维护。

(5) 主机:是域名空间中的最下面一层,它被称之为完全合格的域名(FQDN),也称为全域名,即主机名加上全路径。

要在 Internet 上使用自己的 DNS,用户必须先向 DNS 域名注册颁布机构申请合法的域名,这项业务可由 ISP 代理。域名和主机名必须符合规范,域名和主机名只能用字母"a～z"、数字"0～9"和连线"-"组成,其他公共字符如连接符"&"、斜杠"/"、句点"。"和下划线"_"都不能用于表示域名和主机名。

2. 域名解析的类型

根据 DNS 服务器对 DNS 客户端的不同响应方式,域名解析可分为两种类型:递归型和循环型。

(1) 递归型

递归型查询是指 DNS 客户端发出查询请求后,如果 DNS 服务器内没有所需的数据,则 DNS 服务器会代替客户端向其他的 DNS 服务器进行查询。在这种方式中,DNS 服务器必须给 DNS 客户端做出回答。

(2) 循环型

循环型查询是指当第 1 台 DNS 服务器向第 2 台 DNS 服务器提出查询请求后,如果在第 2 台 DNS 服务器内没有所需要的数据,则它会提供第 3 台 DNS 服务器的 IP 地址给第 1 台 DNS 服务器,让第 1 台 DNS 服务器直接向第 3 台 DNS 服务器进行查询。依此类推,直到找到所需的数据为止。如果到最后一台 DNS 服务器中还没有找到所需的数据时,则通知第 1 台 DNS 服务器查询失败。

3. AD 与 DNS 之间的区别与联系

(1) DNS 与 AD 的区别

DNS 是一种独立的名称解析服务。DNS 的客户端向 DNS 服务器发送 DNS 名称查询的请求,DNS 服务器接收名称查询后,先向本地存储的文件解析名称进行查询,有则返回结果,没有则向其他 DNS 服务器进行名称解析的查询。因此,DNS 服务器并没有向活动目录查询就能够运行。

AD 活动目录是一种依赖 DNS 的目录服务。活动目录采用了与 DNS 一致的层次划分和命名方式。当用户和应用程序进行信息访问时，活动目录提供信息存储库及相应的服务。AD 的客户使用“轻量级目录访问协议(LDAP)”向 AD 服务器发送各种对象的查询请求时，都需要 DNS 服务器来定位 AD 所在的域控制器。因此，活动目录的服务必须有 DNS 的支持才能工作。

(2) DNS 与 AD 的联系

活动目录域 DNS 具有相同的层次结构。虽然活动目录与 DNS 具有不同的用途，并分别独立地运行，AD 集成的 DNS 的域名空间和活动目录具有相同的结构。

DNS 区域可以在活动目录中直接存储：当用户需要使用 Windows Server 2008 域中的 DNS 服务器时，其主要区域的文件可以在建立活动目录时一并生成，并存储在 AD 中，这样才能方便地复制到其他域控制器的活动目录上。

活动目录的客户端需要使用 DNS 服务定位域控制器。活动目录的客户端查询时，需要使用 DNS 服务来定位指定的域控制器，即活动目录的客户会把 DNS 作为查询定位的服务工具来使用，通过与活动目录集成的 DNS 区域将域中的域控制器、站点和服务的名称解析为所需要的 IP 地址。

9.4 Windows Server 2008 DNS 服务器的安装与配置

9.4.1 Windows Server 2008 DNS 服务器安装

当某个用户需要使用以域名的方式来访问网络中的各种服务器资源时，就需要安装 DNS 服务器，解决 DNS 的主机名称自动解析为 IP 地址的问题。默认情况下，Windows Server 2008 系统中没有安装 DNS 服务器，因此管理员需要手工进行 DNS 服务器的安装操作。

安装 DNS 服务器的具体操作步骤如下：

(1) 在服务器中选择“开始”→“管理工具”→“服务器管理器”→命令打开“服务器管理器”窗口，选择左侧“角色”一项之后，单击右侧的“添加角色”链接，如图 9-2 所示。

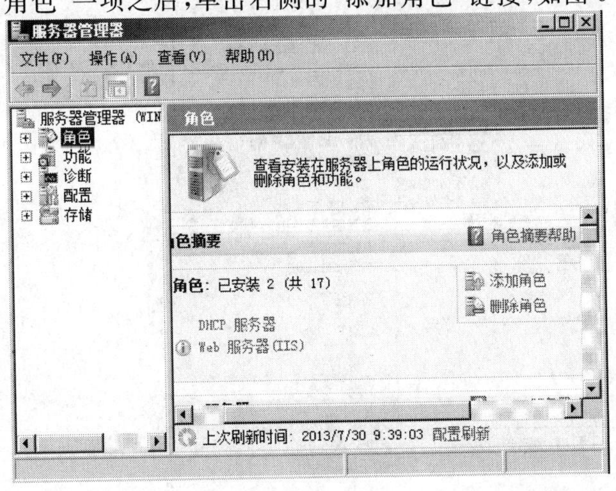

图 9-2 添加角色

（2）此时，出现“添加角色向导”对话框，首先显示的是“开始之前”选项，此选项提示用户，在开始安装角色之前，请验证以下事项：

① Administrator 账户具有强密码；

② 已配置网络设置；

③ 已安装 Windows Update 中的最新安全更新。

（3）单击“下一步”，在接下来的对话框中选中“DNS 服务”复选框。

（4）单击“下一步”，在接下来的“DNS 服务器”对话框中，对 DNS 服务进行了简要介绍，单击“下一步”继续操作。

（5）出现“确认安装选择”对话框中，单击“安装”，出现“安装进度”对话框。

（6）出现 DNS 服务器安装成功对话框，单击“关闭”即可。

9.4.2 创建正向查找区域

区域（Zone）是一个用于存储单个 DNS 域名的数据库，它是域名空间树状结构的一部分，它将域名空间分区为较小的区段。DNS 服务器是以 Zone 为单位来管理域名空间的，Zone 中的数据保存在管理它的 DNS 服务器中。在现有的域中添加子域时，该子域可以包含在现有的 Zone 中，也可以为它创建一个新 Zone 或包含在其他 Zone 中，一个 DNS 服务器，可以管理一个或多个 Zone，一个 Zone 也可以由多个 DNS 服务器来管理。用户可以将一个域划分成多个区域分别进行管理，以减轻网络管理的负担。

1. 正向区域的创建

DNS 服务器安装完成后，系统的管理工具中会增加一个“DNS”选项，管理员可以通过这个选项完成 DNS 服务器的前期设置与后期的运行管理等工作，具体步骤如下。

（1）选择“开始”→“程序”→“管理工具”→“DNS 服务器”命令，在“DNS 管理器”窗口中右击“当前计算机名称”一项，从弹出的快捷菜单中选择“配置 DNS 服务器”命令，如图 9-3 所示，激活 DNS 服务器配置向导，进入“欢迎使用 DNS 服务器配置向导”对话框，说明该向导的配置内容，单击“下一步”。

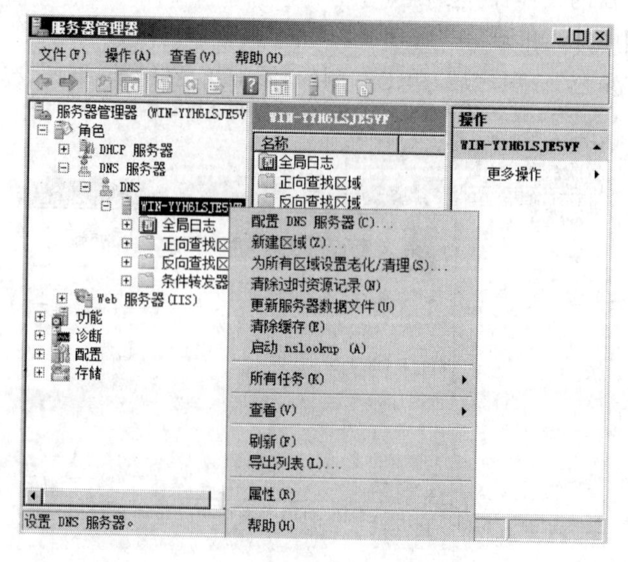

图 9-3　服务器管理器

(2) 进入“选择配置操作”对话框，如图 9-4 所示，可以设置网络查找区域的类型，在默认的情况下系统自动选择“创建正向查找区域(适合小型网络使用)”。

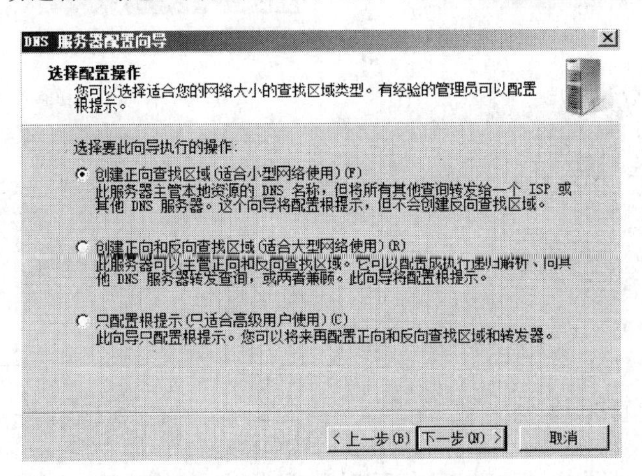

图 9-4 “选择配置操作”对话框

(3) 进入“主服务器位置”对话框，如图 9-5 所示，如果当前所设置的 DNS 服务器是网络中的第一台 DNS 服务器，则选择“这台服务器维护该区域”，将该 DNS 服务器作为主 DNS 服务器使用，否则可以选择“ISP 维护该区域，一份只读的次要副本常驻在这台服务器上”，本次操作选择第一项。

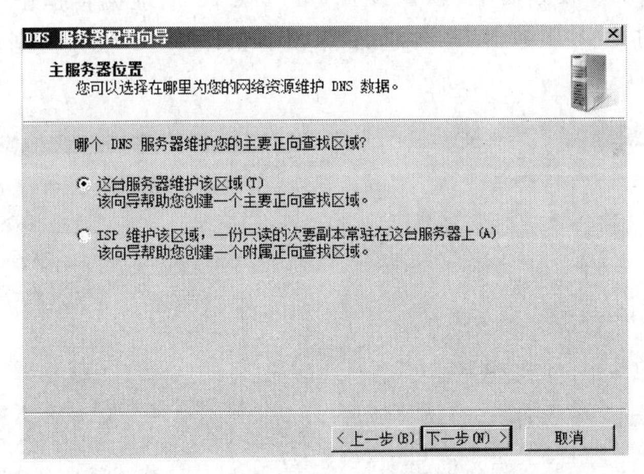

图 9-5 “主服务器位置”对话框

说明：为了实现容错，至少应该对每个 DNS 区域使用两台服务器，一个是主服务器，另一个是备份或辅助服务器。在单个子网环境中的小型局域网上使用一台服务器时，可以配置该服务器扮演区域的主服务器和辅助服务器两种角色。

(4) 选择好“主服务器位置”，单击“下一步”，进入“区域名称”对话框，如图 9-6 所示。此时，输入区域名称“cise. sdkd. net. cn”。

(5) 单击“下一步”，进入“区域文件”对话框，如图 9-7 所示。系统会根据用户所填写的区域默认填入一个文件名，该文件名的形式默认是“区域名称. dns”，如我们新添加了一个 cise. sdkd. net. cn 的域，则对应的文件是“cise. sdkd. net. cn. dns”。此文件是一个 ASCII 文本文件，其中保存着该区域的信息，默认情况下保存在%systemroot%\system32\dns 文件夹中，通常情况下不需要更改默认值。单击“下一步”继续操作。

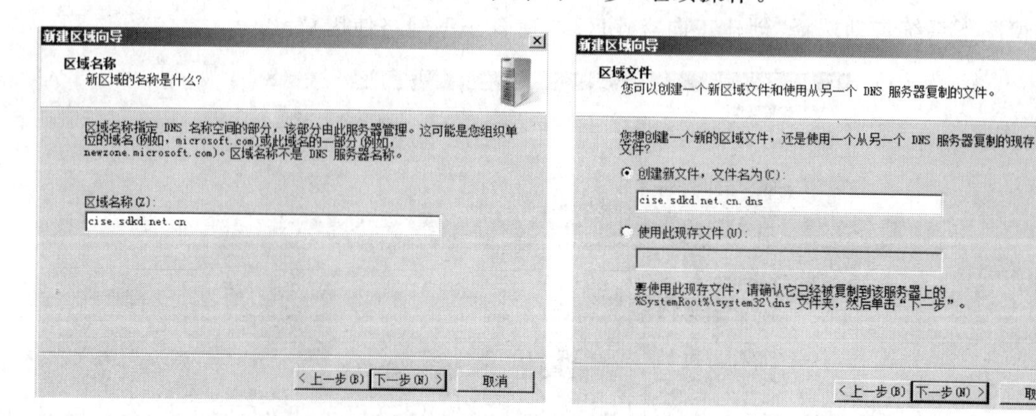

图 9-6 “区域名称”对话框　　　　图 9-7 “区域文件”对话框

(6) 单击“下一步”，进入“动态更新”对话框，如图 9-8 所示，选择“不允许动态更新”。如果想要使任何客户端都可以接受资源记录的动态更新，可选择“允许非安全和安全动态更新”该项，但由于可以接受来自非信任源的更新，所以使用此项时可能会不安全；“不允许动态更新”选项不接受资源记录的动态更新，使用此项比较安全。

(7) 单击“下一步”，进入“转发器”对话框，如图 9-9 所示，保持“是，应当将查询转发到有下列 IP 地址的 DNS 服务器上”默认设置，可以在 IP 地址编辑框中输入 ISP 或者上级 DNS 服务器提供的 DNS 服务器 IP 地址，如果没有上级 DNS 服务器则可以选择“否，不应转发查询”。

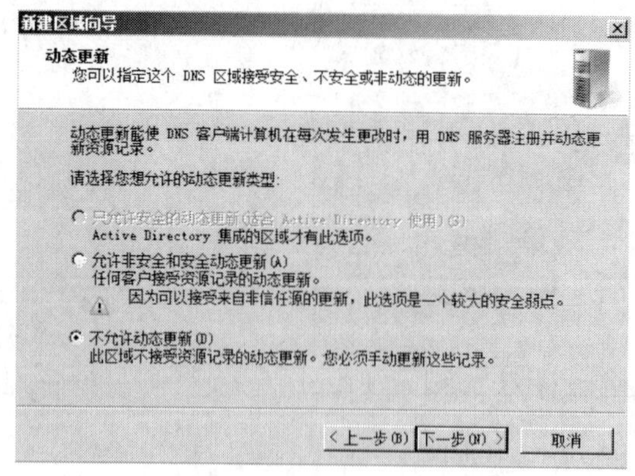

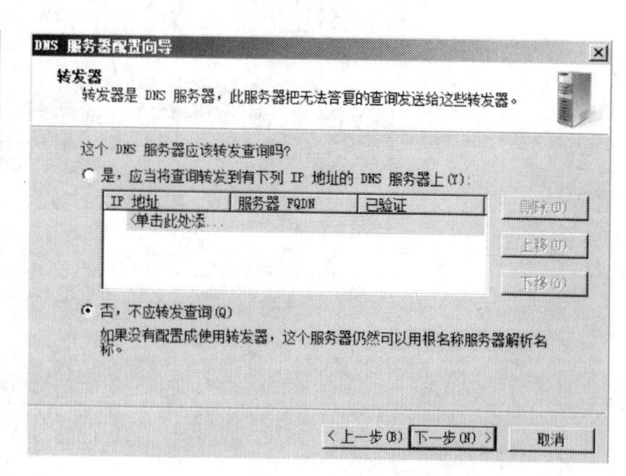

图 9-8 “动态更新”对话框　　　　图 9-9 “转发器”对话框

(8) 单击“下一步”，进入“正在完成 DNS 服务器配置向导”对话框，可以查看到有关 DNS 配置的信息，单击“完成”关闭向导。

至此，DN 服务器配置完成，此时，选择“开始”→“管理工具”→“DNS”命令，在如图 9-10 所示的“DNS 管理器”窗口中，依次展开 DNS→当前计算机名称→正向查找区域，cise.sdkd.net.cn 区域已经创建完成。

创建新的主区域后，“域服务管理器”会自动创建起始机构授权、名称服务器等记录，如图 9-10 所示。

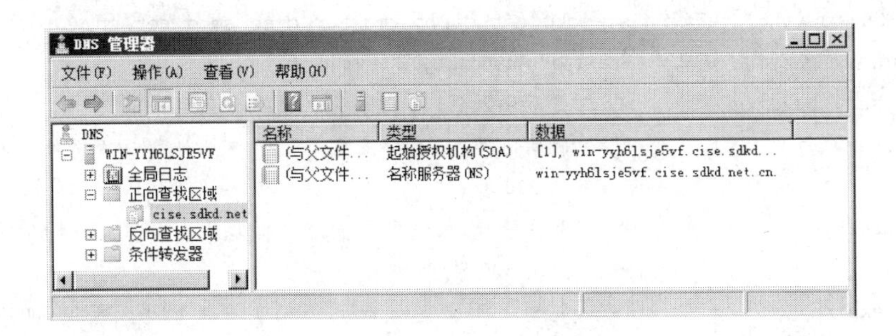

图 9-10 添加正向区域完毕

2. 区域 cise. sdkd. net. cn 的属性

(1) 起始授权机构(SOA)记录

起始授权机构用于记录此区域中的主要名称服务器以及管理此 DNS 服务器的管理员的电子邮件信箱名称，在 Windows Server 2008 操作系统中，每创建一个区域就会自动建立 SOA 记录，因此这个记录就是所建区域内的第一条记录。

修改和查看该记录的方法如下：在 DNS 管理窗口中，选择要创建主机记录的区域，在窗口右侧，右击“起始授权机构”记录，在快捷菜单中选中“属性”命令，打开如图 9-11 所示的“cise. sdkd. net. cn 属性”对话框，可以在此对话框中对 SOA 进行修改设置。

(2) 名称服务器(NS)记录

名称服务器记录指定负责此 DNS 区域的权威名称服务器，包括主要名称和辅助名称服务器。在 Windows Server 2008 操作系统的 DNS 管理工具窗口中，每创建一个区域就会自动建立这个记录。如果需要修改和查看该记录的属性，可以在如图 9-12 所示的对话框中选择“名称服务器”选项卡，单击其中的项目即可修改 NS 记录。

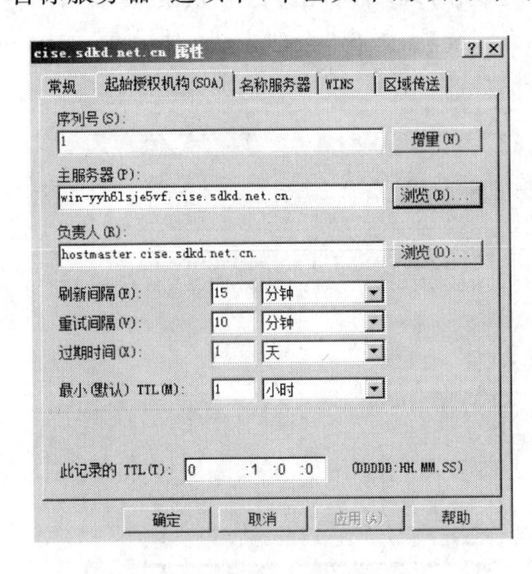

图 9-11 起始授权机构属性

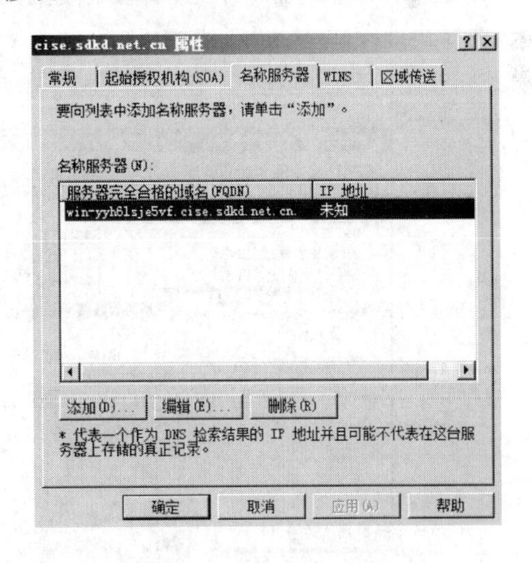

图 9-12 名称服务器属性

3. 区域文件 cise. sdkd. net. cn. dns

如果在创建区域的时候是采用的默认文件名来保存此区域信息，则在%systemroot%\system32\dns 文件夹中，会出现名称为“cise. sdkd. net. cn. dns”的文本文件。可以用记事本或写字板打开此文件，其内容具体解释如下：

```
@ IN   SOA win-yyh6lsje5vf.cise.sdkd.net.cn.hostmaster.cise.sdkd.net.cn.(   //@ IN SOA @
rname.invalid.;设置起始授权机构(Start of Authority)SOA 标记
1        ;serial number          //更新序列号,用于标示数据库的变换
900      ;refresh                //刷新时间,从域名服务器更新该地址数据库文件的间隔时间,默
                                   认 900 秒
600      ;retry                  //重试延时,从域名服务器更新地址数据库失败以后等待的时间,
                                   默认 600 秒
86400    ;expire                 //失效时间,超过该时间仍无法更新地址数据库,则不再尝试,默
                                   认为 86400 秒
3600     );default TTL           //最小默认 TTL 的值,如果没有第一行 $ TTL,则使用该值
;  Zone NS records               //以";"开头的行,表示注释
@    NS   win-yyh6lsje5vf.cise.sdkd.net.cn.      //名称服务器 NS 的相关信息
```

9.4.3 添加 DNS 记录

除了"域服务管理器"会自动创建起始机构授权、名称服务器等记录,DNS 数据库还可以包含其他类型的资源记录,用户可根据需要,自行向主区域中添加资源记录。

1. 添加主机记录(A 类型)

主机记录在 DNS 区域中,用于记录在正向查找区域内建立的主机名与 IP 地址的关系,以供从 DNS 的主机域名、主机名到 IP 地址的查询,即完成计算机名到 IP 地址的映射。在实现虚拟机技术时,管理员通过为同一主机设置多个不同的 A 类型记录,来达到统一 IP 地址的主机对应不同主机域名的目的。

具体步骤如下:

(1) 在 DNS 管理窗口中,选择要创建主机记录的区域,右击,打开快捷菜单如图 9-13 所示,选择快捷菜单中的"新建主机(A 或 AAAA)"选项,弹出"新建主机"对话框,如图 9-14 所示。

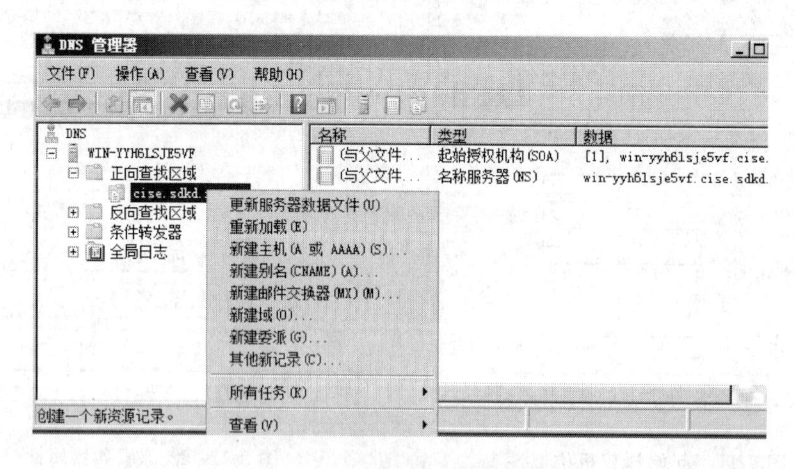

图 9-13 区域操作快捷菜单

(2) 在图 9-14 所示的"名称"文本框中输入主机名称为"dns"。注意:这里应输入相对名称,而不能是全称域名(输入名称的同时,域名会在 FQDN 中自动显示出来)。在"IP 地址"框中输入主机对应的 IP 地址。然后单击"添加主机",接下来弹出成功创建主机记录的提示框,则表示已经成功创建了主机记录。

需要说明的是，并非所有计算机都需要主机资源记录，但是在网络上以域名来提供共享资源的计算机，都需要该记录。一般为具有静态 IP 地址的服务器创建主机记录，也可以为分配静态 IP 地址的客户端创建主机记录。当 IP 配置更改时，运行 Windows 2000 及以上版本的计算机，使 DHCP 客户服务在 DNS 服务器上动态注册和更新自己的主机资源记录。

2. 创建别名(CNAME)记录

别名用于将 DNS 域名映射为另一个主要的或规范的名称。有时一台主机可能担当多个服务器，这时需要给这台主机创建多个别名。例如，一台主机既是 DNS 服务器，也是 FTP 服务器，这时就要给这台主机创建多个别名。

在 DNS 管理窗口中右击已创建的主要区域，选择快捷菜单中的“新建别名”选项，打开“新建资源记录”对话框，如图 9-15 所示。输入已知别名(ftp)和指派别名的主机名称，例如 dns. cise. sdkd. net. cn。

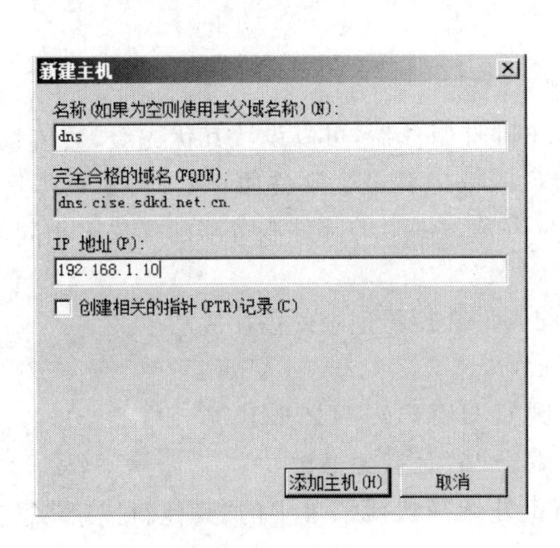

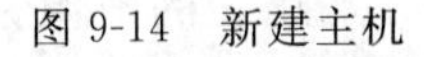
图 9-14　新建主机

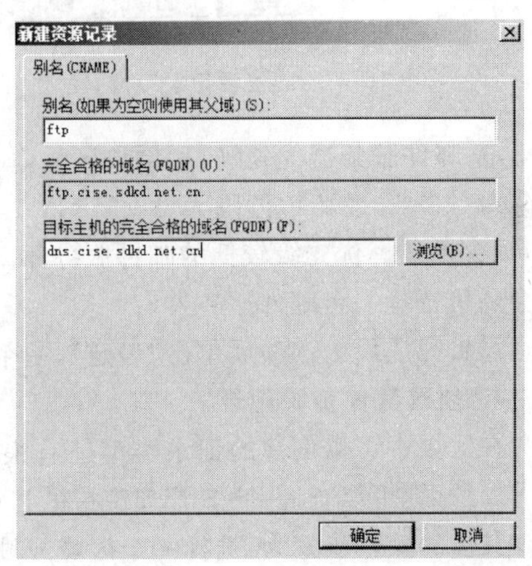

图 9-15　“新建资源记录”对话框

在图 9-15 中，也可以通过单击“浏览”来选择目标主机 FQDN。

3. 邮件交换器(MX)记录

邮件交换器(Mail Exchanger)的缩写是 MX，此记录为电子邮件服务专用，它根据收信人地址后缀来定位邮件服务器，使服务器知道该邮件将发往何处。也就是说根据收信人地址中的 DNS 域名，向 DNS 服务器查询邮件交换器资源记录，定位到要接收邮件的邮件服务器。

在 DNS 管理窗口中选取已创建的主要区域(cise. sdkd. net. cn)，右击，并在快捷菜单中选择“新建邮件交换”。弹出如图 9-16 所示的“新建资源记录”对话框。

相关选项的功能如下。

① 主机或子域：邮件交换器记录的域名，也就是要发送邮件的域名，例如 mail，得到的用户邮箱格式为 user@mail. cise. sdkd. net. cn，但如果该域名与“父域”的名称相同，则可以不填或为空，得到的邮箱格式为 user@cise. sdkd. net. cn。

② 邮件服务器的 FQDN：设置邮件服务器的全称域名 FQDN，也可以单击“浏览”，在如图 9-17 所示的“浏览”对话框中选择。

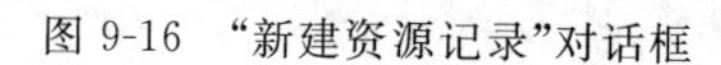

图 9-16 “新建资源记录”对话框

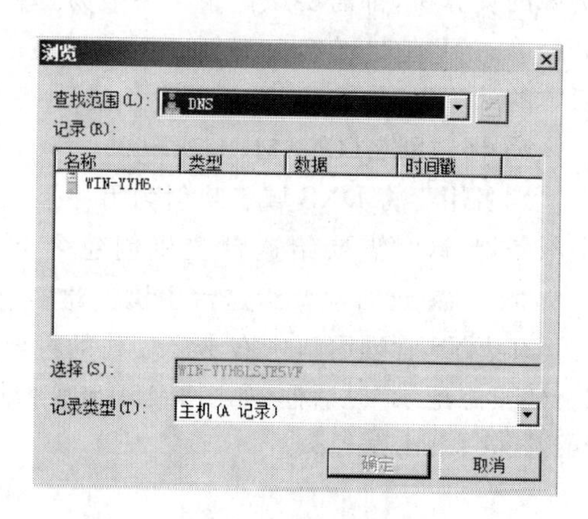

图 9-17 “浏览”对话框

③ 邮件服务器优先级：如果该区域内有多个邮件服务器，可以设置其优先级，数值越低优先级越高(0 最高)，范围为 0～65535。当一个区域中有多个邮件服务器时，如果传送失败，则会再选择优先级较低的邮件服务器。如果有两台以上的邮件服务器的优先级相同，系统会随机选择一台邮件服务器。

设置完成以上选项后单击“确定”，一个新的邮件交换器记录便添加成功了。

4. 创建其他资源记录

在区域中可以创建的记录类型还有很多，例如 HINFO、PTR、MINFO、MR、MB 等，用户需要的话，可以查询 DNS 管理窗口的帮助信息，或者是有关书籍。

具体的操作步骤为：选择一个区域或域，右击并选择快捷菜单中的“其他新记录”命令，弹出如图 9-18 所示的“资源记录类型”对话框。从中选择所要建立的资源记录类型，例如 ATM 地址(ATMA)，单击“创建记录”，即可打开如图 9-19 所示的“新建资源记录”对话框，同样需要指定主机名称和值。在建立资源记录后，如果还想修改，可右击该记录，选择快捷菜单中的“属性”。

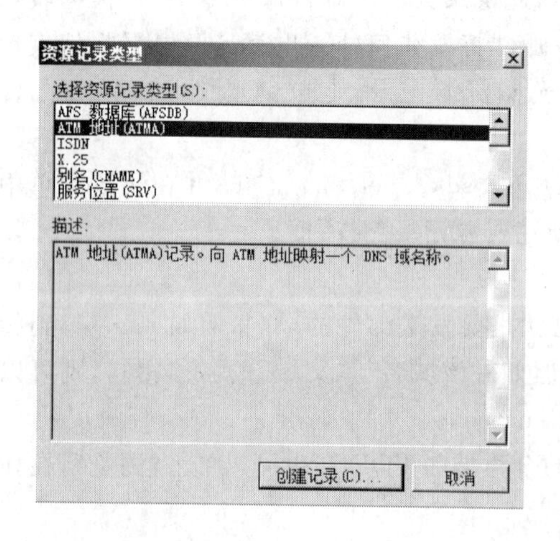

图 9-18 “资源记录类型”对话框

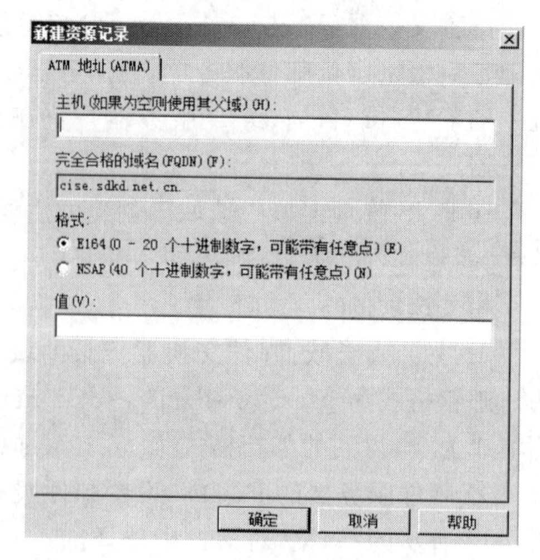

图 9-19 “新建资源记录”对话框

设置完成以上选项后单击“确定”，一个新的记录便添加成功了，如图 9-20 所示。

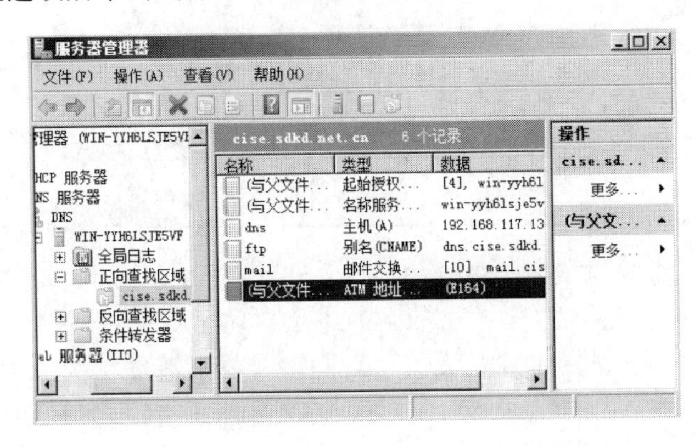

图 9-20　ATM 地址创建成功

5. 添加子域

前面我们添加了 cise. sdkd. net. cn 这个正向区域，类似地，可以添加其他区域。对于某些大的公司，公司内部又分为许多部门，域后缀是固定的，为满足部门需要，可以再添加子域。下面还是以 cise. sdkd. net. cn 为例进行说明。

(1) 在图 9-20 中，选中正向查找区域中的 cise. sdkd. net. cn，右击打开快捷菜单，如图 9-21 所示，选择“新建 DNS 域”，打开如图 9-22 所示对话框。

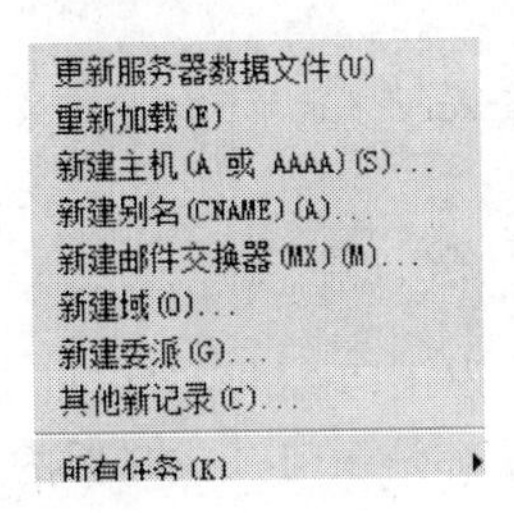

图 9-21　域 cise. sdkd. net. cn 的快捷菜单

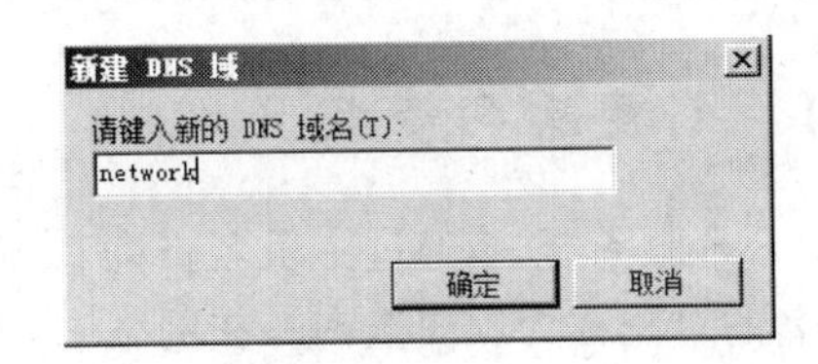

图 9-22　“新建 DNS 域”对话框

(2) 在图 9-22 中，输入“network”，单击“确定”，添加子域后，如图 9-23 所示。

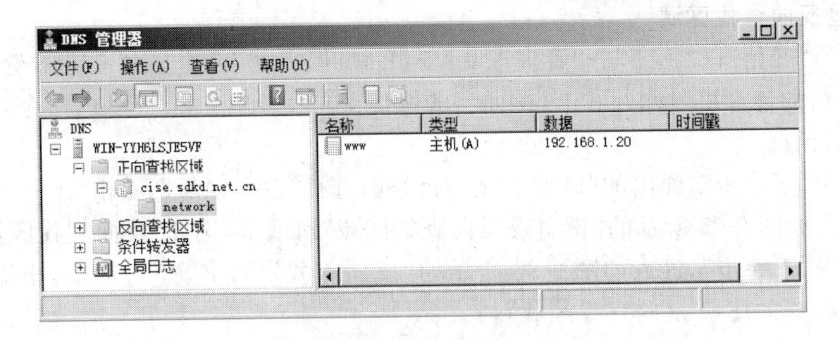

图 9-23　添加子域

(3) 类似地，在子域中可以新建主机、别名等记录。例如，新建主机的方法是在图 9-23 中选中“network”子域，右击打开快捷菜单，选择“新建主机(A 或 AAAA)”，打开如图 9-24 所示对话框。在子域 network. cise. sdkd. net. cn 中添加主机，在名称文本框中输入

"www",IP 地址是"192.168.1.20"。输入完毕单击"添加主机"即可。

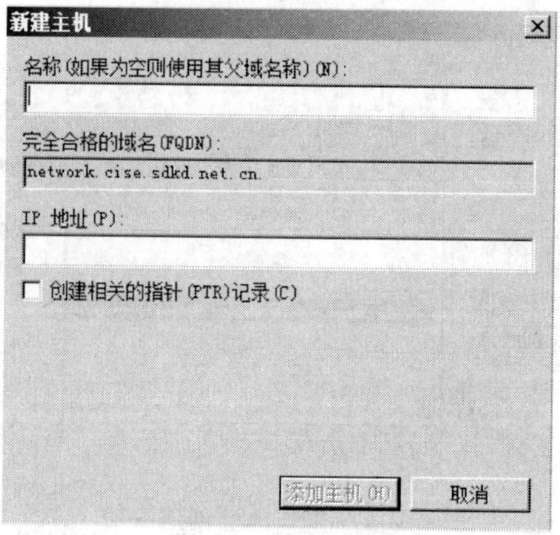

图 9-24 在子域中添加主机

6. 区域文件 cise.sdkd.net.cn.dns 解析

在添加了上述几种记录类型后,再次打开在%systemroot%\system32\dns 文件夹中的"cise.sdkd.net.cn.dns"文本文件,可以看到在文件的最后增加了如下几行:

```
@               ATMA  +                          //ATM 地址记录
dns           A  192.168.1.10                    //主机记录
ftp           CNAME  dns.cise.sdkd.net.cn.       //别名记录
@               MX  10  dns.cise.sdkd.net.cn.    //邮件交换记录
www.network   A     192.168.1.20                 //network 子域中的主机记录
```

9.4.4 创建反向查找区域

在 DNS 服务器中,通过主机名查询其 IP 地址的过程称为正向查询,而通过 IP 地址查询其主机名的过程称为反向查询。在网络中,大部分 DNS 搜索都是正向查找。但为了实现客户端对服务器的访问,不仅需要将一个域名解析成 IP 地址,还需要将 IP 地址解析成域名,这就需要使用反向查找功能。反向查找区域并不是必需的,可以在需要时创建,例如若在 IIS 网站利用主机名称来限制联机的客户端,则 IIS 需要利用反向查找来检查客户端的主机名称。

1. 创建反向查找区域

(1) 选择"开始"→"程序"→"管理工具"→"DNS 服务器"命令,在"服务器管理器"窗口中左侧目录树的计算机名称处右击,在弹出的快捷菜单中选择"新建区域"命令,显示"新建区域向导"对话框。

(2) 单击"下一步",弹出的"区域类型"对话框,选择"主要区域",单击"下一步"。

(3) 进入如图 9-25 所示的"正向或反向查找区域"对话框,选择"反向查找区域"。

(4) 单击"下一步",进入如图 9-26 所示的"反向查找区域名称"对话框,根据目前的状况,一般建议选择"IPv4 反向查找区域"。

(5) 单击"下一步",进入如图 9-27 所示的"反向查找区域名称"对话框,输入 IP 地址"192.168.1",同时它会在"反向查找区域名称"文本框中显示"1.168.192.in-addr.arpa"。

(6) 单击"下一步",弹出如图 9-28 所示的"区域文件"对话框,此时,系统会自动给出默认的文件名(注意:当利用反向查找来讲 IP 地址解析成主机名时,反向区域的前半部分是其网络 ID 的反向书写,而后半部分必须是 in-addr.arpa。in-addr.arpa 是 DNS 标准中为反向查找定义的特殊域，并保留 Internet DNS 名称空间，以便提供切实可靠的方式执行反向查询)。在此不需要对文件名改动，直接单击“下一步”，进入图 9-29 所示的“动态更新”对话框，在此，选择“不允许动态更新”，以减少来自网络的攻击。

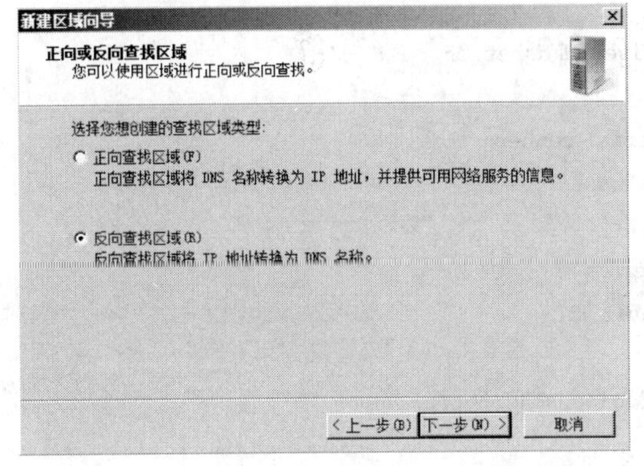

图 9-25 “正向或反向查找区域”对话框

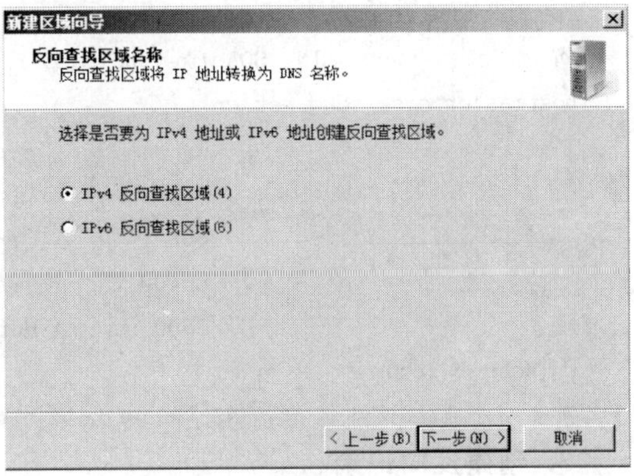

图 9-26 “反向查找区域名称”对话框

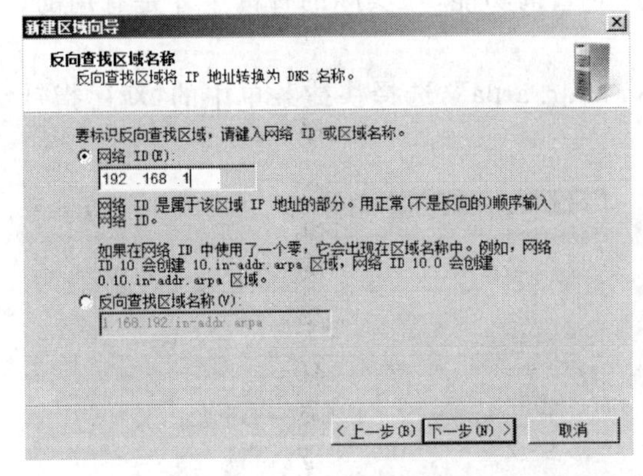

图 9-27 “反向查找区域名称”对话框

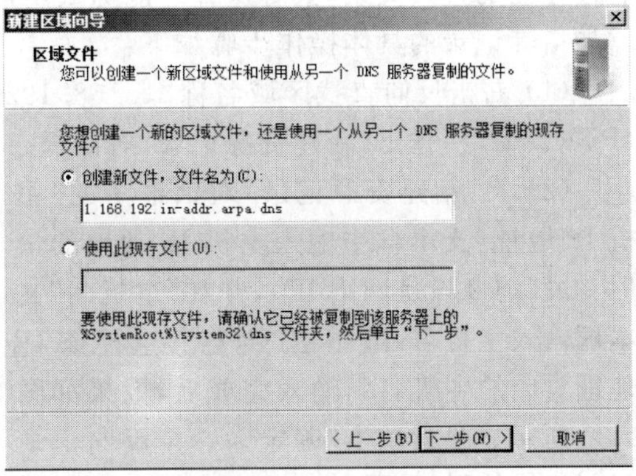

图 9-28 “区域文件”对话框

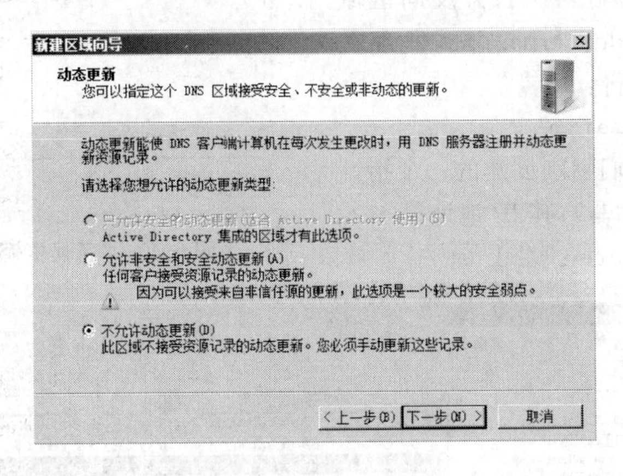

图 9-29 “动态更新”对话框

(7) 继续单击“下一步”，即可完成“新建区域向导”。

2. 反向区域属性及区域文件 1.168.192.in-addr.arpa.dns 解析

创建反向区域后，“域服务管理器”也会自动创建起始机构授权、名称服务器等记录。

用户可以在 DNS 管理窗口中，选择反向区域右击，在快捷菜单中选中“属性”命令，进行查看和设置。方法类似于对正向区域的操作，此处不再赘述。

类似地，用户也可以打开反向区域文件 1.168.192.in-addr.arpa.dns，其内容如下：

```
;  Database file 1.168.192.in-addr.arpa.dns for 1.168.192.in-addr.arpa zone.
;       Zone version:  2
@                     IN   SOA win-yyh6lsje5vf.cise.sdkd.net.cn.
hostmaster.cise.sdkd.net.cn.(
                                  1               ;serial number
                                  900             ;refresh
                                  600             ;retry
                                  86400           ;expire
                                  3600        );default TTL
;  Zone NS records
@                            NS   win-yyh6lsje5vf.cise.sdkd.net.cn.
```

3. 创建反向记录

当反向区域创建完成后，还必须在该区域内创建指针记录数据，即建立 IP 地址域 DNS 名称之间的搜索关系，只有这样才能提供用户反向查询功能，在实际的查询中才是有用的，增加指针记录的具体操作步骤如下：

(1) 右击反向查找区域名称"1.168.192.in-addr.arpa"，选择快捷菜单中的"新建指针(PTR)"命令，弹出"新建资源记录"对话框。

(2) 在"新建资源记录"对话框中的"主机 IP 地址"文本框中输入主机 IP 地址的最后一段(前 3 段是网络 ID)，并在"主机名"文本框输入主机名，或单击"浏览"，选择该 IP 地址对应的主机名。输入完成后，效果如图 9-30 所示。最后单击"确定"，一个反向记录就创建成功了，如图 9-31 所示。

添加完指针记录后，再次打开反向区域文件 1.168.192.in-addr.arpa.dns，发现在文件的最后添加了一行：

```
10   ptr   dns.sdkd.net.cn
```

很显然，这就是我们刚刚创建的一个指针记录(PTR:pointer 的缩写)，其 IP 地址是 192.168.1.10，指向主机 dns.cise.sdkd.net.cn。

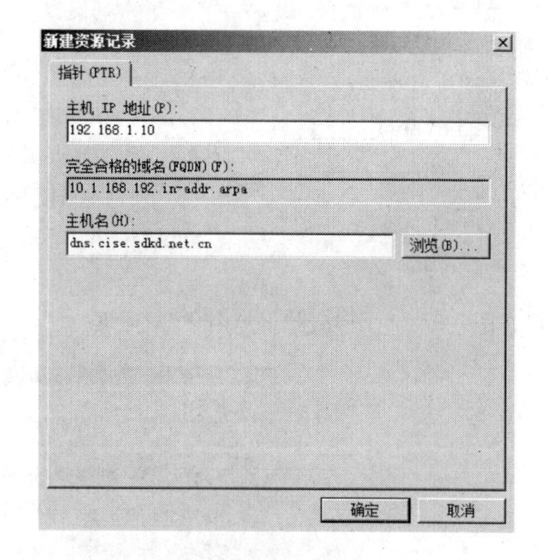

图 9-30 "新建资源记录"对话框

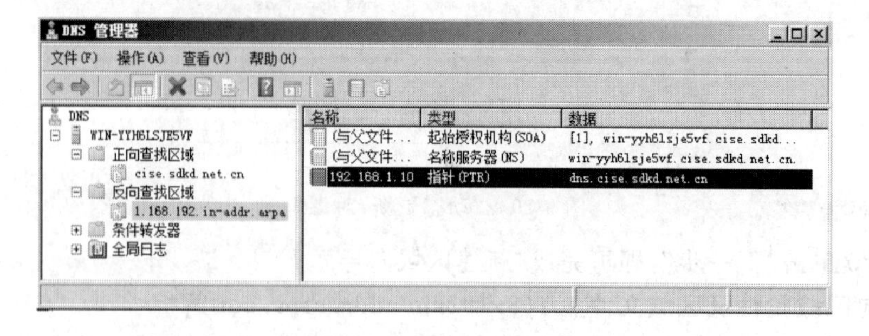

图 9-31 指针创建成功

9.4.5 缓存文件与转发器

缓存文件内存储着根域内的DNS服务器的名称与IP地址的对应关系，每一台DNS服务器内的缓存文件都是一样的。企业内的DNS服务器要向外界DNS服务器查询时，需要用到这些信息，除非企业内部的DNS服务器制定了“转发器”。

本地DNS服务器就是通过名为cache.dns的缓存文件找到根域内的DNS服务器的。在安装DNS服务器时，缓存文件就会被自动复制到%systemroot%\system32\dns目录下。cache.dns的文件内容如图9-32所示。

除了直接查看缓存文件，还可以在“服务器管理器”窗口中查看，右击DNS服务器名，在弹出的菜单中选择“属性”命令，打开如图9-33所示的DNS服务器属性对话框，选择“根提示”选项卡，在“名称服务器”列表中就会列出Internet的13台根域服务器的FQDN和对应的IP地址。

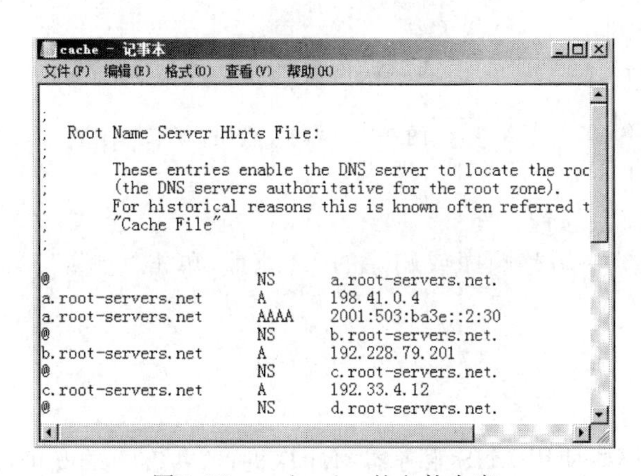

图 9-32 cache.dns 的文件内容

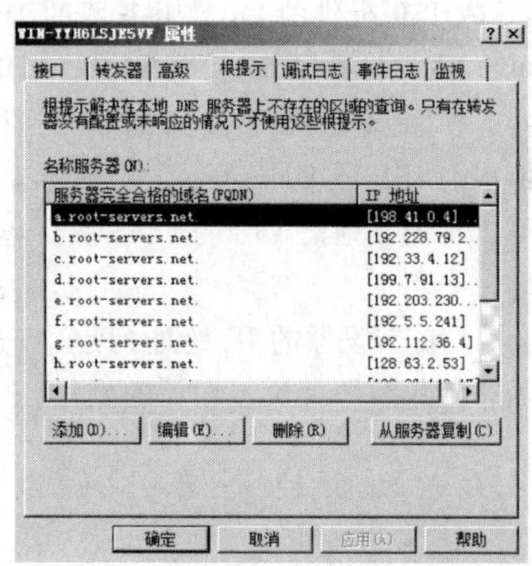

图 9-33 根提示

这些自动生成的条目一般不需要修改，当然如果企业的网络不需要连接到Internet时，则可以根据需要将此文件内根域的DNS服务器信息更改为企业内部最上层的DNS服务器。最好不要直接修改cache.dns文件，而是通过DNS服务器所提供的根提示功能来修改。

如果企业内部的DNS客户端要访问公网，有两种解决方案：在本地DNS服务器上启用根提示功能或者为它设置转发器。

转发器是网络上的一台DNS服务器，它将以外部DNS名称的查询转发给网络外的DNS服务器。转发器可以管理对网络外的名称的解析，并改善网络中计算机的名称解析效率。

对于小型网络，如果没有本网络域名解析的需要，则可以只设置一个与外界联系的DNS转发器，对于公网主机名称的查询，将全部转发到指定功用DNS的IP地址或者转发到“根提示”选项卡中提示的13个根服务器。

对于大中型企事业单位，可能需要建立多个本地DNS服务器，如果所有DNS服务器都使用根提示向外发送查询，则许多内部和非常重要的DNS信息都可能暴露在Internet上，除了安全和隐私问题，还可导致大量外部通信，而且费用昂贵，效率比较低。为了内部网络的安全，一般只将其中的一台DNS服务器设置为可以与外界DNS服务器直通的服务器，这台负责所有本地DNS服务器查询的计算机就是DNS服务器的转发器。

设置转发器的具体操作如下：

(1) 选择“开始”→“程序”→“管理工具”→“DNS服务器”命令，在左侧的目录树中右击DNS服务器名称，并在快捷菜单中选择“属性”命令，弹出的“属性”对话框。

(2) 在“属性”对话框中选择“转发器”选项卡，如图9-34所示，单击“编辑”，进入“编辑转发器”对话框，可添加或修改转发器的IP地址。

(3) 在“转发服务器的IP地址”列表框中，输入ISP提供的DNS服务器的IP地址即可。重复上述操作，可添加多个DNS服务器的IP地址。需要注意的是，除了可以添加本地ISP的DNS服务器的IP地址外，也可以添加其他的ISP的DNS服务器的IP地址。

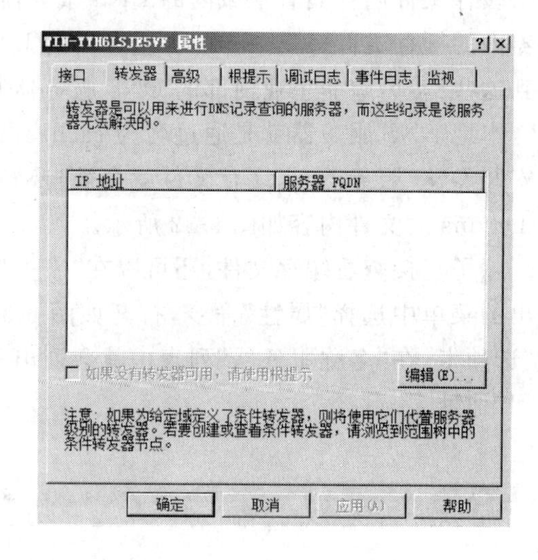

图9-34 “转发器”选项卡

(4) 在转发器的IP地址列表中，选择要调整顺序或删除的IP地址，单击“上移”、“下移”或“删除”，即可执行相关的操作。

9.4.6 配置DNS客户端

在C/S模式中，DNS客户端就是指那些使用DNS服务器的计算机，这些客户端既可以是安装Windows的计算机，也可以是安装Linux的计算机。DNS客户端分为静态DNS客户和动态DNS客户。静态DNS客户是指管理员手工配置TCP/IP协议的计算机，需要设置的主要内容就是指定DNS服务器。动态DNS客户是指使用DHCP服务的计算机，对于动态DNS客户，重要的是在配置DHCP服务时，指定“域名称和DNS服务器”。

1. 配置静态DNS客户

在“控制面板”中双击“网络和共享信息”窗口，单击左侧的“管理网络连接”，单击“本地连接”图标，选择“属性”命令，弹出“本地连接属性”对话框。在“本地连接属性”列表框中，找到“Internet协议版本4(TCP/IP)”，并双击打开。将“首选DNS服务器”设置为DNS服务器的IP，单击“确定”保存即可。

2. DNS服务器测试

(1) ping命令测试连通性

进入命令行窗口，直接在命令行中输入以下命令：

```
C:\>ping dns.cise.sdkd.net.cn
```

如果dns服务器能够正确地完成解析，如将dns.cise.sdkd.net.cn解析为192.168.1.10，并且IP为192.168.1.10的主机是连通的，则可以ping通。

(2) nslookup命令

nslookup是一个监测网络中DNS服务器是否能正确实现域名解析的命令行工具，它用来向 Internet 域名服务器发出查询信息，有两种模式：交互式和非交互式。

当没有指定参数或第 1 个参数是“_”，第 2 个参数为一个域名服务器的主机名或 IP 地址时，nslookup 为交互模式；当第 1 个参数是待查询的主机的域名或 IP 地址时，nslookup 为非交互式。这时，任选的第 2 个参数指定了一个域名服务器的主机名或 IP 地址。

针对本章前面 DNS 服务器的配置，客户端使用 nslookup 命令验证的效果如图9-35所示。

```
C:\Users\Administrator.WIN-YYH6LSJE5VF>nslookup
DNS request timed out.
    timeout was 2 seconds.
默认服务器:  UnKnown
Address:  192.168.117.132

> dns.cise.sdkd.net.cn
服务器:  UnKnown
Address:  192.168.117.132

名称:    dns.cise.sdkd.net.cn
Address:  192.168.1.10

> ftp.cise.sdkd.net.cn
服务器:  UnKnown
Address:  192.168.117.132

名称:    dns.cise.sdkd.net.cn
Address:  192.168.1.10
Aliases:  ftp.cise.sdkd.net.cn

> _
```

图 9-35　nslookup 命令验证的效果

在使用 nslookup 命令查找时，还可以通过发出“set type＝type”来设置查找类型，这里 type 是上面描述的资源记录名或 ANY。

例 9-1 ＞set type＝ns　//查找域名信息。set type 表示设置查找的类型，ns 表示域名服务器。

＞cise. sdkd. net. cn

例 9-2 ＞set type＝ptr　//检查反向 DNS。如已知道客户端 IP 地址，要查找其域名，输入：

＞192. 168. 117. 132

例 9-3 ＞set typoe＝mx　//检查 MX 邮件交换器记录。要查找域名的邮件交换器记录地址，输入：

＞. cise. sdkd. net. cn

例 9-4 ＞set type＝cname　//检查 CNAME 别名记录。此操作是查询域名主机有无别名。

＞ftp. cise. sdkd. net. cn

3. ipconfig 命令查看网络配置

DNS 客户端会将 DNS 服务器发来的解析结果缓存下来，在一定的时间内，若客户端再次需要解析相同名字，则会直接使用缓存中的解析结果，不必向 DNS 服务器发起查询。解析结果在 DNS 客户端缓存的时间取决于 DNS 服务器上相应资源记录设置的生存时间(TTL)。如果在生存时间规定的时间内，DNS 服务器对该资源记录进行了更新，则在客户端会出现短时间的解析错误。此时可以清空 DNS 客户端缓存来解决问题，步骤如下：

（1）查看DNS客户端缓存。在DNS客户端输入以下命令查看DNS客户端缓存。

```
C:\>ipconfig/displaydns
```

（2）清空DNS客户端缓存。在DNS客户端输入以下命令清空DNS客户端缓存。

```
C:>ipconfig  /flushdns
```

再次使用命令"ipconfig/displaydns"来查看DNS客户端缓存，可以看到已将其部分内容清空。

9.5 Linux中DNS服务器的安装和配置

RedHat Linux和许多UNIX系统一样，都首选BIND来实现域名服务。BIND的全名是Berkeley Internet Name Domain，最初是由加州大学伯克利分校所开发的BSD UNIX中的一部分，目前则由ISC组织负责维护与发展。BIND是个被广泛使用的DNS服务器软件，它提供了强大及稳定的域名解析服务，因此Internet上有近九成的DNS服务器主机都使用BIND。下面就具体介绍Linux中DNS服务器的安装和配置。

9.5.1 RHEL6中BIND服务器软件的安装与服务的启动

在进行DNS服务器配置之前，首先要检查系统中是否安装了BIND域名服务器，检查的方法可使用命令# rpm -qa|grep bind：

```
[root@localhost Packages]# rpm-qa|grep bind
samba-winbind-clients-3.4.4-50.el6.i686
bind-libs-9.7.0-1.el6.i686
bind-chroot-9.7.0-1.el6.i686
bind-9.7.0-1.el6.i686
PackageKit-device-rebind-0.5.6-2.el6.i686
rpcbind-0.2.0-4.1.el6.i686
bind-utils-9.7.0-1.el6.i686
```

其中bind-libs-9.7.0包含使用到的BIND库文件，bind-chroot-9.7.0为BIND提供chroot机制的软件包，为BIND提供一个伪装的根目录以增强安全性（将"/var/named/chroot/"文件夹作为BIND的根目录），如果不适用chroot保护BIND可以不安装，bind-9.7.0提供主要程序及相关文件，bind-utils-9.7.0提供nslookup及dig等测试工具（默认桌面版已经安装），是BIND域名服务的相关软件。

RHEL6自带的版本是BIND 9.7.0-1，如果在安装RHEL6的时候没有安装BIND，可以从Linux的安装光盘中找到如下文件：bind-9.7.0-1.el6.i686.rpm，bind-chroot-9.7.0-1.el6.i686.rpm，bind-libs-9.7.0-1.el6.i686.rpm和bind-utils-9.7.0-1.el.i686.rpm，使用rpm命令安装软件。还可以使用源代码安装或yum命令安装。如果采用源代码安装，可以从BIND的主页http://www.isc.org下载最新版本进行安装。BIND的源代码文件，如bind-9.9.2-P2.tar.gz，采用下列命令安装：

```
#rpm -e bind-9.7.0-1.el6//如果安装了bind 9.7.0包，先拆除
#tar xvzf  bind-9.9.2-P2.tar.gz
#cd bind-9.9.2-P2
```

```
#./configure
#make
#make install
```

如果使用 yum 安装，则输入 #yum install bind * -y。

可以通过查看 passwd 看到安装完 BIND 后，系统会多一个用户 named，并且登录类型为 nologin：

```
[root@localhost Packages]# cat/etc/passwd|grep named
named:x:25:25:Named:/var/named:/sbin/nologin
```

BIND 包安装完成之后，提供的主程序默认位于"/usr/sbin/named"，可以直接使用 #/usr/sbin/named 命令启动程序。软件包安装完成后，系统会自动增加一个名为 named 的系统服务，还可以通过脚本/etc/init.d/named 控制域名服务的运行。下面是通过脚本完成 DNS 服务的启动、停止与重启：

```
#/etc/rc.d/init.d/named  start   或  # service  named  start
#/etc/rc.d/init.d/named  stop   或  # service  named  stop
#/etc/rc.d/init.d/named  restart   或  # service  named  restart
```

查看 named 进程是否已正常启动。

```
[root@localhost Packages]# ps -eaf|grep named
named     4886     1  0 12:06 ?        00:00:00 /usr/sbin/named -u named
root      4895  3645  0 12:06 pts/0    00:00:00 grep named
```

由于 DNS 采用的 UDP 协议，监听 53 号端口，进一步检验 named 工作是否正常。

```
[root@localhost Packages]# netstat -an|grep :53
tcp        0      0 127.0.0.1:53                0.0.0.0:*                   LISTEN

tcp        0      0 ::1:53                      :::*                        LISTEN

udp        0      0 127.0.0.1:53                0.0.0.0:*

udp        0      0 0.0.0.0:5353                0.0.0.0:*

udp        0      0 ::1:53                      :::*
```

检查防火墙，看是否开放了 TCP 和 UDP 的 53 号端口。如果没有开放，使用下面的命令打开：

```
#iptables  -I  INPUT  -p  tcp  --dport  53  -j  ACCEPT
#iptables  -I  INPUT  -p  udp  --dport  53  -j  ACCEPT
```

9.5.2 RHEL6 下 DNS 服务的相关配置文件

与 DNS 服务相关的配置文件主要存放于/etc 目录和/var/named 目录。/etc 目录下主要是以 named 开头的一些配置文件，如 named.conf。可以使用命令 #ls /etc/named * 查看。

```
[root@localhost Packages]# ls /etc/named*
/etc/named.conf  /etc/named.iscdlv.key  /etc/named.rfc1912.zones
```

对于 BIND，需要配置的主要文件是/etc/named.conf。另外两个文件，/etc/named.iscdlv.key 保存加密用的 key，/etc/named.rfc1912.zones 扩展配置文件。

除了/etc 目录下的主配置文件，在进行域名解析的时候还要用到相关的解析文件，这些文件存放在/var/named 目录下。

```
[root@localhost Packages]# ls /var/named
chroot  dynamic  named.empty     named.loopback
data    named.ca  named.localhost  slaves
```

其中 named.localhost 是用于解析的区域文件，可以解析 localhost；named.loopback 可以解析回环地址；named.ca 保存根域名服务器信息。

1. 配置文件/etc/named.conf

该文件是域名服务器守护进程 named 启动时读取到内存的第一个文件。在该文件中定义了域名服务器的类型、所授权管理的域以及相应数据库文件和其所在的目录。该文件的内容如下：

```
options{
    listen-on port 53{127.0.0.1;};                          //服务监听端口为53
    listen-on-v6 port 53{::1;};                             //服务监听端口为53(ipv6)
    directory  "/var/named";                                //域名解析配置文件存放的目录
    dump-file  "/var/named/data/cache_dump.db";             //解析过的内容的缓存
    statistics-file  "/var/named/data/named_stats.txt";     //静态缓存(一般不用)
    memstatistics-file"/var/named/data/named_mem_stats.txt";  //静态缓存(放内存里的,一般不用)
    allow-qucry    {localhost;};                            //允许查询的客户机,localhost是
本机,any表示任何主机,如果是192.168.100.0/24,表示192.168.100.0/24网段所有主机
    recursion yes;                                          //轮询查找
    dnssec-enable yes;                                      //DNS加密
    dnssec-validation yes;                                  //DNS加密高级算法
    dnssec-lookaside auto;                                  //DNS加密相关
    bindkeys-file"/etc/named.iscdlv.key";                   //加密用的key
};
logging{                                                    //日志
        channel default_debug {
                file"data/named.run";                       //运行状态文件
                severity dynamic;                           //静态服务器地址(根域)
        };
};
zone"."IN{                                                  //根域解析
    type hint;
    file"named.ca";                                         //根域配置文件,定义了dns服务
器的根域名服务器的信息是从"name.ca"获得,这个记录文件是系统自带的,不用去改动它
};
include"/etc/named.rfc1912.zones";                          //扩展配置文件(新开域名)
```

可以看出主配置文件 named.conf 里面只有“.”区域在最下面有个 named.rfc1912.zones，是 named.conf 的辅助区域配置文件。意思是除了根域外，其他所有的区域配置建议在 named.rfc1912.zones 文件中配置，主要是为了方便管理，不轻易破坏主配置文件 named.conf。这是 RHEL6 版本跟 RHEL5 不同的地方。

zone 语句定义了 DNS 服务器所管理的区，即哪些域的域名是授权给该 DNS 服务器来回答的。zone 的类型由 type 关键字指定，一共有五种类型。

(1) master：主 DNS 服务器区域，这种类型的 DNS 本身拥有区域数据文件，并对此区域提供管理数据。

(2) slave：辅助区域，拥有主 DNS 服务器区域数据文件的副本，辅助 DNS 服务器从主 DNS 服务器同步所有区域数据。一般来说，DNS 系统通常会至少有两部主机提供 DNS 的服务。这个时候就需要有 slave 类型的 DNS 主机。不过，slave 主机必须要与 master 主机相互搭配。

(3) stub:stub 区域和 slave 类似,但它只复制主 DNS 服务器上的 NS 记录,而不像辅助 DNS 服务器会复制所有区域数据。

(4) forward:一个 forward zone 是每个域的配置转发的主要部分。一个 zone 语句中的 type forward 可以包括一个 forward 或 forwarders 子句,它会在区域名称给定的域中查询。如果没有 forwarders 语句或 forwarders 是空表,那么这个域就不会转发,消除了 options 语句中有关转发的配置。

(5) hint:根域名服务器的初始化组指定使用的线索区域 hint zone,当服务器启动时,它使用根线索来查找根域名服务器,并找到最近的根域名服务器列表。如果没有指定 class IN 的线索区域,服务器使用编译时默认的根服务器线索。不是 IN 的类别没有内置的默认线索服务器。

在配置文件中,常用的 DNS 配置语句可参考表 9-1。

表 9-1 常见的 DNS 配置语句和选项

语句	描述
/* 注释 */	C 语法风格的 BIND 注释
//注释	C++语法风格的 BIND 注释
#注释	Unix shell 和 perl 系统风格的 BIND 注释
acl	定义 IP 地址匹配列表
include	包含一个文件
key	指明用于识别和授权的密匙信息
logging	指定服务器日志记录的内容和日志信息的来源
options	全局服务器的配置选项和其他语句的默认值
control	声明 ndc 软件工具使用的控制通道
server	设置某个服务器配置参数
trusted-keys	定义预先配置到服务器中,并且信任的 DNSSEC 密钥
zone	定义一个区域
type	指明一个区域类型
file	指定一个区域文件
directory	指明区域文件的目录
forwarders	列出主机请求将要被转发到的 DNS 服务器
masters	列出作为从服务器使用的 DNS 主服务器主机
allow-transfer	指明允许哪台主机接收区域传送的请求
allow-query	指明允许哪台主机提出询问
notify	当主区域数据需要改变和更新时,允许主服务器通知从服务器

2. /etc/named.rfc1912.zones 文件分析

此文件主要定义了正向解析域文件映射和逆向解析域文件映射。

下面的语句定义了正向区域 localhost.localdomain,且所映射的域文件是 named.localhost,作用是可以用来解析域名 localhost.localdomain。

```
zone"localhost.localdomain"IN{          //本地主机全名解析
type master;                            //类型为主 DNS 区域
file"named.localhost";                  //对应区域数据库的配置文件,一般格式为域名.zone(文件
```

存放在/var/named 目录中)
```
allow-update{none;};                  //参数为 none 不允许客户端动态更新
};
```

下面定义了逆向区域 1.0.0.127.in-addr.arpa,可以用来进行逆向解析,如解析 IP 地址 127.0.0.1。zone 后面跟 IP 地址反写,一般是将网络地址的前三个字节反写。file 后面跟对应的反向区域数据库配置文件,所映射的域文件为 named.loopback。

```
zone"1.0.0.127.in-addr.arpa"IN{     //本地地址反向解析
type master;
file"named.loopback";
allow-update{none;};
};
```

下面的语句是用于 IPv6 协议的本地地址反向解析。

```
zone"1.0.0.0.0.0.0.0.0.0.0.0.0.0.0.0.0.0.0.0.0.0.0.0.0.0.0.0.0.0.0.0.ip6.arpa"IN{
type master;
file"named.loopback";
allow-update{none;};
};
```

注意:在 named.conf 文件中涉及的文件名可以自己命名,但是此文件名一定要和/var/named 目录下的文件名保持一致。

3. /var/named/named.localhost 文件分析

此文件是进行正向解析的区域文件,与 zone 之间的映射关系在/etc/named.rfc1912.zones 文件中已定义。可以用来解析域名 localhost.localdomain,localhost。查看文件内容如下:

```
[root@localhost Packages]# cat /var/named/named.localhost
$TTL 1D
@       IN SOA  @ rname.invalid. (
                                        0       ; serial
                                        1D      ; refresh
                                        1H      ; retry
                                        1W      ; expire
                                        3H )    ; minimum
        NS      @
        A       127.0.0.1
        AAAA    ::1
```

$TTL 1D:设置有效地址解析记录的默认缓存时间,即生存期。默认为 1 天,也就是 1D。

@ IN SOA @ rname.invalid.:设置起始授权机构(Start of Authority)SOA 标记,IN 表示属于 Internet 类,固定不变。“rname.invalid”表示负责该区域的管理员的 E-mail 地址,同“rname@invalid”,由于@有其他含义,所以用“.”代替。

0:更新序列号,用于标示数据库的变换,可以在 10 位以内,如果存在辅助 DNS 区域,建议每次更新完数据库,手动加 1。

1D:刷新时间,从域名服务器更新该地址数据库文件的间隔时间,默认为 1 天

1H:重试延时,从域名服务器更新地址数据库失败以后,等待多长时间,默认为 1 小时。

1W:失效时间,超过该时间仍无法更新地址数据库,则不再尝试,默认为一周。

3H:最小默认 TTL 的值,如果没有第一行 $TTL,则使用该值。

NS @:域名服务器记录,用于设置当前域的 DNS 服务器的域名地址。

A 127.0.0.1:设置域名服务器的 A 记录,地址为 IPv4 的地址 127.0.0.1。

AAAA ::1:设置域名服务器的 A 记录,地址为 IPv6 的地址。

以上信息都可以不修改。

4. /var/named/named. loopback 文件分析

此文件是进行逆向解析的区域文件,与 zone 之间的映射关系在/etc/named. rfc1912. zones 文件中已定义。此文件可以解析"回送地址",即解析 IP 地址 127.0.0.1。

```
[root@localhost Packages]# cat /var/named/named.loopback
$TTL 1D
@       IN SOA  @ rname.invalid. (
                                        0       ; serial
                                        1D      ; refresh
                                        1H      ; retry
                                        1W      ; expire
                                        3H )    ; minimum
        NS      @
        A       127.0.0.1
        AAAA    ::1
        PTR     localhost. _
```

此文件的内容大部分与/var/named/named. localhost 一致,如 TTL 刷新时间、retry 重试时间等。不同之处是最后一行 PTR localhost。PTP(pointer)是指针的意思,表示 IP 地址(127.0.0.1)所指向的域名是 localhost。

在前面的区域文件如 named. localhost、named. loopback 中,出现了一些具有特殊含义的记录,如 A 127.0.0.1、PTR localhost 等,这些记录是用来完成具体的正向或逆向解析的。记录类型有很多,可以参考表 9-2。

表 9-2 资源记录类型

类型	描述
A	主机地址,映射主机名字到 IP 地址
NS	本域授权名字服务器
CNAME	规范的名字,用来注释主机的别名
SOA	授权开始,在域文件中开始 DNS 条目,为域和其他特征(像接点和序号)指定名字服务器
WKS	已知的服务描述
PTR	指针记录,执行逆向域名访问,映射 IP 地址到主机名
RP	文本字符串,包含有关主机的接点信息
HINFO	主机信息
MINFO	电子邮箱或邮件列表信息
MX	邮件交换器,传送到域邮件服务器的远程站点
TXT	文件字符串,通常是主机信息

5. 文件/var/named/named. ca

在 Linux 系统上通常在/var/named 目录下已经提供了一个 named. ca,该文件中包含了 Internet 的顶层域名服务器,但这个文件通常会有变化,所以建议最好从 Inter NIC 下载最新的版本。该文件可以通过匿名 ftp 下载。

6. 配置文件/etc/resolv. conf

该文件用来告诉解析器调用的本地域名、域名查找的顺序以及要访问域名服务器的 IP 地址。该文件的内容如下:

```
domain jsjwl.net               #定义本地域名
nameserver 192.168.1.100       #定义域名服务器的 IP,最多三个,建议一般使用两个
search jsjwl.net               #简化用户输入的主机名,即当用户输入 www 时,使得 DNS 可以把它成
功地解析为 www.jsjwl.net
```

9.5.3 DNS 服务配置实例

下面我们给出具体的例子，完成正向解析、逆向解析。

1. 修改主配置文件/etc/named.conf

注意在修改之前要先进行备份，使用 $ cp -p/etc/named.conf /etc/named.conf.bak 命令备份，参数-p 表示备份文件与源文件的属性一致。使用 # vim /etc/named.conf 修改文件。

(1) 将 listen-on port 53{127.0.0.1;}; 中的{127.0.0.1}改为{any}//表示服务监听端口为 53。

(2) 将 listen-on-v6 port 53{::1;};中的{::1}改为{any}//表示服务监听端口为 53(IPv6)。

(3) 将 allow-query {localhost;};中的{localhost;}改为{any}//允许响应来自于任何客户机的查询。

2. 修改/etc/named.rfc1912.zones

添加正向解析域 lwj.com，逆向解析域 10.168.192.in-addr.arpa，其对应的域解析文件分别为由 file 指定的 lwj.com.zone 和 10.168.192.in-addr.arpa.zone。

```
zone "lwj.com" IN {
        type master;
        file "lwj.com.zone";
        allow-update { none; };
};
zone "10.168.192.in-addr.arpa" IN {
        type master;
        file "10.168.192.in-addr.arpa.zone";
        allow-update { none; };
```

3. 添加/var/named/lwj.com.zone 文件

可以先将模板文件复制一份，再进一步修改。

使用 cp -p/var/named/named.localhost/var/named/lwj.com.zone。

```
$TTL 1D
@       IN SOA  @ rname.invalid. (
                                        0       ; serial
                                        1D      ; refresh
                                        1H      ; retry
                                        1W      ; expire
                                        3H )    ; minimum
        NS      @
        A       192.168.10.10
www     A       192.168.10.10
ftp     A       192.168.10.11
xyz     CNAME   www
mail    A       192.168.10.12
lwj.com IN MX 5 mail
```

添加了 5 条记录，包括 3 个主机，1 个别名和 1 个邮件交换服务器。其中"lwj.com IN MX 5 mail"是一条 MX(Mail Exange)资源记录，表示发往 lwj.com 域的电子邮件交由 mail.lwj.com 邮件服务器处理。通常，当发送一个邮件到某个指定地址如 test@lwj.com 时，发送方的邮件服务器通过 DNS 服务器查询 lwj.com 这个域名的 MX 资源记录并据此将邮件发送到指定的邮件服务器，如 mail.lwj.com。而 5 是指优先级别，可以设置多个邮件服务器，MX 后面的数字越小，邮件服务器的优先权越高。优先级高的邮件服务器是邮件传送的首选，当邮件传送给优先级高的邮件服务器失败时，可以把它传送给优先级低的邮件服务器。

4. 添加/var/named/10.168.192.in-addr.arpa.zone

使用 cp -p/var/named/named.loopback /var/named/10.168.192.in-addr.arpa.zone。

```
$TTL 1D
@       IN SOA  @ rname.invalid. (
                                        0       ; serial
                                        1D      ; refresh
                                        1H      ; retry
                                        1W      ; expire
                                        3H )    ; minimum
        NS      @
        A       192.168.10.10
        AAAA    ::1
        PTR     lwj.com.
10      PTR     www.lwj.com
11      PTR     ftp.lwj.com
12      PTR     mail.lwj.com
```

添加了3个指针记录，分别指向lwj.com域中的www、ftp、mail三个主机。

9.5.4 在Linux下的DNS客户端的设置及测试

1. Linux下的DNS客户端的设置

在Linux操作系统中DNS客户端的设置方法有两种。

（1）用文本文件来配置，即配置/etc/resolv.conf文件。

/etc/resolv.conf控制解析使用的DNS主机名，指定DNS服务器的IP地址，DNS客户端就是利用里面设定的IP地址去查找到DNS服务器的。当解析主机名时，它指定要联系的DNS域名服务顺序和按什么顺序与这些服务器联系。它还提供本地域名以及在没有指定域名时用来推测主机的域名的线索。以lian.com为例子，/etc/resolv.conf文件的内容如下。

```
domain lian.com.                  //指定本地域名
nameserver 192.168.137.10         //指定DNS域名服务器的IP地址
```

（2）在图形界面上进行配置。

打开RHEL6的网络连接配置界面如图9-36所示，在DNS servers后面的文本框中输入DNS服务器的IP地址，如“192.168.193.141”。

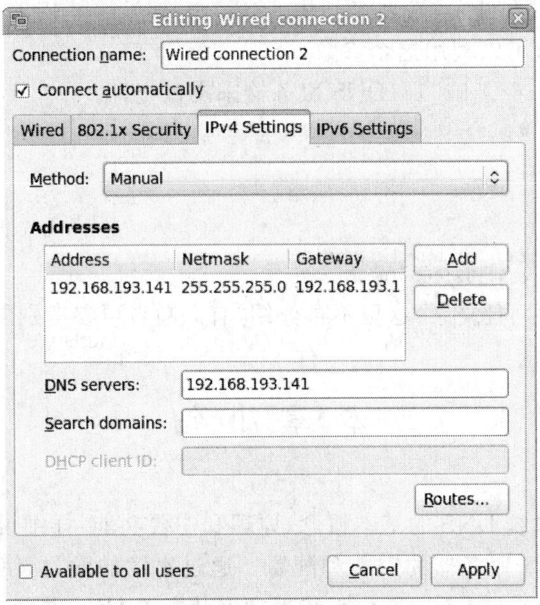

图9-36　网络连接配置

2. Linux 下的 DNS 客户端测试

配置好 DNS 并启动 named 进程后，即可对 DNS 进行测试。

判断 DNS 服务器是否能正确提供域名解析的最简单的方式就是使用 ping 命令，在 DNS 客户端的终端命令行提示符(启动 Linux 系统时)ping 某主机的域名，并根据 ping 命令的返回结果判断是否能实现 DNS 解析。

BIND 软件包本身提供了三个测试工具：nslookup、host 和 dig。

(1) nslookup

nslookup 是用来查询域名信息的命令，既可由域名查询 IP 地址，又可由 IP 地址查询域名。其使用分为交互模式和非交互模式两种方式。交互模式就是直接运行 nslookup，而非交互模式还需加上待查询的域名或 IP 地址，如：nslookup www.163.com，nslookup 192.168.1.34。交互模式除了能查询单个的主机，还可以查询 DNS 记录的任何类型，并且传输一个域的整个区域信息。当不加参数地调用，nslookup 将显示它所用的名字服务器，并且进入交互模式。当用 nslookup 查询时出现"Non-authoritative answer:"，表明这次并没有到网络外去查询，而是在缓存区中查找并找到数据。nslookup 完整的命令集可以通过 nslookup 中的 help 命令得到。

(2) host

格式如下：

```
# host  [-a][FQDN]  [server]
# host  -l  [domain]  [server]
```

参数说明：

-a：列出所有的信息，信息包含有 TTL 的 DNS 主机的 IP，待寻找的主机的 IP 等。

-l：将后面的 domain 内的所有的 host 都列出来，注意，要使用此选项，就必须要有 allow-transfer 的项目在/etc/named.conf 里面被启动。

server：这个参数可有可无，当想要利用非/etc/resolv.conf 内的 DNS 主机来解析主机名称与 IP 的对应时，就可以利用这个参数。

例子：强制以 192.168.193.141DNS 服务器来提供查询。

```
[root@localhost lwj]# host xyz.lwj.com 192.168.193.141
Using domain server:
Name: 192.168.193.141
Address: 192.168.193.141#53
Aliases:

xyz.lwj.com is an alias for www.lwj.com.
www.lwj.com has address 192.168.10.10
```

因为 dig 工具不常用且复杂，这里不再介绍，有兴趣者可参考别的文献。

本 章 小 结

本章介绍了域名系统 DNS 的基本概念、原理和主要功能，详细说明了 Windows Server 2008 和 RHEL6 下 DNS 服务器的安装和配置。通过本章的学习，使学生能轻松了解 DNS 服务器的相关知识，熟练掌握不同操作系统下的安装配置方法，并能在实践中灵活运用。

习　　题

1. 计算机名称有哪些？具体含义是什么？
2. 什么是 DNS 域名系统？描述域名解析的过程。
3. 在 DNS 系统中，正向和反向解析各是指什么？
4. Linux 中的 DNS 配置文件/etc/named. conf 的内容是什么？

第10章　DHCP服务器配置与管理

10.1　DHCP基础

10.1.1　DHCP与BOOTP

在TCP/IP协议的网络中,每一台计算机必须有一个IP地址,并且通过此IP地址与网络上的其他主机通信。IP地址获取的方式有两种:一是通过手动配置,指定固定IP地址、子网掩码、默认网关和DNS服务器地址;二是通过DHCP服务为客户机动态指派IP地址、子网掩码、默认网关和DNS服务器地址。

BOOTP协议是一个基于TCP/IP协议的协议,它可以让无盘站从一个中心服务器上获得IP地址,为局域网中的无盘工作站分配动态IP地址,并不需要每个用户去设置静态IP地址。一般包括Bootstrap Protocol Server(自举协议服务端)和Bootstrap Protocol Client(自举协议客户端)两部分。但BOOTP有一个缺点:在设定前须事先获得客户端的硬件地址,而且,与IP的对应是静态的。换言之,BOOTP缺乏"动态性",造成IP地址的浪费。

DHCP是引导程序协议BOOTP(或BOOTstrap Protocol自举协议)的增强版本。与BOOTP所采用的静态分配地址不同的是,DHCP的动态IP地址分配不是一对一的映射,服务器事先并不知道客户端的身份。而且,DHCP支持以下3种类型的地址分配方式。

(1) 自动分配方式。当DHCP客户端第一次成功地从DHCP服务器端租用到IP地址之后,就永远地使用这个地址。

(2) 动态地址分配。当DHCP第一次从DHCP服务器端租用到IP地址之后,并非永久地使用该地址,只要租约到期,客户端就得释放这个IP地址,以给予其他工作站使用。

(3) 手工分配方式。DHCP客户端的IP地址是由网络管理员指定的,DHCP服务器只是把指定的IP地址告诉给客户端。

DHCP具有以下优点。

(1) 提高效率。DHCP使计算机自动获得IP地址信息并完成配置,减少了由于手动设置而可能出现的错误,并极大地提高了工作效率,降低了劳动强度。

(2) 便于管理。当网络使用的IP地址范围改变时,只需要修改DHCP服务器的IP地址池即可,而不必逐一修改网络内的所有计算机的IP地址。

(3) 节约IP地址资源。在DHCP系统中,只有DHCP客户端请求时才由DHCP服务器提供IP地址,而当计算机关机后,又会自动释放该IP地址。

DHCP的缺点是不能发现网络上非DHCP客户端已经使用的IP地址。当网络上存在多个DHCP服务器时,一个DHCP服务器不能查出已被其他服务器租出去的IP地址。此外，DHCP 服务器不能跨越子网路由器与客户端进行通信，除非路由器允许 BOOTP 转发。

10.1.2 DHCP 的工作过程

DHCP 使用客户/服务器模型。DHCP 服务器的主要作用是为网络客户机分配动态 IP 地址。这些 IP 地址是 DHCP 服务器预先保留的一个由多个地址组成的地址集，这些 IP 地址及其相关配置参数都存储在 DHCP 服务器的数据库当中。DHCP 客户机第一次启动时，就会自动与 DHCP 服务器通信，并由 DHCP 服务器分配给 DHCP 客户机一个 IP 地址，直到租约到期(并非每次关机释放)，这个地址就会由 DHCP 服务器收回，并将其提供给其他的 DHCP 客户机使用。DHCP 协议的具体工作过程如下。

(1) DHCP 服务器被动等待：DHCP 服务器被动打开 UDP 端口 67，等待客户端发来的报文。

(2) IP 租约的发现阶段：客户端启动时，DHCP 客户从 UDP 端口 68 以广播方式发送 DHCP DISCOVER 发现报文消息，来寻找 DHCP 服务器，请求租用一个 IP 地址。由于客户端还没有自己的 IP 地址，所以用 0.0.0.0 作为源地址，同时客户端也不知道服务器的 IP 地址，它以 255.255.255.255 作为目标地址。网络上每一台安装了 TCP/IP 协议的主机都会接收到这种广播消息，但只有 DHCP 服务器才会做出响应。

(3) IP 租约的提供阶段：当客户端发送要求租约的请求后，所有的 DHCP 服务器都收到了该请求，然后所有的 DHCP 服务器都会广播一个愿意提供租约的 DHCP OFFER 提供报文消息，在 DHCP 服务器广播的消息中还包含以下内容：源地址，DHCP 服务器的 IP 地址；目标地址，因为这时客户端还没有自己的 IP 地址，所以用广播地址 255.255.255.255；客户端地址，DHCP 服务器可提供的一个客户端使用的 IP 地址；另外还有客户端的硬件地址、子网掩码、租约的时间长度和该 DHCP 服务器的标识符。

(4) IP 租约的选择阶段：如果有多台 DHCP 服务器向 DHCP 客户端发来的 DHCP OFFER 提供报文消息，则 DHCP 客户端只接受第一个收到的 DHCP OFFER 提供报文消息，然后就以广播方式回答一个 DHCP REQUEST 请求报文消息，该消息中包含它所选定的 DHCP 服务器请求 IP 地址的内容。之所以要求以广播方式回答，是为了通知所有的 DHCP 服务器，它将选择某台 DHCP 服务器所提供的 IP 地址，其他 DHCP 服务器会撤销它们提供的租约。

(5) IP 租约的确认阶段：当 DHCP 服务器收到 DHCP 客户端回答的 DHCP REQUEST 请求报文消息之后，它便向 DHCP 客户端发送一个包含它所提供的 IP 地址和其他设置的 DHCP ACK 确认报文消息，告诉 DHCP 客户端可以使用它所提供的 IP 地址，然后 DHCP 客户端便将其 TCP/IP 协议与网卡绑定，可以在局域网中与其他设备之间通信了。

(6) 租用期过了一半，DHCP 发送请求报文 DHCP REQUEST 要求更新租用期。DHCP 服务器若同意，则发回确认报文 DHCPACK。DHCP 客户得到了新的租用期，重新设置计时器。DHCP 服务器若不同意，则发回否认报文 DHCPNACK。这时 DHCP 客户必须立即停止使用原来的 IP 地址，而必须重新申请 IP 地址〔回到步骤(2)〕。若 DHCP 服务器不响应请求报文 DHCPREQUEST，则在租用期过了 87.5%时，DHCP 客户必须重新发送请求报文 DHCPREQUEST〔重复步骤(6)〕，然后又继续后面的步骤。

(7) DHCP 客户可随时提前终止服务器所提供的租用期，这时只需向 DHCP 服务器发送释放报文 DHCPRELEASE 即可。

10.1.3 DHCP 相关概念

在使用 Windows Server 2008 的 DHCP 服务之前，首先来了解以下几个重要的概念。

作用域(scope):通过 DHCP 服务租用或指派给 DHCP 客户机的 IP 地址范围。一个范围可以包括一个单独子网中的所有 IP 地址(有时也将一个子网再划分成多个作用域)。此外,作用域还是 DHCP 服务器为客户机分配和配置 IP 地址及其相关参数所提供的基本方法。

排除范围(exclusion range):DHCP 作用域中,从 DHCP 服务中排除的小范围内的一个或多个 IP 地址。使用排除范围的作用在于保持这些作用域的地址永远不会被 DHCP 服务器提供给客户。

地址池(address pool):DHCP 作用域中可用的 IP 地址。

租约期限(lease):DHCP 客户使用动态分配的 IP 地址的时间。在租用时间过期之前,客户必须续订租用,或用 DHCP 获取新的租用。租约期限是 DHCP 协议中最重要的概念之一,DHCP 服务器并不给客户机分配永久的 IP 地址,而是只允许客户在某个指定的时间范围内(即租约期限内)使用某个 IP 地址。租约期限可以是几分钟、几个月,甚至是永久的(建议不要使用这样的租约期限),用户可以根据不同的情况使用不同的租约期限。

保留(reservation):为特定 DHCP 客户租用而永久保留在一定范围内的特定 IP 地址。

10.2 DHCP 服务器的安装与配置

10.2.1 安装 DHCP 服务器

安装 DHCP 服务器与安装其他 Windows Server 2008 服务器一样,也可以用“添加角色”向导来完成。安装 DHCP 服务器的具体步骤如下。

(1) 在服务器中选择“开始”→“服务器管理器”命令打开“服务器管理器”窗口,如图 10-1 所示,选择左侧“角色”一项后,单击右侧的“添加角色”链接,出现如图 10-2 所示的“添加角色向导”对话框,首先显示的是“开始之前”选项,此选项提示用户在开始安装角色之前,请验证以下事项:

- Administrator 账户具有强密码;
- 已配置网络设置;
- 已安装 Windows Update 中的最新安全更新。

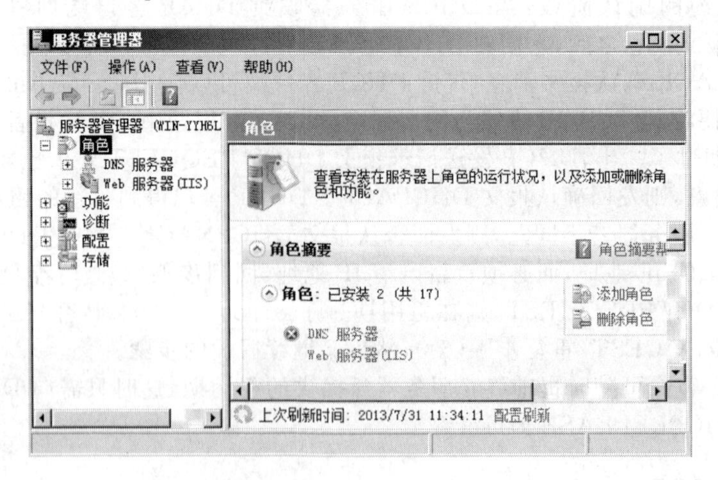

图 10-1 添加角色

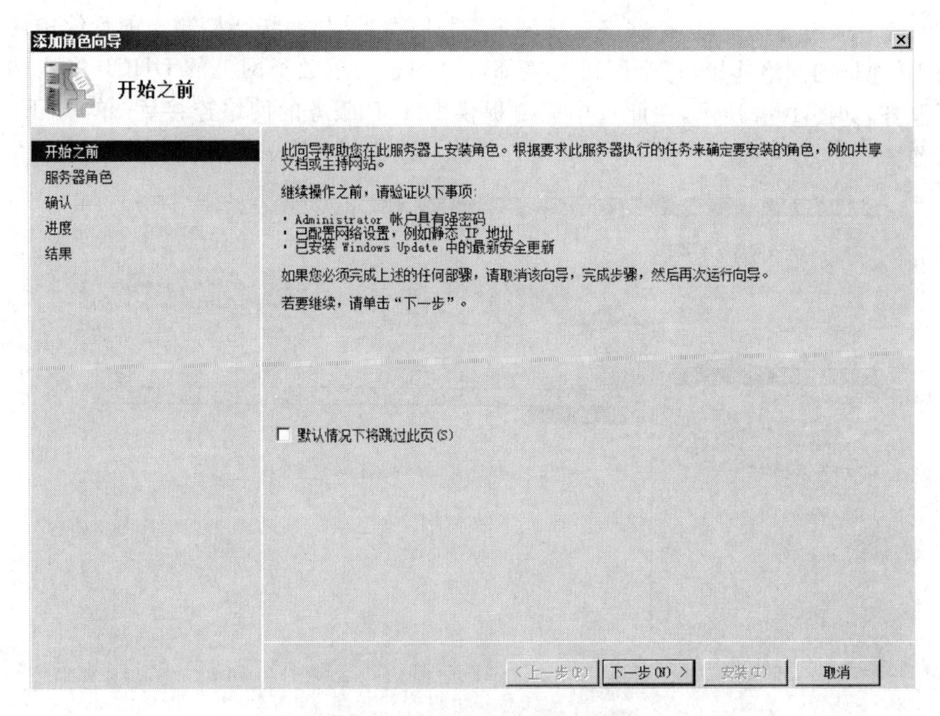

图 10-2 “添加角色向导”对话框

(2) 单击“下一步”，出现“选择服务器角色”对话框，如图 10-3 所示。在此对话框中，选中“DHCP 服务器”复选框，然后单击“下一步”。

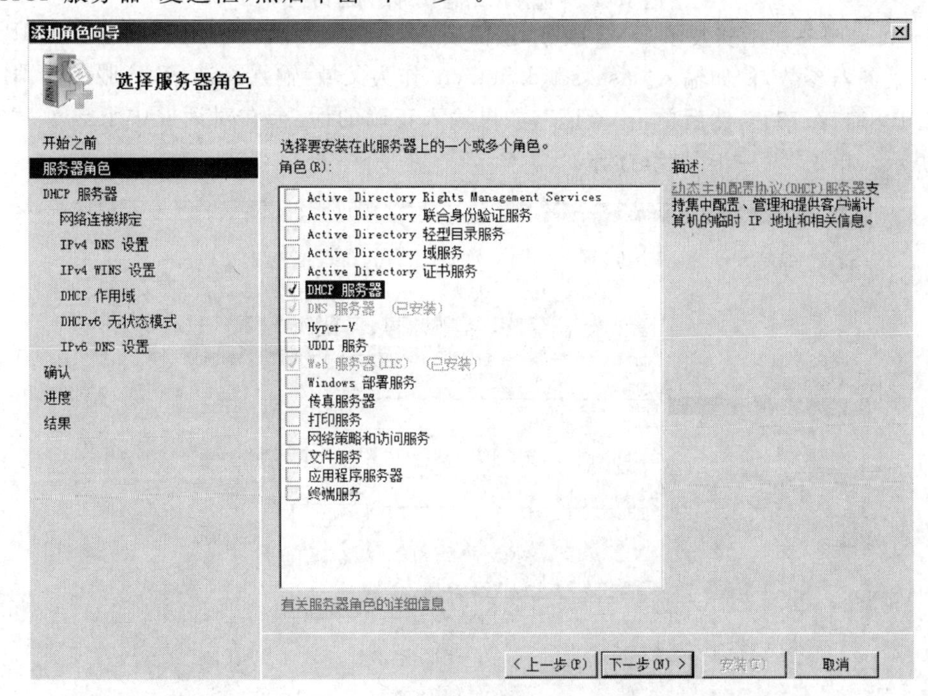

图 10-3 “选择服务器角色”对话框

(3) 单击“下一步”，在接下来的对话框中，对 DHCP 服务器进行了简要介绍，同时，出现了“注意事项”与“其他信息”，建议初次安装的用户仔细阅读。单击“下一步”继续操作。

(4) 接下来出现的是“选择网络连接绑定”对话框，此时，系统会检测当前系统中已经具有静态 IP 地址的网络连接，每个网络连接都可以用于为单独子网上的 DHCP 客户端计算机提供服务，如图 10-4 所示，在此选中需要提供 DHCP 服务的网络连接后，单击“下一步”继续操作。

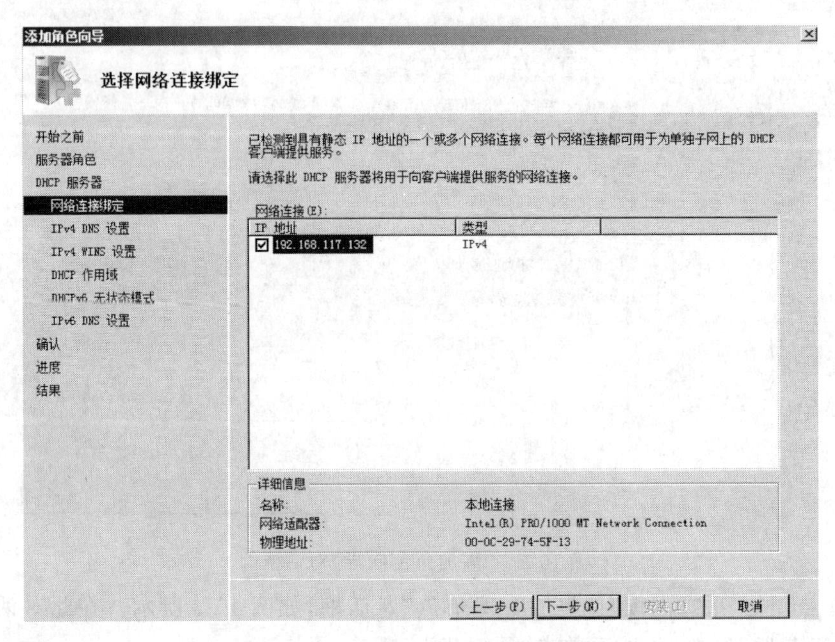

图 10-4 “选择网络连接绑定”对话框

(5) 如果服务器中安装了 DNS 服务，就需要在如图 10-5 所示的对话框中设置 IPv4 类型 DNS 服务器参数，例如输入“cise.sdkd.net.cn”作为父域，输入首选 DNS 服务器 IPv4 地址“192.168.117.132”，然后单击“验证”，如果输入正确的话，会在对话框中下显示一个“有效”的提示。单击“下一步”继续操作。

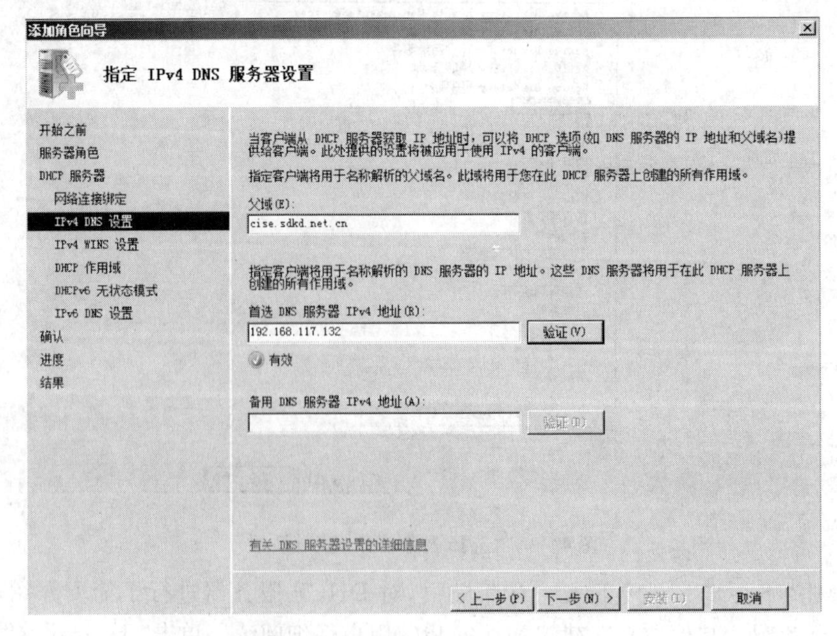

图 10-5 指定 IPv4DNS 服务器设置

(6) 接下来出现的是“指定 IPv4 WINS 服务器设置”对话框，如图 10-6 所示。如果当前网络中的应用程序需要 WINS 服务，则在此对话框中选择“此网络上的应用程序需要 WINS (S)”，并且输入首选 WINS 服务器的 IP 地址，然后单击“下一步”继续操作。

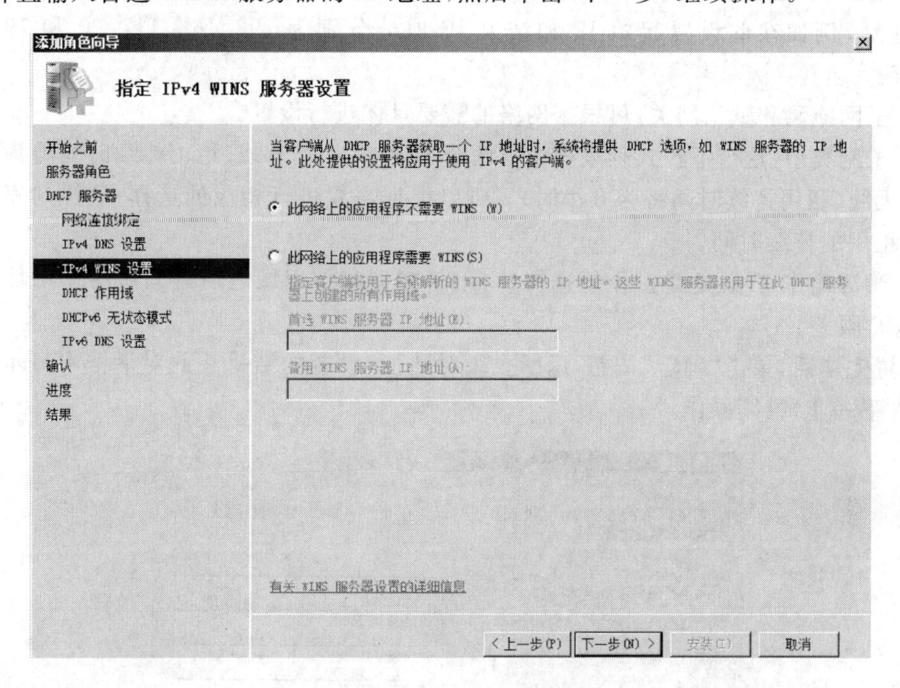

图 10-6 “指定 IPv4 WINS 服务器设置”对话框

(7) 在接下来如图 10-7 所示的“添加或编辑 DHCP 作用域”对话框中，单击“添加”来设置 DHCP 作用域，此时将打开“添加作用域”对话框，如图 10-8 所示，来设置作用域的配置，包含以下信息。

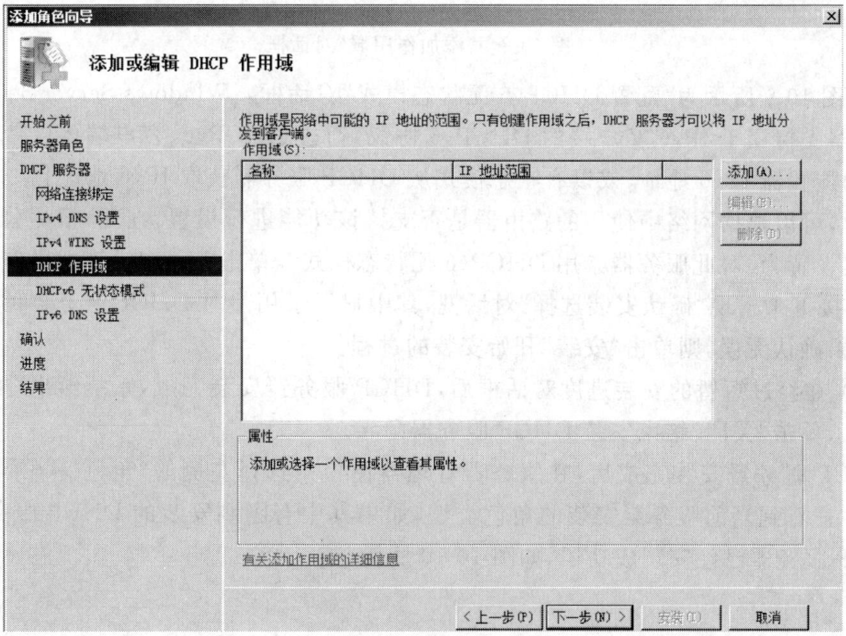

图 10-7 “添加或编辑 DHCP 作用域”对话框

• 作用域名称:这是出现 DHCP 控制台中的作用域名称,在此输入一个名称为“DH-CP01_cise. sdkd”。

• 起始 IP 地址和结束 IP 地址:这两个文本框中分别输入作用域的起始 IP 地址和结束 IP 地址,例如在此设置起始 IP 和结束 IP 地址分别为 192.168.117.20 和 192.168.117.255。

• 子网掩码和默认网关:可根据网络的需要具体进行设置。

• 子网类型:这个下拉式列表框中有两个选项,一个是有线(租用持续时间将为 8 天),一个是无线(租用持续时间将为 8 小时)。可以根据需要进行相应的选择;下拉列表中同时设置了租用的持续时间。

• 激活此作用域:这是一个复选按钮,用于在创建作用域之后必须激活作用域才能提供 DHCP 服务。

设置完毕后,单击“确定”按钮,返回上级对话框,设置的结果在此对话框中显示。接下来单击“下一步”继续操作。

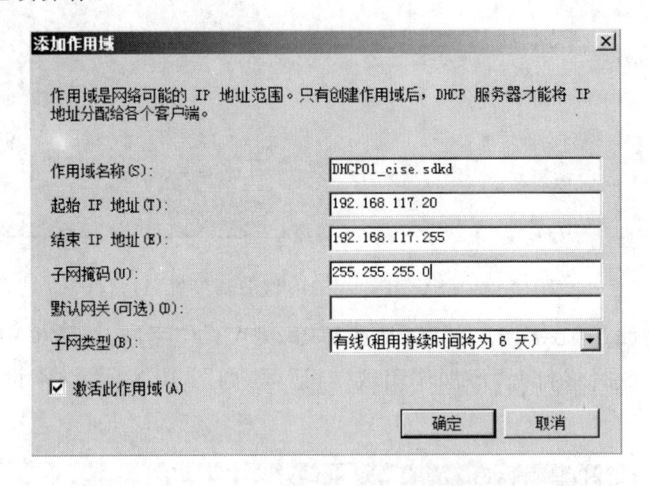

图 10-8 “添加作用域”对话框

(8) 图 10-9 所示为“配置 DHCPv6 无状态模式”对话框。Windows Server 2008 的 DH-CP 服务器支持用于 IPv6 客户端的 DHCPv6 协议,通过 DHCPv6,客户端可以使用无状态模式自动配置器 IPv6 地址,或以有状态模式从 DHCP 服务器获取 IPv6 地址。

此时,可以根据网络中使用的路由器是否支持该功能进行设置,在此,根据公司网络的需要将其设置为“对此服务器禁用 DHCPv6 无状态模式”,单击“下一步”继续操作。

(9) 接下来出现“确认安装选择”对话框,其中显示了用户对 DHCP 服务器的相关配置信息,如果确认无误,则单击“安装”开始安装的过程。

(10) 在经过短暂的安装进度对话框后,DHCP 服务器安装完成,系统给出“安装成功”提示信息,单击“关闭”结束安装 DHCP 服务器向导。

DHCP 服务器安装完成后,在服务器管理器窗口中选择左侧的“角色”一项,即可在右部区域中查看到当前服务器安装的角色类型,如果其中有刚刚安装的 DHCP 服务器,则表示 DHCP 服务器已经安装成功了,如图 10-10 所示。

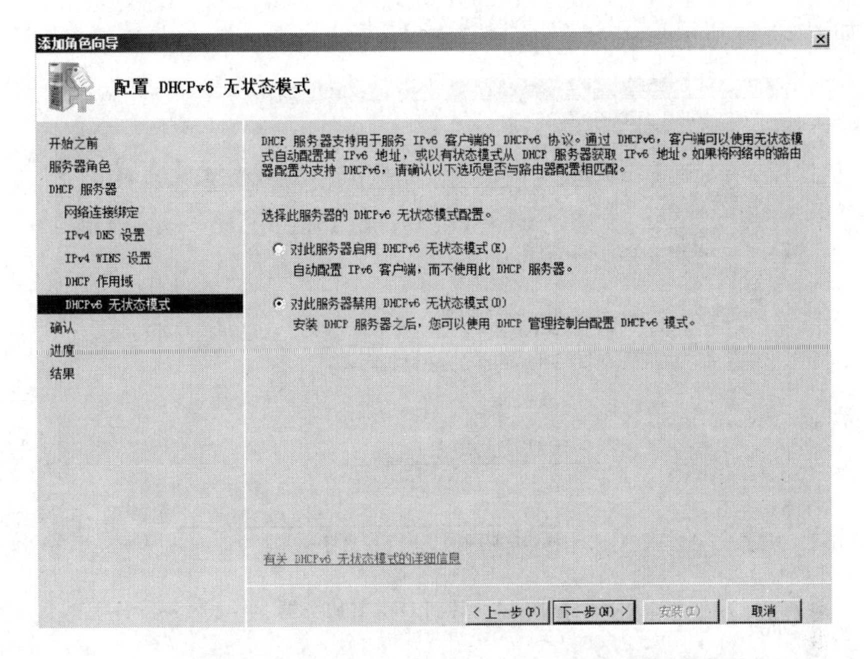

图 10-9 “配置 DHCPv6 无状态模式”对话框

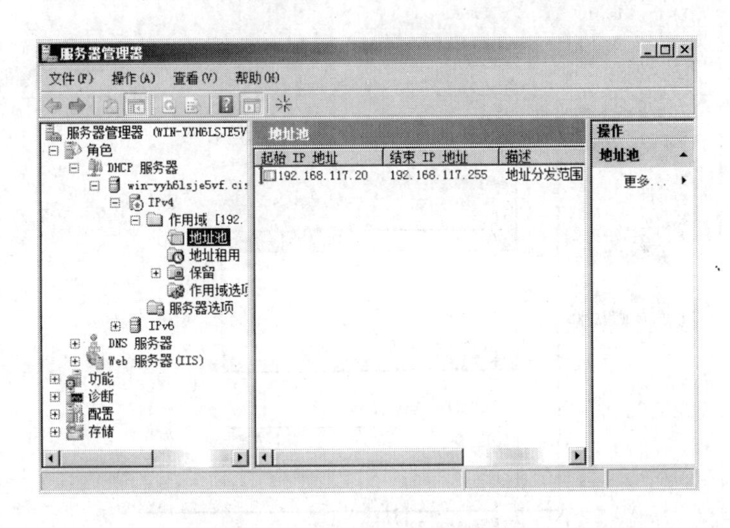

图 10-10 DHCP 服务器

10.2.2 DHCP 服务器的配置与管理

1. DHCP 服务器的启动与停止

在安装 DHCP 服务器之后，在“服务器管理器”窗口的角色中就会出现“DHCP 服务器”角色。在如图 10-11 所示的“服务器管理器”窗口中，单击左侧“角色”，在出现的右侧窗口中单击“转到 DHCP 服务器”链接，打开如图 10-12 所示的 DHCP 服务器摘要界面。

2. DHCP 服务器属性

对于已经建立的 DHCP 服务器，可以修改其配置参数，具体的操作如下。

在服务器管理窗口左部目录树中的 DHCP 服务器名称下选中“IPv4”选项，右击并选择

"属性",如图 10-13 所示。

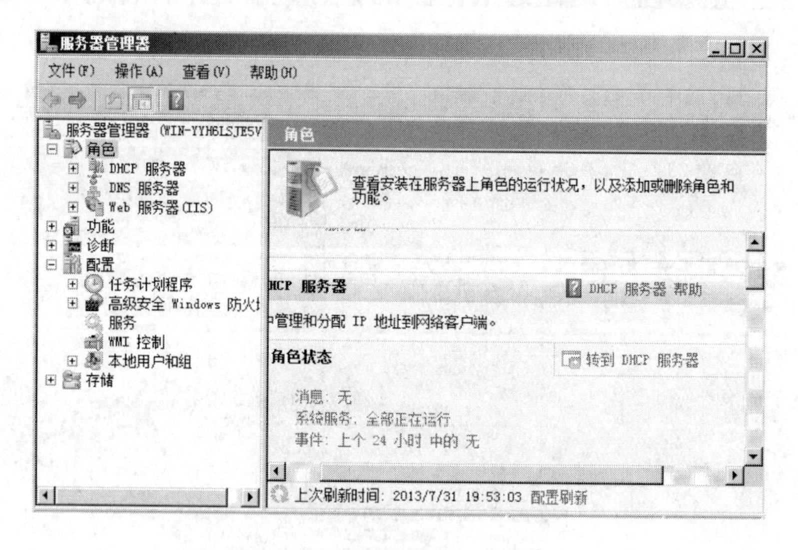

图 10-11 转到 DHCP 服务器

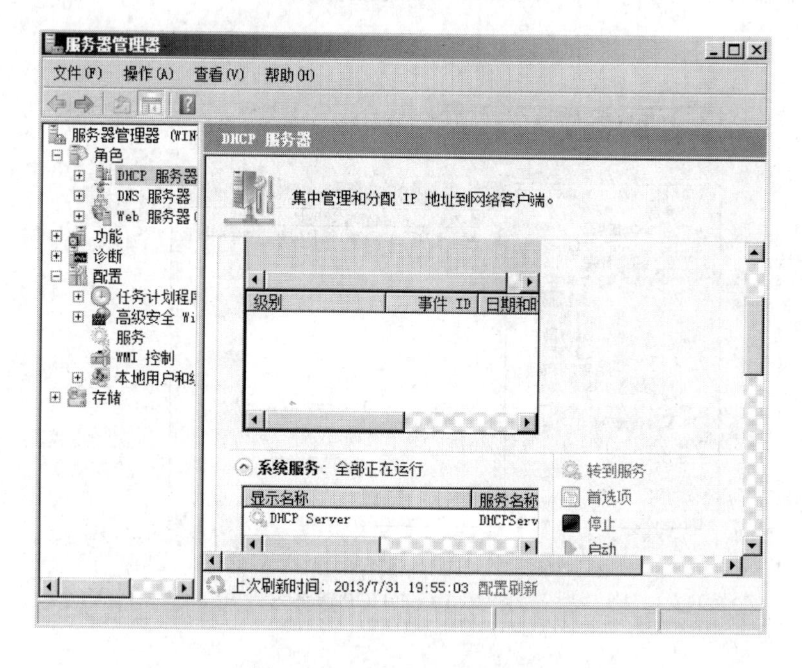

图 10-12 DHCP 服务器摘要

在打开的属性对话框中,在不同的选项卡中可以修改 DHCP 服务器的设置。

(1)"常规"选项卡的设置

图 10-14 所示为 DHCP 服务器的 IPv4 属性的"常规"选项卡。

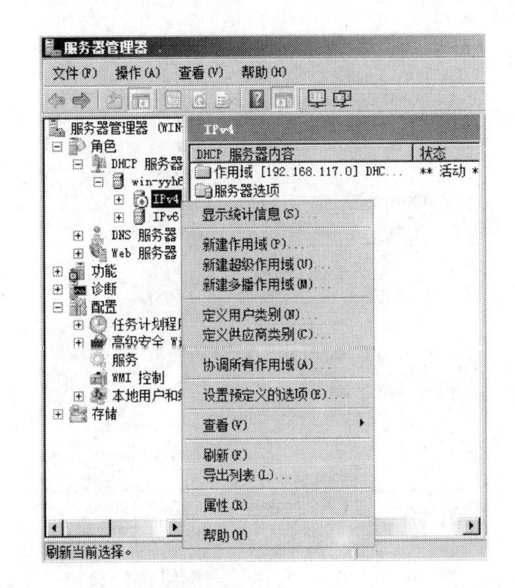

图 10-13　IPv4 属性

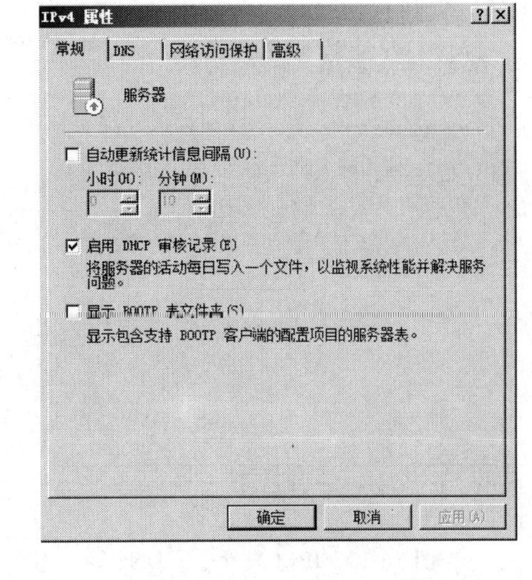

图 10-14　IPv4 属性——常规

参数如下：

“自动更新统计信息间隔”复选框：如果选中，可以设置按照小时和分钟为单位，服务器自动更新统计信息间隔时间。

“启用 DHCP 审核记录”复选框：选中后，可以将服务器的活动每日写入一个文件，日志将记录 DHCP 服务器活动以监视系统性能及解决问题。

“显示 BOOTP 表文件夹”复选框：可以显示包含支持 BOOTP 客户端的配置项目的服务器表。

(2) “DNS”选项卡的设置

如图 10-15 所示为属性的“DNS”选项卡，参数如下：

“根据下面的设置启用 DNS 动态更新”：表示 DNS 服务器上该客户端的 DNS 设置参数如何变化，有两种方式，可以设置 DHCP 客户端主动请求时，DNS 服务器上的数据才进行更新；或者 DNS 客户端的参数发生变化后，服务器的参数就发生变化。

“在租用被删除时丢弃 A 和 PTR 记录”：表示 DHCP 客户端的租约失效后，其 DNS 参数也被丢弃。

“为不请求更新的 DHCP 客户端动态更新 DNS A 和 PTR 记录”：表示 DNS 服务器可以对非动态的 DHCP 客户端也能执行更新。

(3) “网络访问保护”选项卡的设置

如图 10-16 所示为属性的“网络访问保护”选项卡。

(4) “高级”选项卡的设置

如图 10-17 所示为属性的“高级”选项卡，参数如下：

“冲突检测次数”：此输入框用于设置 DHCP 服务器在给客户端分配 IP 地址之前，对该 IP 地址进行冲突检测的次数，最高为 5 次。

“审核日志文件路径”：可以通过“浏览”修改审核日志文件的存储路径。

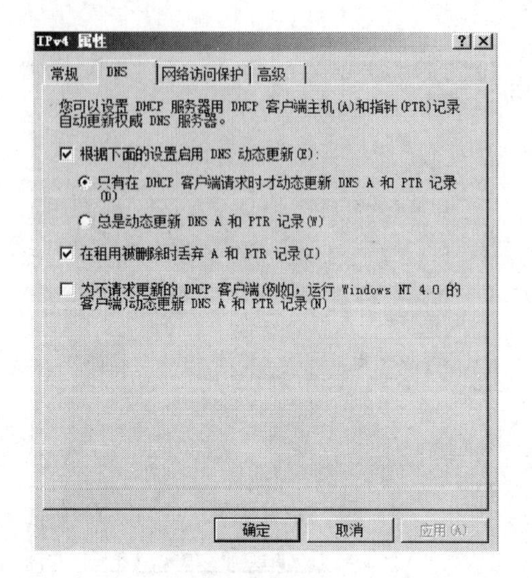

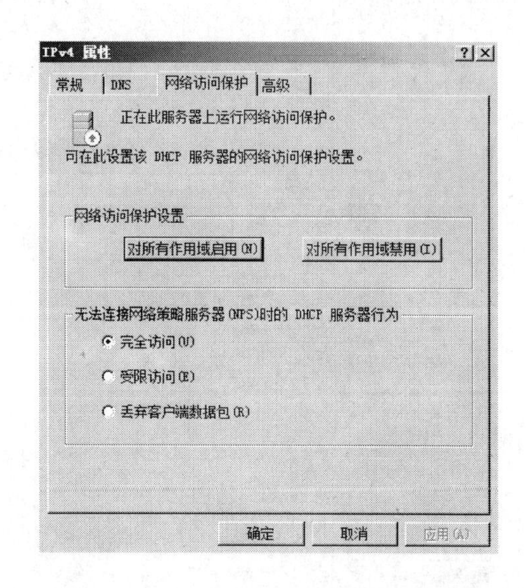

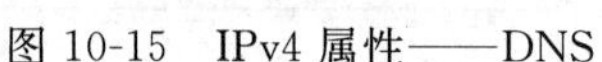
图 10-15　IPv4 属性——DNS

图 10-16　IPv4 属性——网络访问保护

"更改服务器连接的绑定"：如需要更改 DHCP 服务器和网络连接的关系，单击"绑定"按钮，会弹出绑定对话框，从"连接和服务器绑定"列表框中选中绑定关系后单击"确定"。

"DNS 动态更新注册凭据"：由于 DHCP 服务器给客户端分配 IP 地址，因此 DNS 服务器可以及时从 DHCP 服务器上获得客户端的信息。为了安全，可以设置 DHCP 服务器访问 DNS 服务器时的用户名和密码。可以单击"凭据"，在出现的 DNS 动态更新凭据对话框中设置 DHCP 服务器访问 DNS 服务器的参数。

3. 作用域的属性

在 DHCP 管理窗口的左部目录树中右击"作用域[192.168.117.0]DHCP01-cise.sdkd"，并在弹出的快捷菜单中选择"属性"命令，可以打开"作用域属性"对话框，如图10-18所示。

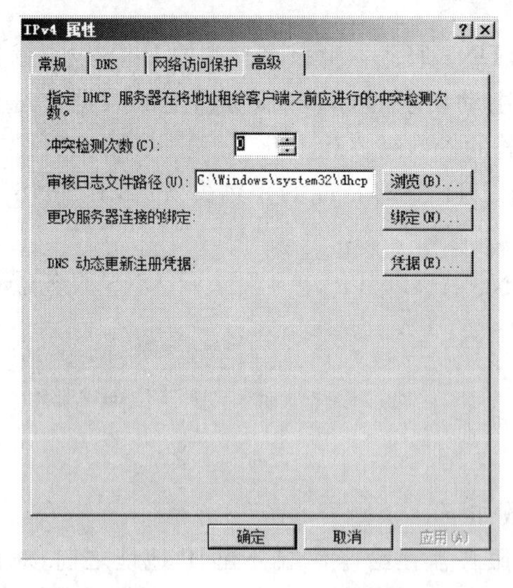

图 10-17　IPv4 属性——高级

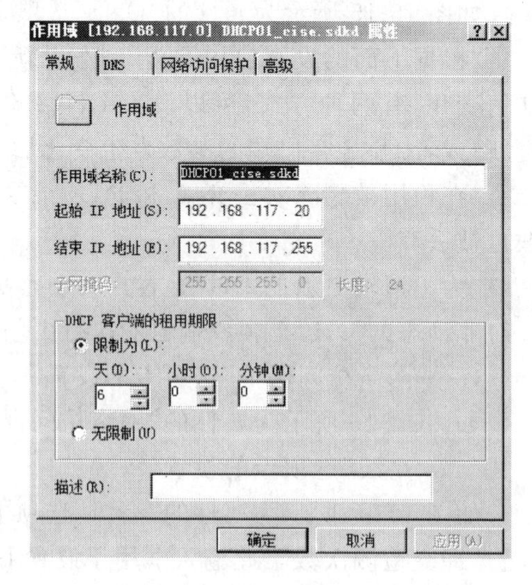

图 10-18　作用域属性——常规

(1)"常规"选项卡。可以修改作用域分配的 IP 地址范围，以及 DHCP 客户端的租用期限。"描述"文本框是对此作用域的描述。

（2）“DNS”选项卡。此选项卡类似于“IPv4 属性”的“DNS”选项卡，请参考图 10-15。

（3）“网络访问保护”选项卡，如图 10-19 所示

（4）“高级”选项卡。如图 10-20 所示。

4. 在地址池中添加排除范围

如果在前面建立的 IP 作用域内有部分 IP 地址不想提供给 DHCP 客户机使用，则可以在作用域中添加需排除的地址范围。

其操作步骤为：在 DHCP 管理窗口左部目录树中展开 IPv4 选项，在展开的分支中右击“作用域[192.168.117.0]”下面的分支“地址池”，并在弹出的快捷菜单中选择“新建排除范围”命令，如图 10-21 所示。在弹出的“添加排除”对话框中，如图 10-22 所示，可以设置地址池中排除的 IP 地址范围，在此输入需排除的地址范围是 192.168.117.100～192.168.117.255，然后，单击“添加”即可。

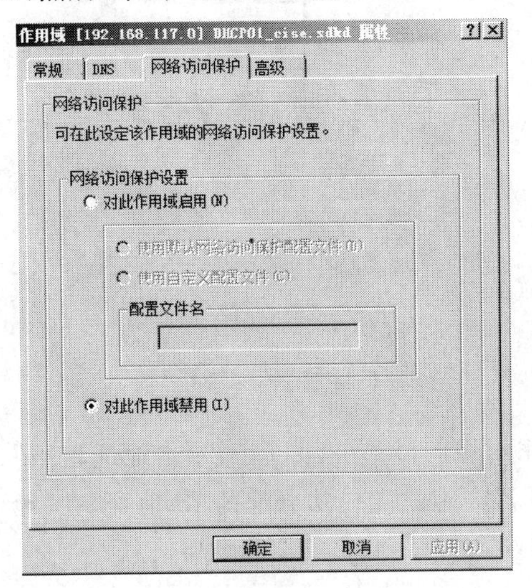

图 10-19　作用域属性——网络访问保护

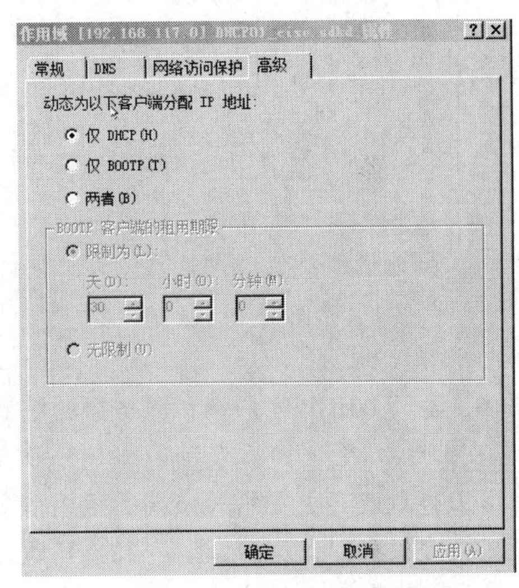

图 10-20　作用域属性——高级

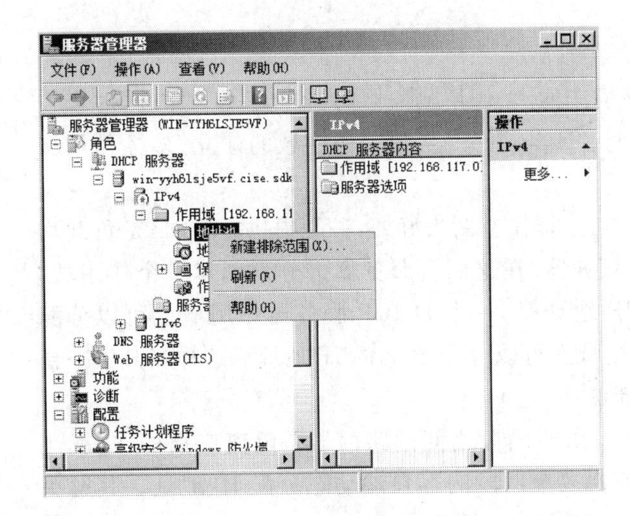

图 10-21　新建排除范围

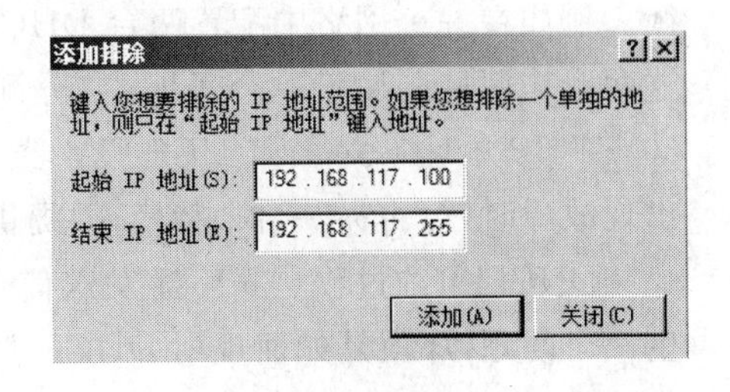

图 10-22　“添加排除”对话框

5. 建立保留 IP 地址

利用添加保留地址，可以创建 DHCP 服务器的永久地址租约指派，能够确保指定的客户机始终使用相同的 IP 地址。对于一些特殊的客户端，需要一直使用相同的 IP 地址，就可以通过建立保留来为其分配固定的 IP 地址。

具体的步骤如下：在 DHCP 管理器窗口的左部目录树依次展开“IPv4”→“作用域[192.168.117.0]”→“保留”选项，右击后从弹出的快捷菜单中选择“新建保留”，如图 10-23 所示。在弹出的如图 10-24 所示的“新建保留”对话框中，输入保留名称、保留的 IP 地址、客户端的 MAC 地址等信息。完成设置后单击“添加”。

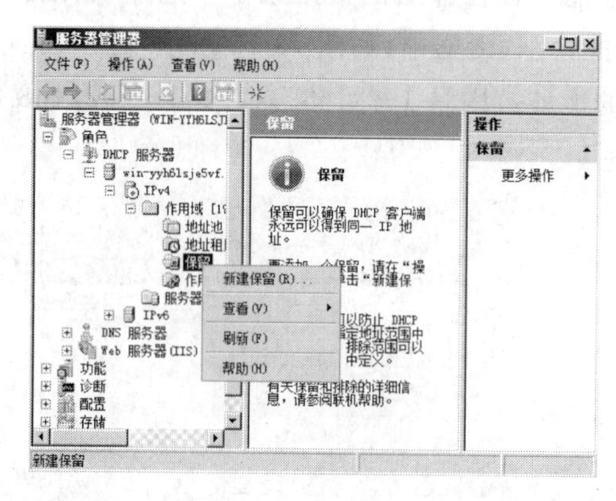

图 10-23 新建保留

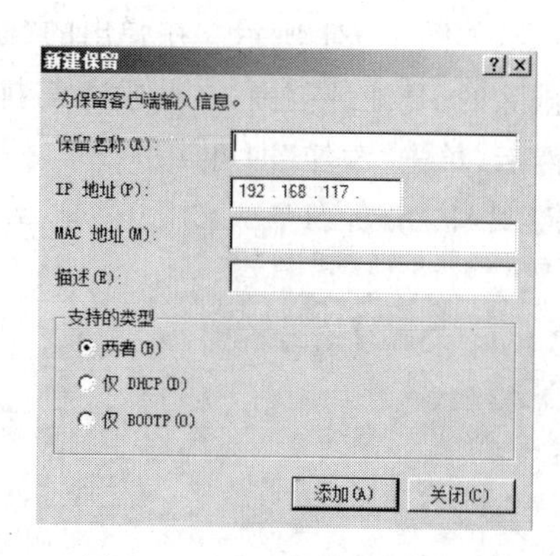

图 10-24 “新建保留”对话框

6. 显示 DHCP 客户端和服务器的统计信息

在 DHCP 管理窗口左部目录树依次展开“作用域[192.168.117.0]”→“地址租用”选项，可以查看已经分配给客户端的租用情况，服务器为客户端成功分配的 IP 地址，在“地址租用”列表栏中，可以显示客户端的 IP 地址、客户端名、租用截止日期和类型信息。

在 DHCP 管理窗口的 IPv4 分支名称上右击，并在弹出的快捷菜单中选择“显示统计信息”命令，可以查看 DHCP 服务器的开始时间、使用时间、发现的 DHCP 客户端的数量等信息。

7. 高级 DHCP 配置

网络环境是复杂的，在不同的网络环境中对 DHCP 服务器的需求是不一样的，对于较复杂的网络，主要涉及 3 种情况：配置多个 DHCP 服务器；超级作用域的建立；多播作用域的建立。

在一个网段中配置多个 DHCP 服务器，这样做有两大好处：一是提供容错，二是负载均衡。例如在一个网络中配置两台 DHCP 服务器，在这两台服务器上分别创建一个作用域。这两个作用域同属于一个子网，在分配 IP 地址时，一个 DHCP 服务器作用域上可以分配 80%的 IP 地址，另一个 DHCP 服务器作用域上可以分配 20%的 IP 地址。这样当其中一台出现故障时，可由另一台来替换，并提供新的 IP 地址。

DHCP 租约过程是靠广播发送信息的，由于网段之间的路由器是隔离广播的，这就产生一个问题，那就是如何规划 DHCP 服务为多个网段的客户端动态分配 IP 地址。其解决方法是通过配置 DHCP 服务器和 DHCP 中继代理。在图 10-25 中，通过配置中继代理，子网 2 中的 DHCP Server 可以为子网 1 中的 client 动态分配 IP。

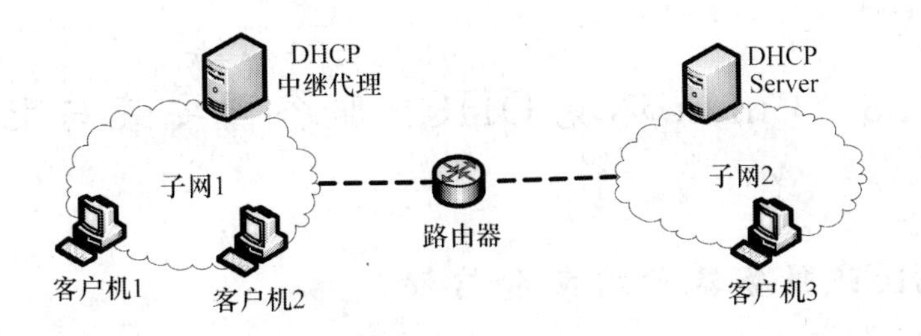

图 10-25　DHCP 中继代理拓扑结构图

DHCP Server 分配 IP 的步骤可以描述为：

(1) 子网 1 中的 DHCP 客户机申请 IP 租约，发送 DHCP Discover 包；

(2) 子网 1 中的中继代理收到该包，并转发给另一个网段(子网 2)的 DHCP 服务器；

(3) DHCP 服务器收到该包，将 DHCP Offer 包发送给中继代理；

(4) 中继代理将地址租约(DHCP Offer)转发给子网 1 中的 DHCP 客户端；

(5) 接下来，DHCP Request 包从子网 1 中的客户机通过中继代理转发到子网 2 中的 DHCP 服务器，DHCPACK 消息从子网 2 中的服务器通过中继代理转发到子网 1 的客户机。

(6) 接下来的步骤与前面介绍的 DHCP 的工作原理类似，只不过中间要经过 DHCP 中继代理的转发。

10.2.3　配置 DHCP 客户端

当 DHCP 服务器配置完成后，客户机就可以使用 DHCP 功能。可以通过设置网络属性中的 TCP/IP 通信协议属性，选定采用“DHCP 自动分配”或者“自动获取 IP 地址”方式获取 IP 地址，设定自动获取 DNS 服务器地址，而无须手工为每台客户机设置 IP 地址、网关地址、子网掩码等属性。

以 Windows Server 2008 为例设置客户机使用 DHCP，其设置方法如下。

(1) 在客户端计算机上依次打开“控制面板”→“网络和 Internet”→“网络和共享中心”，可查看所有可用的网络连接，单击“本地连接”图标，弹出“本地连接状态”对话框。

(2) 在“本地连接状态”对话框中单击“属性”按钮，弹出“本地连接属性”对话框。

(3) 在“本地连接属性”对话框中的“此连接使用下列项目”列表框中，选择“Internet 协议版本 4(TCP/IPv4)”，单击“属性”按钮，弹出如图 10-26 所示的“Internet 协议版本 4(TCP/IPv4)属性”窗口，分别选择“自动获取 IP 地址”和“自动获得 DNS 服务器地址”，然后单击“确定”即可。

客户端设置完成后，可以重新启动计算机，客户端会自动根据 DHCP 服务器的相关设置获取 IP 地址等信息。

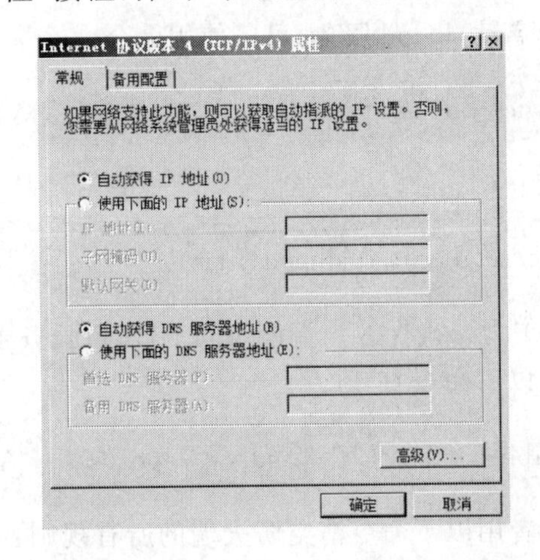

图 10-26　“Internet 协议版本 4(TCP/IPv4)属性”对话框

10.3 Linux 环境 DHCP 服务器安装与配置

10.3.1 DHCP 服务器的安装和启动

1. RHEL6 中 DHCP 服务器的安装

在进行 DHCP 服务器配置之前，首先要确认 Linux 系统中已经安装了 DHCP 服务器，在 RHEL6 环境中，可使用命令：# rpm -qa|grep dhcp 查看是否已安装 DHCP 服务相关的软件，如果在首次安装时没有选择 DHCP 组件，使用命令 # yum-y install dhcp 联网安装，或是在 RHEL6 光盘中的 Packages 目录中找到 dhcp-4.1.0p1-15.el6.i686.rpm 软件包进行安装，安装命令如下：

```
[root@localhost Packages]# rpm -ivh dhcp-4.1.0p1-15.el6.i686.rpm
warning: dhcp-4.1.0p1-15.el6.i686.rpm: Header V3 RSA/SHA256 Signature, key ID
f21541eb: NOKEY
Preparing...                ########################################### [100%]
```

如果在 ubuntu12.04 中安装 DHCP 服务，可使用 $ sudo apt-get install dhcp3-server 命令完成自动联网安装。

在 RHEL6 中使用 rpm 命令找到相关软件包进行安装完成后，会创建/etc/dhcp、/var/lib/dhcpd 等目录，并生成一些初始配置文件，可以使用 # ls 命令查看相关配置文件如下：

```
[root@localhost Packages]# ls /etc/dhcp
dhclient.d  dhcpd.conf
[root@localhost Packages]# ls /var/lib/dhcpd
dhcpd6.leases  dhcpd.leases
```

同时在/usr/sbin 目录下生成服务的可执行文件。

```
[root@localhost Packages]# ls -l /usr/sbin/dhcpd
-rwxr-xr-x. 1 root root 835760 Jan 12  2010 /usr/sbin/dhcpd
```

2. 服务的启动与查询

（1）为 DHCP 服务器配置静态 IP。

（2）启动 DHCP 服务。

要启动 dhcpd 服务，可以使用命令：

```
# service dhcpd start
```

或

```
# /etc/rc.d/init.d/dhcpd start
```

（3）为了确保客户端能访问 DHCP 服务器，如果防火墙未开放 UDP 的 67 号端口，可以输入以下命令打开：

```
# iptables -I INPUT -p udp  --dport 67 -j ACCEPT
```

或者用以下命令清空防火墙的所有规则：

```
# iptables -F
```

(4) 启动后,可以使用以下命令查询服务是否启动。

1) 使用#service dhcpd status 查询服务状态。

2) 使用 ps 命令查看 dhcpd 进程。

```
[root@localhost lwj]# ps -eaf|grep dhcpd
root      2952     1  0 05:04 ?        00:00:00 /usr/sbin/dhcpd
```

3) 使用命令#netstat - tlunp。

```
[root@localhost lwj]# netstat -tlunp
Active Internet connections (only servers)
Proto Recv-Q Send-Q Local Address               Foreign Address             State
PID/Program name
udp        0      0 0.0.0.0:67                  0.0.0.0:*
2556/dhcpd
```

因为 dhcpd 的端口是 67,因为在 netstat-tlunp 的显示结果中能看到监听 67 端口,这就证明服务已经可以正常运行

4) 还可以通过查看日志文件/var/log/messages。

```
[root@localhost lwj]# tail -10 /var/log/messages
Jun  7 23:02:34 localhost dhcpd: For info, please visit http://www.isc.org/sw/dhcp/
Jun  7 23:02:34 localhost dhcpd: Not searching LDAP since ldap-server, ldap-port and ldap-
base-dn were not specified in the config file
Jun  7 23:02:34 localhost dhcpd: Internet Systems Consortium DHCP Server 4.1.0p1
Jun  7 23:02:34 localhost dhcpd: Copyright 2004-2009 Internet Systems Consortium.
Jun  7 23:02:34 localhost dhcpd: All rights reserved.
Jun  7 23:02:34 localhost dhcpd: For info, please visit http://www.isc.org/sw/dhcp/
Jun  7 23:02:34 localhost dhcpd: Wrote 0 leases to leases file.
Jun  7 23:02:34 localhost dhcpd: Listening on LPF/eth1/00:0c:29:b5:08:7d/192.168.193.0/24
Jun  7 23:02:34 localhost dhcpd: Sending on   LPF/eth1/00:0c:29:b5:08:7d/192.168.193.0/24
Jun  7 23:02:34 localhost dhcpd: Sending on   Socket/fallback/fallback-net
```

3. 设置服务开机启动

要设置 dhcpd 进程在系统开机时启动,使用命令#chkconfig --level 345 dhcpd on,也可以使用#setup 命令打开图形界面管理窗口,如图 10-27 所示。选择 system services,在新的界面中找到 DHCP 服务做进一步的设置即可。

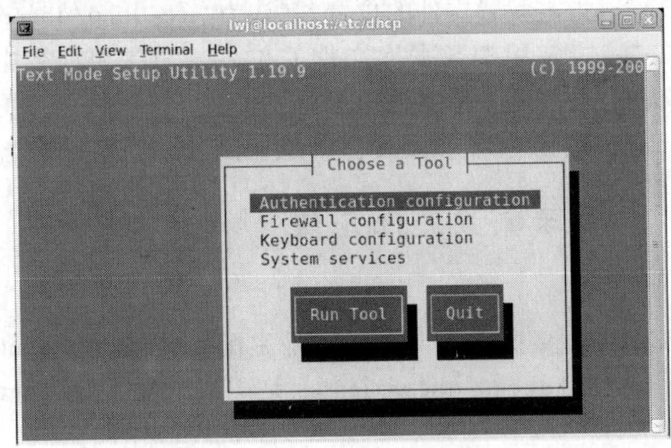

图 10-27 系统工具选择界面

4. 以 debug 模式运行 DHCP 服务器

执行命令如下:#dhcpd -d

该命令指明 dhcpd 将出错信息记录到标准的错误描述器,记录的信息将根据/etc/rsyslog.conf 文件的配置保存在指定的文件中。

5. 设置 DHCP 服务监听的网卡

服务器端可以有多块网卡,如 eh0、eth1 等,如果允许服务器监听多块网卡,修改配置文件/etc/sysconfig/dhcpd 如下:

```
# vim/etc/sysconfig/dhcpd
DHCPDARGS = "eth1 eth0"
```

如果允许多个网卡可以写多个网卡名，并以空格隔开。

如果系统连接不止一个网络接口，但是只想让 DHCP 服务器启动其中之一，则可以配置 DHCP 服务器只在相应设备上启动。在/etc/sysconfig/dhcpd 中，把接口的名称添加到 DHCPDARGS 的列表中：

```
# Command line options here
DHCPDARGS = eth0
```

此外，还可以通过命令行设定其监听端口。例如，使用以下命令：

```
#dhcpd  eth0
```

如果有一个带有两块网卡的防火墙机器，这种方法就会大派用场。一块网卡可以被配置成 DHCP 客户端从互联网上检索 IP 地址；另一块网卡可以被用做防火墙之后的内部网络的 DHCP 服务器。仅指定连接到内部网络的网卡使系统更加安全，因为用户无法通过互联网来连接其守护进程。

/etc/sysconfig/dhcpd 中还可以使用以下一些命令行选项：

(1) -p<portnum>：指定 dhcpd 应该监听的 UDP 端口号码，默认值为 67。DHCP 服务器在比指定的 UDP 端口大一位的端口号上把回应传输给 DHCP 客户端。例如，如果使用默认端口 67，服务器就会在端口 67 上监听请求，然后在端口 68 上回应客户。如果在此处指定了一个端口号，并且使用了 DHCP 转发代理，所指定的 DHCP 转发代理所监听的端口必须是同一端口。

(2) -f：把守护进程作为前台进程运行，在调试时最常用。

(3) -d：把 DCHP 服务器守护进程记录到标准错误描述器中，在调试时最常用。如果未指定，日志将被写入/var/log/messages 中。

(4) -cf<filename>：指定配置文件的位置，默认为/etc/dhcp/dhcpd. conf。

(5) -lf<filename>：指定租期数据库文件的位置。如果租期数据库文件已存在，在 DHCP 服务器每次启动时使用同一个文件至关重要。

(6) -q：在启动该守护进程时，不要显示整篇版权信息。

10.3.2 DHCP 服务器配置文件介绍

1. 主配置文件

在 RHEL6 中，相关的配置文件有两个。一是主配置文件/etc/dhcp/dhcpd. conf，需要手动配置，还有一个/var/lib/dhcpd/dhcpd. leases 是用来记录客户端租约时间的，这个不用配置。

首先来看主配置文件，默认情况下，主配置文件/etc/dhcp/dhcpd. conf 的内容为空，为方便用户配置，可以将系统中的模板文件/usr/share/doc/dhcp-4. 1. 0p1/dhcpd. conf. sample 复制到"/etc/dhcp"目录下，并将其文件名改成"dhcpd. conf"。使用下面的命令：

```
#cp  -p  /usr/share/doc/dhcp-4.1.0p1/dhcpd.conf.sample  /etc/dhcp/dhcpd.conf
```

下面是原模板文件 dhcpd. conf 文件的部分内容：

```
option domain-name "example.org";
option domain-name-servers ns1.example.org, ns2.example.org;
default-lease-time 600;
max-lease-time 7200;
#ddns-update-style none;
subnet 10.254.239.0 netmask 255.255.255.224 {
  range 10.254.239.10 10.254.239.20;
  option routers rtr-239-0-1.example.org, rtr-239-0-2.example.org;
}
subnet 10.254.239.32 netmask 255.255.255.224 {
  range dynamic-bootp 10.254.239.40 10.254.239.60;
  option broadcast-address 10.254.239.31;
  option routers rtr-239-32-1.example.org;
}
# A slightly different configuration for an internal subnet.
subnet 10.5.5.0 netmask 255.255.255.224 {
  range 10.5.5.26 10.5.5.30;
  option domain-name-servers ns1.internal.example.org;
  option domain-name "internal.example.org";
  option routers 10.5.5.1;
  option broadcast-address 10.5.5.31;
  default-lease-time 600;
  max-lease-time 7200;
}
host fantasia {
  hardware ethernet 08:00:07:26:c0:a5;
  fixed-address fantasia.fugue.com;
}
```

其中:"#"为注释符号,表示注释语句;";"通常放在行的结尾,表示此项设置结束,是最容易忽略的地方;"{}"中可以是具体的子选项,可以是局部设置和主机设置。

DHCP 配置文件分为三大部分:整体设置、局部设置和主机设置。整体设置部分类似于 Windows 里 DHCP 服务器的服务器选项,局部设置就类似于作用域选项,而主机设置类似于保留选项。一般将整体设置放在配置文件的最前面,很多选项既可以作为整体设置,也可以作为局部设置,对于某个设置如果既是整体设置又是局部设置或主机设置,则优先级为:整体设置<局部设置<主机设置。

(1) 整体设置

整体设置部分对所有局部设置都生效,其中多数配置也可以被设置在局部设置中,但局部设置的作用范围只限于在局部设置中。

authoritative|not authoritative; //authoritative 是网络管理员为他们的网络设置权威 DHCP 服务器,其作用是当一个客户端试图获得一个不是该 DHCP 服务器分配的 IP 信息,DHCP 将发送一个拒绝消息,而不会等待请求超时。当请求被拒绝,客户端会重新向当前 DHCP 发送 IP 请求获得新地址。如果是 not authoritative,客户端在改变子网后就不能得到正确的 IP 地址,除非他们旧的租约已经到期,这可能需要相当长的时间

log-facility local7; //指定 dhcp 日志信息保存的日志文件

ddns-update-style none; //请注意此配置项是必须设置的,表示动态 DNS 更新模式关闭,这个功能很少用,基本都是关闭。总共有 3 个选项,其中 none、interim 都表示不更新,ad-hoc 表示点对点,无线网络的临时互联需求,通常很少设置

option domain-name "example.org"; //主机域名,注意引号不能省

option domain-name-servers ns1.example.org,ns2.example.org; //设置 DNS 地址(注意如果设置多个 DNS 地址,需要以","分隔开)

option nis-domain //默认搜索 NIS 区域为 benet.com,与 /etc/resolv.conf配置文件设置有关

ignore client-updates //忽略客户端更新

default-lease-time 600; //默认租约时间为 600 秒,即 10 分钟

max-lease-time 7200; //最大租约时间为 7200 秒

注意:default-lease-time 指定客户端需要刷新配置信息的时间间隔(秒),max-lease-time 为客户端用于无法从服务器获得任何信息的时间,超过该时间则会丢弃之前从该 DHCP 服务器获得的所有信息,而转向使用 OS 的默认设置。这两行是相关的,这两个时间设置通常是在 DHCP 服务器提供 IP 地址给 DHCP 客户端时用,如果客户端没有请求一个租期的话,服务器会默认提供 600 秒的地址租期给客户端,最大的(允许的)地址租期是7 200 秒。

```
option subnet-mask      255.255.248.0;              //子网掩码为 255.255.248.0
option routers               192.168.1.1;           //设置默认路由为 192.168.1.1
option broadcast-address    192.168.1.255;          //设置广播地址
option ntp-servers   192.168.1.1;                   //设置 NTP 服务器地址
option time-offset   -18000;                        //设定与格林尼治时间的偏移值,这里偏移时间设为-18000 秒,即 5 个小时。这项的作用是保持客户机取得的时间与其当地时区保持一致
option netbios-name-servers   192.168.1.1           //NetBios 服务器地址
```

(2) 局部设置

```
subnet 10.254.239.0 netmask 255.255.255.224{        //声明了一个子网及子网掩码
  range 10.254.239.10 10.254.239.20;                //可分配给 DHCP 客户端的 IP 地址的范围
  option routers   rtr-239-0-1.example.org,rtr-239-0-2.example.org;    //设置默认路由
}
```

说明:在上面的例子中,一个子网声明以"subnet"关键字开始,所有子网信息包括在{}中。{}中的配置信息只对该子网有效,如果和全局配置冲突,会覆盖全局配置。为了和 bootp 协议兼容,服务器端可以使用 range dynamic-bootp 选项:

```
range dynamic-bootp   192.168.1.100   192.168.1.200;  //使用 BOOTP 协议的客户端获取动态地址所做的可分配 IP 地址范围的设置
```

(3) 主机设置

```
host fantasia{                                   //主机 fantasia 的设置
  hardware ethernet 08:00:07:26:c0:a5;           //客户机的网卡 MAC 地址
  fixed-address fantasia.fugue.com;              //指定客户机获得静态 IP
}
```

注意:使用这种方法可以保留一个固定地址给一些或者所有机器。

此外,还有一些不常用的设置,如客户端分类(class)。

客户端可以被分成一些类,并且按照所属的类被区别对待,这个区分可以由 conditional 语句完成,或者由 class 语句中的 match 语句完成。

```
class"ras-clients"{
match if substring(option vendor-class-identifier,0,9) ="PXEClient";  //匹配客户机发送来的请求含有字符串 0~9 共 10 个字符是 PXEClient 才响应请求。当有不同的客户机都发送请求时,有些客户机只是单纯请求 IP 地址,有些客户机除获得 IP 外还要下载启动文件,这时可以设置 class 类来匹配不同的请求
match if substring(hardware,1,3) = 00:0C:29   //匹配客户机硬件地址前 3 个字段是 00:0C:29
}
```

可以给某个类指定一个可以分配的客户端的数目的最大值限制,它的影响是一个新的客户端可能很难得到一个地址。一旦类的这个限制数达到,新客户端得到地址的唯一可能就是原来的某个客户端放弃了租约,不管是租约过期还是发送 DHCPRELEASE 包,有租约数限制的类如:

```
class"limited-1"{
lease limit 4;  //这将使这个类同一时间最多只能有 4 个成员
```

}

从上面对主配置文件/etc/dhcpd.conf 的解释可以看到，在主配置文件中通常包括 3 个部分，即 parameters、declarations 和 option，共 40 多个参数，通过配置这些参数可以实现 dhcpd 服务器的配置。表 10-1、表 10-2 和表 10-3 分别对常用的 parameters、declarations 和 option 给出了解释。

表 10-1 DHCP 配置文件中的 parameters 参数及解释

参　数	解　释	参　数	解　释
ddns-update-style	配置 DHCP-DNS 互动更新模式	default-lease-time	指定默认租赁时间的长度，单位是秒
max-lease-time	指定最大租赁时间长度，单位是秒	hardware	指定网卡接口类型和 MAC 地址
server-name	通知 DHCP 客户端服务器名称	get-lease-hostnames flag	检查客户端使用的 IP 地址
fixed-address ip	分配给客户端一个固定的地址	authritative	拒绝不正确的 IP 地址的要求

表 10-2 DHCP 配置文件中的 declarations 声明及解释

声　明	解　释	声　明	解　释
shared-network	用来告知是否一些子网络共享相同网络	allow unknown-clients；deny unknown-client	是否动态分配 IP 给未知的使用者
subnet	描述一个 IP 地址是否属于该子网	allow bootp； deny bootp	是否响应激活查询
range 起始 IP 终止 IP	提供动态分配 IP 的范围	allow booting deny booting	是否响应使用者查询
host 主机名称	参考特别的主机	filename	开始启动文件的名称，应用于无盘工作站
group	为一组参数提供声明	next-server	设置服务器从引导文件中装入主机名，应用于无盘工作站

表 10-3 DHCP 配置文件中 option 选项及解释

选　项	解　释	选　项	解　释
subnet-mask	为客户端设定子网掩码	domain-name	为客户端指明 DNS 名字
host-name	为客户端指定主机名称	domain-name-servers	为客户端指明 DNS 服务器的 IP 地址
routers	为客户端设定默认网关	broadcast-address	为客户端设定广播地址
ntp-server	为客户端设定网络时间服务器的 IP 地址	time-offset	为客户端设定格林尼治时间的偏移时间，单位是秒

2. 地址租用信息文件/var/lib/dhcpd/dhcpd.leases

RHEL6 启动 dhcp 服务时会自动读取主配置文件/etc/dhcp/dhcpd.conf。DHCP 服务器将客户的租用信息保存在/var/lib/dhcpd/dhcpd.leases 文件中，如果通过 RPM 安装 DHCP 服务，那么该目录应该已经存在，否则需要使用命令 # touch/var/lib/dhcp/dhcpd.

leases 手工建立一个空文件。

dhcpd. leases 文件包括租约声明，该文件不断被更新，每次一个租约被获取、更新或释放，它的新值就被记录到文件末尾，从这个文件里面可以查到 IP 地址分配的情况。

dhcpd. leases 的文件格式为：

```
Leases   address   {statement}
```

一个典型的文件内容如下：

```
lease 192.168.1.255{                          //DHCP 服务器分配的 IP 地址＃
starts 1 2013/10/02 03:02:26;                 //lease 开始租约时间＃
ends 1 2013/10/02 09:02:26;                   //lease 结束租约时间＃
binding state active;
next binding state free;
hardware ethernet 00:00:e8:a0:25:86;          //客户机网卡 MAC 地址＃
uid"\001\000\000\350\240 % \206";             //用来验证客户机的 UID 标志＃
client-hostname"clientabc";                   //客户机名称＃
}
```

注意：lease 开始租约时间和 lease 结束租约时间是格林尼治标准时间(GMT)，不是本地时间。

3. 地址租约详细信息/var/lib/dhclient/dhclient-eth0. leases

如果要查看客户机获取的地址租约的详细信息，打开 DHCP 服务器中存放客户机的地址租约信息的文件/var/lib/dhclient/dhclient-eth0. leases，内容如下：

```
lease {
  interface"eth0";
  fixed-address 192.168.193.10;
  option subnet-mask 255.255.255.0;
  option dhcp-lease-time 43200;
  option routers 192.168.1.1;
  option dhcp-message-type 5;
  option dhcp-server-identifier 192.168.1.2;
  option domain-name-servers www.sdust.edu.cn;
  renew 2 2013/06/13 08:19:22;
  rebind 2 2013/06/13 14:18:03;
  expire 2 2013/06/13 15:48:03;
}
```

10.3.3 配置实例

1. 配置 DHCP 服务器，完成 IP 地址分配

DHCP 服务器可以向一个子网提供服务，给客户端分配 IP 地址、网关、DNS、子网掩码等网络参数。下面我们通过一个具体的例子来说明怎么修改配置文件来配置 DHCP 服务器。假设具体要求如下：

(1) 内部网段为 192.168.1.0/24，路由器的 IP 地址为 192.168.1.1，DNS 服务器的 IP 地址为 192.168.1.2，广播地址为 192.168.1.255；

(2) 可分配的 IP 地址范围为 192.168.1.10～192.168.1.100；

(3) DHCP 服务器分配的 IP 地址的默认租约期限为 1 天，最长为两天；

(4) 为一台 MAC 地址为 00-23-cd-6a-2d-96、机器名为 fileserver 的机器分配固定的 IP 地址 192.168.1.10。

使用 vi 编辑器，修改主配置文件/etc/dhcpd/dhcpd.conf 如下：

```
ddns-update-style interim;
ignore client-updates;
default-lease-time          86400;
max-lease-time          172800;
subnet 192.168.1.0 netmask 255.255.255.0{
    range 192.168.1.10   192.168.1.100;
    option routers 192.168.1.1;
    option domain-name-servers 192.168.1.2;
    option broadcast-address 192.168.1.255;
    host fileserver {
    hardware ethernet 00:23:CD:6A:2D:96;
    fixed-address 192.168.1.10;
        }}
```

当修改了/etc/dhcpd.conf 这个 DHCP 服务器的配置文件后，可以用命令：

```
#service dhcpd  configtest
```

测试 dhcpd.conf 的语法是否正确，测试没有问题后后重启 dhcpd 服务。

2. 配置 DHCP 中继代理

DHCP 的转发代理(dhcrelay)允许把无 DHCP 服务器子网内的 DHCP 和 BOOTP 请求转发给其他子网内的一台或多台 DHCP 服务器。当某个 DHCP 客户端请求信息时，DHCP 转发代理把该请求转发给 DHCP 转发代理启动时所指定的一台 DHCP 服务器。当某台 DHCP 服务器返回一个回应时，该回应被广播或单播给发送最初请求的网络。

主要步骤如下。

(1) 搭建实验环境。路由器连接两个不同的网段。网段 1 中有 DHCP 客户端及 DHCP 代理，网段 2 中有 DHCP 服务器。

(2) 完成 DHCP 中继代理的配置。主要包括：

1) 修改/etc/sysconfig/dhcrelay。

修改/etc/sysconfig/dhcrelay 文件，使用 INTERFACES 指令指定接口。默认情况下，DHCP 转发代理监听所有接口上的 DHCP 请求。

```
#vim/etc/sysconfig/dhcrelay
INTERFACES="eth0"
DHCPSERVERS="192.168.10.1"(dhcp 服务器的地址)
```

2) 启用网卡自动转发数据报的功能 #vim/etc/sysctl.conf。

将其中的 net.ipv4.ip_forward=0 改成 net.ipv4.ip_forward=1，执行 #sysctl -p 使修改生效。

3) 修改 dhcrelay 运行级别，使其开机启动 #chkconfig --list|grep dhcrelay，如果显示结果是 dhcrelay   0:off 1:off 2:off 3:off 4:off 5:off 6:off，执行 # chkconfig

dhcrelay on。

执行后结果为

```
dhcrelay        0:off 1:off 2:on 3:on 4:on 5:on 6:off
```

4）启用 dhcrelay 服务＃service dhcrelay start。

5）用＃netstat-tupln|grep dhcrelay 查看 dhcrelay 服务用的端口号。

此外，还要可结合前面的方法，配置一台 DHCP 服务器，包括配置 IP 地址、修改主配置文件、配置 DHCP 服务器默认网关等。配置 DHCP 客户端，以及验证 DHCP 客户端是否能通过代理获取 DHCP 服务器分配的 IP。

10.3.4 DHCP 客户端设置

有两种方式配置 Linux 环境下的 DHCP 客户端。

第一种方法是修改配置文件。配置 DHCP 客户端的前提是确定内核能够识别网卡，多数网卡会在安装过程中被识别，系统会为该网卡配置恰当的内核模块。通常网管员手工配置 DHCP 客户端，需要修改/etc/sysconfig/network-scripts 目录中相关网络设备的配置文件。在该目录中的每种设备都有一个叫作“ifcfg-eth?”的配置文件。eth? 是网络设备的名称，如 eth0 等。如果想在引导时启动联网，NETWORKING 变量必须被设为 yes。除此之外，/etc/sysconfig/network 文件应该包含以下行：

```
NETWORKING = yes
DEVICE = eth0
BOOTPROTO = dhcp
ONBOOT = yes
```

第二种方法可在图形界面下进行客户端的配置。打开网络连接配置对话框，如图 10-28 所示，设置 Wired connection 连接的 IPv4 settings 为 Automatic(DHCP)，即使用动态主机配置协议 DHCP 获取动态 IP 地址。

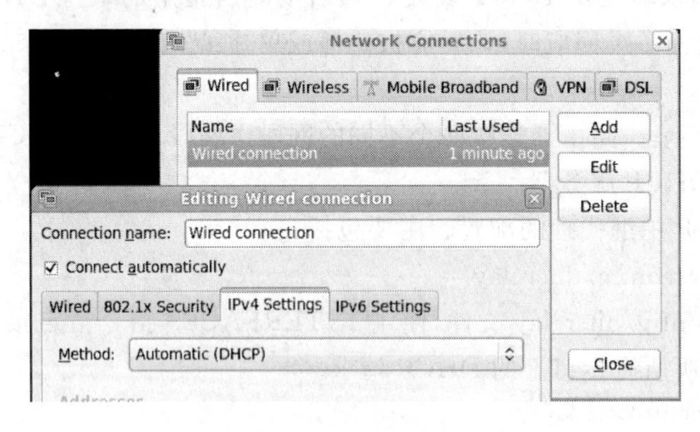

图 10-28　网络配置对话框

在 Windows 里面可以使用 ipconfig/release 先释放当前地址，再使用 ipconfig/renew 重新获取 IP 地址。在 Linux 系统里可以使用＃dhclient -d eth0 来获得 IP 地址，按 Ctrl＋c 退出，分配的 IP 地址失效。如果直接使用＃dhclient 命令，则分配的命令会在后台持续下去，分配的 IP 一直可用。

如果 DHCP 服务器配置完成且没有语法错误，但是网络中的客户端无法取得 IP 地址。这通常是由于 Linux DHCP 服务器无法接收来自 255.255.255.255 的 DHCP 客户端的 request 封包造成的，一般是 Linux DHCP 服务器的网卡没有设置 MULTICAST 功能。为了让 dhcpd(dhcp 程序的守护进程)能够正常地和 DHCP 客户端沟通，dhcpd 必须传送封包到 255.255.255.255 这个 IP 地址。但是在有些 Linux 系统中，255.255.255.255 这个 IP 地址被用来作为监听区域子网域(local subnet)广播的 IP 地址。所以需要在路由表(routing table)中加入 255.255.255.255 以激活 MULTICAST 功能，执行命令：

```
# route add-host 255.255.255.255 dev eth0
```

如果报告错误消息：

```
255.255.255.255:Unkown host
```

那么修改/etc/hosts，加入如下行：

```
255.255.255.255 dhcp
```

本 章 小 结

本章简单介绍了 DHCP 服务器的基本概念、基本原理和主要功能，详细说明了 Windows Server 2008 和 RHEL6 下 DHCP 服务器的安装和配置。通过本章的学习，使读者深入了解 DHCP 动态主机配置协议的原理，并且熟练掌握 DHCP 在不同操作系统下的安装配置方法。

习 题

1. DHCP 的主要作用及工作步骤是什么？
2. 在 Linux 的 DHCP 服务中，主配置文件/etc/dhcp/dhcpd.conf 中的内容有哪些？
3. 在 Linux 的 DHCP 服务中，文件/var/lib/dhcp/dhcpd.leases 记录的是什么内容？

第 11 章　Web 服务器的安装与配置

11.1　Web 服务器简介

WWW 是 World Wide Web(环球信息网)的缩写,也可以简称为 Web,中文名字为"万维网"。它起源于 1989 年 3 月,是由欧洲量子物理实验室 CERN(the European Laboratory for Particle Physics)所发展出来的主从结构分布式超媒体系统。通过万维网,人们只要通过使用简单的方法,就可以很迅速方便地取得丰富的信息资料。WWW 采用的是浏览器/服务器结构,其作用是整理和存储各种 WWW 资源,并响应客户端的请求,把客户端所需的资源传送到 Windows XP、Windows 7、UNIX 或 Linux 等平台上。

根据 W3Techs 在 2013 年 1 月公布的数据,在各种 Web 服务器技术中,Apache 依然是占据榜首,其次是 IIS 和 Nginx。数据显示,在排名前 1000 的网站中,Nginx 占据了将近三分之一的席位(29.1%),已经取代了 IIS(仅为 12.7%)而占据第二名的位置。当然,Apache 还是当之无愧的老大,占 39.1%。这表明,大型网站更愿意使用开源的 Web 服务器。在排名前 100 万的网站中,主流服务器仍为 Apache,占据了 63.7%的份额,也有很大一部分使用 IIS,占 16.7%,Nginx 占据了 14.2%。下面简单介绍这几种服务器技术。

1. IIS

互联网信息服务(Internet Information Services,IIS),是由微软公司提供的基于运行 Microsoft Windows 的互联网基本服务。在 IIS 中包括了 Web 服务器、FTP 服务器、NNTP 服务器和 SMTP 服务器等,分别用于网页浏览、文件传输、新闻服务和邮件发送等,它使得在 Internet 或者局域网中发布信息成了一件很容易的事情。IIS7 是一种新型 Web 服务器,随 Windows Vista 和 Windows Server 2008 一同发行。IIS7 的增强特性有以下几个。

(1) 模块化架构

IIS7 基于插件(plugin)架构,这种架构可以帮助开发人员对如何处理 Web 请求进行控制。IIS7 具有良好的可扩展性,这种可扩展性是利用运行库管道、配置管理以及良好的操作性等特点实现的。利用这种可扩展性,可以对 Web 服务器进行定制,以最终满足不同的需要和需求。IIS7 从核心层就被分割成了 40 多个不同的功能模块。验证、缓存、静态页面处理和目录列表等功能全部被模块化。这意味着 Web 服务器可以按照用户的运行需要来安装相应的功能模块,可能存在安全隐患和不需要的模块将不会再加载到内存中去,程序的受攻击面减小了,同时性能方面也得到了增强。

(2) 通过文本文件配置的 IIS7

IIS7 另一大特性就是管理工具使用了新的分布式 web.config 配置系统。IIS7 不再拥有单一的 metabase 配置存储，而是使用和 ASP. NET 支持的同样的 web. config 文件模型，这样就允许用户把配置和 Web 应用的内容一起存储和部署，无论有多少站点，用户都可以通过 web. config 文件直接配置，然后把设置和 Web 应用一起传送到远程服务器上就完成了，没必要再写管理脚本来定制配置了。

(3) MMC 图形模式管理工具

在新的 IIS7 中，用户可以用管理工具在 Windows 客户机上创建和管理任意数目的网站，而不再像以往的版本只能管理单个网站。同时，相比 IIS 之前的版本，IIS7 的管理界面也更加友好和强大。此外 IIS7 的管理工具是用. NET 和 Windows Forms 写成的，是可以被扩展的，这意味着用户可以添加自己的 UI 模块到管理工具，为自己的 HTTP 运行时模块和配置设置提供管理支持。

(4) IIS7 安全方面的增强

在新的版本中，IIS 和 ASP. NET 管理设置集成到了单个管理工具里，这样用户就可以在一个地方查看和设置验证授权规则，而不是像以前那样通过多个不同的对话框来进行。这给管理人员提供了一个更加一致和清晰的用户界面，以及 Web 平台上统一的管理体验。在 IIS7 中，. NET 应用程序直接通过 IIS 代码运行而不再发送到 Internet Server API 扩展上，这样就减少了可能存在的风险，并且提升了性能，同时管理工具内置对 ASP. NET 3. 0 的成员和角色管理系统提供管理界面的支持，这意味着用户可以在管理工具中创建和管理角色和用户，以及给用户指定角色。

(5) 集成 ASP. NET

IIS7 中的重大变动不仅是 ASP. NET 本身以 ISAPI 的实现形式变成直接接入 IIS7 管道的模块，还能够通过一个模块化的请求管道架构来实现丰富的扩展性。用户可以通过与 Web 服务器注册一个 HTTP 扩展性模块，在任一个 HTTP 请求周期的任何地方编写代码。

2. Apache

Apache HTTP Server(简称 Apache)是 Apache 软件基金会的一个开放源码的网页服务器，Apache 源于 NCSA httpd 服务器，此后，Apache 被开放源代码团体的成员不断的发展和加强。Apache 可以在大多数计算机操作系统中运行，由于其多平台和安全性被广泛使用，是最流行的 Web 服务器端软件之一。

3. Nginx

Nginx 是一款轻量级的 Web 服务器/反向代理服务器及电子邮件(IMAP/POP3)代理服务器，由俄罗斯的程序设计师 Igor Sysoev 开发。其特点是占有内存少，并发能力强，事实上 Nginx 的并发能力确实在同类型的网页服务器中表现较好。除了俄罗斯及周边国家使用外，中国大陆使用 Nginx 的网站有新浪、网易、腾讯等。

除了以上几种 Web 服务器外，还有 Tomcat、IBM WebSphere、BEA WebLogic、iPlanet Application Server、Oracle IAS 等服务器产品。

11.2 IIS7 的安装及测试

1. IIS7 的安装

安装 IIS7 必须安装具备条件管理员权限，使用 Administrator 管理员权限登录，这是 Windows Server 2008 新的安全功能。安装步骤如下。

（1）在服务器中选择“开始”→“管理工具”→“服务器管理器”，打开“服务器管理器”窗口，选择左侧“角色”，单击右侧的“添加角色”链接，如图 11-1 所示。

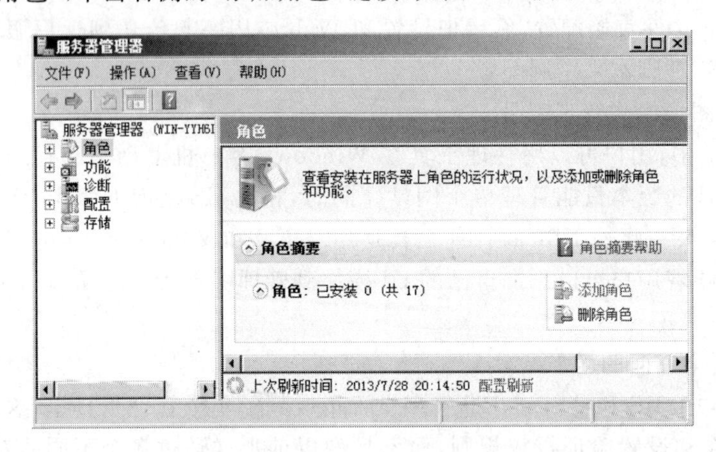

图 11-1　添加角色

（2）出现“添加角色向导”对话框，在如图 11-2 所示的对话框中，首先显示的是“开始之前”选项，此选项提示用户，在开始安装角色之前的验证事项。

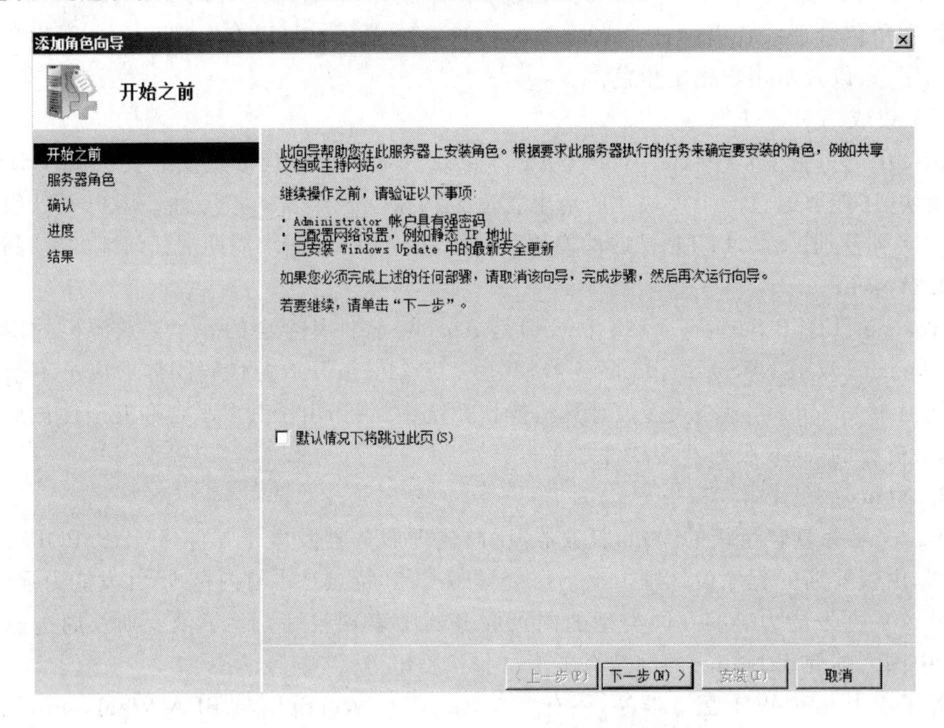

图 11-2　“添加角色向导”对话框

（3）单击“下一步”，进入“选择服务器角色”对话框，在对话框中选择“Web 服务器(IIS)”复选框，然后单击“下一步”。

（4）接下来出现“Web 服务器(IIS)”对话框，对 Web 服务器(IIS)进行了简要介绍，直接单击“下一步”继续操作。

（5）接下来，会进入“选择角色服务”对话框，如图 11-3 所示，单击每一个服务选项，右边会显示该服务的详细说明，一般采用默认的选择即可，如果有特殊要求则可以根据实际情况进行选择。在此增加选择了“应用程序开发”、“IIS 管理控制台”等。

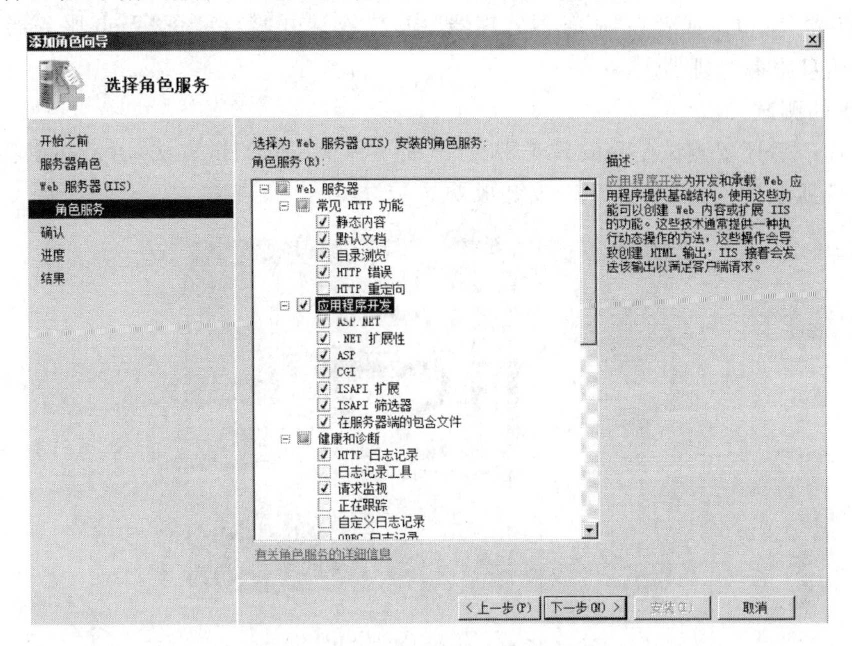

图 11-3 “选择角色服务”对话框

（6）单击“下一步”，进入“确认安装选择”对话框，显示了 Web 服务器安装的详细信息，单击“安装”确认这些信息。

（7）系统接下来会显示安装进度对话框，在等待几分钟的安装过程之后，Web 服务器安装完成，在如图 11-4 所示的对话框中可以查看到 Web 服务器安装完成的提示，单击“关闭”退出添加角色向导。

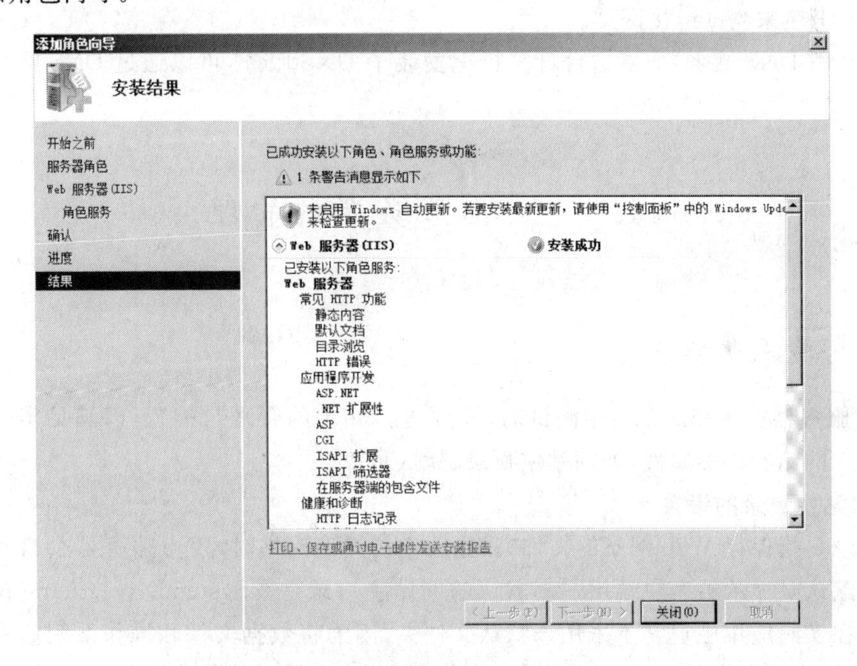

图 11-4 安装完成

安装完成后,选择“开始”→“管理工具”→“Internet 信息服务管理器”打开“Internet 信息服务管理器”窗口。或者在“服务器管理器”中,依次展开“角色”→“Web 服务器(IIS)”→“Internet 信息服务管理器”。

2. IIS 的测试

安装 IIS7 后还要测试是否安装正常,有下面 4 种常用的测试方法,若链接成功,则会出现如图 11-5 所示的网页,显示 IIS7 安装成功。

图 11-5　测试 IIS 安装

(1) 利用本地回送地址:在本地浏览器中输入 http://127.0.0.1 或 http://localhost 来测试链接网站。

(2) 利用本地计算机名称:假设该服务器的计算机名称为 win2008-web,在本地浏览器中输入 http://win2008-web 来测试链接网站。

(3) 利用 IP 地址:如果架设该服务器的 IP 地址为 192.168.1.2 则可以通过 http://192.168.1.2 来测试链接网站。

(4) 利用 DNS 域名:如果这台计算机上安装了 DNS 服务,可以通过 DNS 网址来测试链接网站。

11.3　Web 服务器的管理

11.3.1　站点属性

Web 服务器安装完成并通过测试后,需要进行相关的管理与配置,以满足实际网站管理的需要。网站有许多属性,如网站主目录、默认页等。

1. 网站主目录的设置

主目录是指保存 Web 网站的文件夹,当用户访问该网站时,Web 服务器会自动将该文件夹中的默认页显示给客户端用户。默认的网站主目录是%SystemDrive%\Inetpub\wwwroot,但在实际应用中通常不采用该默认文件夹,因为将数据文件和操作系统放在同一磁盘分区中,会失去安全保障,且系统安装、恢复不太方便,最好将作为数据文件的 Web 主目录保存在其他硬盘或非系统分区中。这可以使用 IIS 管理器或通过直接编辑 MetaBase.

xml 文件来更改网站的主目录。具体操作步骤如下。

选择“开始”→“管理工具”→“Internet 信息服务(IIS)管理器”命令，打开“Internet 信息服务(IIS)管理器”窗口。IIS 管理采用了 3 列式界面，双击对应的 IIS 服务器，可以看到“功能视图”中有 IIS 默认的相关图标以及“操作”窗格中的对应操作，如图 11-6 所示。

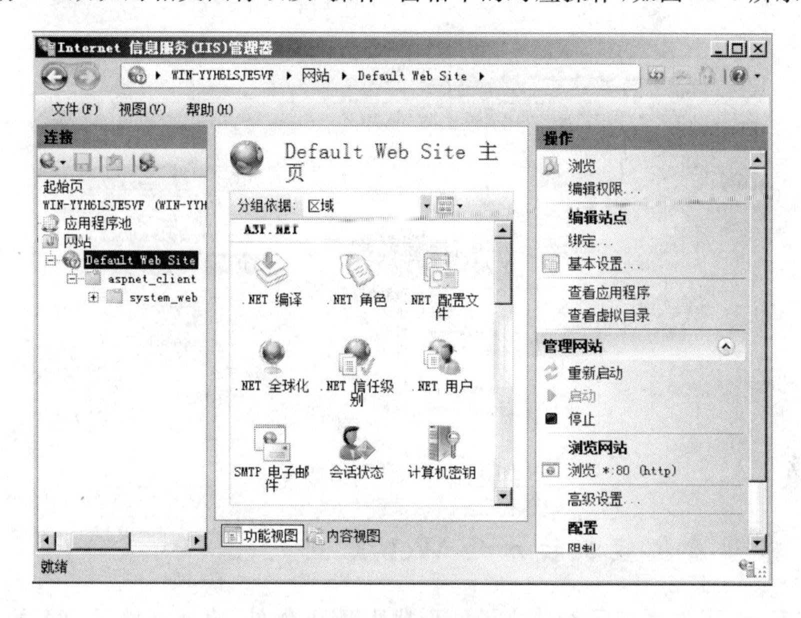

图 11-6 IIS 管理器

在“IIS 管理器”的在“操作”窗格下，单击“浏览”链接，将打开系统默认的网站主目录 C:\Inetpub\wwwroot。当用户访问此默认网站时，浏览器将会显示“主目录”中的默认网页，即 wwwroot 子文件夹中的 iisstart 页面。如果需要更改主目录，可以在“操作”窗格下，单击“基本设置”链接，会打开如图 11-7 所示的“编辑网站”对话框，在此，更改网站主目录所在的位置即可，更改完成后，可以进行测试。

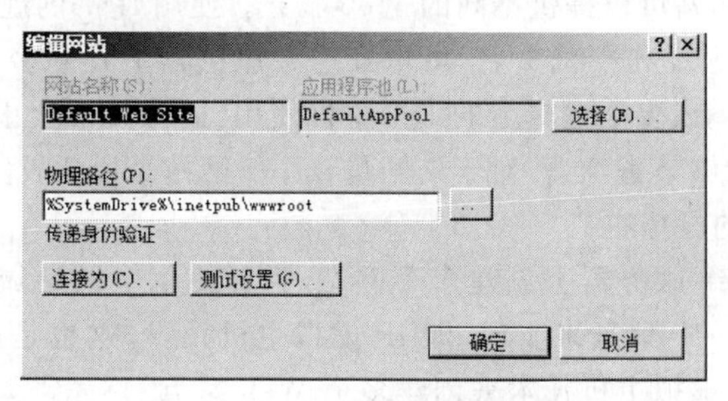

图 11-7 “编辑网站”对话框

2. 网站默认页设置

默认页是指当在 IE 浏览器中仅使用 IP 地址或域名而不指定访问的网页文件访问 Web 服务器时，Web 服务器会将默认文档回应给浏览器，并显示其内容。例如用户浏览网页时输入“http://192.168.117.1”，而不是“http://192.168.117.1/main.htm”，IIS 服务器会把事先设定的默认文档返回给用户，这个文档就被称为默认页面。在默认情况下，IIS7 的Web 站点启用了默认文档，并预设了默认文档的名称。

要更改默认文档，在“IIS 管理器”窗口的功能视图中找到“默认文档”图标，双击查看网站的默认文档,列出的默认文档如图 11-8 所示。可以通过单击“上移”和“下移”来调整 IIS 读取这些文件的顺序,也可以通过单击“添加”,来添加默认网页。在访问时,系统会自动按顺序由上到下依次查找与之相对应的文件名,即当客户浏览 http://192.168.117.1 时,IIS 服务器会先读取主目录下的 default.htm,若在主目录内没有该文件,则依次读取后面的文件。

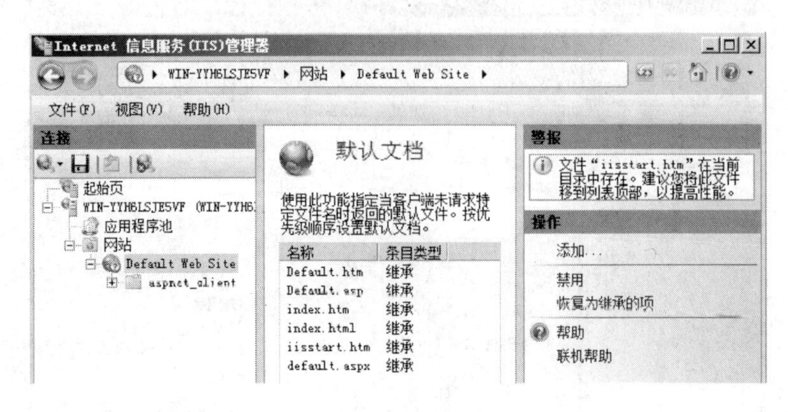

图 11-8 默认文档列表

11.3.2 基于虚拟主机技术的 Web 站点

虽然在安装 IIS 时系统已经建立了一个默认 Web 网站,直接将网站内容放到其主目录或虚拟目录中即可直接使用,但最好还是重新设置,以保证网站的安全。如果需要,还可以在一台服务器上建立多个虚拟主机,来实现多个 Web 网站,这样可以节约硬件资源、节省空间、降低能源成本。

使用 IIS7 的虚拟主机技术可以很方便地架设多个 Web 网站。我们都知道,每个网站都具有唯一的由端口号、IP 地址和主机头名 3 部分组成的网络标识,用来接收来自客户端的请求,不同的 Web 网站可以提供不同的 Web 服务。使用 IIS7 的虚拟主机技术,通过分配不同的 TCP 端口、IP 地址和主机头名,可以在一台服务器上建立多个 Web 网站。虚拟技术将一个物理主机分隔成多个逻辑上的虚拟主机使用,而且每一个虚拟主机和一台独立的主机完全一样,而且能够节省经费,对于访问量较小的网站来说比较实用。

1. 基于 IP 地址的虚拟主机

如果要在一台 Web 服务器上创建多个网站,为了使每个网站域名都能对应于独立的 IP 地址,一般都使用多 IP 地址来实现,即 IP 虚拟主机技术,这也是比较传统的解决方案。要实现基于 IP 地址的虚拟主机技术来创建多个 Web 站点,首先需要保证服务器上有多个可用的 IP 地址。Windows Server 2008 系统支持在一台服务器上安装多块网卡,或者一块网卡号可以绑定多个 IP 地址。将这些 IP 地址分配给不同的虚拟网站,就可以达到一台服务器多个 IP 地址来架设多个 Web 网站的目的。

例如,要在一台服务器上创建两个网站,其 IP 地址分别为 192.168.117.132 和 192.168.117.124。

(1) 需要在服务器网卡上添加这两个地址,具体操作步骤为:在“控制面板”中打开“网络和 Internet”→“网络和共享中心”,单击要添加的 IP 地址的网卡的“本地连接”,选择其对话框中的“属性”项。在“Internet 协议版本(TCP/IPv4)”的“属性”窗口中,单击“高级”,显示“高级 TCP/IP 设置”窗口。单击“添加”将这两个 IP 地址添加到“IP 地址”列表框中，如图 11-9 所示。

(2) 在“IIS 管理器”窗口的“连接”窗格中选择“网站”节点，在“操作”窗口中单击“添加网站”链接，或右击“网站”节点，在弹出的菜单中选择“添加网站”命令。

(3) 在弹出的“添加网站”对话框中的“网站名称”文本框中输入“信息学院”，“物理路径”文本框选择“F:\website\cise”，“IP 地址”下拉列表选择“192.168.117.132”，如图 11-10 所示。

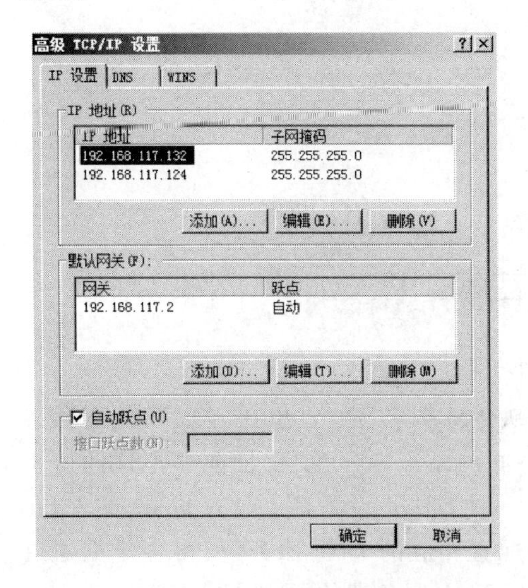

图 11-9 “高级 TCP/IP 设置”对话框

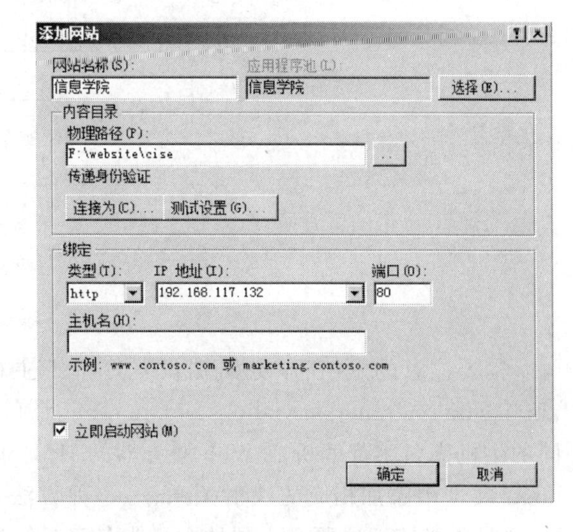

图 11-10 添加网站(1)

(4) 重复步骤(2)和(3)，添加一个网站，在“网站名称”文本框中输入“艺术学院”，“物理路径”文本框中选择“F:\website\art”，“IP 地址”下拉列表中选择“192.168.117.124”。

(5) 测试

测试前，在两个网站对应的不同目录 F:\website\cise 和 F:\website\art 下分别建立两个主页文件，可以是 index.htm 或是其他，然后在 IE 浏览器分别输入“http://192.168.117.132/index.htm”和“http://192.168.117.124/index.htm”验证。

2. 使用不同的主机头名架设多个 Web 网站

下面以创建 xinxi.sdkd.net.cn 和 yishu.sdkd.net.cn 两个网站为例，介绍利用不同的主机头名创建不同的 Web 网站。假设这两个网站的 IP 地址均为 192.168.117.132，具体的操作步骤如下。

在“IIS 管理器”窗口的“连接”窗格中选择“网站”节点，在“操作”窗格中单击“添加网站”链接，或右击“网站”节点，在弹出的菜单中选择“添加网站”命令，在弹出的“添加网站”对话框中的“网站名称”文本框中输入“信息学院”，“物理路径”文本框中选择“F:\website\xinxi”，“IP 地址”下拉列表框中选择“192.168.117.132”，主机名文本框输入 xinxi.sdke.net.cn，如图 11-11 所示。

同样的方法，在“IIS 管理器”窗口的“连接”窗格中选择“网站”节点，在“操作”窗格中单击“添加网站”链接，或右击“网站”节点，在弹出的菜单中选择“添加网站”命令，在弹出的“添加网站”对话框中的“网站名称”文本框中输入“艺术”，“物理路径”文本框中选择“F:\website\yishu”，“IP 地址”下拉列表框中选择“192.168.117.132”，主机名文本框输入“yishu.sdkd.net.cn”。

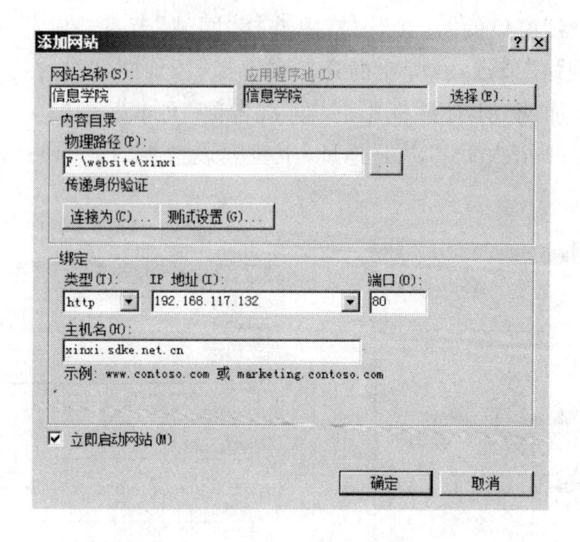

图 11-11　添加网站(2)

需要注意的是，在服务器端设置好基于主机头的多站点后，要想在客户端分别通过 xinxi.sdkd.net.net 和 yishu.sdkd.net.net 访问不同的站点，一定要保证能够把这两个不同的主机头名字都解析成 Web 服务器的 IP 地址，一种方法是设置客户端的 hosts 文件，在 hosts 文件中添加相应的映射关系；另一种方法是配置相应的 DNS 服务，使得客户端通过 DNS 服务能够把这两个不同的主机头名字都解析成 Web 服务器的 IP 地址。

要访问基于“主机头名”的 Web 站点，客户端只需在 IE 浏览器输入“http://主机头名/主页名”即可，如 http://xinxi.sdkd.net.cn/index.html，http://yishu.cise.sdkd.net.cn/index.html，便可以访问设置好的网站。

使用主机头名来搭建多个具有不同域名的 Web 网站，与利用不同 IP 地址建立虚拟主机的方式相比，这种方案更为经济实用，可以充分利用有限的 IP 地址资源，来为更多的客户提供虚拟主机服务。

3. 使用不同端口号架设多个 Web 网站

IP 地址资源越来越紧张，有时需要在 Web 服务器上架设多个网站，但计算机却只有一个 IP 地址，那么使用不同的端口号也可以达到架设多个网站的目的。这种方式创建的网站，其域名或 IP 地址部分完全相同，仅端口号不同。其实，用户访问所有的网站都需要使用相应的 TCP 端口，Web 服务器默认的 TCP 端口为 80，在用户访问时不需要输入。但如果网站的 TCP 端口不为 80，在输入网址时就必须添加端口号。

例如，Web 服务器中已有的 IP 地址为 192.168.117.132，现在要再架设一个网站 cme.sdkd.net.cn，IP 地址仍然使用 192.168.117.132，此时可在 IIS 管理器中，将新网站的 TCP 端口设其为其他端口(8080)，如图 11-12 所示。

最后，用户在访问该网站时就可以使用网址 http://cme.sdkd.net.cn:8080 或 http://192.168.117.132:8080 来访问。

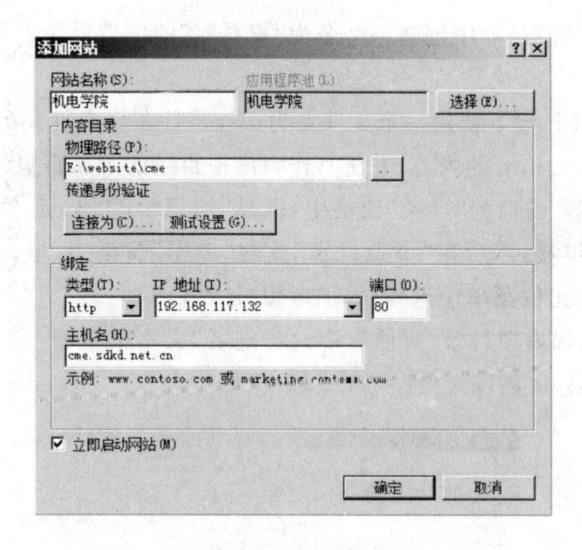

图 11-12　添加网站(3)

11.3.3　虚拟目录

在对 Web 服务器进行管理的过程中,可能会出现以下情况:由于站点磁盘的空间是有限的,随着网站的内容不断增加,同时一个站点只能指向一个主目录,所以可能会出现磁盘容量不足的问题。为了解决这个问题,网络管理员可以通过创建虚拟目录的方式来进行控制。

Web 中的目录分为两种类型:物理目录和虚拟目录。物理目录是位于计算机物理文件系统中的目录,它可以包含文件及其他目录。虚拟目录是在网站主目录下建立的一个友好的名称,它是 IIS 中指定并映射到本地或远程服务器上的物理目录的目录名称。虚拟目录只是一个文件夹,并不是真正位于 IIS 宿主文件夹内,但在访问 Web 站点的用户来看,则如同位于 IIS 服务的宿主文件夹内一样。

虚拟目录具有以下优点。

(1) 便于扩展。随着时间的增长,网站内容也会越来越多。而磁盘的有效空间有减不增,最终硬盘空间会被消耗殆尽。这时,就需要安装新的硬盘来扩展磁盘空间,并把原来的文件都移到新增的磁盘中,然后再重新指定网站文件夹。而事实上,如果不移动原来的文件,而以新增磁盘作为该网站的一部分,就可以在不停机的情况下实现磁盘的扩展。此时,就需要借助于虚拟目录来实现了。虚拟目录可以与原有网站文件不在同一个文件夹、不在同一磁盘,甚至可以不在同一计算机中,但在用户访问网站时还觉得像在同一个文件夹中一样。

(2) 增删灵活。虚拟目录可以根据需要随时添加到虚拟 Web 网站,或者从网站中移除。因此它具有非常大的灵活性。同时,在添加或移除虚拟目录时,不会对 Web 网站的运行造成任何影响。

(3) 易于配置。虚拟目录使用与宿主网站相同的 IP 地址、端口号和主机头名,因此不会与其标识产生冲突。同时,在创建虚拟目录时,将自动继承宿主网站的配置。并且对宿主网站进行配置时,也将直接传递至虚拟目录,因此,Web 网站配置更加简单。

下面以在“信息学院”站点中创建一个名为“资料室”的虚拟目录为例来演示具体的操作步骤。

(1) 在IIS服务器F盘下新建一个文件夹为zls,并且在该文件夹内复制网站的所有文件,查看主页文件index.htm的内容,并将其作为虚拟目录的默认首页。

(2) 在“IIS管理器”窗口的“连接”窗格中,选择“信息学院”站点,然后在“操作”窗格中单击“查看虚拟目录”链接,然后在“虚拟目录”页的“操作”窗格中,单击“添加虚拟目录”链接。或右击站点,在弹出的菜单中选择“添加虚拟目录”命令。

(3) 在弹出的“添加虚拟目录”对话框中,在“别名”文本框中输入“资料室”,在“物理路径”文本框中,选择F:\zls物理文件夹,如图11-13所示。

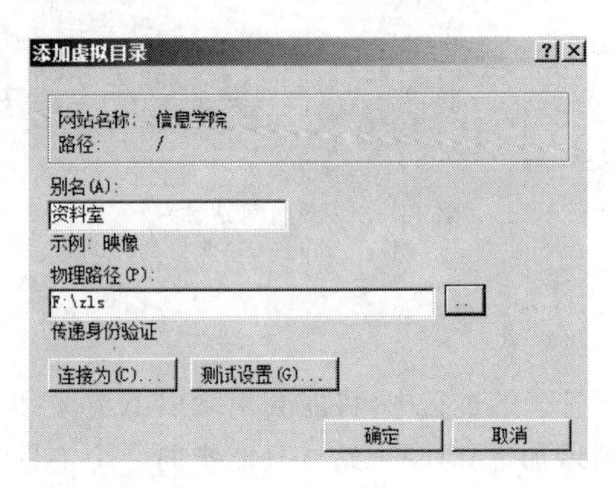

图 11-13　“添加虚拟目录”对话框

(4) 单击“确定”,返回“IIS管理器”窗口,在“连接”窗格中,可以看到“信息学院”站点下新建的虚拟目录“资料室”,如图11-14所示。

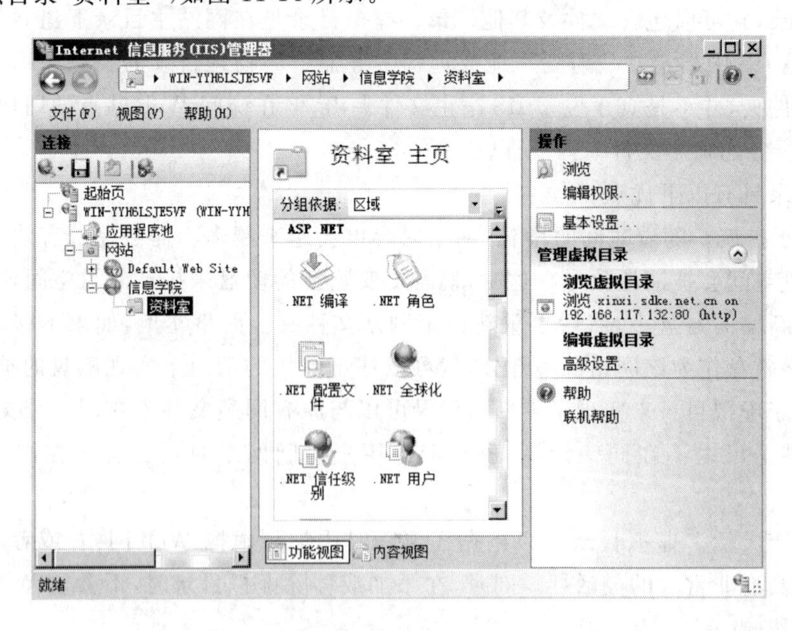

图 11-14　“资料室”虚拟目录

(5) 在“操作”窗格中,单击“管理虚拟目录”下的“高级设置”链接,弹出“高级设置”对话框,可以对虚拟目录的相关设置进行修改,如图11-15所示。

要访问此页面，在浏览器栏中按格式“http://站点名称或IP/虚拟目录名称/页面名称”输入即可，如：http://cise.sdkd.net.cn/资料室/index.htm。

图 11-15　虚拟目录高级设置

11.3.4　网站的安全性

网站的安全是每个网络管理员必须关心的事，必须通过各种方式和手段来降低入侵者攻击的机会。如果 Web 服务器采用了正确的安全措施，就可以降低或消除来自怀有恶意的个人以及意外获准访问限制信息或无意中更改重要文件的用户的各种安全威胁。

1. 启动和停用动态属性

为了增强安全性，默认情况下，Web 服务器被配置为只能提供静态内容。用户可以自行启动 Active Server Pages、ASP.NET 等服务，以便让 IIS 支持动态网页。启动和停用动态属性的具体操作步骤为：打开“IIS 管理器”窗口，在功能视图中选择“ISAPI 和 CGI 限制”图标，双击并查看其设置，如图 11-16 所示，选中要启动或停止的动态属性服务，右击并选择“允许”或“停止”命令，也可以直接单击“允许”或“停止”。

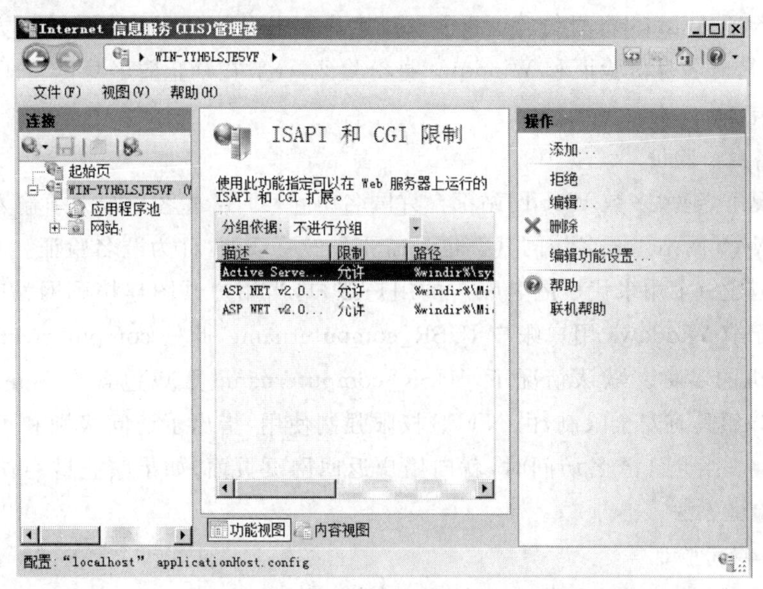

图 11-16　ISAPI 和 CGI 限制

2. 验证用户的身份

在许多网站中，大部分 WWW 访问都是匿名的，客户端请求时不需要使用用户名和密码，只有这样才可以使所有用户都能访问该网站。但对访问有特殊要求或者安全性要求较高的网站，则需要对用户进行身份验证。可以根据网站对安全的具体要求，来选择适当的身份验证方法。设置身份验证的具体操作步骤为：打开"IIS 管理器"窗口，在功能视图中选择"身份验证"图标，双击并查看其设置，如图 11-17 所示。选中要启用或禁用的身份验证方式，右击并选择"启用"或"禁用"命令，也可以直接单击"启用"或"禁用"。

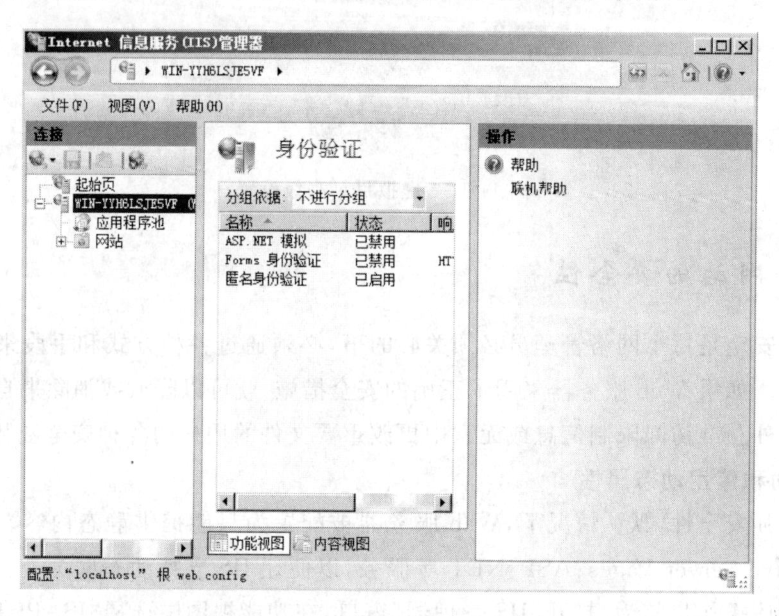

图 11-17 身份验证

IIS7 提供匿名身份验证、基本身份验证、摘要式身份验证、ASP.NET 模拟身份验证、Forms 身份验证、Windows 身份验证以及 AD 客户证书身份验证等多种验证方法。默认情况下，IIS7 支持匿名身份验证和 Windows 身份验证，一般在禁止匿名身份验证时，才能用其他身份验证方法。

（1）匿名身份验证

通常情况下，绝大多数 Web 网站都允许匿名访问，即 Web 客户端无须输入用户名和密码即可访问 Web 网站。匿名访问其实也是需要身份验证的，称为匿名验证。在安装 IIS 时系统会自动创建一个用来代表匿名账户的用户账户，当用户试图连接到网站时，Web 服务器将连接分配给 Windows 用户账户 IUSR_computername，此处 computername 是运行 IIS 所在的计算机的名称。默认情况下，IUSR_computername 账户包含在 Windows 用户组 Guests 中。该组具有安全限制，由 NTFS 权限强制使用，指出了访问级别和可用于公共用户的内容类型。当允许匿名访问时，就向用户返回网页页面；如果禁止匿名访问，IIS 将尝试使用其他验证方法。

（2）基本身份验证

基本身份验证方法要求提供用户名和密码，提供很低级别的安全性，最适于给需要很少保密性的信息授予访问权限。由于密码在网络上是以弱加密的形式发送的，这些密码很容易被截取，因此可以认为安全性很低。一般只有确认客户端和服务器之间的连接是安全时，才使用此种身份验证方法。基本身份验证还可以跨防火墙和代理服务器工作，所以在仅允许访问服务器上的部分内容而非全部内容时，这种身份验证方法是个不错的选择。

(3) 摘要式身份验证

摘要式身份验证使用 Windows 域控制器来对请求访问服务器上的内容的用户进行身份验证，提供与基本身份验证相同的功能，但是摘要式身份验证在通过网络发送用户凭据方面提高了安全性。摘要式身份验证将凭据作为 MD5 哈希或消息摘要在网络上传送。不支持 HTTP1.1 协议的任何浏览器都无法支持摘要式身份验证。

(4) ASP.NET 模拟身份验证

如果要在 ASP.NET 应用程序的非默认安全上下文中运行 ASP.NET 应用程序，请使用 ASP.NET 模拟。在为 ASP.NET 应用程序启用模拟后，该应用程序将可以在两种上下文中运行：以通过 IIS7 身份验证的用户身份运行，或作为已经设置的任意账户运行。默认情况下，ASP.NET 模拟处于禁用状态。启用模拟后，ASP.NET 应用程序将在通过 IIS7 身份验证的用户的安全性上下文中运行。

(5) Forms 身份验证

Forms 身份验证使用客户端重定向来将未经过身份验证的用户重定向至一个 HTML 表单，用户可以在该表单中输入凭据，通常是用户名和密码。确认凭据有效后，系统会将用户重定向至他们最初请求的页面。由于 Forms 身份验证以明文形式向 Web 服务器发送用户名和密码，因此应当对应用程序的登录页和其他所有页使用安全套接字层(SSL)加密。该身份验证非常适用于在公共 Web 服务器上接收大量请求的站点或应用程序，能够使用户在应用程序级别的管理客户端注册，而无须依赖操作系统提供的身份验证机制。

(6) Windows 身份验证

Windows 身份验证使用 NTLM 或 Kerberos 协议对客户端进行身份验证。Windows 身份验证最适用于 Internet 环境。Windows 身份验证不适合在 Internet 上使用，因为该环境不需要用户凭据，也不对用户凭据进行加密。

(7) AD 客户证书身份验证

AD 客户证书身份验证允许使用 Active Directory 目录服务功能将用户映射到客户证书，方便进行身份验证。将用户映射到客户证书可以自动验证用户的身份，而无须使用基本、摘要式或集成 Windows 身份验证等其他身份验证方法。

3. 访问限制

使用用户验证的方式，每次访问该 Web 站点都需要输入用户名和密码，对于授权用户而言比较烦琐。IIS 会检查每个来访者的 IP 地址，可以通过 IP 地址的访问来防止或允许某些特定的计算机以及计算机组、域甚至整个网络访问 Web 站点。

设置身份验证的具体操作步骤为：打开“IIS 管理器”窗口，在功能视图中选择“IPv4 地址和域限制”图标，双击并查看其设置。如图 11-18 所示。

在右侧“操作”窗格中选择“添加允许条目”或“添加拒绝条目”，在弹出的“添加允许限制规则”对话框和“添加拒绝限制规则”对话框中输入相应的地址即可。图 11-19 是打开的“添加允许限制规则”对话框。

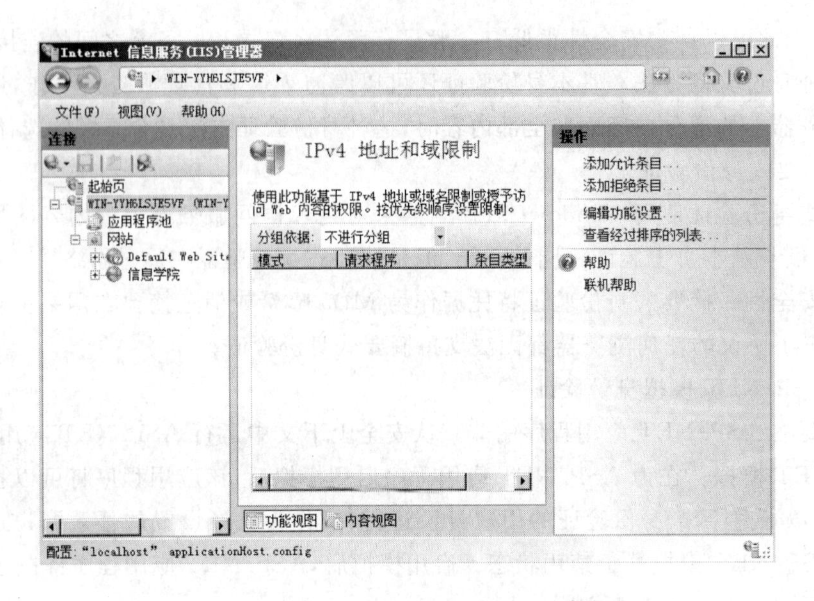

图 11-18 IIS 管理器

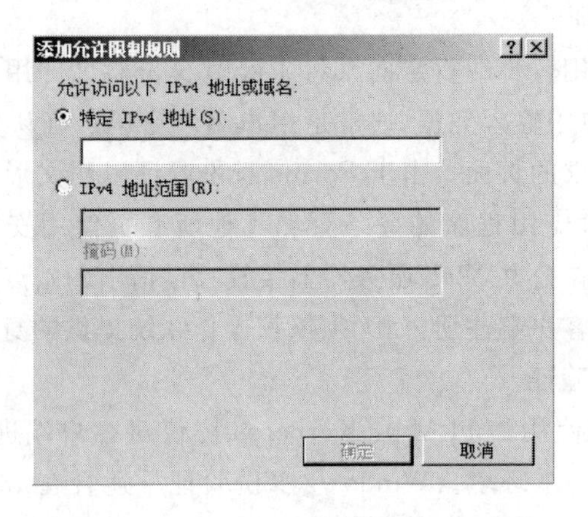

图 11-19 允许添加限制规则

11.3.5 远程管理网站

当一个 Web 服务器搭建完成后，对它的管理是非常重要的，如添加删除虚拟目录、站点，为网站中添加或修改发布文件，检查网站的连接情况等。但是管理员不可能每天都坐在服务器前进行操作。因此，就需要从远程计算机上管理 IIS 了。过去，远程管理 IIS 服务器的方法有两种：通过使用远程管理网站或使用远程桌面/终端服务来进行。但是，如果在防火墙之外或不在现场，则这些选项作用有限。

IIS7 提供了多种新方法来远程管理服务器、站点、Web 应用程序，以及非管理员的安全委派管理权限，通过在图形界面中直接构建远程管理功能来对此进行管理。IIS7 中的远程管理服务在本质上是一个小型 Web 应用程序，它作为单独的服务，在服务名为 WMSVC 的本地服务账户下运行，此设计使得即使在 IIS 服务器自身无响应的情况下仍可维持远程管理功能。

1. 远程管理服务器端设置

与 IIS7 中的大多数功能类似,出于安全性考虑,远程管理并不是默认安装的。要安装远程管理功能,请将 Web 服务器角色的角色服务添加到 Windows Server 2008 的服务器管理器中,该管理器可在管理工具中找到。

安装此功能后,打开"IIS 管理器"窗口,在左侧选择服务器名"WIN-YYH6LSJE5VF",然后在功能视图中选择"管理"这个类别下的"管理服务"图标,双击并查看其设置,如图 11-20所示。当通过管理服务启用远程连接时,将看到一个设置列表,其中包含"身份凭据"、"连接"、"SSL 证书"和"IPv4 地址限制"等的设置。

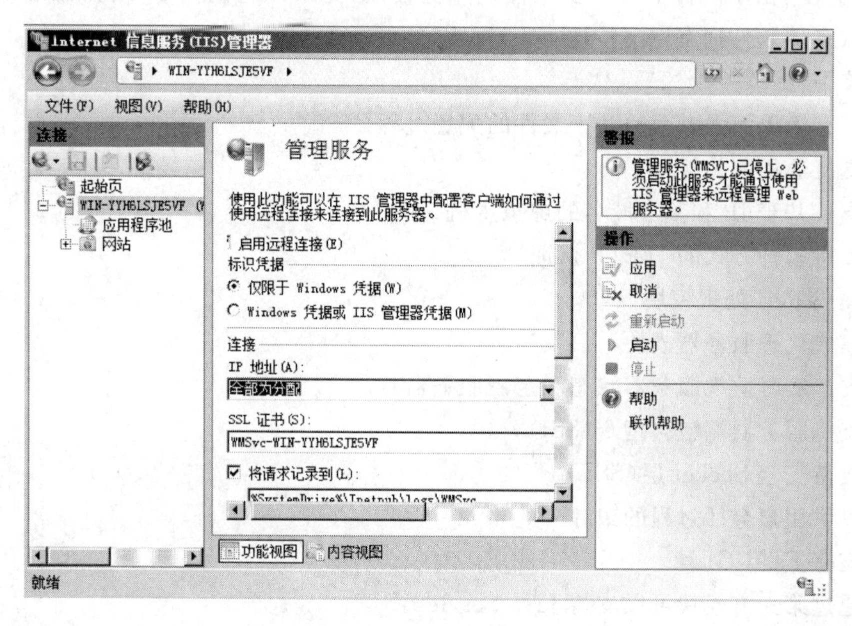

图 11-20　管理服务

标识凭据:授予连接到 IIS7 的权限,可选择"仅限于 Windows 凭据"或是"Windows 凭据或 IIS 管理器凭据"。

IP 地址:设置连接服务器的 IP 地址,默认的端口号为 8172。

SSL 证书:系统中有一个默认的名为 WMSvc-WIN2008 的证书,这是系统专门为远程管理服务的证书。

IPv4 地址限制:禁止或允许某些 IP 地址或域名的访问。

2. 客户端设置远程管理

在客户端计算机进行远程管理的操作步骤为:打开"IIS 管理器"窗口,在左侧选择"起始页",右击,在弹出的快捷菜单中选择"连接至服务器"选项,进入"连接到服务器"对话框,在其中的"服务器名称"文本框输入要远程管理的服务器,如输入服务器的 IP 地址"192.168.117.132",单击"下一步",进入"指定连接名称"对话框,为此连接指定一个连接名称,单击"完成"即可在"IIS 管理器"窗口看到要管理的远程网站。

11.4 Linux 操作系统下 Web 服务器的安装与配置

11.4.1 Apache 服务器特点

作为世界使用排名第一的 Web 服务器软件，Apache 可以运行在几乎所有广泛使用的计算机平台上，由于其跨平台和安全性被广泛使用，是最流行的 Web 服务器端软件之一。Apache 服务器软件拥有以下特性：

- 跨平台
- 拥有简单而强有力的基于文件的配置过程
- 支持通用网关接口
- 支持基于 IP 和基于域名的虚拟主机
- 支持多种方式的 HTTP 认证
- 集成 Perl 处理模块
- 集成代理服务器模块
- 支持实时监视服务器状态和定制服务器日志
- 支持服务器端包含指令(SSI)
- 支持安全 Socket 层(SSL)
- 提供用户会话过程的跟踪
- 支持 FastCGI
- 通过第三方模块可以支持 Java Servlets

11.4.2 安装和启动 Apache 服务器

1. Apache 软件的安装

在 RHEL6 中可以通过两种方式安装 Apache 服务器。一种是在 RHEL6 光盘的 Packages 目录中找到自带的 httpd-2.2.14-5.el6.i686.rpm 软件包，此外还有一个 Apache 相关的帮助手册 httpd-manual-2.2.14-5.el6.noarch.rpm。用 # ls|grep httpd 查看 Apache 相关软件包：

```
[root@localhost Packages]# ls|grep httpd
httpd-2.2.14-5.el6.i686.rpm
httpd-devel-2.2.14-5.el6.i686.rpm
httpd-manual-2.2.14-5.el6.noarch.rpm
httpd-tools-2.2.14-5.el6.i686.rpm
```

使用 rpm 命令安装 httpd-2.2.14：

```
[root@localhost Packages]# rpm -ivh httpd-2.2.14-5.el6.i686.rpm
warning: httpd-2.2.14-5.el6.i686.rpm: Header V3 RSA/SHA256 Signature, key ID f21
541eb: NOKEY
Preparing...                ########################################### [100%]
        package httpd-2.2.14-5.el6.i686 is already installed
```

另外一种是源代码安装，源代码可以从 http://httpd.apache.org 下载，并执行以下命令：

```
# tar xvfz httpd-2.2.22.tar.gz
```

```
#./configure
#make
#make install
```

系统安装成功后，会创建/etc/httpd 及相关的目录。

```
[root@localhost /]# ls -l /etc/httpd
total 8
drwxr-xr-x. 2 root root 4096 Mar 19 00:56 conf
drwxr-xr-x. 2 root root 4096 Mar 19 01:05 conf.d
lrwxrwxrwx. 1 root root   19 Mar 19 00:56 logs -> ../../var/log/httpd
lrwxrwxrwx. 1 root root   27 Mar 19 00:56 modules -> ../../usr/lib/httpd/modules
lrwxrwxrwx. 1 root root   19 Mar 19 00:56 run -> ../../var/run/httpd
```

在/etc/httpd 中的文件和目录的作用如下：

(1) /etc/httpd/conf/httpd.conf：Apache 的主配置文件。

(2) /etc/httpd/logs：其实是符号链接文件，指向/var/log/httpd 目录，用于存放 Apache 服务相关的日志文件。

(3) /etc/httpd/modules：符号链接文件，指向/usr/lib/httpd/modules 目录，用于存放 Apache 服务相关的模块。

除了/etc/httpd 目录以外，和 Apache 服务相关的文件及目录还有：

(1) /usr/sbin/apachectl：Apache 控制脚本，用于启动、停止、重启服务。

(2) /usr/sbin/httpd：Apache 服务器的程序文件。

(3) /usr/share/doc/httpd-2.2.14：Apache 说明文档目录。

(4) /var/www：Apache 提供的默认网站存放目录。

2. Apache 服务器的启动和停止

安装完毕后，使用#./apachectl - V 查看已安装的 Apache 的版本信息，用#./apachectl-l 查看 apache 服务安装的相关的模块。

```
[root@localhost lwj]# /usr/sbin/apachectl -V
Server version: Apache/2.2.14 (Unix)
Server built:   Feb  9 2010 08:13:53
Server's Module Magic Number: 20051115:23
Server loaded:  APR 1.3.9, APR-Util 1.3.9
Compiled using: APR 1.3.9, APR-Util 1.3.9
Architecture:   32-bit
Server MPM:     Prefork
  threaded:     no
    forked:     yes (variable process count)
Server compiled with....
 -D APACHE_MPM_DIR="server/mpm/prefork"
```

当安装完 Apache 服务器后，如果想让其提供 Web 服务还必须启动它。

(1) 使用 service 命令来启动和重新启动 Apache 服务器

#service httpd start　　和　#service httpd restart

(2) 使用控制脚本来启动和停止服务

#/usr/sbin/apachectl start　　和　#/usr/sbin/apachectl stop

3. 查看 Apache 服务器是否启动

可以使用如下命令查看 Apache 服务器的运行状态：

(1) #service httpd status

(2) #pstree|grep httpd

(3) #ps -eaf|grep httpd

```
[root@localhost Packages]# ps -eaf|grep httpd
root      6703     1  2 07:59 ?        00:00:00 /usr/sbin/httpd
apache    6705  6703  0 07:59 ?        00:00:00 /usr/sbin/httpd
apache    6706  6703  0 07:59 ?        00:00:00 /usr/sbin/httpd
apache    6707  6703  0 07:59 ?        00:00:00 /usr/sbin/httpd
apache    6708  6703  0 07:59 ?        00:00:00 /usr/sbin/httpd
apache    6709  6703  0 07:59 ?        00:00:00 /usr/sbin/httpd
apache    6710  6703  0 07:59 ?        00:00:00 /usr/sbin/httpd
apache    6711  6703  0 07:59 ?        00:00:00 /usr/sbin/httpd
apache    6712  6703  0 07:59 ?        00:00:00 /usr/sbin/httpd
apache    6713  6703  0 07:59 ?        00:00:00 /usr/sbin/httpd
root      6715  2593  0 07:59 pts/0    00:00:00 grep httpd
[root@localhost Packages]# pstree|grep httpd
     |-httpd---9*[httpd]
```

(4) 查看 Apache 监听的端口

```
[root@localhost Packages]# netstat -an|grep :80
tcp        0      0 :::80                       :::*                        LISTEN
```

可以看到，80 端口号处于监听状态，说明服务已启动。为使客户端能访问 Apache 服务器的 80 端口，要打开防火墙的 TCP80 端口。使用命令如下：

```
# iptables  -I  INPUT  -p  tcp  --dport  80  -j  ACCEPT
```

或者使用下面的命令清空防火墙的所有规则：

```
# iptables  -F
```

4. 测试服务器

可以在客户端的浏览器中输入服务器的 IP 验证一下，如果没有错误，会出现 Apache 服务器的测试页面。如图 11-21 所示。

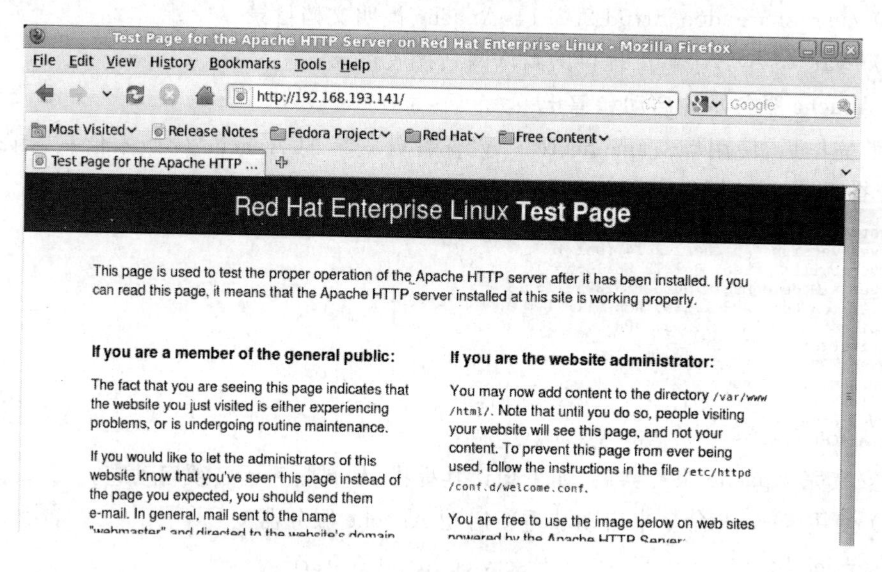

图 11-21　Apache 服务器测试页面

5. SELinux 和 Apache 服务器

若 SELinux 处于开启状态，则在 SELinux 默认的策略中，apache 进程默认只能访问/var/www目录。为了完成后面的一些操作，需要关闭 SELinux，关闭的方法如下。

(1) 修改/etc/selinux/config 配置文件，设置 SELinux＝disabled，然后重启系统后生效。

(2) 如果不想重启系统，可以使用命令：# setenforce 0。

(3) 如果不想关闭 SELinux，可以开放访问其他目录，首先创建一个目录，如/var/website1，然后将其添加到 httpd content 类型的上下文：

```
#chcon-Rt  httpd_sys_content_t  /var/website1  //其中,-R(recursive)递归,-t(type)类型
```

11.4.3 全局设置与主服务器设置

Apache 的主配置文件是/etc/httpd/conf/httpd.conf。文件中的内容分为注释行和服务器配置命令行。行首有“#”的即为注释行。配置文件中的指令不区分大小写,但指令的参数是对大小写敏感的。对于较长的配置命令,行末可使用反斜杠“\”换行。修改配置文件后,可使用#apachectl -t 或#httpd -t 命令检查配置文件中有无错误,而无须启动 Apache 服务器。

整个/etc/httpd/conf/httpd.conf 配置文件总体上划分为 3 部分(section):第 1 部分是全局环境设置(Global Environment);第 2 部分是主服务器配置(Main′ server configuration);第 3 部分用于设置和创建虚拟主机(Virtual Hosts)。下面首先介绍全局环境设置和主服务器配置。

1. Apache 全局环境设置(Global Environment)

(1) ServerRoot "/etc/httpd"

设置服务器的根目录,也是整个 Apache 目录结构的最上层,在此目录下可包含服务器的配置、错误和日志等文件。

(2) Listen 12.34.56.78:80 或 Listen80

Listen 命令告诉服务器接受来自指定端口或者指定地址的某端口的请求。利用多个 Listen 指令可以指定要监听的多个地址和端口。其命令用法为:Listen [IP 地址]:端口号。

(3) ServerTokens OS

当服务器响应主机头(Header)信息时显示 Apache 的版本和操作系统名称。

(4) PidFile run/httpd.pid

设置运行 httpd 进程时使用的 Pid 文件的路径和名称。

(5) User apache 和 Group apache

User apache 指定运行 httpd 子进程的用户身份,Group apache 指定运行 httpd 子进程的用户组身份。用户的设置决定服务器的访问权限。该用户所无法访问的文件,网站来宾也不能够访问。该用户应该拥有一定特权,因此它能够存取外部用户可以看见的文件。该用户还是所有被服务器生出的 CGI 进程的所有者,它不应该被允许执行任何目的不是回答 HTTP 请求的编码。

在正常操作中,httpd 父进程首先以根用户身份来运行,但是,它会立即交给 Apache 用户。服务器必须以根用户启动的原因是,它需要关联到 1024 以下的端口。1024 以下的端口是为系统使用而保留的,因此只有根用户才有使用权。一旦服务器把自己连接到它的端口,它就会在接受任何连接请求前把进程交给 Apache 用户。Group 指令和 User 指令很相似,它设置服务器回答请求所用的组群。

下面的选项(6)~(9)是和 Apache 服务器性能相关的设置。

(6) Timeout 60

用于设置连接请求超时的时间,单位为秒。默认设置值为 60,表示如果 TCP 连接建立

后60秒没有收到或送出任何数据就切断连接。若网速较慢,可适当调大该值。

(7) KeepAlive　Off

"Off"表示禁用持续的连接,即在一个TCP连接中只传送一个请求和一个应答消息。

一般情况下,每个HTTP请求和响应都使用一个单独的TCP连接,即服务器每次接受一个请求时,都会打开一个TCP连接并在请求结束后关闭该连接。

若能对多个处理重复使用同一个连接,则可减小打开TCP连接和关闭TCP连接的负担,从而提高服务器的性能。建议用户将此参数改为On,即使用持久连接,提高性能。

(8) KeepAliveTimeout　15

在使用持久连接功能时,客户端的下一个请求消息超时间隔,默认15秒,即如果下一个请求超过15秒还未到达,就切断连接。

(9) MaxKcepAliveRequests 100

在使用持久连接功能时,设置在一个持续连接期间允许的最大HTTP请求数目。若设置为0,则没有限制。默认设置为100,可以适当加大该值以提高服务器的性能。

2. 主服务器配置(Main′ server configuration)

(1) ServerName www. example. com:80

设置服务器用于辨识自己的主机名和端口号,该设置仅用于重定向和虚拟主机的识别。命令用法为:ServerName　完全合格的域名[:端口号]。

对于Internet Web服务器,应保证该名称是DNS服务器中的有效记录。默认配置文件中对此没有设置,应根据服务器的实际情况进行设置。当没有指定ServerName时,服务器会尝试对IP地址进行反向查询来获得主机名。如果在服务器名中没有指定端口号,服务器会使用接受请求的端口。为了加强可靠性和可预测性,应使用ServerName显式地指定一个主机名和端口号。

(2) UseCanonicalName Off

默认为Off。当Apache引用自己的URL时,使用客户端提供的主机名和端口。如果是UseCanonicalName On,则使用ServerName指定的主机名和端口。

(3) ServerAdmin root@localhost

ServerAdmin用于设置Web站点管理员的E-mail地址。当服务器产生错误时,如指定的网页找不到,服务器返回给客户端的错误信息中将包含该邮件地址,以告诉用户该向谁发送错误报告。

(4) DocumentRoot″/var/www/html″

指定网页根目录的位置,也就是我们存放网页的目录。默认设置为/var/www/html。注意,目录路径名的最后不能加"/",否则将会发生错误。

(5) DirectoryIndex index. html index. html. var

用于设置站点主页文件的搜索顺序,各文件间用空格分隔。例如要将主页文件的搜索顺序设置为index. php、index. html、index. htm、default. htm,则配置命令为:

```
DirectoryIndex  index.php  index.html  index.htm  default.htm
```

(6) AccessFileName　. htaccess

每个目录都可以包含对本目录的访问权限进行设置的文件,这里指定这个配置文件的名称为“.htaccess”。

(7) ErrorDocument

用于定义当遇到错误时,服务器将给客户端什么样的回应。通常是显示预设置的一个错误页面。其命令用法为:

```
ErrorDocument  错误号  所要显示的网页
```

在默认的配置文件中预定义了一些对不同错误的响应信息,但都注释掉了,只需去掉前面的“#”号即可开启。如:

```
#ErrorDocument  500  "The server made a boo boo."
#ErrorDocument  404  /missing.html
#ErrorDocument  402  http://www.example.com/subscription_info.html
```

(8) AddDefaultCharset UTF-8

用于指定默认的字符集。在 HTTP 的回应信息中,若在 HTTP 头中未包含任何关于内容字符集类型的参数时,指令将指定的字符集添加到 HTTP 头中,此时将覆盖网页文件中通过 META 标记符所指定的字符集。命令用法为“AddDefaultCharset 字符集名称”。

(9) DefaultType text/plain

指定默认的 MIME 文件类型为纯文本或 HTML 文件。

(10) Alias /icons/ "/var/www/icons/"

设置目录别名。注意:最后的“/”不能省略。

(11) 日志配置指令

日志对于 Web 站点必不可少,它记录着服务器处理的所有请求、运行状态和一些错误或警告等信息,帮助管理员知道服务器遭受的攻击,并有助于判断当前系统是否提供了足够的安全保护等级。和日志相关的设置如下。

- ErrorLog logs/error_log

ErrorLog 用于指定服务器存放错误日志文件的位置和文件名,此处的相对路径是相对于 ServerRoot 目录的路径。

- LogLevel warn

LogLevel 用于设置记录在错误日志中的信息级别。根据重要性降序排列这些级别分别是 debug、info、notice、warn、error、crit、alert 和 emerg。当指定了某个特定级别后,所有级别高于它的信息也将被记录在日志文件中。

日志的格式可由管理员定义,可以设置为以下形式:

```
LogFormat"%h %l%u %t\"%r\" %>s %b\"%{Referer}i\"\"%{User-Agent}i\""combined
LogFormat"%h %l %u %t\"%r\"%>s %b"common
LogFormat"%{Referer}i->%U"referrer
```

3. 容器指令

除了以上常用的配置指令,在全局设置或主服务器设置中,通常还使用一些容器指令,如<IfModule>、<Directory>、<Files>。容器指令通常用于封装一组指令,用于改变指令的作用域或使其在容器条件成立时有效。容器指令通常成对出现,并具有以下格式特点:

```
<容器指令名  参数>
</容器指令名>
```

(1) <IfModule>容器的使用

<IfModule>容器用于判断指定的模块是否存在,若存在则包含于其中的指令将有效,否则会被忽略。例如:

```
<IfModule mod_ssl.c>
    Include conf/ssl.conf
</IfModule>
```

此处的配置表示:若 mod_ssl.c 模块存在,则用 Include 指令将 conf/ssl.conf 配置文件包含进当前的配置文件中。

<IfModule>容器可以嵌套使用。若要使模块不存在时所包含的指令有效,只需在模块名前加一个"!"即可。比如以下配置:

```
<IfModule! mpm_winnt.c>
  <IfModule! mpm_netware.c>
    User nobody
  </IfModule>
</IfModule>
```

下面给出的例子是使用<IfModule>容器控制 Apache 进程,对进程的控制在 prefork.c 模块中进行设置或修改。

```
<IfModule prefork.c>
  StartServers        8
  MinSpareServers      5
  MaxSpareServers   20
  ServerLimit       256
  MaxClients       256
  MaxRequestsPerChild  4000
</IfModule>
```

上面的例子表示:如果 prefork.c 模块存在,则在<IfModule prefork.c>与</IfModule>之间的配置指令将被执行,否则不会被执行。<IfModule>容器中各配置项的功能如表 11-1 所示。

表 11-1 <IfModule>容器中的配置参数

配置参数	参数说明
StartServers	用于设置服务器启动时启动的子进程的个数
MinSpareServer	用于设置服务器中空闲子进程。即没有 HTTP 处理请求的子进程数目的下限。若空闲子进程数目小于该设置值,父进程就会以极快的速度生成子进程。注意:这个数字太大的话,则空闲的进程在浪费系统资源,大大减少了整个系统的资源。如果太小,则有可能造成频繁的连接使得系统应接不暇。设置的原则是,如果这个服务器是专用的 Web 服务器,则将这个值尽量地设大,否则就设置得够用就可以

续表

配置参数	参数说明
MaxSPareservers	用于设置服务器中空闲子进程数目的上限。若空闲子进程超过该设置值,则父进程就会停止多余的子进程。一般只有在站点非常繁忙的情况下才有必要调大该设置值
Maxclient	用于设置服务器允许连接的最大客户数,该值也限制了 httpd 子进程的最大数目,可根据需要进行更改
MaxRequestsPerChild	用于设置子进程所能处理请求的数目上限。当到达上限后,该子进程就会停止。若设置为 0 则不受限制

(2) 通过<Directory>容器设置目录的访问权限

对目录的访问权限应该内置在<Directory>容器内。<Directory>容器用于封装一组指令,使其对指定的目录及其子目录有效。其命令用法为:

```
<Directory 目录名>
  Options  ……
  AllowOverride  ……
  Allow from  ……
  Order  ……
  ……
</Directory>
```

该指令不能嵌套使用。容器中所指定的目录名可以采用文件系统的绝对路径,也可以是包含通配符的表达式。目录名可使用"*"代表任意个字符或"?"通配符"*"代表一个任意的字符,但不能通配"/"符号。比如要对所有普通用户的主目录下的 public_html 子目录进行配置,则此时的容器指令应该表达为:

```
<Directory/home/*/public_html>
  ……
</Directory>
```

如果有多个<Directory>容器配置段符合包含某文档的目录或其父目录,那么指令将以最短目录、最先应用的规则进行应用。

下面是主服务器的默认配置中对根目录及服务器主目录的访问权限设置。

① 设置根目录的访问权限

```
<Directory/>
    Options  FollowSymLinks       //允许符号链接跟随,访问不在本目录下的文件
    AllowOverride None            //不允许使用本目录中.htaccess 文件的配置内容
    Order allow,deny              //指定先执行 Allow(允许)访问规则,再执行 Deny(拒绝)访问规则
    Allow from all                //设置 Allow 访问规则。这里是允许所有客户端的连接
</Directory>
```

② 设置服务器主目录的访问权限

```
<Directory"/var/www/icons">
    Options  Indexes  MultiViews  FollowSymLinks
    AllowOverride None
    Order allow,deny
```

```
    Allow from all
</Directory>
```

说明:在对目录的访问权限中,通常包含 Options 选项、AllowOverride 选项和由 allow、deny 等组成的访问控制指令。Options 命令控制在特定目录中将使用哪些服务器特性,其命令用法为"Options 功能选项列表",可用的选项及功能如表 11-2 所示。AllowOverride 选项如表 11-3 所示。访问控制指令如表 11-4 所示。

表 11-2　Option 选项列表

选项	功能描述
None	禁止所有的功能
All	运行除了 Multiviews 以外所有的功能
ExecCGI	在该目录下允许执行 CGI 脚本
FollowSymLinks	服务器可以在此目录中使用符号连接
Includes	允许服务器端包含(Server-side includes)
Includes　NOEXEC	允许服务器端包含 SSI,但禁用 # exec 和 # include 功能
Indexes	如果一个映射到目录的 URL 被请求,而此目录中又没有 DirectoryIndex 中列出的文件(例如 index. html),那么服务器会提供该目录下的文件列表以供用户选择
MultiViews	允许多重内容被浏览,这对于多语言内容的站点有用
SymLinksIfOwnerMatch	服务器仅在符号链接与其目的目录或文件的拥有者具有同样的用户 ID 时才可使用

表 11-3　AllowOverride 选项列表

选项	功能描述
AuthConfig	允许使用与认证授权相关的指令,如 AuthName、AuthType 和 Require 等
FileInfo	允许使用控制文档类型的指令(Error Document、Default)等、控制文档数据的指令(Header、Request Header 等)、mod_rewrite 指令和 mod_actions 中的 Action 指令
Indexes	允许使用控制目录索引的指令(DirectoryIndex、IndexOptions 等)
Limit	允许使用控制主机访问的指令(Allow、Deny 和 Order)
All	所有具有". htaccess"作用域的指令都允许出现在. htaccess 文件中
None	忽略. htaccess 文件

访问控制指令常用于<Directory>、<Files>、<Location>等容器中以设置允许访问指定目录、文件或 URL 地址的主机。相关的指令主要有 Allow、Deny 和 Order。

表 11-4　控制指令列表

控制指令用法	功能
Allow　from　host-list	指定允许访问的主机。hostlist 代表主机名列表,多个主机名间用空格分隔。它能实现基于 Internet 主机名的访问控制,其主机名可以是域名,也可以是一个 IP 地址
Deny　from　host-list	该命令与 Allow 刚好相反,用于指定禁止访问的主机名
Order　allow,deny	表示 allow 语句在 deny 之前执行。若主机没有被特别指出允许访问,则该主机将被拒绝访问资源
Order　deny,allow	deny 在 allow 之前进行控制。若主机没有被特别指出拒绝访问则该资源将被允许访问
Order　mutual-failure	只有那些在 allow 语句中被指定,同时又没有出现在 deny 语句中的主机,才允许访问。若主机在两条指令中都没有出现,则将被拒绝访问

例 11-1 无条件禁止对/doc 目录的访问。

```
<Directory/doc>
  Order  Allow,Deny
  Deny from All
</Directory>
```

例 11-2 禁止 IP1,IP2 对/doc 目录的访问。

```
<Directory/doc>
  Order  Allow,Deny
  Allow from All
  Deny from IP1  IP2
</Directory>
```

例 11-3 只允许 IP1,IP2 对/doc 目录的访问。

```
<Directory/doc>
  Order  Deny,Allow
  Allow from IP1 IP2
  Deny from all
</Directory>
```

(3) 通过<Files>容器设置文件的访问权限

<Files>容器用于指定文件的访问权限,而不管该文件实际存在于哪个目录。其用法为:

```
<Files  文件名>
    ……
<Files>
```

类似于目录,文件名可以是一个具体的文件名,也可以使用"*"和"?"通配符,还可使用正则表达式来表达多个文件,此时要在正则表达式前多加一个"~"符号。

下面的配置将拒绝所有主机访问位于任何目录下的以.ht 开头的文件,如.htaccess 和.htpasswd等系统重要文件。

```
<Files  ~"^\.ht">
    Order allow,deny
    Deny from all
</Files>
```

另外,<Files>容器通常嵌套在<Directory>容器中,以限制其所作用的文件系统范围。如:

```
<Directory/var/www/html>
  <Files  private.html>
    order allow,deny
    Deny from all
  </Files>
</Directory>
```

以上配置将拒绝对 html 目录及其所有子目录下的 private.html 文件进行访问。

11.4.4 虚拟主机设置

虚拟主机(Virtual Host)是指在一台主机上运行的多个 Web 站点,每个站点均有自己独立的域名或 IP 地址。虚拟主机允许为不同的 IP 地址、主机名或同一机器上的不同端口运行不同的服务器站点。譬如，可以在同一个 Web 服务器上使用虚拟主机来运行 http://www.example.com 和 http://www.anotherexample.com 这两个网站。虚拟主机对用户是透明的，就好像每个站点都在单独的一台主机上运行一样。

Apache 服务器提供两种类型的虚拟主机：①基于 IP 地址的虚拟主机：每个 Web 站点使用不同的 IP 地址；②基于名字或主机名的虚拟主机：不同的站点可以使用同一个 IP 地址，但使用的域名不同。通过使用虚拟主机技术，既可以在同一个服务器上同时搭建多个 Web 站点，又可以通过共享同一个 IP 地址以解决 IP 地址缺乏的问题。

1. 基于 IP 的虚拟主机

基于 IP 的虚拟主机拥有不同的 IP 地址，这就要求服务器必须配置多个 IP 地址。这可通过在服务器上安装多块网卡，每个网卡配置一个 IP 地址来实现，也可以为一块网卡配置多个虚拟 IP 接口，每个接口绑定一个 IP 地址来实现。下面，给出基于 IP 地址的虚拟主机配置的详细步骤。

(1) 添加多个 IP 地址

使用命令 #ifconfig 查看网络配置。假设网络设备名为 eth0。下面首先添加一个虚拟 IP 接口，并配置 IP 地址为 192.168.193.120，使用命令：

```
$ sudo ifconfig eth0:0 192.168.193.120 up  //为网络设备 eth0:0 添加 IP 并启动
```

类似地，再添加一个 192.168.193.121 的 IP：

```
$ sudo ifconfig eth0:1 192.168.193.121 up  //注意，此时的设备名为 eth0:1
```

(2) 添加两个虚拟主机所对应的站点目录

为了完成随后对虚拟主机的测试，首先在/var 目录下创建子目录 website1，作为使用 IP 地址为 192.168.193.120 虚拟主机所对应的站点目录，同时在此目录下创建一个测试文件 test1.html：

```
# mkdir  /var/www/website1
# echo  'This virtual host is based on ip address 192.168.193.120!'  >
/var/website1/test1.html
```

通常在一个 web 站点中，将一些图片存放到单独的子目录中，所以再添加一个目录 icons：

```
# mkdir  /var/www/website1/icons
```

类似地，添加使用 IP 地址 192.168.193.120 虚拟主机所对应的站点目录 website2 并在此目录下创建测试文件：

```
# mkdir  /var/www/website2
# mkdir  /var/www/website2/icons
# echo  'This virtual host is based on ip address 192.168.193.121!'  >
/var/website2/test2.html
```

(3) 更改 apache 配置文件/etc/httpd/conf/httpd.conf

打开配置文件/etc/httpd/conf/httpd.conf，找到第 3 部分 Section 3，即用于设置和创建虚拟主机(Virtual Hosts)的部分，在其中添加以下内容：

```
<VirtualHost 192.168.193.120>            //虚拟主机 1，使用的 IP 是 192.168.193.120
  DocumentRoot  "/var/www/website1"      //虚拟主机所对应的目录
</VirtualHost>
<Directory/var/www/website1>
Options Indexes Follow SymLinks </Directory>
  Options Indexes FollowSymLinks          //Indexes 表示在指定的目录中找不到指定的文件时，
允许生成当前目录的文件列表，FollowSymLinks 表示允许使用符号链接
```

```
<VirtualHost 192.168.193.121>            //虚拟主机 2,使用的 IP 是 192.168.193.121
  DocumentRoot"/var/www/website2"
</VirtualHost>
<Directory/var/www/website2>
  Options Indexes FollowSymLinks
</Directory>
```

(4) 重启服务并验证

在服务器端保存 httpd.conf 配置文件,利用命令 # apachectl -t 检查并确保虚拟主机配置正确。使用命令"service httpd restart"重启 Apache 服务器,以使配置生效。

在客户端打开浏览器,输入 http://192.168.193.120/test1.html,显示如图 11-22 所示的测试页面。

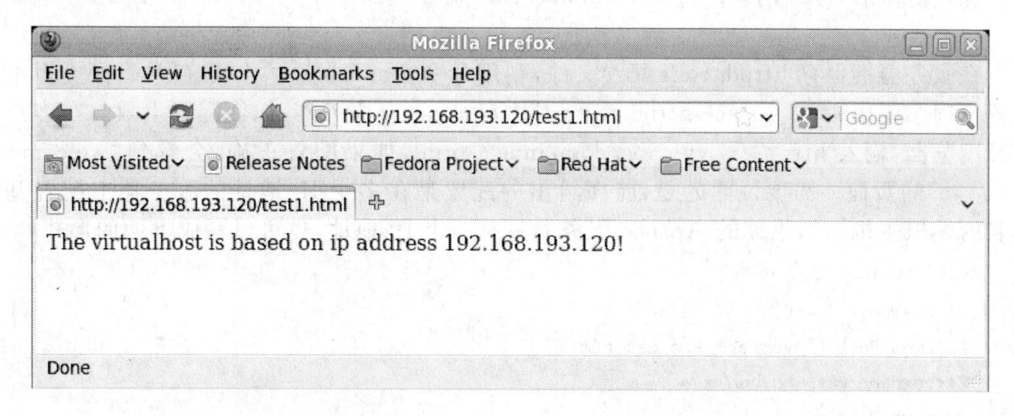

图 11-22　基于 IP 的虚拟主机测试

2. 基于名称的虚拟主机

假设我们想使用 www.abc.com 访问站点 website1,使用 www.xyz.com 访问站点 website2,需要创建两个基于名称的虚拟主机。因为最终域名要被解析为 IP 地址,所以 www.abc.com 和 www.xyz.com 要对应到服务器的 IP,这两个站点可以使用同一个 IP,也可以使用不同的 IP。假设使用的 IP 地址为 192.168.193.123,下面给出具体配置步骤。

(1) 添加 IP

再添加一个 192.168.193.122 的 IP:

```
$ sudo ifconfig eth0:2 192.168.193.122 up  //注意,此时的设备名为 eth0:2
```

(2) 创建相关的目录,添加主页文件

```
# mkdir  /var/abc
# echo"welcome to abc page!">/var/abc/index.html
# mkdir  /var/xyz
# echo"welcome to xyz page!">/var/xyz/index.html
```

(3) 更改 apache 配置文件/etc/httpd/conf/httpd.conf

找到第 3 部分 Section 3,即用于设置和创建虚拟主机(Virtual Hosts)的部分,在其中添加以下内容:

```
NameVirtualHost 192.168. 193.122
<VirtualHost 192.168.193.122>
  DocumentRoot  "/var/abc"
  ServerName www.abc.com
</VirtualHost>
<VirtualHost 192.168. 193.122>
```

```
  DocumentRoot  "/var/xyz"
  ServerName www.xyz.com
</VirtualHost>
```

(4) 配置客户端

配置客户端,保证能将域名 www.abc.com 和 www.xyz.com 解析成服务器的 IP 地址 192.168.137.122。方法有两个,一是配合使用 DNS 服务,设置客户端的 DNS Server 的 IP 地址;二是修改客户端的/etc/hosts 文件。DNS 的配置比较复杂,可以参考前面的章节,此处不再赘述。下面修改/etc/hosts 文件,添加下面的两行:

```
www.abc.com  192.168.193.122
www.xyz.com  192.168.193.122
```

保存退出后,可以用 # ping www.abc.com 命令测试一下。

(5) 测试

在服务器端保存 httpd.conf 配置文件,利用命令 # apachectl -t 检查并确保虚拟主机配置正确。使用命令"service httpd restart"重启 Apache 服务器,以使配置生效。在客户端打开浏览器,输入 http://www.abc.com/index.html,如果配置正确,会看到"welcome to abc page"的页面。需要说明的是,前面给出的配置是在多个 IP 地址的服务器上配置基于域名的虚拟主机。如果你的 Apache 服务器只有一个 IP 地址,也可以写成下面的形式:

```
NameVirtualHost  *:80
<VirtualHost *:80>
  DocumentRoot  "/var/abc/abctest.html"
  ServerName www.abc.com
</VirtualHost>
<VirtualHost *:80>
  DocumentRoot  "/var/xyz/xyztest.html"
  ServerName www.xyz.com
</VirtualHost>
```

当然,要完成客户端测试,仍然要修改 DNS 或修改客户端的/etc/hosts 文件,以保证客户端提交 www.abc.com 或 www.xyz.com 的时候能正确地解析成 Apache 服务器的 IP 地址。

3. 在虚拟主机中使用不同的端口号

在前面的虚拟主机配置中,如果没有指定端口号或是"IP 地址:80"的形式,此时虚拟主机都使用端口号 80。如果要使用其他端口号如 8080,必须配置服务器监听此端口号,同时指定虚拟主机使用此端口号。

```
Listen 8080              //监听 8080 端口号
<VirtualHost 192.168.193.120:8080>          //设置端口号为 8080 的虚拟主机
  DocumentRoot"/var/www/website1"
  Options Indexes FollowSymLinks
</VirtualHost>
```

本 章 小 结

本章主要介绍了 Windows Server 2008 和 RHEL6 Web 服务器的配置方法。在 Windows 操作系统下，可以通过 IIS 进行 Web 服务器的配置。在 Linux 操作系统下，需要修改配置文件。通过本章的学习，读者应熟练掌握不同操作系统下 Web 服务器的安装、配置方法。

习　　题

1. 在 Windows Server 2008 中支持哪些身份认证模式？
2. 在 Windows Server 2008 中通过什么区分多个不同的 Web 站点？
3. 在 RHEL6 中，虚拟主机的分类有哪些？

第 12 章　FTP 服务器配置与管理

12.1　FTP 基本概念

FTP 是 TCP/IP 的一种具体应用，它工作在应用层，使用 TCP 传输而不是 UDP，这样 FTP 客户在和服务器建立连接前就要经过一个被广为熟知的"三次握手"的过程，它的意义在于客户与服务器之间的连接是可靠的，而且是面向连接，为数据的传输提供了可靠的保证。

FTP 用于实现客户端与服务器端之间的文件传输。尽管 Web 也可以提供文件下载服务，但是 FTP 服务的效率更高，对权限控制更为严格。使用 FTP 时必须首先登录，在远程主机上获得相应的权限以后，方可上载或下载文件。也就是说，要想同哪一台计算机传送文件，就必须具有哪一台计算机的适当授权。换言之，除非有用户 ID 和口令，否则便无法传送文件。这种情况违背了 Internet 的开放性，Internet 上的 FTP 主机何止千万，不可能要求每个用户在每一台主机上都拥有账号。匿名 FTP 就是为解决这个问题而产生的。匿名 FTP 是这样一种机制，用户可通过它连接到远程主机上，并从其下载文件，而无须成为其注册用户。系统管理员建立了一个特殊的用户 ID，名为 anonymous，Internet 上的任何人在任何地方都可使用该用户 ID。当远程主机提供匿名 FTP 服务时，会指定某些目录向公众开放，允许匿名存放，系统中的其余目录则处于隐匿状态。作为一种安全措施，大多数匿名 FTP 主机都允许用户从其中下载文件，而不允许用户上传文件，也就是说，用户可将匿名 FTP 主机上的所有文件全部复制到自己的计算机上，但不能将自己计算机上的任何一个文件复制至匿名 FTP 主机上。即使有些匿名 FTP 主机确实允许用户上传文件，用户也只能将文件上传至一个指定的目录中，随后，系统管理员会去检查这些文件，然后将这些文件移至另一个公共下载目录中，供其他用户下载，利用这种方式，远程主机的用户得到了保护，避免了有问题的文件的上传。

12.2　FTP 协议的工作原理

与大多数 Internet 服务一样，FTP 也是一个客户机/服务器系统。用户通过一个支持 FTP 协议的客户机程序，连接到在远程主机上的 FTP 服务器程序。用户通过客户机程序向服务器程序发出命令，服务器程序执行用户所发出的命令，并将执行的结果返回客户机。如用户发出一条命令，要求服务器向用户传送某一个文件的一份拷贝，服务器会响应这条命令，将指定文件送至用户的机器上。客户机程序代表用户接收到这个文件，将其存放在用户目录中。

FTP并不像HTTP协议那样，只需要一个端口作为连接(HTTP的默认端口是80)。FTP需要2个端口，一个端口是作为控制连接端口，也就是21这个端口，用于发送指令给服务器以及等待服务器响应；另一个端口是数据传输端口，端口号为20(仅PORT模式)，是用来建立数据传输通道的，主要有3个作用：

- 从客户向服务器发送一个文件；
- 从服务器向客户发送一个文件；
- 从服务器向客户发送文件或目录列表。

12.2.1 FTP的连接模式

一个完整的FTP文件传输需要建立两种类型的连接：一种为文件传输下命令，称为控制连接；另一种实现真正的文件传输，称为数据连接。FTP使用两个端口来建立这两种连接，一个是数据端口，一个是控制端口。控制端口一般为21，而数据端口不一定是20，这和FTP的连接模式有关。FTP的连接模式有两种，PORT和PASV。PORT模式是一个主动模式，PASV是被动模式，这里的主动和被动，是相对于服务器而言的。

PORT方式(主动模式)的连接过程是：客户机先用随机X端口与FTP服务器的21号端口建立连接，这是一条命令链路。在数据传输时客户端从与21号端口建立的连接中发送一个PORT命令要求建立主动式连接，并通知服务器自己的某个随机端口(如M)已经准备好了，接下来服务器从20端口向客户机的M端口发出连接请求。这种服务器主动发出连接请求的模式称为主动模式。

PASV方式(被动模式)的连接过程是：客户机先用随机X端口与FTP服务器的21号端口发送连接请求，服务器接受连接，建立一条命令链路。在数据传输时客户端从与21号端口建立的连接中发送一个PORT命令要求建立被动式连接，服务器选择一个随机端口N，并利用上一个连接通道通知客户机自己开放了N端口。客户机从随机M端口向服务器的N端口发出连接请求。这种客户机主动发出连接请求、服务器被动接受连接的模式称为被动模式。

若采用主动模式，就是FTP软件请求服务器来连它，使用的数据端口是20；若采用被动模式，如同是服务器告诉FTP软件“你来连接我”，端口号由服务器端和客户端协商而定(注意：有防火墙用户不能使用主动模式，这是因为防火墙不允许来自网外的主动连接，所以用户必须使用被动模式)。几乎所有的FTP客户端软件都支持这两种方式。而IE默认采用的是PORT方式，要在IE里启用PASV方式，请打开IE，在菜单里选择：工具→Internet选项→高级，在“使用被动ftp”前面打上钩。

12.2.2 FTP的传输模式

FTP的传输模式有两种：ASCII传输模式和二进制数据传输模式。

1. ASCII传输方式。

假定用户正在复制的文件包含简单ASCII码文本，如果在远程机器上运行的是不同的操作系统，当文件传输时ftp通常会自动地调整文件的内容以便于把文件解释成另外那台计算机存储文本文件的格式。但是常常有这样的情况,用户正在传输的文件包含的不是文本文件,它们可能是程序、数据库、字处理文件或者压缩文件(尽管字处理文件包含的大部分是文本,其中也包含有指示页尺寸,字库等信息的非打印字符)。在复制任何非文本文件之前,用 binary 命令告诉 ftp 逐字复制,不要对这些文件进行处理,这也是下面要讲的二进制传输。

2. 二进制数据传输模式。

在二进制传输中,保存文件的位序,以便原始和复制的是逐位一一对应的,即使目的地机器上包含的位序列的文件是没意义的。例如,macintosh 以二进制方式传送可执行文件到 IBM VM 系统,在对方系统上,此文件不能执行(但是,它从 VM 系统上以二进制方式复制到另一 macintosh 是可以执行的)。

如果在 ASCII 方式下传输二进制文件,即使不需要也仍会转译。这会使传输稍微变慢,也会损坏数据,使文件变得不能用(在大多数计算机上,ASCII 方式一般假设每一字符的第一有效位无意义,因为 ASCII 字符组合不使用它。如果传输二进制文件,所有的位都是重要的)。如果知道这两台机器是同样的,则二进制方式对文本文件和数据文件都是有效的。很多数据库程序用二进制格式存储数据,即使数据原本是文本式。所以,除非知道软件的用途,建议对数据库文件先用二进制方式,然后看传输的文件能否正确工作,如果不能,再试用另一方式。可执行的文件一般是二进制文件。

12.3 安装与配置 FTP 服务器

12.3.1 安装 FTP 服务器

在 Windows Server 2008 服务器上安装 FTP 服务器的过程如下。

(1) 单击"开始"→"管理工具"→"服务器管理器"。在打开的"服务器管理器"窗格的"角色"部分中,选择"Web 服务器(IIS)",在"Web 服务器(IIS)"上右击,选择弹出的快捷菜单中的"添加角色服务",如图 12-1 所示,

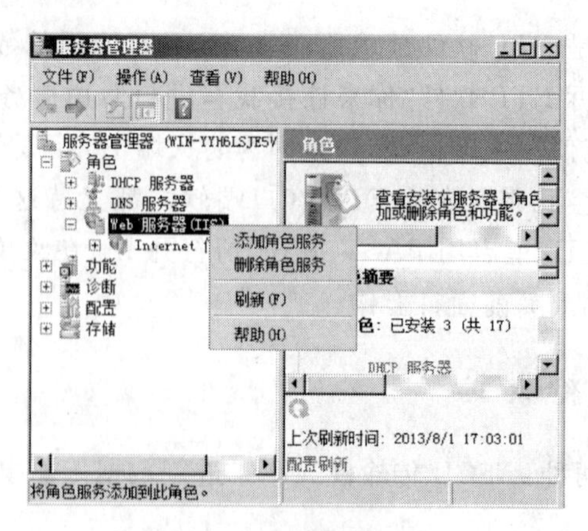

图 12-1 添加角色

(2) 在弹出的"添加角色服务"向导对话框,选择 Web 服务器要添加的角色服务,即

"FTP 发布服务",如图 12-2 所示。

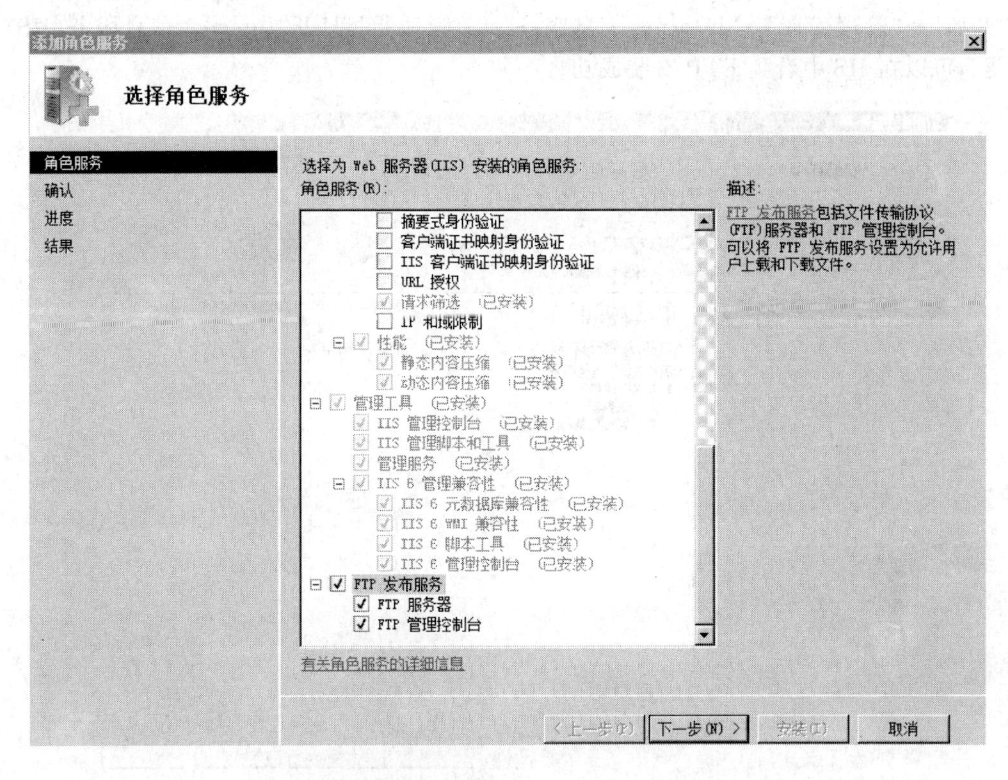

图 12-2　添加角色向导——FTP 发布服务

(3) 单击"下一步",出现如图 12-3 所示的"确认安装选择"对话框,然后单击"安装",开始进行安装。

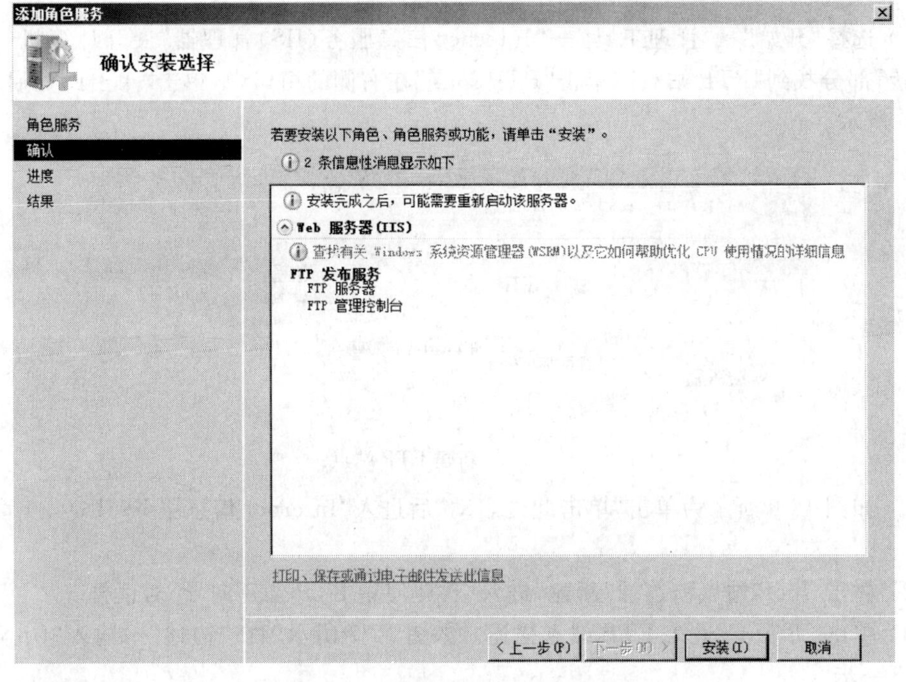

图 12-3　"确认安装选择"对话框

(4) 安装完成后，会显示如图 12-4 所示的对话框，表示 FTP 服务器安装成功。此时，单击“开始”→“管理工具”→“Internet 信息服务(IIS)管理器”，打开“Internet 信息服务(IIS)管理器”，可以在 IIS 中看到 FTP 安装成功。

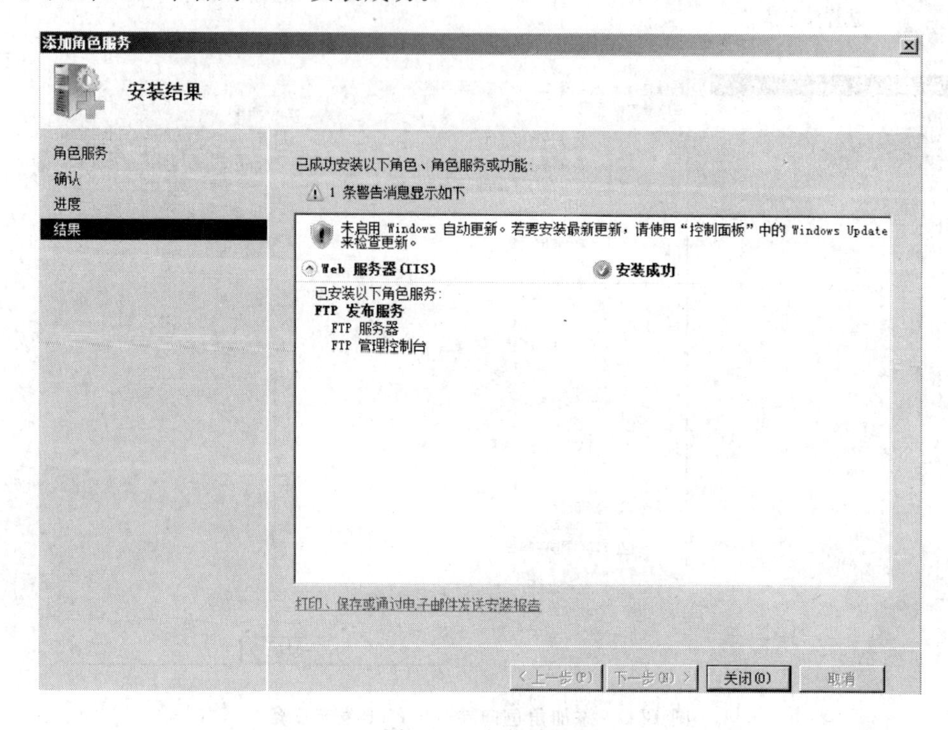

图 12-4　安装结果

12.3.2　创建 FTP 站点

(1) 选择“开始”→“管理工具”→“Internet 信息服务(IIS)管理器”展开计算机，在左侧的“连接”部分找到“FTP 站点”，单击“FTP 站点”在右侧的窗口中，单击“单击此处启动”，如图 12-5 所示。

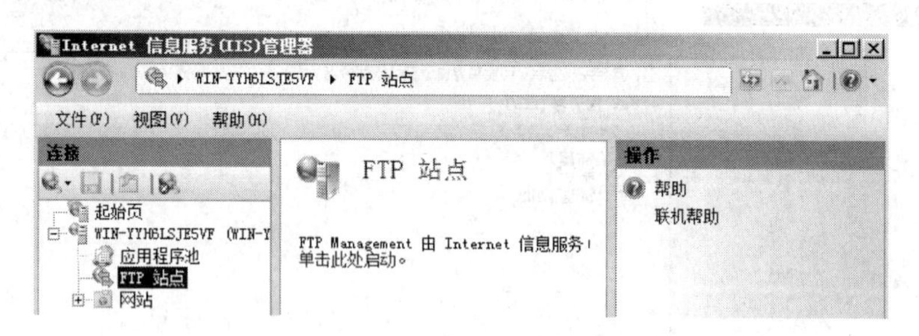

图 12-5　新建 FTP 站点

(2) 如图 12-6 所示为单击“单击此处启动”后进入“Internet 信息服务(IIS)6.0 管理器”窗口。

(3) 右击“FTP 站点”，选择“新建”进入“欢迎使用 FTP 创建向导”对话框。

(4) 单击“下一步”进入 FTP 站点描述。如图 12-7 所示。在“描述”中输入“ftpName”，单击“下一步”。

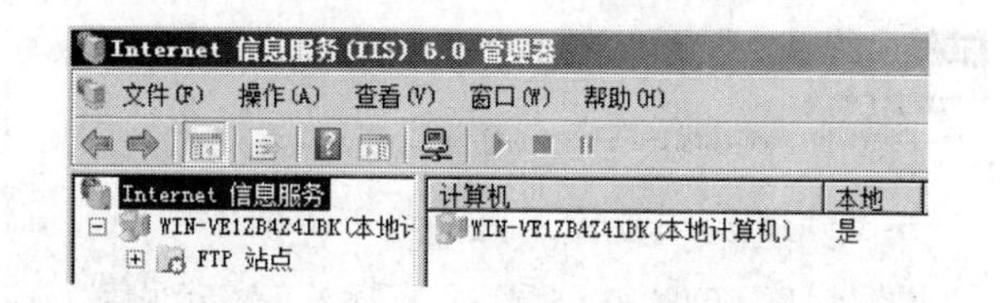

12-6 “Internet 信息服务(IIS)6.0 管理器”对话框

图 12-7 “FTP 站点描述”对话框

(5) 进入“IP 地址和端口设置”对话框,如图 12-8 所示。

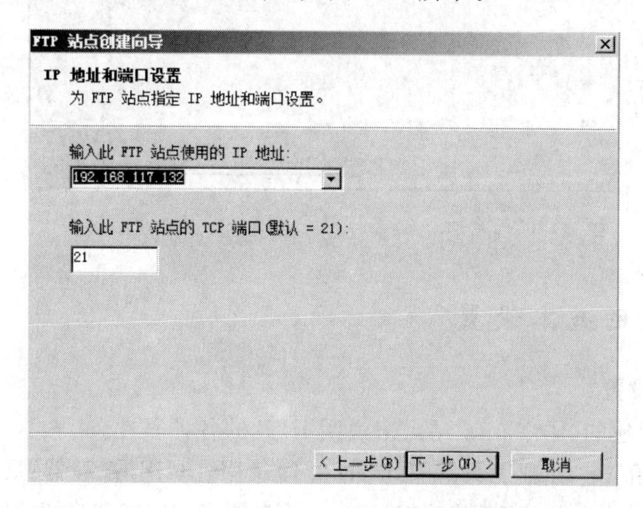

图 12-8 “IP 地址和端口设置”对话框

(6) 单击“下一步”进入 FTP 用户隔离。选择“不隔离用户”,如图 12-9 所示。

(7) 单击“下一步”进入“FTP 站点主目录”对话框,如图 12-10 所示。输入 FTP 站点目录后,单击“下一步”,即可完成 FTP 站点的创建。

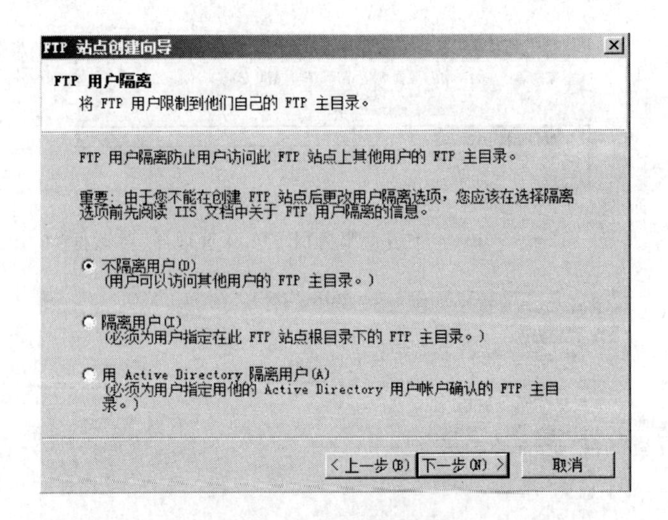

图 12-9　用户隔离

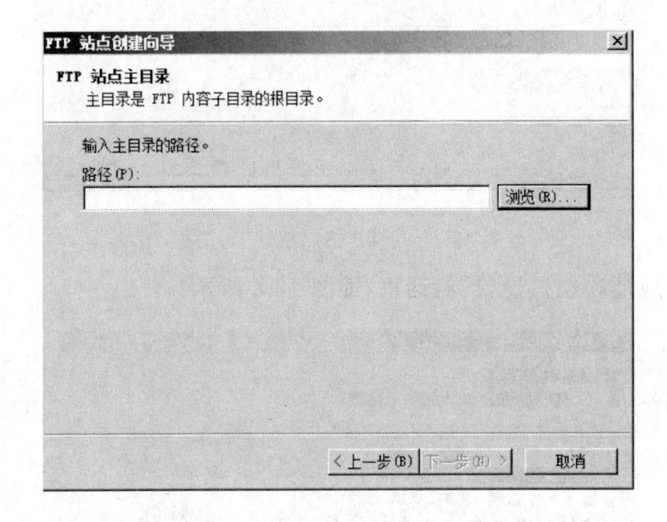

图 12-10　“FTP 站点主目录”对话框

12.3.3　FTP 的基本设置

1. 基本属性设置

接下来利用创建的“ftpName”站点来说明 FTP 的各种属性。

(1) 单击“开始”→“管理工具”→“Internet 信息服务(IIS)管理器”展开“FTP”站点，在右侧的窗格中的“单击此处启动”进入“Internet 信息服务(IIS)6.0 管理器”。

(2) 找到刚刚创建的 FTP 站点“ftpName”右击，选择“属性”，打开如图 12-11 所示站点属性选项卡。

FTP 站点链接中的选项的作用如下。

不受限制：不限制同时连接的用户数。

连接数限制为(M)：设置同时的最大连接数，在后面字段输入允许的最大连接数。

连接超时(秒)(C)：表示如果已经没有传资料的用户连接，设置等待的时间以秒计。

启用日志记录(E)：启动 FTP 站点的日志记录功能，并且允许选择使用的日志格式。

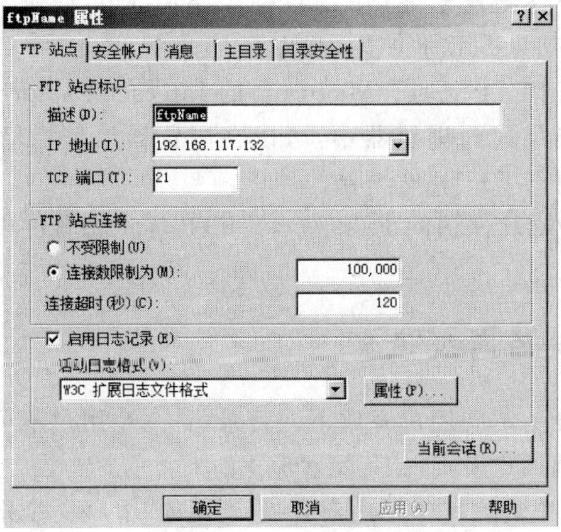

图 12-11　FTP 属性

另外,在“安全账户”选项卡中:主要是选择是否允许匿名连接,如果允许匿名连接,则允许使用“匿名”用户名的用户登录到 FTP 服务器。在默认情况下,为所有的匿名登录创建一个用户名为“USER-主机名”的账号。此账号是 IIS 服务器安装时 Internet 服务器管理器中自动创建的,并随机地为此账号分配了密码。也可以使用“用户名”和“密码”对话框设置用户账号以用于所有的匿名连接。

在“消息”选项卡中:设置启用和退出此站点时所显示的信息。

在“主目录”选项卡中:设置 FTP 站点目录,它可以是本地的某个目录,也可以是网络中某台计算机上的一个共享目录。

在“目录安全性”选项卡中:可以过滤某些 IP 地址,允许或拒绝从这些 IP 地址的计算机上访问此站点。

可以根据用户的不同需要进行不同的设置。

2. FTP 服务器中文语言设置

使用 Windows Server 2008 IIS 搭建 FTP 服务器时,有时在客户端登录 FTP 后中文文件夹显示为乱码,此时应更改系统区域设置。系统区域设置可确定用于在不适用 Unicode 的程序中输入和显示的默认字符集和字体,这可让非 Unicode 程序在使用指定语言的计算机上运行。在计算机上安装其他显示语言时,可能需要更改默认系统区域设置。为系统区域设置选择不同的语言并不会影响 Windows 或其他使用 Unicode 的程序的菜单和对话框中的语言。

具体操作如下:在“控制面板”中打开“区域和语言”。单击“管理”选项卡,然后在“非 Unicode 程序的语言”下单击“更改系统区域设置”。如果系统提示输入管理员或进行确认,请输入改密码或提供确认。应确保“当前系统区域设置”为“中文(简体,中国)”。设置完毕后重启系统生效。

12.3.4　访问 FTP 站点

FTP 服务器安装成功后,可以测试默认 FTP 站点是否可以正常运行。在客户端计算机上采用 3 种方式来连接 FTP 站点。

(1) 使用 FTP 命令登录站点。打开 DOS 命令提示符窗口,输入命令“ftp FTP 站点地址”,然后根据屏幕上的信息提示进一步操作即可。

(2) 利用浏览器访问 FTP 站点。Microsoft 的 Internet Explorer 和 Netscape 的 Navigator 也都将 FTP 功能集成到浏览器中,可以在浏览器地址栏输入一个 FTP 地址(如 ftp://FTP 站点地址)进行 FTP 匿名登录。

(3) 利用 FTP 客户端软件访问 FTP 站点。FTP 客户端软件以图形窗口的形式访问 FTP 服务器,操作简单。

12.3.5 FTP 站点的高级设置

为安全起见,服务器为不同用户开放不同目录,且一个用户不可以访问其他用户的目录,这可以通过设置隔离用户来实现,其配置步骤如下。

(1) 打开服务器管理器选择“本地用户和组”下面的“用户”,右击“用户”选择“新用户”。如图 12-12 所示。分别创建新用户“bob”,密码“123”;新用户“alice”,密码“456”。

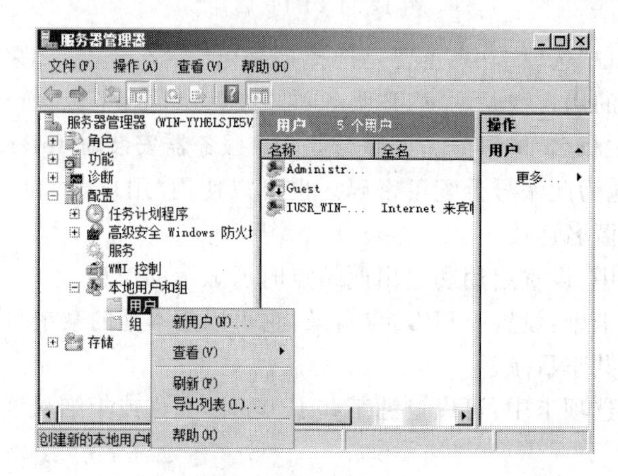

图 12-12 新建用户

(2) 创建 C:\movie 目录,作为 FTP 站点目录。为了实现将不同用户定位到不同的目录,在 C:\movie 添加 LocalUser 子目录,在 LocalUser 主目录中分别为用户 bob 和 alice 创建同名的目录,再创建一个 public 目录开放给所有用户,如图 12-13 所示。为了进一步进行测试,可以在这两个目录中添加一些文件,如在 public 中添加 public. txt,在 bob 中添加 bob. txt 等。

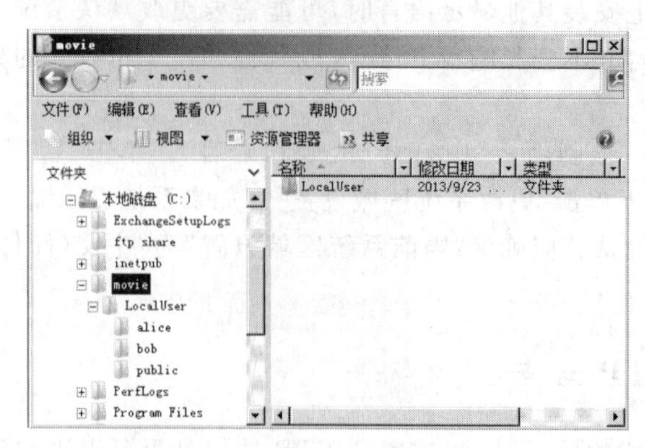

图 12-13 主目录文件夹

(3) 打开“Internet 信息服务(IIS)6.0 管理器”,右击 FTP 站点,选择“新建”,在选择“FTP 站点”项。

(4) 进入“FTP 站点创建向导”对话框,在描述的对话框中输入“隔离用户”,如图 12-14 所示。

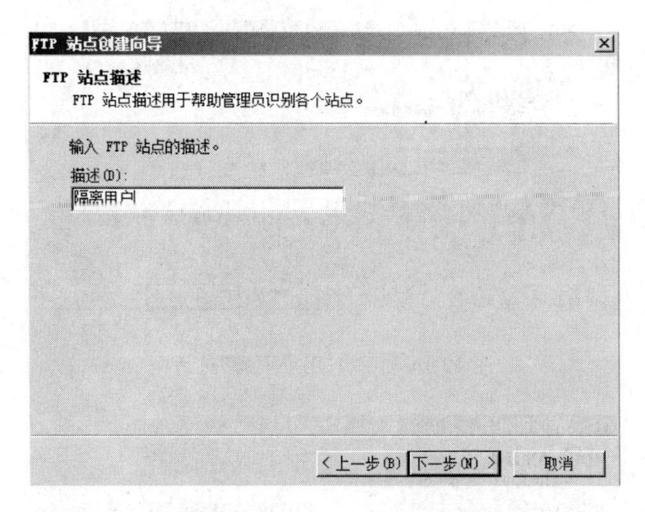

图 12-14 “FTP 站点创建向导”对话框

(5) 单击“下一步”,进入“IP 地址和端口设置”对话框。在“输入此 FTP 站点使用的 IP 地址:”下填写 192.168.117.132,选择的 TCP 端口默认为 21,如图 12-15 所示。

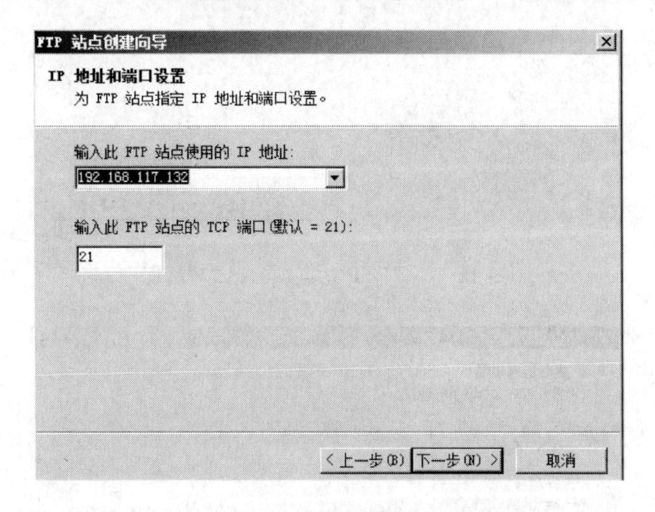

图 12-15 “IP 地址和端口设置”

(6) 单击“下一步”,进入“FTP 用户隔离”对话框,选择“隔离用户”,并单击“下一步”,如图 12-16 所示。

(7) 进入“FTP 站点主目录”对话框,输入主目录的路径,如图 12-17 所示。

(8) 单击“下一步”,进入“FTP 站点访问权限”,选择“读取”权限,如图 12-18 所示。单击“下一步”,显示“FTP 站点创建向导未成功完成”。

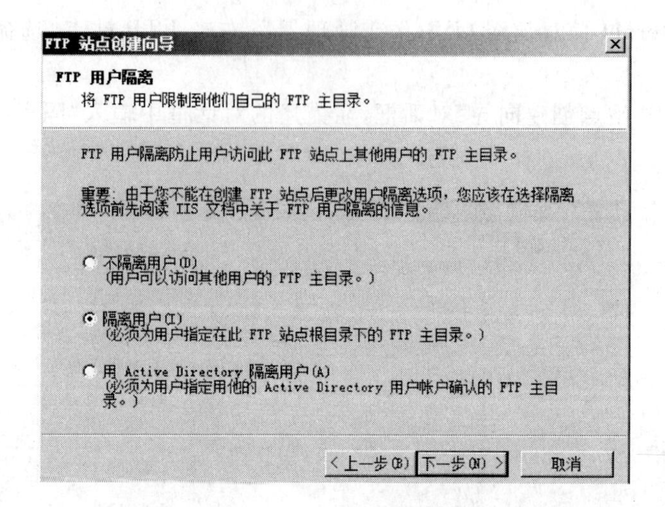

图 12-16 “FTP 用户隔离”对话框

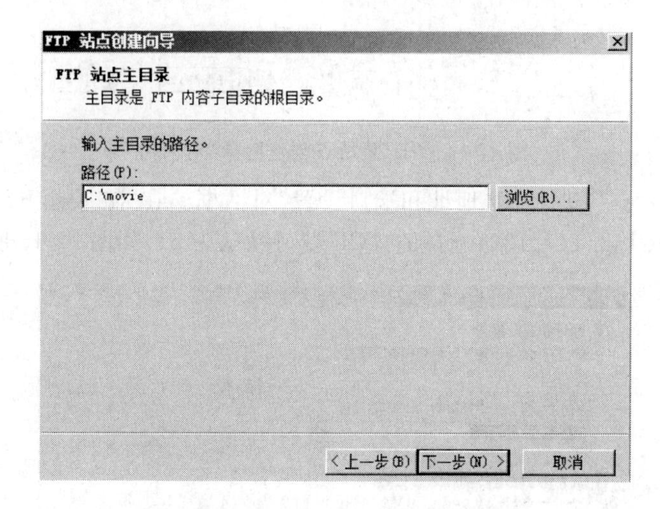

图 12-17 “FTP 站点主目录”对话框

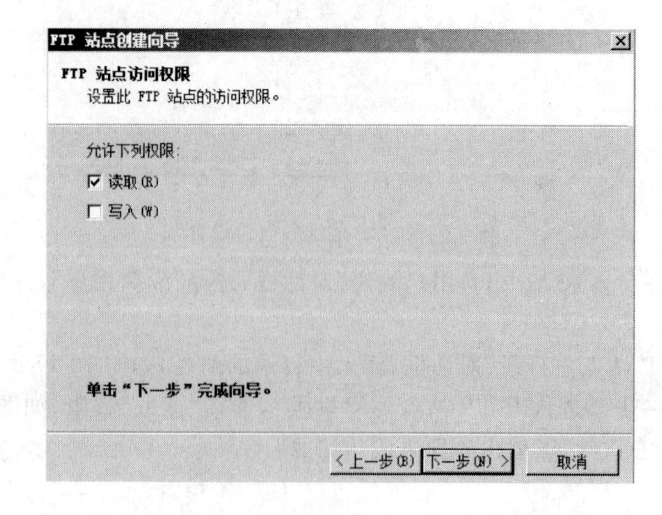

图 12-18 “FTP 站点访问权限”对话框

(9) 打开“Internet 信息服务(IIS)6.0 管理器”，右击“隔离用户”选择“启动”，如图 12-19 所示。

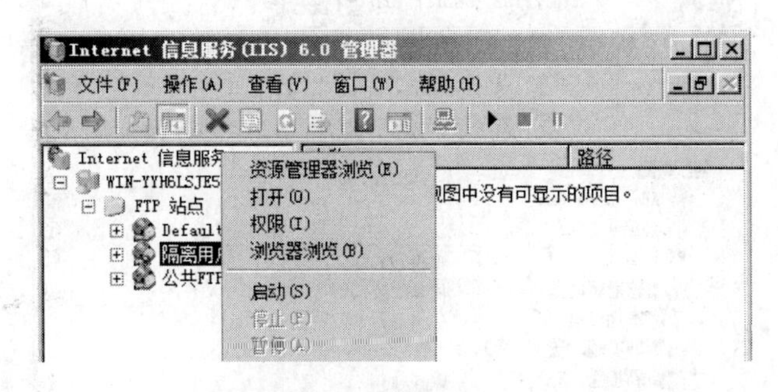

图 12-19 “隔离用户”启动

(10) 在浏览器中输入 ftp://192.168.117.132，测试页面如图 12-20 所示。

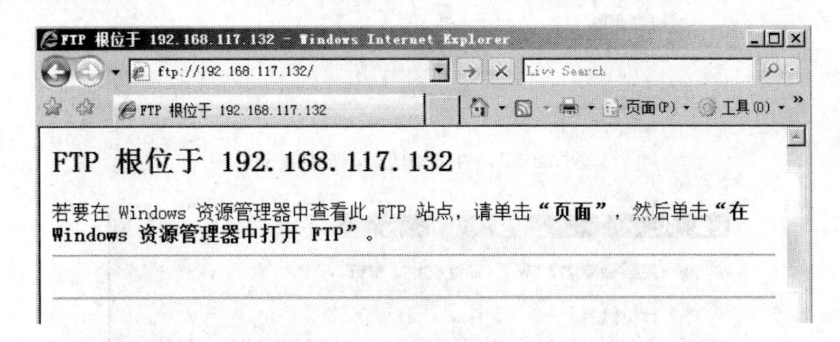

图 12-20 测试隔离用户

(11) 在资源管理器中打开，如图 12-21 所示。

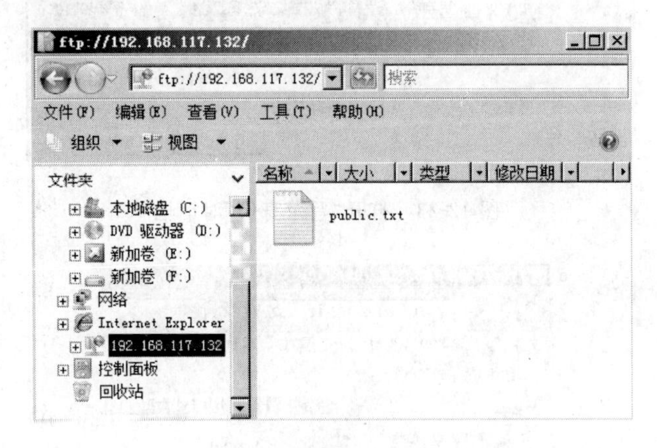

图 12-21 在资源管理器中打开

(12) 在资源管理中右击“登录”，如图 12-22 所示。

(13) 输入登录的用户名“bob”，密码“123”，单击“登录”，如图 12-23 所示。

(14) 直接跳转到 bob 路径中，如图 12-24 所示。

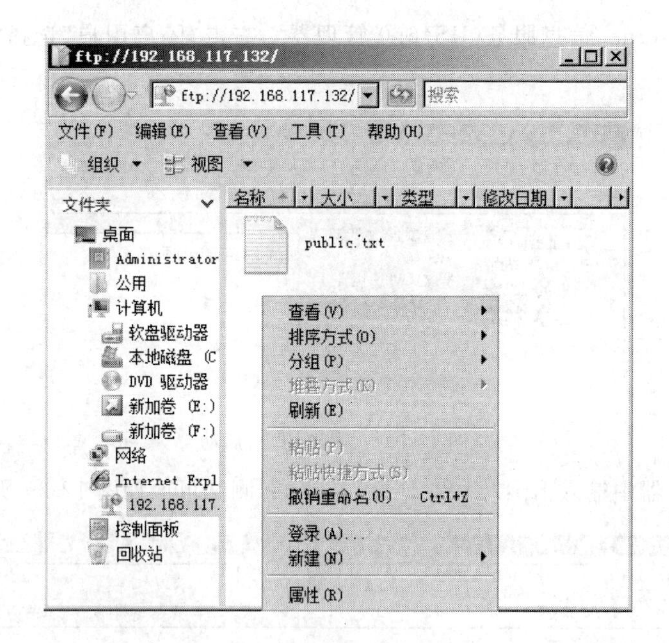

图 12-22 在资源管理器中登录

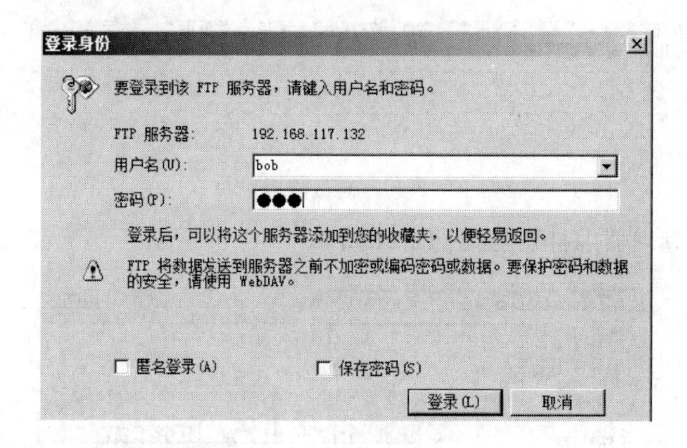

图 12-23 打开"登录身份"对话框

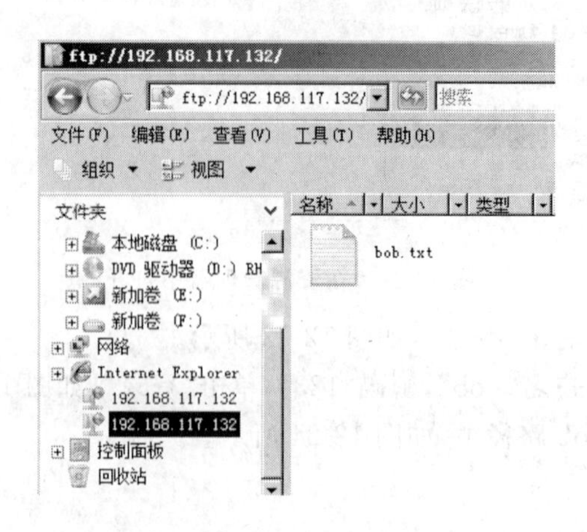

图 12-24 跳转到 bob 路径

(15) 更换用户身份，重新用 alice 身份登录，即在图 12-23 所示的登录对话框中输入用户名alice,以及alice的密码,单击“登录”,如果没有错误则进入alice的目录。

可见,通过隔离用户,可以实现让不同的用户访问不同的目录,实现了FTP站点的安全设置。

12.4 FTP命令

FTP命令是Internet用户使用最频繁的命令之一,不论是在DOS还是UNIX操作系统下使用FTP,都会遇到大量的FTP内部命令。熟悉并灵活应用FTP的内部命令,可以大大方便使用者,并收到事半功倍之效。

FTP的命令行格式为:ftp -v -d -i -n -g [主机名],其中:

- -v:显示远程服务器的所有响应信息;
- -n:限制ftp的自动登录,即不使用.n etrc文件;
- -d:使用调试方式;
- -g:取消全局文件名。

ftp使用的内部命令如下所示(中括号表示可选项)。

1. FTP>help:显示ftp命令的帮助说明。

格式:help[command]

说明:command指定需要有关说明的命令的名称。假如没有指定command,将显示全部命令的列表。

2. FTP>?:显示ftp命令说明。? 和help相同。

3. FTP>open:与指定的FTP服务器连接。格式:open computer[port]。说明:computer指定要连接的远程计算机。可以通过IP地址或计算机名称。

4. FTP>status:显示FTP连接和切换的当前状态。

5. FTP>user:向远程主机表明自己的身份,重新以别的用户名登录远端主机需要口令时,必须输入口令,如:user anonymous my@email。

6. FTP>![cmd[args]]:在本地机中执行交互shell,exit回到ftp环境,如:! ls *.zip。

7. FTP>pwd:显示远程电脑上的当前目录。

8. FTP>cd:更改远程电脑上的工作目录。

9. FTP>cdup:进入远程主机目录的父目录。

10. FTP>lcd:更改本地电脑上的工作目录。

11. FTP>dir [remote-directory] [local-file]:显示远程目录文档和子目录列表,并将结果存入本地文件local-file。假如没有指定,输出将显示在屏幕上。

12. FTP>mdir:显示多个远程目录文档和子目录列表。它与dir类似,但可指定多个远程文件,如:mdir *.o. *.zipoutfile。

13. FTP>ls:显示远程目录文档和子目录的缩写列表,功能类似于dir。

14. FTP>mls:显示多个远程目录文档和子目录的缩写列表。

15. FTP>mkdir:创建远程目录。

16. FTP>rmdir:删除远程目录。

17. FTP>type [type-name]:配置或显示文档传送类型。默认配置为 ASCII。假如没有指定 type-name,将显示当前的类型。

18. FTP>ascii:将文件传送类型设置为默认的 ASCII。

19. FTP>binary(或 bi):将文件传送类型设置为二进制。

20. FTP>get remote-file[local-file]:将远程文档复制到本地电脑。

21. FTP>mget:将多个远程文档复制到本地电脑。

22. FTP>case:在使用 mget 时,将远程主机文件名中的大写转为小写字母。

23. FTP>put local-file[remote-file]:将本地主机中的文件传送至远端主机。

24. FTP>mput local-files[...]:将本地主机中一批文件传送至远端主机。

25. FTP>send local-file[remote-file]:使用当前文档传送类型将本地文档复制到远程电脑上,与 put 相同。

26. FTP>recv remote-file[local-file]:使用当前文件传送类型将远程文件复制到本地计算机,与 get 相同。

27. FTP>append local-file[remote-file]:将本地文件追加到远程系统主机,若未指定远程系统文件名,则使用本地文件名。

28. FTP>delete remote-file:删除远程电脑上的文档。

29. FTP>mdelete remote-files[...]:删除多个远程电脑上的文档。

30. FTP>rename filename newfilename:重命名远程文档。

31. FTP>chmod mode file-name:将远程主机文件 file-name 的存取方式设置为 mode,如:chmod 777 a.out。

32. FTP>hash:每传输 1024 字节,显示一个 hash 符号(#)。

33. FTP>newer file-name:如果远程机中 file-name 的修改时间比本地硬盘同名文件的时间更近,则重传该文件。

34. FTP>nlist[remote-dir][local-file]:显示远程主机目录的文件清单,并存入本地硬盘的 local-file。

35. FTP>trace:切换数据包跟踪。Trace 在运行 ftp 命令时显示每个数据包的路由。

36. FTP>debug:切换调试。当调试打开时,发送到远程计算机的每个命令都打印,前面是字符串“>”。默认情况下,调试是关闭的。

37. FTP>verbose:切换 verbose 模式。如果打开,将显示所有 ftp 响应。在文件传送完成后,将同时显示与传送效率有关的统计信息。默认情况下,verbose 是打开的。

38. FTP>disconnect:从远程电脑断开,保留 ftp 命令参数提示。

39. FTP>close:终止远端的 FTP 进程,返回到 FTP 命令状态,所有的宏定义都被删除。

40. FTP>quit:结束和远程电脑的 ftp 命令参数会话并退出 ftp 命令参数。

41. FTP>bye(或 by):同 quit。

12.5 Linux 环境下的 FTP 服务器安装与配置

12.5.1 Linux 下的 FTP 服务器

目前,在 Linux 环境下常用的 FTP 服务器有 3 个,分别是:Wu-ftpd、ProFTPD 和 vsftpd。这几个 FTP 服务器都是基于 GPL(General Public License)协议开发的。

1. Wu-ftp

Wu-ftp(Washington University FTP)是一个著名的 FTP 服务器软件,它功能强大,适于吞吐量较大的 FTP 服务器的管理要求,能够很好地运行于众多的 UNIX 操作系统,例如:IBM AIX、FreeBSD、HP-UX、NeXTstep、Dynix、SunOS、Solaris 等。Wu-ftp 特点如下:

(1) 可以在用户下载文件的同时对文件做自动的压缩或解压缩操作。

(2) 可以对不同网络上的机器做不同的存取限制。

(3) 可以记录文件上传和下载时间。

(4) 可以显示传输时的相关信息,方便用户及时了解目前的传输动态。

(5) 可以设置最大连接数,提高了效率,有效地控制了负载。

2. ProFTPD

ProFTPD(Professional FTP daemon)是一个 UNIX 平台或类 UNIX 平台上(如 Linux,FreeBSD 等)的 FTP 服务器程序,它是在自由软件基金会的版权声明(GPL)下开发、发布的免费软件,也就是说任何人只要遵守 GPL 版权声明,都可以随意修改源码。ProFTPD 设计目标是实现一个安全且易于设定的 FTP Server。ProFTPD 的原创者本身就曾经花非常多的时间寻找 Wu-ftpd 的漏洞加以改进并且增加许多功能,然而他发现需要全部重新改写才能补足欠缺的能力以及缺乏的一些功能。ProFTPD 不是从其他 FTP Server 的既有原始码修改而产生的,它是完全独立而完整、重新改写的 FTP Server。ProFTPD 的主要特点如下。

(1) 单一主设置文件,其设置和 Apache 有类似之处,容易配置。

(2) 每个目录都可以定义一个“. ftpaccess”设置文件,就如同 Apache 的“. htaccess”文件一样可以设定该目录的存取权限。

(3) 可设定多个虚拟 FTP Server,而匿名 FTP 服务更是十分容易。

(4) 可根据系统的负载(load)选择以单独运作(stand-alone)方式或是由 inetd 启动。

(5) 匿名 FTP 的根目录不需要特定的目录结构、系统二进制执行文件或其他系统文件。

(6) ProFTPD 不执行任何外部程序以免造成安全漏洞。

(7) 具有隐藏目录或隐藏文件,源自于 UNIX 形式的档案权限,或是 user/group 类型的档案权限设定。

(8) 能够以一般使用者在单独运作(stand-alone)模式下执行,以减少某些借由攻击方式取得 root 权的可能性。

(9) 强大的 log 功能,支持 utmp/wtmp 及 wu-ftpd 格式的记录标准,并支持扩展功能的记录。

3. vsftpd

vsftpd 是一个在 UNIX 类操作系统上运行的服务器的名字,它可以运行在诸如 Linux、BSD、Solaris、HP-UX 以及 IRIX 上面。vsftpd 的名字代表“very secure FTP daemon”,安全是它的开发者 Chris Evans 考虑的首要问题之一。在这个 FTP 服务器设计开发的最开始的时候,高安全性就是一个目标。vsftpd 的特点如下。

(1) 是一个安全、高速、稳定的 FTP 服务器。

(2) 支持带宽限制。

(3) 可以基于多个 IP 搭建虚拟 FTP 服务器。

(4) 方便匿名服务设置,支持虚拟用户,每个虚拟用户可以具有独立的属性配置。

(5) 支持 PAP 和/xinetd/tcp_wrappers 两种认证方式。

(6) 不执行任何外部程序,减少了安全隐患。

另外,vsftpd 还是 REHEL 自带的 FTP 服务器程序,所以下面主要讲解 vsftpd 服务器的安装和配置方法。

12.5.2 FTP 服务器的安装与配置文件解析

1. FTP 服务器的安装与启动

在进行 FTP 服务器配置之前,首先要检查系统中是否安装了 FTP 服务器。检查的方法可以使用如下命令:

```
#rpm  -qa|grep vsftpd
```

如果在安装 RHEL6 时没有安装 vsftpd,可在光盘中的 Packages 目录中找到相关的 RPM 包,然后在终端中输入下面的命令来安装所需的 RPM 包:

```
#rpm  -ivh  vsftpd-2.2.2-1.el6.i686.rpm          //vsftpd 服务器软件
#rpm  -ivh ftp-0.17-51.1.el6.i686.rpm            //ftp 客户端命令
```

也可以使用 yum 命令在线安装,安装命令如下:

```
# yum install vsftpd  -y                          //安装服务器端软件
# yum install ftp  -y                             //安装 ftp 命令
```

设置 vsftpd 服务开机启动:

```
# chkconfig vsftpd on
```

安装完毕后,使用下面的命令来进行 FTP 服务器的启动、停止和重启:

```
#service vsftpd start//启动;#service vsftpd stop//停止;#service vsftpd restart//重启
```

使用下面的命令检查 vsftpd 服务的状态以及 vsftpd 是否被启动:

#service vsftpd status　或　#pstree|grep vsftpd

2. vsftpd 服务器的配置文件

vsftpd 服务器的主要配置文件是/etc/vsftpd/vsftpd.conf。配置文件提供大量的参数设置以对服务器的运行模式、性能、安全属性、登录用户等具体配置。vsftp 有两种运行模式:一种是独立(standalone)运行模式;一种是 xinetd(eXtended Internet Services Daemon,扩展的 Internet 服务守护进程)模式。两种模式运行机制不同,独立运行模式适合专业的 FTP 服务器,通常 FTP 总是一直有人访问,占用资源比较大。如果 FTP 服务器访问人数比较少,建议用 xinetd 模式。xinetd 模式通过 super daemon 监听端口,当客户端有 FTP 连接请求时,首先会将连接传至 super daemon,然后启动相应的 vsftpd 服务进程。vsftpd 将用户分为三类:匿名用户(anonymous user)、本地用户(local user)以及虚拟用户(guest)。下面分别从以下几方面对配置文件中的参数进行介绍。

(1) 服务器设置

```
listen=YES                    //使用 standalone 而不是 xinetd 模式启动 vsftpd
pam_service_name=vsftpd       //服务器的验证方式
```

设置服务器的 port 工作模式

```
port_enable=YES               //若启用此选项(默认启用),表示允许使用 PORT 模式数据传输
connect_from_port_20=YES //设置 FTP 数据端口的数据连接,控制以 PORT 模式进行数据传输时是否使用 20 端口
```

listen_port = 2121　　　　　//从 2121 端口进行数据连接

服务器的 pasv 工作模式

pasv_enable = yes|no　　　　//是否将服务器设定为被动模式

pasv_min_port = 50000　　　//将服务器被动模式最小端口设在 50000

pasv_max_port = 50010　　　//将服务器被动模式最大端口设在 50010

数据的传输模式

ascii_upload_enable = YES|NO　　　//允许使用 ASCII 模式上传文件,默认不允许

ascii_download_enable = YES|NO　　//控制是否允许使用 ASCII 模式下载文件

性能与负载控制

max_clients = 200　　　　　　//FTP 的最大连接数

max_per_ip = 4　　　　　　　//每 IP 的最大连接数

Idle_session_timeout = 600　　//用户会话空闲后的端口时间,单位为秒,即 10 分钟断开

data_connection_timeout = 120　//将数据连接空闲 120 秒,即 2 分钟后断开

accept_timeout = 60　　　　　//被动模式时,客户端空闲 1 分钟后将断开

connect_timeout = 60　　　　//中断 1 分钟后又重新连接

local_max_rate = 50000　　　//本地用户传输率 50 kbit/s

anon_max_rate = 30000　　　//匿名用户传输率 30 kbit/s

服务器的欢迎信息设置

dirmessage_enable = YES　　　//是否定制欢迎信息,也就是我们登入有些 FTP 之后,会出现的一些信息,如欢迎您来到 LinuxSir FTP 等提示

message_file = .message　　　//定制.message 文件作为登录后的显示信息

服务器的日志设置

xferlog_enable = YES　　　　//激活上传和下传的日志

xferlog_std_format = YES　　//使用标准的日志格式

文件操作设置

hide_ids = YES|NO　　　　　//是否隐藏文件的所有者和组信息。若为 YES,当用户使用 ls -al 之类的指令时,在目录列表中所有文件的拥有者和群组信息都显示为 ftp。默认值为 NO

ls_recurse_enable = YES|NO　//是否可以使用 ls -R 命令。默认为 NO

用户登录设置

pam_service_name = vsftpd　　　　//指出 vsftpd 进行 PAM(Pluggable Authentication Modules)认证时所使用的 PAM 配置文件名,默认值是/etc/pam.d/vsftpd

userlist_enable = YES|NO　　　　//是否开启 userlist 来限制用户访问的功能,如果想限制某些账户不能登录,可以创建个名为 user_list 的文件,将用户添加进去

userlist_file = /etc/vsftpd/user_list　//指出 userlist_enable 选项生效后,被读取的包含用户列表的文件。默认值是/etc/vsftpd.user_list

userlist_deny=YES|NO 此选项在 userlist_enable 选项启动后才生效。决定禁止还是只允许由/etc/userlist_file 指定文件中的用户登录 FTP 服务器。YES 是默认值,禁止文件中的用户登录,同时也不向这些用户发出输入口令的提示。若设为停用(即为 NO),则只允许在文件中的用户登录 FTP 服务器。

下面分别介绍匿名用户、本地用户以及虚拟用户相关的配置。

(2) 针对匿名用户的设置

anonymous_enable = yes　　　　//允许匿名用户登录

no_anon_password = no　　　　//匿名登录时是否需要输入密码,默认为 NO

anon_world_readable_only = YES|NO //控制是否只允许匿名用户下载可阅读文档。YES,只允许匿名用户下载可阅读的文件。NO,允许匿名用户浏览整个服务器的文件系统。默认值为 YES

anon_upload_enable = yes //允许匿名用户上传

anon_upload_enable = YES|NO //控制是否允许匿名用户上传文件,YES 允许,NO 不允许,默认是 NO。注意:除了这个参数外,匿名用户要能上传文件,还需要两个条件:一是 write_enable 参数为 YES;二是 FTP 匿名用户对某个目录有写权限

write_enable = yes //赋写权限

anon_mkdir_write_enable = yes //允许匿名用户新建文件夹

anon_umask = 022 //设定匿名用户的权限掩码

anon_other_write_enable = YES|NO //控制匿名用户是否拥有除了上传和新建目录之外的其他权限,如删除、更名等。默认值为 NO

chown_uploads = YES|NO //是否修改匿名用户所上传文件的所有权

chown_username = whoever //指定拥有匿名用户上传文件所有权的用户。此参数与 chown_uploads 联用。不推荐使用 root 用户

anon_root = //设定匿名用户的根目录,即匿名用户登入后,被定位到此目录下。主配置文件中默认无此项,默认值为/var/ftp/

ftp_username = //匿名用户所使用的系统用户名。主配置文件中默认无此项,默认 ftp

no_anon_password = YES|NO //若值为 YES,表示匿名用户登录时,vsftp 服务器不会要求用户输入密码。默认值为 NO

deny_email_enable = YES|NO //此参数默认值为 NO。当值为 YES 时,拒绝使用 banned_email_file 参数指定文件中所列出的 E-mail 地址进行登录的匿名用户。也就是说,当匿名用户使用 banned_email_file 文件中所列出的 E-mail 进行登录时,被拒绝。当此参数生效时,需追加 banned_email_file 参数

banned_email_file = /etc/vsftpd.banned_emails //指定包含被拒绝的 E-mail 地址清单的文件,默认文件为/etc/vsftpd.banned_emails

(3) 本地用户设置

在使用 FTP 服务的用户中,除了匿名用户外,还有一类在 FTP 服务器所属主机上拥有账号的用户。vsftp 中称此类用户为本地用户(local users),等同于其他 FTP 服务器中的 real 用户。

local_enable = yes //本地账户能够登录

local_root = //设定本地用户的 FTP 根目录,默认是其家目录

write_enable = no //是否具有写权限,如果为 yes 则允许删除和修改文件

local_umask = 022 //设置本地用户的文件的掩码是 022,默认值是 077

chroot_local_user = yes //设置本地所有账户都只能在自家目录里。如果只想让部分账户只能待在自家目录里,其他用户不受此限制的话,要结合接下来的 2 个参数

chroot_list_enable = yes //启用通过列表来禁锢用户在其家目录中的功能

chroot_list_file = /etc/vsftpd/chroot_list //指定禁锢在家目录中的用户列表文件路径,将受限的用户写在此文件里,一行一个账户名,此文件名可以改

(4) 虚拟用户设置

pam_service_name = //服务器的验证方式,在虚拟用户中应添加相关的 pam 认证配置

guest_enable = YES|NO　　　　　　　　　　//默认不启用。若启用这项功能,所有的不以匿名登录的用户,都视为“guest”类型,而此类用户的实际权限就是“guest_username”选项中所指定的账号

guest_username = ftp　　　　　　　　　　//定义vsftpd的guest用户登录时在系统中的账号名称,默认为ftp

user_config_dir = /etc/vsftpd/userconf　　//定义用户配置文件的目录

virtual_use_local_privs = YES|NO　　　　//#当该参数激活(YES)时,虚拟用户使用与本地用户相同的权限。所有虚拟用户的权限使用local参数。当此参数关闭(NO)时,虚拟用户使用与匿名用户相同的权限,所有虚拟用户的权限使用anon参数。这两者种做法相比,后者更加严格一些,特别是在有写访问的情形下。默认情况下此参数是关闭的(NO)

(5) SSL安全设置

```
ssl_enable = yes                           //打开SSL支持
allow_anon_ssl = yes                       //允许匿名用户使用SSL连接
force_local_data_ssl = yes                 //非匿名用户强制使用SSL连接,用于数据收发
force_local_logins_ssl = yes               //对非匿名用户强制使用SSL连接,用于密码传送
ssl_tlsv1 = yes                            //对SSL版本1支持
ssl_sslv2 = no                             //不支持SSL版本2
ssl_sslv3 = no                             //不支持SSL版本3
rsa_cert_file = /etc/vsftpd/vsftpd.pem     //rsa_cert_file指定安全证书的位置和文件名
```

12.5.3 FTP服务器配置

1. 关于匿名上传下载的实现

任务说明:在开启防火墙和SELinux情况下,实现匿名用户的登录,可以上传下载,可以创建目录,创建权限掩码为022,可以删除文件,最大上传速度100 kbit/s。

(1) 首先是服务器端设置

第一步:修改配置文件开放匿名用户上传、下载及其他权限,请添加以下几项:

```
# vim/etc/vsftpd/vsftpd.conf
anonymous_enable = YES
anon_upload_enable = yes
write_enable = YES
anon_mkdir_write_enable = yes
anon_other_write_enable = yes
anon_umask = 022
anon_max_rate = 102400
```

修改完毕后使用# service vsftpd restart重启服务。

第二步:修改上传目录的权限。

为了让匿名用户实现上传,必须开放目录的写权限。以anonymous用户名登录后,相当于ftp用户的身份,所以要知道anonymous用户登录后位于服务器端的哪个目录。这时可以查看ftp这个用户的登录目录,# cat/etc/passwd|grep ftp//通过查看/etc/passwd这个文件中ftp用户相关的行。结果显示ftp的登录目录是/var/ftp。下面开放此目录的写权限:

```
# chmod 777/var/ftp
```

重启服务,并在服务器上用ftp登录时,出现了以下的错误提示:

```
500 OOPS: vsftpd: refusing to run with writable anonymous root
Login failed.
```

这是因为/var/ftp 的权限不对所致，这个目录的权限是不能打开所有权限的。那如何实现匿名用户的修改、上传文件呢？解决方法是在/var/ftp 下再建一个目录，权限是 777 的就行了，注意不要直接修改/var/ftp 的写权限。

```
#mkdir/var/ftp/pub
#chmod 777/var/ftp/pub
```

第三步：开启防火墙和 SELinux。

```
# iptables -I INPUT -p tcp --dport 21 -j ACCEPT
# setsebool allow_ftpd_anon_write on
# setsebool allow_ftpd_full_access on
```

（2）在客户机上验证

```
# ftp 192.168.0.60
Connected to 192.168.0.60(192.168.193.120).
220 (vsFTPd 2.2.2)
Name (192.168.193.120:lwj):anonymous
331 Please specify the password.
Password:
230 Login successful.
Remote system type is UNIX.
Using binary mode to transfer files.
ftp>cd pub
250 Directory successfully changed.
ftp>put openssl-0.9.8l.tar.gz
local:openssl-0.9.8l.tar.gz  remote:openssl-0.9.8l.tar.gz
227 Entering Passive Mode(192,168,193,120,240,28).
150 Ok to send data.
226 Transfer complete.
4179422 bytes sent in 0.221 secs(18938.58 Kbytes/sec)
ftp>get hello.txt
local:hello.txt  remote:hello.txt
227 Entering Passive Mode(192,168,193,120,123,229).
150 Opening BINARY mode data connection for hello.txt(6 bytes).
226 Transfer complete.
6 bytes received in 0.00021 secs(28.57 Kbytes/sec)
ftp>rename hello.txt xyz
350 Ready for RNTO
250 Rename successful.
ftp>delete xyz
250 Delete operation successful
ftp>mkdir dir1
257"/pub/dir1"created
ftp>rm dir1
250 Remove directory operation successful.
ftp>quit
221  goodbye.
```

2. 关于添加本地用户及打开读写权限示例

下面实现本地用户登录 ftp 时，位于自己的主目录。

```
local_enable = YES//开启本地用户(真实用户)的登录功能
write_enable = YES//开启本地用户的上传功能
chroot_local_user = YES  //将所有登录用户限制在自己的主目录
```

(1) 限制用户在家目录

如果想限制部分用户,则使用

```
chroot_list_enable = YES
chroot_list_file = /etc/vsftpd.chroot_list  //位于/etc/vsftpd.chroot_list 该文件的用户不能浏览主目录之外的目录
```

情况一:如果要将用户锁定在主目录,不允许切换到其他目录,但是除了指定的用户ftp1、ftp2以外。修改 vsftpd.conf 中的参数设置:chroot_local_user=YES 并且 chroot_list_enable=YES

修改/etc/vsftpd.chroot_list 列表名单如下:

ftp1

ftp2

也就说 vsftpd.chroot_list 名单里面添加的是要排除被锁定主目录的用户名单。

情况二:如果只禁止指定用户 ftp1 跟 ftp2 切换到其他目录,允许其他用户切换到其他目录。修改 vsftpd.conf 中的参数设置:chroot_local_user=NO 并且 chroot_list_enable=YES

修改/etc/vsftpd.chroot_list 列表名单如下:

ftp1

ftp2

情况三:如果 chroot_local_user=YES 并且 chroot_list_enable=NO 的时候,那列表名单也就不生效了。因此满足上面的条件时,所有的 FTP 用户将全部锁定在主目录。

(2) 限制部分本地用户登录 ftp

情况一:禁止指定用户,如 ftp1、ftp2 登录 ftp,这时可以使用/etc/ftpusers 文件或是管理员添加一个文件,此文件记录了所有不能登录 ftp 服务器的用户列表,俗称黑名单。

修改 vsftpd.conf 如下:

```
pam_service_name = vsftpd            //指出 vsftpd 进行 PAM(Pluggable Authentication Modules)认证时所使用的 PAM 配置文件名,默认值是/etc/pam.d/vsftpd
userlist_enable = YES                //开启 userlist 来限制用户访问的功能
userlist_file = /etc/vsftpd/user_list //禁止登录的用户列表文件
```

修改/etc/vsftpd/user_list 为

ftp1

ftp2

情况二:只允许指定用户,如 ftp1、ftp2 登录 ftp。

只需要在情况一的基础上,添加下面的选项:

```
userlist_deny = NO
```

3. 配置虚拟用户

vsftpd 的本地用户本身是系统的用户,除了可以登录 FTP 服务器外,还可以登录系统使用其他系统资源,而 vsftpd 的虚拟用户则是 FTP 服务的专用用户,虚拟用户只能访问 FTP 服务器资源。对于只需要通过 FTP 对系统有读写权限,而不需要其他系统资源的用户或情况来说,采用虚拟用户方式是很适合的。

对于虚拟用户的管理，可以借助数据库来完成，最简单的数据库就是伯克利数据库，当然也可以用 mysql 等其他数据库。vsftpd 可以采用数据库文件来保存用户/口令，如 hash；也可以将用户/口令保存在数据库服务器中，如 MySQL 等。因为 vsftpd 的虚拟用户采用单独的用户名/口令或通过专门的数据库服务器来保存，与系统账号(passwd/shadow)分离，大大增强了系统的安全性。

对于虚拟用户的认证，vsftpd 采用 PAM 方式验证虚拟用户。由于虚拟用户的用户名/口令被单独保存，因此在验证时，vsftpd 需要用一个系统用户的身份来读取数据库文件或数据库服务器以完成验证，这就是 guest 用户，这正如同匿名用户也需要有一个系统用户 ftp 一样。当然，guest 用户也可以被认为是用于映射虚拟用户。

总之，对于虚拟用户的配置，要包括以下几部分：guest 用户的创建、虚拟用户/口令的保存、PAM 认证配置、vsftpd. conf 文件设置等。

下面通过一个具体的配置来说明虚拟用户的配置步骤。

配置要求：实现虚拟用户 user1 和 user2 登录，映射到 vusers 用户，并且 user1 能够上传下载文件、创建目录、删除文件目录，而 user2 只能下载，没有其他权限。

(1) 创建本地账户 vusers 作为虚拟用户映射的账号，它是虚拟用户在系统中的代表。

```
# useradd -d/etc/vsftpd/vusers -s/sbin/nologin vusers
# chmod 755 -R/etc/vsftpd/vusers  //如果其他用户没有赋予 rx 的权限，登录后会出现无法查看目录的情况
```

(2) 生成虚拟用户列表，将 user1、user2 加入到列表中。

```
# cd/etc/vsftpd/
# vim vusers. list
user1
123456
user2
321456
```

说明：vusers. list 文件中的奇数行为用户名，偶数行为上一行用户的密码。

(3) 将虚拟用户列表导出为 BDB 数据库

```
# db_load -T -t hash -f vusers. list vusers. db  //创建虚拟用户需要 db4-utils 工具的支持，在rhel6 中已经默认安装，rhel5 默认没有安装。其中，-T 表示允许 BerkeleyDB 的应用程序使用文本格式转换成 DB 数据文件；-t hash 用来指定读取数据文件的基本方法；-f：指定要导出的用户密码文件
# file vusers. db
vusers. db：Berkeley DB(Hash，version 8，native byte-order)
# chmod 600 vusers. db  //为了安全性，只赋予管理员读取和修改这个数据库的权限
```

(4) 创建虚拟用户的身份验证模块-vsftpd. vu

```
# cd/etc/pam. d
# vim vsftpd. vu
# %PAM-1.0
auth     required         pam_userdb. so  db = /etc/vsftpd/vusers
account  required         pam_userdb. so  db = /etc/vsftpd/vusers
```

说明：其中第一行是身份必须经过 pam_userdb. so 模块用/etc/vsftpd/vusers 的验证，第二行是账户必须经过 pam_userdb. so 模块用/etc/vsftpd/vusers 的验证。

(5) 修改 vsftpd.conf 配置文件

```
# vim/etc/vsftpd/vsftpd.conf
anonymous_enable = no
local_enable = YES
write_enable = YES
local_umask = 022
guest_enable = yes
guest_username = vusers
pam_service_name = vsftpd.vu
user_config_dir = /etc/vsftpd/vusers_conf
```

注意：要将原本的 pam_service_name＝vsftpd 删除掉，另外虚拟用户本质上是映射到本地用户身上的，所以本地用户一定要能登录 local_enable＝yes，同时其他控制虚拟用户权限的配置项借用了匿名用户的配置项。

(6) 为 user1 和 user2 分别创建控制文件

```
# mkdir/etc/vsftpd/vusers_conf
# cd etc/vsftpd/vusers_conf
# vim user1
anon_upload_enable = no
anon_mkdir_write_enable = no
anon_other_write_enable = no
# vim user2
anon_upload_enable = yes
anon_mkdir_write_enable = yes
anon_other_write_enable = yes
anon_umask = 022
```

注意：因为虚拟用户权限的配置项是借用了匿名用户的配置项，所以控制上传、创建、删除等权限的配置项都要写 anon_ * 。

(7) 调整 SELinux 和防火墙

```
# setsebool ftp_home_dir on              //允许改变 ftp 目录，否则会在登录时报 500 OOPS:cannot change directory:/vusers
# setsebool allow_ftpd_full_access on //开发所有权限，否则会在上传文件时报 553Could not create file.
# iptables  -I INPUT  -p tcp  --dport 21  -j ACCEPT
```

本章小结

本章首先介绍了 FTP 的基本概念，FTP 协议的工作原理，使读者对 FTP 服务有初步的认识。本章以 Windows Server 2008 和 RHEL6 为例，详细介绍了 FTP 服务器的安装和配置方法以及客户端使用的访问命令。

习　　题

1. 简述 FTP 的连接模式。
2. 在 Windows Server 2008 下配置 FTP 服务器，实现匿名用户的上传下载。
3. 在 RHEL6 下配置 FTP 服务器，实现匿名用户的上传下载。

第13章 邮件服务器的安装与配置

13.1 电子邮件基础

1. 电子邮件简介

电子邮件是指发送者和指定的接收者利用计算机通信网络发送信息的一种非交互式的通信方式，是最基本的网络通信功能。这些信息包括文本、数据、声音图像、语音、视频等内容。由于E-mail采用了先进的网络通信技术，又能传送多种形式的信息，与传统的通信相比，E-mail具有传输速度快、费用低、高效率、全天候、全自动服务等优点，同时E-mail的传送不受时间、地点、位置的限制，发送者和接收者可以随时进行信件的交换，因此E-mail得到快速发展。

2. 电子邮件的构成

像所有的普通邮件一样，所有的电子邮件也主要由两部分构成，即收件人的姓名和地址、信件的正文。在电子邮件中，所有的姓名和地址信息称为信头，而邮件的内容称为正文。在邮件的末尾还有一个可选的部分，即用于进一步注明发件人身份的签名。

信头是由几行文字组成的，一般包含下列内容：

• 收件人(To)：即收信人的E-mail地址，可以有多个收件人，用“;”或“,”分隔。E-mail地址具有以下统一的标准格式：用户名@主机域名，用户名就是用于记在主机上使用的用户码，@符号后是使用的计算机域名。整个E-mail地址可以理解为网络中某台主机上的某个用户的地址。

• 抄送(Cc)：即抄送者的E-mail地址，可以多个，用“;”或“,”分隔。

• 主体(Subject)：即邮件的主题，由发信人填写。

• 发信日期(Date)：由电子邮件程序自动添加。

• 发信人地址(From)：由电子邮件程序自动填写。

• 密送地址(Ecc)：可以多个，用“;”或“,”分隔。若采用密送，一个收件人是看不到其他收件人地址的。

3. 电子邮件使用的协议

(1) RFC822邮件协议

RFC822定义了用于电子邮件报文的格式。即RFC822定义了SMTP、POP3、IMAP以及其他电子邮件传输协议所提交、传输的内容。RFC822定义的邮件由两部分组成：信封和邮件内容。信封包括与传输、投递邮件有关的信息，邮件内容包括标题和正文。

(2) SMTP 协议

SMTP 就是简单邮件传输协议，它是一组用于由源地址到目的地址传送邮件的规则，由它来控制新建的中转方式。SMTP 属于 TCP/IP 协议族，它帮助计算机在发送或中转信件时找到下一个目的地，默认使用 TCP 端口为 25。通过 SMTP 所指定的服务器，就可以把 E-mail 寄到收信人的服务器上，整个过程最多只要几分钟。SMTP 服务器遵循 SMTP 协议的发送邮件服务器，用来发送或中转电子邮件。发件人的客户端计算机，通过 Internet 服务提供商(ISP)连接到 Internet 发件人，使用电子邮件客户端发送电子邮件。根据 SMTP，电子邮件被提取，再传送到发件人的 ISP，然后由该 ISP 路由到 Internet 上。

(3) POP3 协议

POP3 即邮局协议，目前是第 3 版。它是 Internet 上传输电子邮件的第一个标准协议，也是一个离线协议。POP3 服务是一种检索电子邮件的电子邮件服务，管理员可以使用 POP3 服务存储以及管理邮件服务器上的电子邮件账户。当收件人的计算机连接到其 ISP 时，根据 POP3 协议，允许用户对自己账户的邮件进行管理。

在邮件服务器上安装 POP3 服务后，用户可以使用支持 POP3 协议的电子邮件客户端连接到邮件服务器，并将电子邮件检索到本地计算机。POP3 服务与 SMTP 服务可以一起使用，但 SMTP 服务用于发送电子邮件，POP3 服务用于接收，它默认使用 TCP 端口 110。

(4) IMAP4 协议

IMAP4 协议即国际消息访问协议，目前是第 4 版，它默认使用 TCP 端口 143。IMAP 协议的出现是因为 POP3 协议的一个缺陷，即客户使用 POP3 协议接收电子邮件时，所有的邮件都从服务器上删除，下载到本地硬盘，即使通过一些专门的客户端软件，设置在接收邮件时在服务器上保留副本，客户端对邮件服务器上的邮件的功能也是很简单的。使用 IMAP 时，用户可以有选择地下载电子邮件，甚至只下载部分邮件，因此 IMAP 比 POP3 更加复杂。

(5) MIME 协议

Internet 上的 SMTP 传输机制是以 7 位二进制编码的 ACSII 码为基础，适合传送文本邮件，声音、图像、中文等使用 8 位二进制编码的电子邮件需要进行 ASCII 转换才能够在 Internet 上正确传输。MIME 增强了在 RFC822 中定义的电子邮件报文的能力，允许传输二进制数据。

在以上这些协议中，SMTP、POP3、IMAP 这三种协议都有对应 SSL 加密传输的协议，分别是 SMTPS、POP3S 和 IMAPS。

4. 电子邮件的实现过程

如果要在一台计算机上或其他终端设备上运行电子邮件，需要一些应用程序和服务。电子邮件服务中最常见的两种应用层协议是邮局协议(POP)和简单邮件传输协议(SMTP)。与 HTTP 协议一样，这些协议用于定义客户端/服务器进程。邮件系统是 Linux 网络应用的重要组成，除了底层操作系统，一个完整的邮件系统包括三个部分：邮件传送代理(Mail Transport Agent，MTA)，邮件分发代理(Mail Delivery Agent，MDA)，邮件用户代理(Mail User Agent，MUA)。

当撰写一封电子邮件时，往往使用一种称为邮件用户代理(MUA)的应用程序，或者电子邮件客户端程序。通过 MUA 程序，可以发送邮件，也可以把接收到的邮件保存在客户端的邮箱中。这两种操作属于不同的两个进程 MTA 和 MDA。

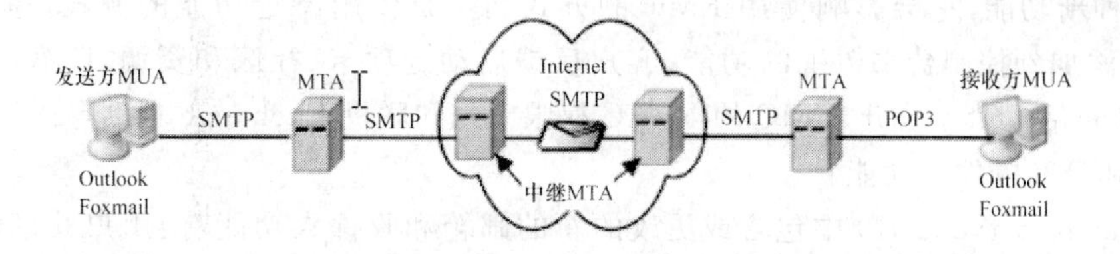

图 13-1　电子邮件的实现过程

邮件传送代理(MTA)进程用于发送电子邮件。MTA 从 MUA 处或者另一台电子邮件服务器上的 MTA 处接收信息。根据消息标题的内容,MTA 决定如何将该消息发送到目的地。如果邮件的目的地址位于本服务器上,则该邮件将传送给 MDA。如果邮件的目的地址不在本服务器上,则 MTA 将电子邮件发送到相应服务器上的 MTA 上。

邮件分发代理(MDA)从邮件传送代理(MTA)中接收一封邮件,并执行了分发操作。MDA 从 MTA 处接收所有的邮件,并放到相应的用户邮箱中。MDA 还可以解决最终发送问题,如病毒扫描、垃圾邮件过滤以及送达回执处理。大多数的电子邮件通信都采用 MUA、MTA 以及 MDA 应用程序。

下面以 zhang3@163. com 发信给 li4@sina. com 为例来说明,其过程为:

① 当 163. com 服务器上的用户 zhang3 向 li4@sina. com 发送 E-mail 时,zhang3 使用 MUA 编辑要发送的邮件,然后发送至 163. com 域(本地域)的 SMTP 服务器。

② 163. com 的 SMTP 服务器收到邮件后,将邮件放入缓冲区,等待发送。

③ 163. com 的 SMTP 服务器每隔一定时间处理一次缓冲区中的邮件队列,若是自己负责域的邮件,则根据自身的规则决定接收或者拒绝此邮件,否则 163. com 的 SMTP 服务器根据目的 E-mail 地址,使用 DNS 服务器的 MX(邮件交换器资源记录)查询解析目的域 sina. com 的 SMTP 的服务器地址,并通过网络将邮件传送给目标域的 SMTP 服务器。

④ sina. com 的 SMTP 服务器收到转发的 E-mail 后,根据邮件地址中用户名判断用户的邮箱,并通过 MDA 将邮件投送到 li4 用户的邮箱中保存,等待用户登录来读取或下载。

⑤ sina. com 的 li4 用户利用客户端的 MUA 软件登录至 sina. com 的 POP3 服务器,从此邮箱中下载并浏览 E-mail。

13. 2　Exchange Server 2010 简介

Microsoft Exchange Server 2010 具有灵活可靠、Anywhere 访问、保护和遵从性等新特性和新功能。Exchange Server 2010 可以给予用户充分的灵活性,“增量部署”、“邮箱数据库副本”和“数据库可用性组”等新功能与其他功能相结合,为高可用性和站点恢复提供了一个统一的新平台。Exchange 存储和邮箱数据库功能、增强的公用文件夹报告功能以及权限功能都使得这个应用系统更加强大。Exchange Server 2010 主要特点如下。

(1) Exchange Server 2010 引入了 Exchange Server 部署助理或 ExDeploy(一种可以帮助用户进行 Exchange 部署的 Web 新工具)。ExDeploy 会询问几个关于当前的环境的问题,然后生成一个自定义检查表和流程以帮助简化用户的部署。

(2) Exchange 管理控制台中的管理功能

Exchange Server 2010 中包含新核心 Exchange 管理控制台(EMC)功能。核心 EMC

指的是一种新功能，它会影响使用 EMC 的方式而不是使用特定功能的方式，包括将 Exchange 林添加到控制台书树中的功能、客户反馈启动选项卡、社区和资源、EMC 命令日志记录、属性对话框命令公开、EMC 的 RBAC 权限感知和联机 Exchange 帮助等。

(3) 邮箱和收件人功能

Exchange Server 2010 中包含或更改的新的邮箱和收件人功能有：用户共享信息的能力，如共享日历忙/闲信息以及位于不同组织中的用户的联系人；改进的资源邮箱日历处理的调度和配置功能；在最终用户访问邮箱时移动邮箱的能力等。

(4) Exchange Web 服务托管 API 1.0

Microsoft Exchange Web 服务(EWS)托管 API 1.0 提供了一个托管界面，可用于开发使用 Exchange Web 服务的客户端应用程序。从 Exchange 2007 Service Pack 1(SP1)开始，EWS 托管 API 简化了与 Exchange 通信的应用程序实现过程。EWS 托管 API 基于 Exchange Web 服务 SOAP 协议和自动发现功能，它为 Exchange Web 服务提供了一个易学、易用且容易维护的.NET 界面。

(5) Anywhere 访问

Exchange Server 2010 中的增强功能可帮助用户从几乎任何平台、Web 浏览器或设备，利用行业标准协议访问他们的所有通信信息，如电子邮件、语音邮件、即时消息，从而提升工作效率。

(6) 统一消息功能

Exchange Server 2010 中新的统一消息功能有呼叫应答规则、Outlook Voice Access 中包括的其他语言支持、从呼叫者 ID 中进行名称查找的增强功能、语音邮件预览、消息等待指示器、实用信息服务通知未接来电和语音邮件、受保护的语音邮件、传入传真支持、寻址到组(个人通信列表)支持、内置的统一消息管理角色等。

(7) Outlook Web 应用程序功能

Exchange Server 2010 中的 Outlook Web App 的新功能包括：导航窗格中的收藏夹、搜索文件夹、邮件筛选、在邮件列表中设置类别的能力、Outlook Web App 的 Web 管理界面中的选项、日历的并排视图、多客户端语言支持、将邮件附加到邮件的能力、扩展的右键单击功能、与 Office Communicator 集成(包括状态、聊天和联系人列表等)，此外还有会话视图、从 Outlook Web App 发送和接收短信的能力、Outlook Web App 邮箱策略等。

(8) 短信功能

Exchange Server 2010 中还有新的短信功能，包括未接来电和语音邮件通知、日历和议程更新、通过 Outlook Web App 和 Outlook 2010 发送和接收的短信、通过移动电话进行短信同步、POP3 和 IMAP4 跨站点连接支持等。Exchange Server 2010 中默认支持跨站点的 POP3 和 IMAP4 客户端连接。

13.3 Exchange Server 2010 服务器配置

13.3.1 Exchange Server 2010 安装环境

在安装 Exchange Server 2010 之前，要做的第一件事情事是为 Windows Server 2008

做好准备工作，由于 Exchange Server 2010 需要运行在域控制器环境下，因此应把安装 Windows Server 2008 的计算机升级为域控制器。由于 Exchange Server 2010 有自己的 SMTP 组件，所以在 Windows Server 2008 中须删除 SMTP 功能，同时以下几个软件和服务是必须要安装的：

(1) .NET Framework 2.0 或.NET Framework 3.0；

(2) Microsoft 管理控制台 MMC 3.0；

(3) Microsoft PowerShell。

(4) Microsoft IIS7。

1. 安装 IIS

首先需要准备一台具有静态 IP 地址的 Windows Server 2008。Exchange Server 2010 的 OWA 需要 IIS 的支持，在安装 Exchange 之前，建议先安装 IIS 及其管理工具，要求安装“安全性”中的“基本身份验证”、“Windows 身份验证”、“摘要式身份验证”。在“性能”中，安装“静态内容压缩”、“动态内容压缩”，如图 13-2 所示。

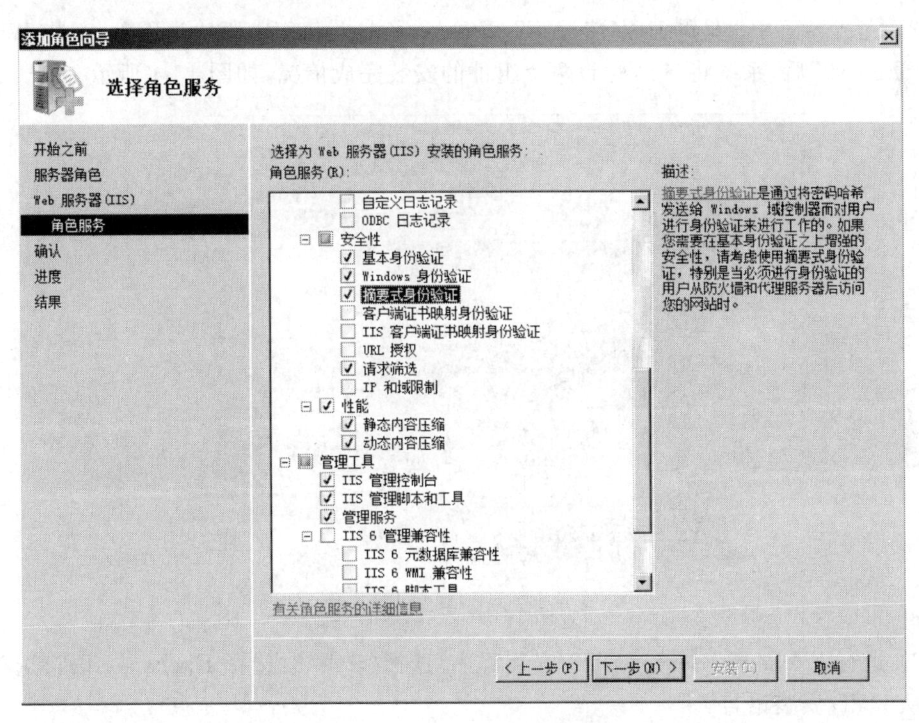

图 13-2 安装 IIS 的角色服务

2. 安装筛选包

Exchange Server 2010 还需要下载 Microsoft Office 2007 文件筛选包，筛选包的名字是 FilterPackx64.exe，可以到微软网站下载。安装过程比较简单，不再赘述。

13.3.2 Exchange Server 2010 安装步骤

(1) 文件解压

双击“Exchange Server 2010-SP1 -x64.exe”文件，将其解压到指定的文件夹中。双击 setup.exe 文件，启动安装界面，如图 13-3 所示。

图 13-3 Exchange Server 2010 安装界面

(2) 完成界面中“步骤 1:安装. NET Framework 3.5 SP1”和“步骤 2:安装 Windows PowerShell v2”后,系统将自己检验两个组件的安装完成情况,如图 13-4 所示。

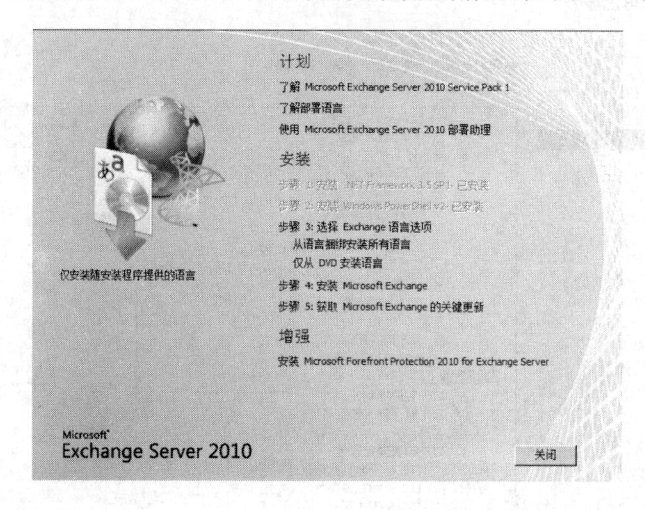

图 13-4 安装界面

(3) 运行 Exchange Server 2010 安装程序,选择“步骤 3:选择 Exchange 语言选项”,选择“仅从 DVD 安装语言”。

(4) 启动 Exchange Server 2010 安装程序向导界面,该过程包括简介、许可协议、错误报告、安装类型、客户体验改善计划、准备情况检查、进度、完成等几个环节,还与硬件配置密切相关。

(5) 许可协议,选择接受许可协议选项。

(6) 错误报告,用户按自己需要选择“是”或“否”。

(7) 安装类型选择,建议选择“Exchange Server 典型安装”,减少因设置带来的位置错误。建议用户将程序文件安装到默认位置,如图 13-5 所示。

(8) 完成安装类型选择后,进行 Exchange 组织填写。此处用户可自定义,本例为 sd-kd,如图 13-6 所示。

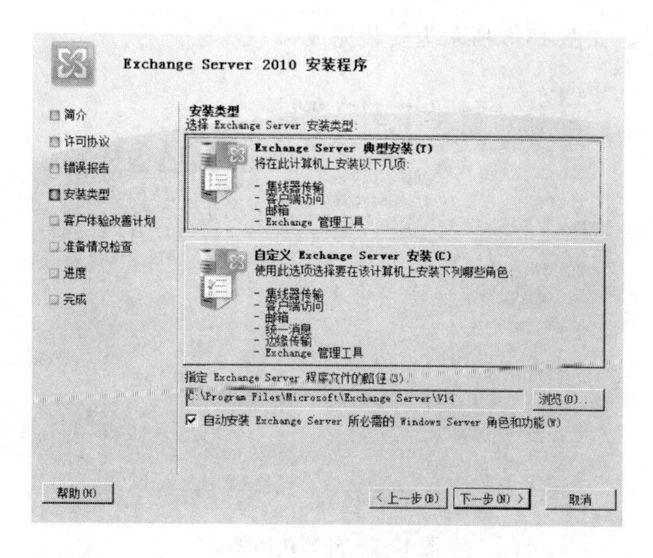

图 13-5　安装类型选择

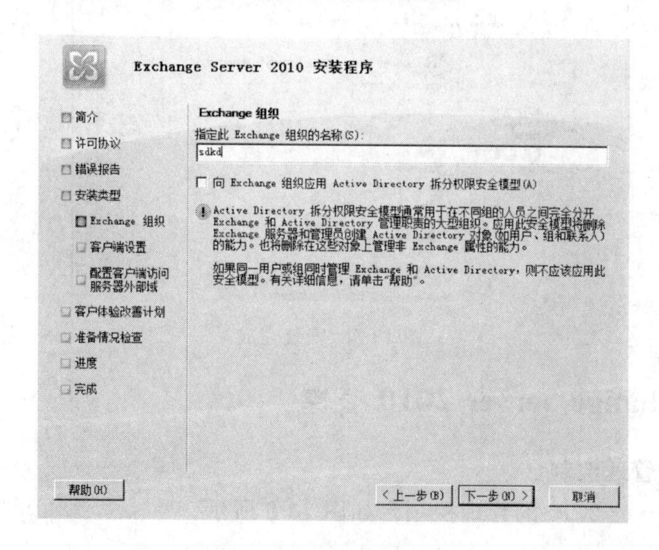

图 13-6　输入组织信息

(9) 客户端设置，针对域内是否存在 Outlook 2003 客户计算机。用户根据事情与需要设定“是”或“否”。

(10) 配置客户端访问服务器外部域。面向 Internet，输入可以访问成功的域名。此域名一定要现在 DNS 服务器中进行构建，如图 13-7 所示。

(11) 客户体验改善计划。本例选择加入客户体验改善计划，以期获得更好的服务和技术支持。

(12) 准备情况检查。系统将结合配置先决条件、组织先决条件、语言先决条件、集线器传输角色先决条件、客户端访问角色先决条件、邮箱角色先决条件等项目进行检查。通过用“已完成”表示，未通过用“失败”。

(13) 进度与完成。是指系统安装的进度与完成过程。通过检查后，单击“安装”，完成安装过程。如果在安装过程中，遇到问题或没有通过系统检查，主要的原因可能是需要的补丁没有按要求安装，或者是系统需要启动的服务未处于活动状态。解决此类问题的方法就是按系统提示进行。如图 13-8 所示为安装完成。

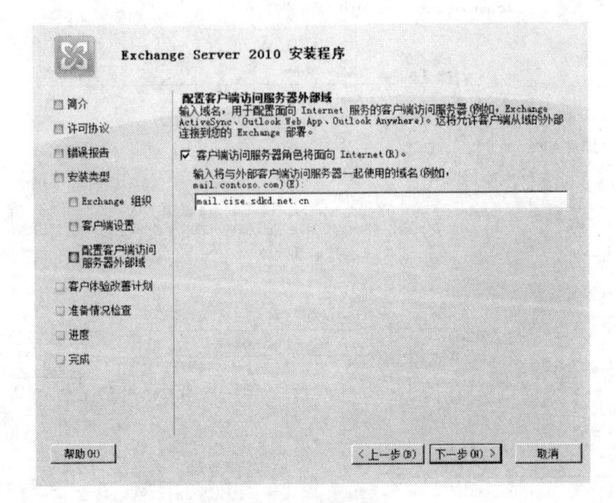

图 13-7　外部访问设置

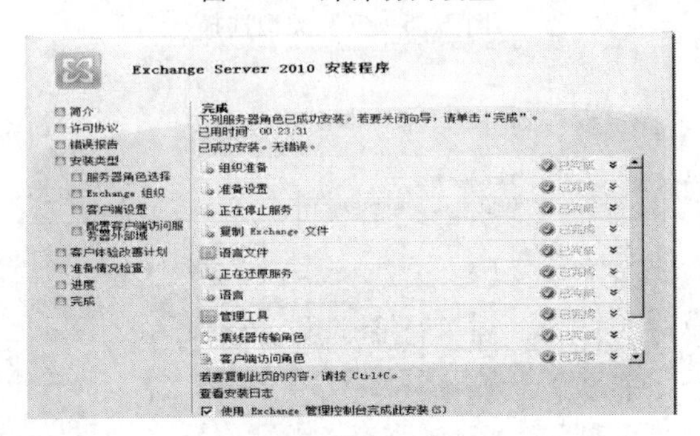

图 13-8　安装完成

13.3.3　Exchange Server 2010 管理

1. Exchange 管理控制台

Exchange Server 2010 的管理控制台如图 13-9 所示。

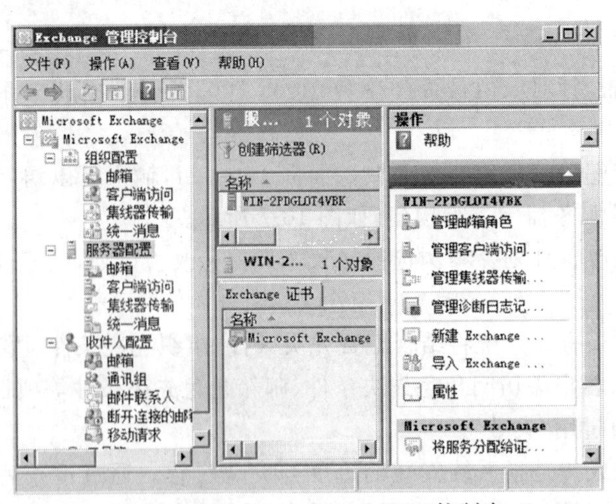

图 13-9　Exchange Server 2010 控制台

2. 以管理员账号登录 OWA

(1) 关闭“IE 增强的安全配置”。

(2) 以 https://exchange _ name（或 IP）/owa 方式，登录 OWA，登录界面如图13-10 所示。

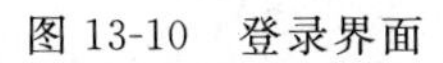

图 13-10 登录界面

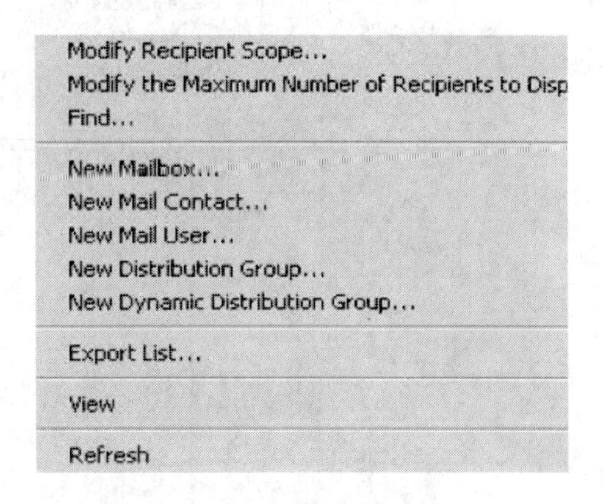

图 13-11 新建邮箱步骤 1

(3) 输入用户名和密码登录 OWA。

(4) 进入后，首先要设置时区。

(5) Exchange Server 2010 的 OWA 增加了“密码到期提示”及修改密码功能。

(6) 以管理员账户登录之后，可以管理组织，Exchange Server 2010 提供了简单的管理功能。

(7) 以普通用户身份登录。返回到 Exchange 管理控制台，创建一个普通用户邮箱，如图 13-11、图 13-12、图 13-13 所示。

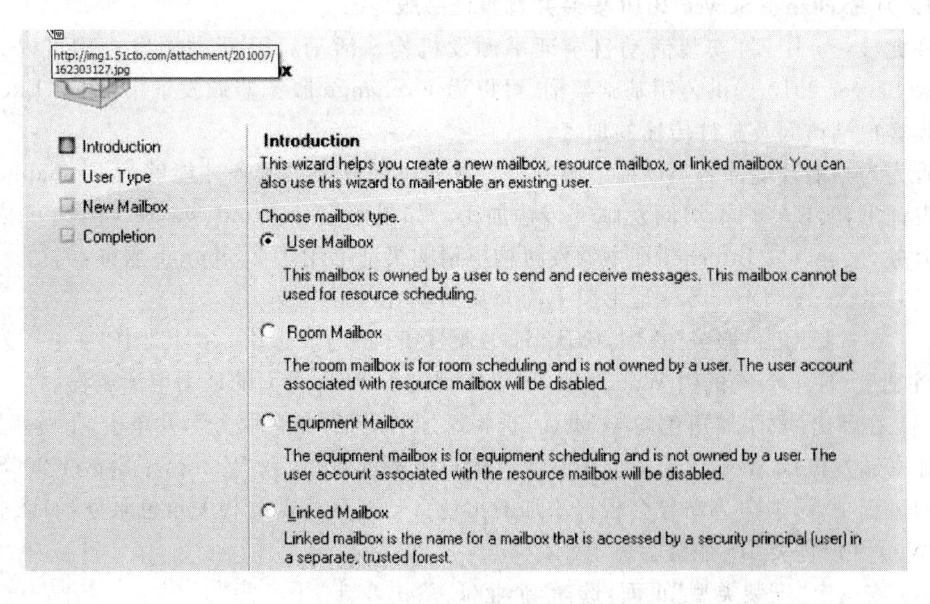

图 13-12 新建邮箱步骤 2

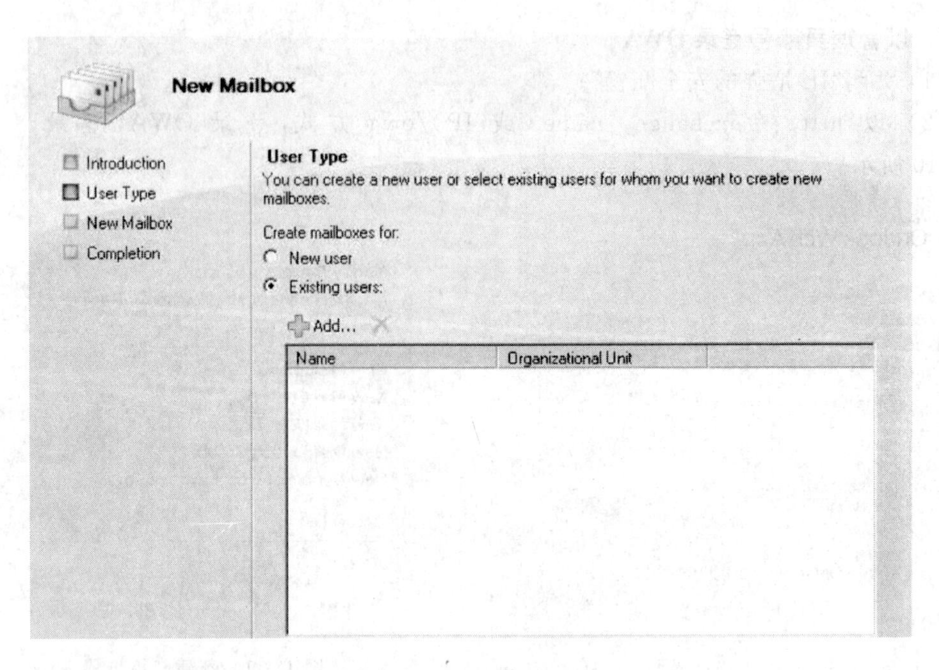

图 13-13　新建邮箱步骤 3

(8) 单击"下一步"即可完成安装。

13.3.4　使用管理控制台配置和管理 Exchange Server 2010

实验环境:需要安装与配置两个 Windows Server 2008 虚拟机,一个机器名为 ws2008,在域 mail. cise. sdkd. net. cn 之上,管理员为 administrator,密码为 111111。另一台是 Ex2010A,在域 cise. sdkd. net. cn 之上,管理员为 administrator,密码为 111111。

1. 为 Exchange Server 2010 安装并配置证书服务器

在此项任务中,将安装活动目录证书颁发机构。活动目录证书颁发机构可以为 Exchange Server 2010 提供公钥基础架构,可以为 Exchange 服务器颁发证书,用于 Exchange 服务器客户端访问及邮件传输的加密。

首先为当前环境部署 AD 证书服务。只有通过 AD 证书服务才能够为 Exchange 服务器颁发证书,实现客户端访问及邮件传输加密。如果不安装 Windows Server 2008 内置的证书服务,也可以向 Internet 证书颁发机构申请购买证书用于 Exchange 服务器。

(1) 在 Active Directory 证书服务简介页面,单击"下一步"。

(2) 在选择"角色服务"页面,确认"证书颁发机构"已经选中,并且选中"证书颁发机构 Web 注册"。证书颁发机构 Web 注册,可以实现基于 Web 页面的证书申请流程。

(3) 在弹出的"添加角色向导"页面,选择添加所需的"角色服务",并单击"下一步"。

证书颁发机构 Web 注册需要 Internet 信息服务的支持,在 Windows Server 2008 添加角色的过程中,添加角色向导会根据添加的角色自动找到所需的相关角色服务,如证书颁发机构 Web 注册需要 IIS 服务。

(4) 在指定"安装类型"页面,选择"企业(E)",并单击"下一步"。

(5) 在指定"CA 类型"页面,选择根"CA(R)",并单击"下一步"。

(6) 在"设置私钥"页面,选择"新建私钥",并单击"下一步"。

(7) 在“为 CA 配置加密”页面，单击“下一步”。

(8) 在“配置 CA 名称”页面，查看此 CA 的公用名称(C)，单击“下一步”。

(9) 在“设置有效期”页面，保持证书选择有效期为 5 年，单击“下一步”。

(10) 在配置“证书数据库”页面，单击“下一步”。

(11) 在“Web 服务器(IIS)”页面，单击“下一步”，角色添加向导会自动将所需角色服务的添加过程加入到当前安装过程中。

(12) 在选择“角色服务”页面，单击“下一步”。

(13) 在“确认安装选择”页面，核对之前所配置及选择的信息是否正确，在核实准确无误后，单击“安装”，开始 IIS、远程服务器管理工具及 AD 证书服务的安装。

(14) 在“安装结果”页面，单击“关闭”，并重新启动计算机。

2. 为 Exchange Server 2010 服务器申请证书

在此项任务中，用户将通过 Exchange Server 2010 的管理控制台为 Exchange 服务器创建证书申请，并且通过 Web 的方式完成向证书颁发机构申请证书的过程，通过 Exchange 管理控制台可以实现证书申请的图形化界面操作，简化了证书申请的任务操作。

(1) 选择“开始”→“所有程序”→Microsoft Exchange Server 2010→Exchange Management Console 命令。

(2) 在 Exchange 管理控制台中，展开“Microsoft Exchange 的内部部署”，在弹出的“Exchange 2010 服务器许可”中，单击“确定”。

(3) 单击“服务器配置”，在“Exchange 证书”窗口中，查看当前已有的一张自签名的 Microsoft Exchange 证书。

(4) 在控制台右侧的操作窗口中，选择“新建 Exchange 证书”。

(5) 在“新建 Exchange 证书”页面“输入证书的友好名称”中，输入“Exchange2010CA”，并单击“下一步”。证书的友好名称可以根据需要自行设定。

(6) 在“域作用域”页面中，确认没有选中“启用通配符证书(E)”，单击“下一步”。

(7) 在“Exchange 配置”页面，展开“客户端访问服务器(Outlook Web App)”，选中“Outlook Web App 已经连接到 Internet”，在用于“内部访问 Outlook Web App”的域名中，输入“Ex2010A。cise. sdkd. net. cn”。

(8) 选中“Outlook Web App 已连接到 Internet”，在用于访问 Outlook Web App 的域名中，输入“mail. cise. sdkd. net. cn”。

(9) 展开“客户端访问服务器”，选中“已启用 Exchange 活动同步”，在“用户访问 Exchange ActiveSync 的域名”中，输入“mail. cise. sdkd. net. cn”。

(10) 展开“客户端访问服务器(Web 服务、Outlook Anywhere 和自动发现)”，确认选中“已启用 Exchange Web 服务”、“已启用 Outlook Anywhere”，在组织的外部主机名输入“mail. cise. sdkd. net. cn”，在 Internet 上使用的自动发现设置为长“URL”，要使用的自动发现 URL 设置为“autodiscover cise. sdkd. net. cn”。

(11) 可以展开“其他服务器证书配置”选项，单击“下一步”进入域证书页面。

(12) 在“域证书”页面，确认证书的域列表中包含 autodiscover. cise. sdkd. net. cn、ex2010a. cise. sdkd. net. cn 和 mail. cse. sdkd. net. cn. 单击“下一步”。

(13) 进入组织和位置页面。

(14) 在证书请求文件路径中，选择“浏览”→“桌面”命令，将证书请求文件保存在桌面，输入文件名为“anet”,单击“保存”。

(15) 单击“下一步”,进入证书配置页面。查看证书的配置是否与之前的设置相同,若无问题单击“新建”,单击“完成”,完成证书中申请文件的创建。

(16) 证书申请文件创建完成后,接下来需要将申请文件发给证书颁发机构,以申请证书。

(17) 打开 Internet Explorer。

(18) 在 IE 浏览器的地址栏中,输入“http://ws2008.cise.sdkd.net.cn/cerstrv”。

(19) 在弹出的“Windows 安全”对话框中,输入用户名为“administrator”,密码“111111”。

(20) 在弹出的“安全警告”对话框中,单击“添加”,将 http://ws2008.cise.sdkd.net.cn 添加到可信站点中。

(21) 进入 AD 证书 Web 申请页面,选择“申请证书”→“高级证书申请”。

(22) 选择“使用 base64 编码的 CMC 或 PKCS#10 文件”提交一个证书申请,或“使用 base64 编码的 PKCS#7 文件”续订证书申请。

(23) 找到桌面上之前创建的证书申请文件 anet.req,使用记事本打开该文件。

(24) 选中如图 13-14 所示的选中的内容。并复制。

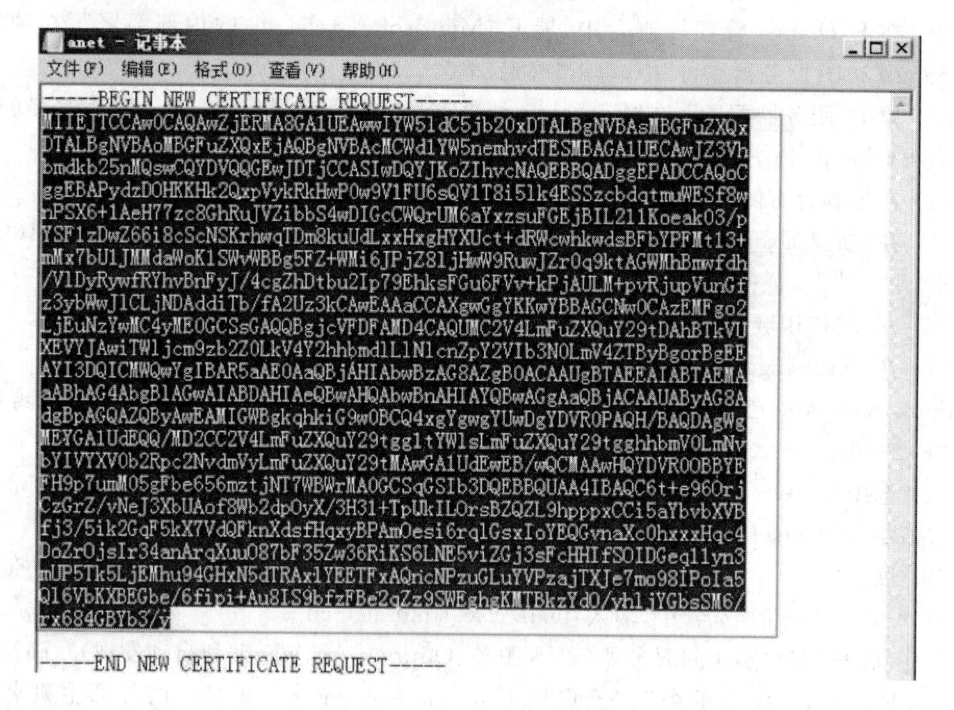

图 13-14 anet 记事本

(25) 在 IE 浏览器提交一个证书申请或续订申请页面,将复制的内容粘贴到 Base-64 编码的证书申请(CMC 或 PKCS#10 或 PKCS#7)中,并在证书模板中,选择“Web 服务器”,单击“提交”。

(26) 证书会自动颁发。选择下载证书,将证书 certnew.cer 保存到桌面,关闭 IE 浏览器。

3. 导入证书

Exchange 证书的 Web 申请完成，因为此证书是向之前搭建的 ws2008 证书颁发机构所申请的，该证书颁发机构默认是不被其他服务器所信任的，因此需要将该证书颁发机构导入到 Exchange 服务器的受信任的根证书颁发机构。

(1) 打开 IE 浏览器，在地址栏中输入 http://ws2008. cise. sdkd. net. cn/certsrv"，使用用户名"administrator"，密码"111111"登录。

(2) 选择下载 CA 证书，证书链或 CRL。

(3) 选择下载 CA 证书，将 CA 证书保存到桌面，命名为 CA. cer。

(4) 打开"开始"菜单，选择"运行"，输入"MMC"。

(5) 在控制台中，选择"文件"→"添加/删除管理单元"，并将证书添加到所管理单元，选择"计算机账户"，单击"下一步"选择"本地计算机(运行此控制台的计算机)"，单击"完成"，单击"确定"。

(6) 展开"证书(本地计算机)-受信任的根证书颁发机构-证书"，右击"证书"，选择"所有任务"→"导入"。

(7) 在"欢迎使用证书导入向导"页面，单击"下一步"。

(8) 在"要导入的文件"页面，选择"浏览"，并选择桌面上的 ca. cer 文件，单击"下一步"。

(9) 在"证书存储"页面，单击"下一步"，并单击"完成"，将 WS2008R2 加入到 Exchange 服务器的受信任的根证书颁发机构，关闭控制台。

(10) 打开"Exchange 管理控制台"，在"服务器配置"界面的"Exchange 证书"中右击"Exchange2010CA 证书"，选择"完成搁置请求"。

(11) 在"完成搁置请求"页面，单击"浏览"，打开桌面上的 certnew. cer 文件，单击"完成"，完成 Exchange 服务器证书的申请及导入操作。

(12) 在"Exchange 证书"页面，确认 Exchange2010CA 证书已经变更为不是自签名的证书。

4. 为客户端访问分配证书

(1) 在"Exchange 管理控制台"→"服务器配置"页面中，右击之前申请和导入的证书 Exchange2010CA，选择"为证书分配服务"。

(2) 在"将服务分配到证书"页面中，确认已经添加了服务器 Ex2010A，单击"下一步"。

(3) 在"选择服务"页面中，选中"简单邮件传输协议"和"Internet 信息服务"，并单击"下一步"。

(4) 在"分配服务"页面，单击"分配"，在弹出的确认框中选择"是"，使申请的证书覆盖默认的证书。

(5) 单击"完成"，从而完成"服务的证书分配"。

(6) 以用户"administrator"，密码"111111"登录到计算机 ws2008。

(7) 单击"开始"菜单，选择"管理工具"→"DNS"。

(8) 在 DNS 管理器中，展开 ws2008→"正向查找区域"→"mail. cise. sdkd. net. cn"，右击"mail. cise. sdkd. net. cn"区域，选择"新建别名(CNAME)"。

(9) 在新建资源记录中，设置别名为保持空白，则父域名与子域名相同。在目标主机的 FQDN 选择浏览，进入 ws2008→"正向查找区域"→"cise. sdkd. net. cn"，选中 Ex2010A，单击"确定"。为 Ex2010A. cise. sdkd. net. cn 创建一条别名记录 mail. cise. sdkd. net. cn，这是为了便于客户端对 Exchange 服务器访问。客户端对 Exchange 进行访问均连接 mail. cise. sdkd. net. cn 即可。

(10) 以用户“administrator”,密码“111111”登录到 Ex2010A。

(11) 单击“开始”菜单,选择“管理工具”→“Internet 信息服务(IIS)管理器”。

(12) 在 IIS 管理器中,单击 Ex2010A,展开网站 Default Web Site。

(13) 在页面中间功能视图中,选择 HTTP 重定向。

(14) 在 HTTP 重定向页面中,选中将请求重定向到此目标,并输入 http://ex2010a. cise. sdkd. net. cn,并且选中将所有请求重定向到确切的目标、仅将请求重定向到此目录中的内容,在右侧操作窗格中选择应用。

(15) 使用其他联网机或虚拟机,打开 IE 浏览器,在地址栏中输入 http://ws2008. cise. sdkd. net. cn,以用户“administrator”和密码“111111”登录。

(16) 选择“下载 CA 证书”、“证书链或 CRL”。

(17) 选择“下载 CA 证书”,将证书 certnew. cer 保存至桌面。

(18) 双击桌面上的证书 certnew. cer,选择安装证书,单击“下一步”,选择将所有的证书放入下列存储,浏览找到受信任的根证书颁发机构,单击“确定”。单击“下一步”,单击“完成”,在弹出对话框中选择“是”。

(19) 将证书颁发机构导入到虚拟机的受信任的证书颁发机构,以使客户端能够正常访问 Exchange 服务器。

(20) 打开 IE 浏览器,在地址栏中输入 https://mail. cise. sdkd. net. cn,准备登录 Exchange 服务器的 OWA 页面。

13.3.5 配置 AD RMS 与 Exchange Server 2010 集成

1. 安装 AD 权限管理服务

(1) 开始这个任务,使用“administrator”账户和密码“111111”登录到 ws2008 虚拟机。

(2) 单击“开始”菜单,选择“管理工具”,打开“Active Directory 用户和计算机”。

(3) 在 Active Directory 用户和计算机控制台中,展开 cise. sdkd. net. cn→users,在 users 容器中新建用户“lwjadmin”密码“password011”。

(4) 在创建用户时,确保清除用户下次登录时须更改密码选项。

(5) 为 AD RMS 服务器创建一个服务管理账户。不能选择默认的 administrator 作为 AD RMS 的管理账户。

(6) 将用户 lwjadmin 加入到 domain admins 组之中。

(7) 单击“开始”菜单,选择“管理工具”,打开“服务器管理器”。

(8) 在“服务器管理器”中,选择“角色”,并单击“添加角色”。

(9) 首先要部署 AD RMS 服务,Exchange 才能够实现邮件权限控制。在“开始”之前页面,单击“下一步”。

(10) 在服务器角色页面,选中 Active Directory Rights Management Services,在弹出的“添加角色向导”中,选择“添加所需的角色”服务,单击“下一步”。

(11) 在 Active Directory Rights Management Services 页面中单击“下一步”。

(12) 在“角色服务”页面,确认已经选中了“Active Directory 权限管理服务器”,单击“下一步”。

(13) 在“创建或加入 AD RMS 群集”页面中，选择“新建 AD RMS 群集”，单击“下一步”。

(14) 在“配置数据库”页面，选择“在此服务器上使用 Windows 内部数据库”，单击“下一步”。

(15) 在“服务账户”页面，选择“指定域用户账户”，并输入之前创建的用户“lwjadmin”，密码“password011”，单击“下一步”。

(16) 在“配置 AD RMS 群集存储”页面，选择“使用 AD RMS 集中管理的密钥存储”，单击“下一步”。

(17) 在“群集密钥密码”页面，在“AD RMS 群集密码”文本框中输入“password011”。

(18) 在“群集网站”页面，确认“选择为虚拟目录选择网站为 Default Web Site”，单击“下一步”。

(19) 在指定群集地址页面，选择“使用 SSL，加密连接(https://)”，并且在完全限定的域名中，输入“ws2008. cise. sdkd. net. cn”，并单击“验证”，看到网络中客户端的群集地址预览为 https://ws2008. cise. sdkd. net. cn，单击“下一步”。

(20) 在“服务器身份验证证书”页面，选择“为 SSL 加密选择现有证书(推荐)”，选择证书列表中的“ws2008. cise. sdkd. net. cn”，单击“下一步”。

(21) 在“命名许可证证书”页面，单击“下一步”。

(22) 在“注册 AD RMS 服务连接点”页面，选择“立即注册 AD RMS 服务连接点”，单击“下一步”。

(23) 在“Web 服务器(IIS)”页面，单击“下一步”。

(24) 在“选择服务器角色”页面，保持默认选择，单击“下一步”。

(25) 在“确认安装选择”页面，确认安装设置与之前的设置相同，单击“安装”，开始 AD RMS 服务的安装过程。

(26) 确认所有安装任务完成后，单击“关闭”，完成 AD RMS 的安装过程。

2. 配置 AD 权限管理服务并实现与 Exchange Server 2010 的集成

(1) 以用户“administrator”，密码“111111”登录到虚拟机 Ex2010A。

(2) 单击“开始”菜单，选择“所有程序”，展开 Microsoft Exchange Server 2010，打开 Exchange Management Console。

(3) 选择“收件人配置”→“通信组”，在右侧操作窗口中选择“新建通信组”。

(4) 在“新建通信组”页面，选择“新建组”，并单击“下一步”。

(5) 在“组信息”页面，将组类型设置为“安全”，指定组的名称及别名为 SuperRMSUsers，单击“下一步”，在“新建通信组”页面，单击“新建”。

(6) 以用户“administrator”，密码“111111”登录虚拟机 ws2008。

(7) 单击“开始”菜单，选择“管理工具”，选择“Active Directory 用户和计算机”，展开 cise. sdkd. net. cn→users，找到用户。

(8) 以用户“lwjadmin”，密码“password011”登录虚拟机 ws2008。

(9) 打开“开始”菜单，选择“管理工具”→Active Directory Rights Management Services。

(10) 展开 AD RMS 群集 ws2008. cise. sdkd. net. cn，展开“安全策略”→“超级用户”。

(11) 右击“超级用户”，选择“启用超级用户”。

（12）在中间窗口选择“更改超级用户组”，单击“浏览”，指定 SuperRMSUsers 为超级用户组。

（13）将之前创建的 SuperRMSUsers 用户组设置为超级用户组，确保 Exchange 能够与 AD RMS 进行集成，实现如 OWA RMS 加密、RMS 邮件传输检查等功能。

（14）单击“开始”菜单，选择“管理工具”，单击“Internet 信息服务(IIS)管理器”。

（15）展开 WS2008R2DC→网站→Default Web Site--_wmcs→certification，右击 certification，选择“浏览”。

（16）在 certification 文件夹中，右击 ServerCertification. asmx 文件，选择“属性”→“安全”。

（17）在“ServerCertification. asmx 属性”→“安全”选项中，单击“继续”，在 ServerCertification. asmx 的权限页面，单击“添加”，添加 Authenticated Users 组，确保 Authenticated Users 组对 ServerCertification. asmx 文件有读取和执行、读取的权限，单击“确定”，完成权限的设置。

（18）以用户“administrator”，密码“111111”登录到虚拟机 Ex2010A。

（19）单击“开始”菜单，选择“所有程序”，展开 Microsoft Exchange Server 2010，选择 Exchange Management Shell。

（20）在 Exchange Management Shell 中输入“get-IRMCConfiguration”，查看当前 Exchange 组织的权限管理设置情况。

（21）输入“Set-IRMCConfiguration-InternalLicensingEnable $ true”，在 Exchange 组织内部启用 RMS 功能。

（22）再使用 get-IRMConfiguration 查看 Exchange 组织的 RMS 配置情况，确保设置为 InternalLicensingEnable：True。

（23）以用户 admin 登录到其他虚拟机或网络计算机。打开 IE 浏览器，在 IE 地址栏中输入 https://mail. cise. sdkd. net. cn，进入 Exchange 的 OWA 页面。

（24）使用用户“lwj”，密码“password01”登录到 OWA。

（25）进入 OWA 页面后，选择新建邮件，确认可以在 OWA 中看到权限选项卡。

（26）给用户 hr 发送一封测试邮件，并且将邮件权限设置为“不转发”。

（27）以用户“hr”，密码“password01!”登录 OWA，查看刚才的用户“lwj”发送的测试邮件。

（28）以用户“hr”，密码“password01!”登录虚拟机 ws2008。

（29）打开 AD RMS 管理控制台，展开 RMS 群集 ws2008. cise. sdkd. net. cn，选择“权限策略模板”，选择“创建分布式权限策略模板”。

（30）通过 AD RMS 群集中的权限模板管理，可以为 Exchange 定制不同的权限策略，以便于灵活管理企业用户邮件的安全传播。

（31）在添加“模板表示信息”页面，选择“添加”，输入模板名称“IT E-mail Policy”，描述 IT E-mail Policy，单击“添加”，单击“下一步”。

（32）在“添加用户权限”页面，单击“添加”，分别添加用户“hr”和“fy”。

（33）在权限设置区域，为用户“hr”设置完全控制权限，为用户“fy”设置查看权限。

（34）单击“完成”，完成权限模板的创建。

（35）登录虚拟机或其他联网计算机，打开 IE 浏览器，在 IE 地址栏中输入 https://

mail. cise. sdkd. net. cn，进入到 OWA 登录界面。

（36）以用户“lwj”登录 OWA，选择新建邮件，确认在权限设置框中可以看到在 AD RMS 服务器上添加的 IT E-mail Policy 策略。

（37）发送一封测试邮件给用户“hr”和“fy”。

（38）分别以用户“hr”和“fy”登录 OWA，查看刚才收到的测试邮件。

13.3.6　配置邮件传输规则实现邮件传输控制

1. 实现自动邮件权限控制

（1）以用户“administrator”，密码“111111”登录到虚拟机 Ex2010A。

（2）打开“Exchange 管理控制台”，选择“组织配置”→“集线器传输”→“传输规则”，在“传输规则”页面的右侧操作窗口中，选择“新建传输规则”。

（3）在“简介”页面，输入新建传输规则的名称“IT Policy”，确认“启用规则”已经选中，单击“下一步”。

（4）在“条件”页面，查看可以选择的条件。

（5）选中“收件人为用户”，并且选择用户 hr@cise. sdkd. net. cn 和 fy@cise. sdkd. net. cn，单击“下一步”。

（6）在“操作”页面，选中采用“RMS 模板的权限保护邮件”，并且选择之前创建的 IT E-Mail Policy 为模板，单击“下一步”。

（7）在“例外”页面，单击“下一步”。

（8）在“创建规则”页面单击“新建”，并单击“完成”，完成邮件传输规则的创建。

2. 检测配置结果

（1）登录虚拟机或其他联网计算机，打开 IE 浏览器，访问 OWA 页面 https://mail. cise. sdkd. net. cn。

（2）以用户“lwj”，密码“password01!”登录 OWA，在 OWA 中，新建邮件，给用户“hr”和“fy”发送一封邮件。分别以“hr”和“fy”登录 OWA 查看“lwj”发送的测试邮件。

3. 实现邮件自动审阅

（1）以用户“administrator”，密码“111111”登录到虚拟机 Ex2010A。

（2）打开“Active Directory 用户和计算机”，展开 cise. sdkd. net. cn→IT，查看用户“hr”的属性，在“组织属性”页面中，查看用户“hr”的上级是用户“lwj”。

（3）打开“Exchange 管理控制台”，选择“组织配置”→“集线器传输”→“传输规则”，在“传输规则”页面右侧的操作窗口中，选择“新建传输规则”。在“简介”页面，输入传输规则的名称“IT Moderation”，单击“下一步”。

（4）在“条件”页面，选中“发件人为用户”，并且选择用户为 hr@cise. sdkd. net. cn，单击“下一步”。

（5）在“操作”页面，选中“将邮件转发给发件人的上级进行审阅”，单击“下一步”。

（6）在“例外”页面，单击“下一步”。

（7）在“创建规则”页面，单击“创建”，并单击“完成”。

（8）规则创建完成后，登录到虚拟机，打开 IE 浏览器，登录 OWA，https://mail. cise. sdkd. net. cn。

（9）以用户“hr”，密码，“password01!”登录 OWA。在 OWA 中，新建邮件，发送给用户

“lwj”一封测试邮件。

(10) 以用户“lwj”,密码“password01!”登录 OWA,查看是否收到测试邮件。

(11) 以用户“fy”,密码“password01!”登录 OWA,查看收到了一封“hr”发送的测试邮件,双击打开测试邮件,选择“审批”。

(12) 以用户“lwj”,密码“password01!”登录 OWA,查看是否收到测试邮件。

13.4 客户端访问 Exchange Server 2010

13.4.1 使用 OWA 及 ECP 实现用户邮箱访问及邮箱自助管理

(1) 登录 Windows 虚拟机或内网联网计算机。

(2) 打开浏览器,在地址栏中输入 OWA 登录页面 https://mail.cise.sdkd.net.cn。

(3) 请在“安全”选项中将 https://mail.cise.sdkd.net.cn 和 https://ex2010a.cise.sdkd.net.cn 配置为“例外”。

(4) 以用户“lwj”,密码“password01”登录 OWA。

(5) 查看浏览器中 OWA 的页面显示及各项功能,可以进行邮件收发测试或查看 OWA 中的各项配置。

(6) 打开 IE 浏览器,在地址栏中输入 ECP 登录页面 https://ex2010a.cise.sdkd.net.cn。

(7) 在 ECP 登录页面,以用户“administrator”,密码“111111”登录。

(8) 以 Exchange 管理员进入到 ECP 页面后,看到在页面上方可以选择要管理的对象,单击下拉列表,查看可以选择“我自己”、“我的组织”、“其他用户”。

(9) 选择“我自己”,进入到 administrator 用户自助管理页面,可以进行邮箱的各项设置,如“外出自动应答”、“账户设置”、“更改密码”等操作。选择“电话”,在“电话”选择项页面中,可以看到“短信”选项。

(10) 在选择要管理的对象的下拉列表中,选择“我的组织”。在“我的组织管理”页面,因为当前使用 Exchange 管理员登录,所以可以对组织进行在线管理。

(11) 在用户和组选项页面中,单击“管理员”角色。

(12) 在“角色”组中,可以查看有关的管理员角色。

(13) 单击“报告”,进入“邮件送达报告”页面。

(14) 在“送达报告”页面,可以查看组织内部用户邮件的送达情况。

(15) 在要搜索的邮箱中,选择“浏览”,选择用户 hr@cise.sdkd.net.cn,在搜索发送给以下收件人的邮件中,选择“选择多个用户”,选择用户 lwj@cise.sdkd.net.cn。

(16) 单击“搜索”,即可在搜索结果中查看到用户 hr 发送给 lwj 的邮件送达报告,任意双击一份,可以查看到该邮件的提交和送达时间。

13.4.2 配置 Outlook 2010 访问 Exchange Server 2010

Exchange Server 2010 支持多种客户端的访问,如使用 POP3、IMAP4、HTTP、ActiveSync、MAPI 等,使用 MAPI 客户端,即使用 Microsoft Office Outlook 采用与 Exchange 连

接方式直接访问 Exchange，能够体验并使用到全部 Exchange 所带来的功能。默认情况下，Office Outlook 与 Exchange 采用 RPC 协议进行连接，连接端口是在 1024 之上随机选择的，因此不便于在企业外部使用 Office Outlook 访问用户的邮箱，若要在企业外部使用 MAPI 方式连接 Exchange，则需要为 Exchange 配置 Outlook Anywhere 功能，Office Outlook 会采用 https 协议连接到 Exchange。本节中，用户将为 Exchange Server 2010 配置 Outlook Anywhere 功能，并且使用 Office Outlook 2010 连接到 Exchange。

1. 配置步骤

(1) 以用户“administrator”，密码“111111”登录到虚拟机 Ex2010A。

(2) 打开“开始”菜单，选择“管理工具”→“服务器管理器”→“功能”→“添加功能”。

(3) 在“选择功能”页面，选中“HTTP 代理上的 RPC”，在弹出的“添加功能向导”页面，单击“添加所需要的角色服务”，单击“下一步”。若要实现 Outlook Anywhere 功能，则需要安装 HTTP 代理商的 RPC 功能，才能够将 RPC 协议封装在 HTTPS 协议中。

(4) 在“Web 服务器(IIS)页面”，单击“下一步”。

(5) 在“角色服务”页面，单击“下一步”。

(6) 在“确认”页面，单击“安装”，完成安装后单击“关闭”。

(7) 打开“Exchange 管理控制台”→“服务器管理器”→“客户端访问”。

(8) 找到“服务器 Ex2010A”，右击 Ex2010A，选择“启用 Outlook Anywhere”。

(9) 在“启用 Outlook Anywhere”页面，在“外部主机名”中输入“mail. cise. sdkd. net. cn”。

(10) 确保之前在为“Exchange 服务器”申请证书时，选择了 Outlook Anywhere 的外部名称。

(11) 选择 NTLM 身份验证为客户端身份验证方法，单击“启用”。

(12) 启用 Outlook Anywhere 的过程需要 15 分钟的配置才可以完成，因此请等待片刻，或重新启用服务器 Ex2010A 以加快配置。

2. 检验配置

(1) 登录 Windows 虚拟机。单击“开始”菜单，选择“所有程序”，展开 Microsoft Office，选择 Microsoft Outlook 2010，打开 Outlook 2010。

(2) 在“Outlook 的启动”页面，单击“下一步”。

(3) 在“电子邮件账户”页面，选择“是”，并单击“下一步”。

(4) 在“添加新账户”页面，选择“手动配置服务器设置”或“其他服务器类型”，单击“下一步”。

在“选择服务”页面，选择 Microsoft Exchange，并单击“下一步”。

(5) 在 Microsoft Exchange Server 输入“mail. cise. sdkd. net. cn”，用户名输入“lwj”，并单击“其他设置”。

(6) 在弹出的“设置”页面，选择“连接”，选中“使用 HTTP 连接到 Microsoft Exchange”，并单击“Exchange 代理服务器设置”。

(7) 在“连接”设置页面，使用“此 URL 连接到我的 Exchange 代理服务器”中输入“mail. cise. sdkd. net. cn”。

(8) 选中“仅连接到其证书中包含该主题名称的代理服务器”，输入“msstd:mail. cise. sdkd. net. cn”。

(9) 选中“在快速网络中，首先使用 HTTP 连接，然后使用 TCP/IP 连接”，确认“连接到我的 Exchange 代理服务器时使用此验证”的方法为 NTLM 验证。设置完成后，单击“确定”。

(10) 选择检查姓名，并且输入用户名“lwj”，密码“password01!”，单击“下一步”，并单击“完成”，完成 Outlook 的连接设置。

(11) 在 Outlook 登录框中输入用户名“lwj”的密码“password01!”。

(12) 登录 Outlook 2010 后，查看是否能够正常的收发用户 lwj 的邮件，查看 Outlook 中的会话视图邮件显示。

13.5 Linux 邮件服务器介绍

几年以前，Linux 环境下可以选择的免费邮件服务器软件只有 sendmail，虽然 sendmail 曾是最为广泛的 mail server 软件，但由于 sendmail 配置文件过于难懂，以及早期程序的漏洞导致的缺陷，一些开发者先后开发了若干种其他的邮件服务器软件。当前，运行在 Linux 环境下免费的邮件服务器〔或者称为 MTA(Mail Transfer Agent)〕有若干种选择，比较常见的有 sendmail、Qmail、postfix、dovecot、Cyrus Imap 等。postfix 服务只是一个邮件传输代理 MTA，它只提供 SMTP 服务，也就是邮件的转发和本地的分发功能。要实现邮件的异地接收，还必须安装 POP 或 IMAP 服务。通常情况下，都是将 SMTP 服务和 POP 或 IMAP 服务安装在同一个主机上，那么这台主机也就是电子邮件服务器。表 13-1 给出了 Linux 平台上的主流 E_mail 软件。

表 13-1　主流 E_mail 软件

类型	名称	特点
发送邮件服务器	sendmail	资格最古老，运行稳定，但安全性不足
	postfix	采用模块化设计，在投递效率、稳定性、性能及安全性方面表现优秀，与 sendmail 保存足够的兼容性
	Qmail	采用模块化设计，速度快、执行效率高，配置稍显复杂
接收邮件服务器	dovecot	速度快、扩展性好、安全性高、操作与维护简便
	Cyrus IMAP	速度快，使用非系统用户认证加 SMTP 认证

postfix 是 Wietse Venema 在 IBM 的 GPL 协议之下开发的 MTA(邮件传输代理)软件。postfix 是 Wietse Venema 想要为使用最广泛的 sendmail 提供替代品的一个尝试。postfix 试图更快、更容易管理、更安全，同时还与 sendmail 保持足够的兼容性。postfix 具有以下特点。

(1) postfix 是免费的：postfix 想要作用的范围是广大的 Internet 用户，试图影响大多数的 Internet 上的电子邮件系统，因此它是免费的。

(2) 速度更快：postfix 在性能上大约比 sendmail 快三倍。一部运行 postfix 的台式个人计算机每天可以收发上百万封邮件。

(3) 兼容性更好：postfix 是 sendmail 兼容的，从而使 sendmail 用户可以很方便地迁移到 postfix。postfix 支持/var[/spool]/mail、/etc/aliases、NIS 和～/. forward 文件。

(4) 更健壮：postfix 被设计成在重负荷之下仍然可以正常工作。当系统运行超出了可用的内存或磁盘空间时，postfix 会自动减少运行进程的数目。当处理的邮件数目增长时，postfix 运行的进程不会跟着增加。

(5) 更灵活：postfix 是由超过一打的小程序组成的，每个程序完成特定的功能，可以通过配置文件设置每个程序的运行参数。

(6) 更加安全：postfix 具有多层防御结构，可以有效地抵御恶意入侵者。postfix 通过一系列的措施来提高系统的安全性，这些措施包括：

- 动态分配内存，从而防止系统缓冲区溢出。
- 把大邮件分割成几块进行处理，投递时再重组。
- postfix 由十几个具有不同功能的半驻留进程组成，并且在这些进程中并无特定的进程间父子关系。大多数的 postfix 进程由一个进程统一进行管理，该进程负责在需要的时候调用其他进程，这个管理进程就是 master 进程。因为 postfix 的各种进程不在其他用户进程的控制之下运行，而是运行在驻留主进程 master 的控制之下，且与其他用户进程无父子关系，有很好的绝缘性。
- postfix 的队列文件有其特殊的格式，只能被 postfix 本身识别。

13.6 postfix 的配置

13.6.1 postfix 邮件管理

当 postfix 启动时，首先启动的是 master daemon，它主导邮件的处理流程，同时也是其他组件的总管，master 从 main.cf 和 master.cf 这两个配置文件取得启动参数。简单地说，postfix 邮件处理流程分为三个阶段：(1)接收邮件；(2)将邮件排入队列；(3)递送邮件。每个阶段由独立的 postfix 组件完成。

1. postfix 的邮件队列(mail queues)

postfix 各个组件之间的合作全靠 queue 交换邮件。postfix 有多个 queue，这些 queue 全部由队列管理进程 queue manager 统一进行管理。postfix 中四种不同的邮件队列是：

(1) maildrop：本地邮件放置在 maildrop 中，同时也被复制到 incoming 中。

(2) incoming：放置正在到达或队列管理进程尚未发现的邮件。

(3) active：放置队列管理进程已经打开了并正准备投递的邮件，该队列有长度的限制。

(4) deferred：放置不能被投递的邮件。

队列管理进程仅仅在内存中保留 active 队列，并且对该队列的长度进行限制，这样做的目的是为了避免进程运行内存超过系统的可用内存。

2. postfix 邮件的收发过程

(1) 接收邮件的过程

对于来自于本地的邮件：postfix 提供一个兼容的同名 sendmail 命令，当用户以 postfix 的 sendmail 寄出邮件时，sendmail 会使用 postdrop 程序将邮件存入 queue 目录下的 maildrop 子目录。sendmail 进程负责接收来自本地的邮件放在 maildrop 队列中，然后 pickup 进程对 maildrop 中的邮件进行完整性检测。maildrop 目录的权限必须设置为某一用户不能删除其他用户的邮件。图 13-17 是本机提交的邮件进入 postfix 后的处理流程，postfix 会使用 postdrop 程序将邮件存入 queue 目录下的 maildrop 子目录。专门注意 maildrop 子目录有无变化的 pickup daemon 会读出新邮件，然后交给 cleanup daemon 进入“清理程序”。当邮件刚进入 postfix 时，不一定是一封标准邮件，比如 header 里面的邮件地址不完整，cleanup 是对新邮件进行处理的最后一道工序，它对新邮件进行以下的处理：添加信头中丢失的 Form 信息；为将地址重写成标准的 user@fully. qualified. domain 格式进行排列并请求 trivial-rewrite 进程将地址转换成标准的 user@fully. qualified. domain 格式；从信头中抽出收件人的地址；将邮件投入 incoming 队列中，并请求邮件队列管理进程处理该邮件。queue manager 时刻注意 incoming queue 的变化，并用适当的 MDA 将邮件投递到下一站。如图 13-15 所示。

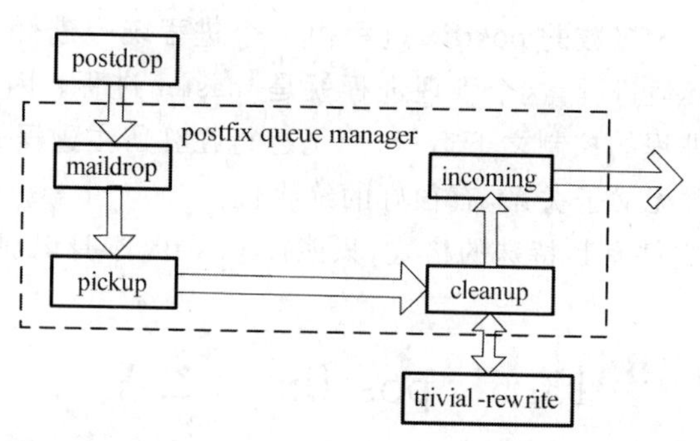

图 13-15　postfix 接收邮件过程

除了来自于本地的邮件，还有以下邮件需要处理。

1）对于来自于网络的邮件：smtpd 进程负责接收来自于网络的邮件，并且进行安全性检测。可以通过 UCE(Unsolicited Commercial Email)控制 smtpd 的行为。

2）由 postfix 进程产生的邮件：这是为了将不可投递的信息返回给发件人。这些邮件是由 bounce 后台程序产生的。

3）由 postfix 自己产生的邮件：提示 postmaster(也即 postfix 管理员)postfix 运行过程中出现的问题(如 SMTP 协议问题、违反 UCE 规则的记录等)。

（2）投递邮件的过程

新邮件一旦到达 incoming 队列，下一步就是开始投递邮件，postfix 投递邮件时的处理过程如下：邮件队列管理进程是整个 postfix 邮件系统的心脏，它和 local、smtp、pipe 等投递代理相联系，将包含有队列文件路径信息、邮件发件人地址、邮件收件人地址的投递请求发送给投递代理。队列管理进程维护着一个 deferred 队列，那些无法投递的邮件被投递到该队列中。除此之外，队列管理进程还维护着一个 active 队列，该队列中的邮件数目是有限制的，这是为了防止在负载太大时内存溢出。邮件队列管理程序还负责将收件人地址在 relocated 表中列出的邮件返回给发件人，该表包含无效的收件人地址。

如果邮件队列管理进程请求，rewrite 后台程序对收件人地址进行解析。但是默认地，rewrite 只对邮件收件人是本地的还是远程的进行区别。如果邮件对你管理进程请求，bounce 后台程序可以生成一个邮件不可投递的报告。本地投递代理 local 进程可以理解类似 UNIX 风格的邮箱，sendmail 风格的系统别名数据库和 sendmail 风格的. forward 文件，可以同时运行多个 local 进程，但是对同一个用户的并发投递进程数目是有限制的。pipe 是用于 UUCP 协议的投递代理。在流行的 Linux 发行版本 RedHat 中，我们就使用 procmail

作为最终的本地投递代理。远程投递代理SMTP进程根据收件人地址查询一个SMTP服务器列表,按照顺序连接每一个SMTP服务器,根据性能对该表进行排序。在系统负载太大时,可以有数个并发的SMTP进程同时运行。

3. postfix特殊邮件的处理

(1) postfix对邮件风暴的处理

当有新的邮件到达时,postfix进行初始化,初始化时postfix同时只接受两个并发的连接请求。当邮件投递成功后,可以同时接受的并发连接的数目就会缓慢地增长至一个可以配置的值。当然,如果这时系统的消耗已到达系统不能承受的负载就会停止增长。还有一种情况时,如果postfix在处理邮件过程中遇到了问题,则该值会开始降低。

当接收到的新邮件的数量超过postfix的投递能力时,postfix会暂时停止投递deferred队列中的邮件而去处理新接收到的邮件。这是因为处理新邮件的延迟要小于处理deferred队列中的邮件。postfix会在空闲时处理deferred中的邮件。

(2) postfix对无法投递的邮件的处理

当一封邮件第一次不能成功投递时,postfix会给该邮件贴上一个将来的时间邮票。邮件队列管理程序会忽略贴有将来时间邮票的邮件。时间邮票到期时,postfix会尝试再对该邮件进行一次投递,如果这次投递再次失败,postfix就给该邮件贴上一个两倍于上次时间邮票的时间邮票,等时间邮票到期时再次进行投递,依此类推。当然,经过一定次数的尝试之后,postfix会放弃对该邮件的投递,返回一个错误信息给该邮件的发件人。

(3) postfix对不可到达的目的地邮件的处理

postfix会在内存中保存一个有长度限制的当前不可到达的地址列表。这样就避免了对那些目的地为当前不可到达地址的邮件的投递尝试,从而大大提高了系统的性能。

13.6.2 postfix的安装和配置文件

1. postfix的安装与启动

在RHEL6中带有postfix的安装程序,查找是否已经安装了postfix软件包,如果没有安装则在安装光盘中找到相关文件进行安装。也可以使用#yum install postfix方式进行安装。

```
[root@localhost /]# rpm -qa|grep postfix
postfix-2.6.5-3.el6.i686
[root@localhost /]# cd /media/RHEL_6.0\ i386\ Disc\ 1/Packages/
[root@localhost Packages]# ls|grep postfix
postfix-2.6.5-3.el6.i686.rpm
```

2. postfix的启动

安装后可以使用#service postfix start来启动postfix。启动后,还可以使用如下命令查看一下有关的进程情况。

```
[root@localhost lwj]# ps -eaf|grep postfix
root      1749     1  0 13:30 ?        00:00:00 /usr/libexec/postfix/master
postfix   1756  1749  0 13:30 ?        00:00:00 pickup -l -t fifo -u
postfix   1757  1749  0 13:30 ?        00:00:00 qmgr -l -t fifo -u
root      2963  2663  0 13:57 pts/0    00:00:00 grep postfix
```

可以看到,初始时postfix启动了3个进程。其中主进程master是以root身份运行的,其他2个进程由postfix用户身份执行。再查看一下25端口是否已处于监听状态。

```
[root@localhost lwj]# netstat -anp|grep :25
tcp        0      0 127.0.0.1:25            0.0.0.0:*               LISTEN
1749/master
tcp        0      0 ::1:25                  :::*                    LISTEN
1749/master
```

可见，master 进程在监听 25 号端口，该端口是邮件服务器之间传送邮件时默认的端口，也是客户端发送邮件时与服务器连接的默认端口。也就是说，此时用户就可以通过 25 端口与 postfix 服务器进行连接，再经过对服务器的配置就可以使用 postfix 所提供的服务发送邮件了，但还不能接收邮件，因为接收邮件使用的连接端口 110 还需要配合其他软件（如 dovecot）进行监听。为了确保 Postfix 服务器能够接受远程客户机的连接，如果有防火墙，还需要开放防火墙的相应端口。可以使用下面的命令开放 25 端口：

```
# iptables -I INPUT -p tcp -dport 25 -j ACCEPT
```

3. postfix 的基本配置文件

postfix 的配置文件位于/etc/postfix 目录下，安装 postfix 完毕后，可以使用 ls 命令查看 postfix 的相关配置文件：

```
[root@localhost lwj]# ls /etc/postfix
access     generic        main.cf    relocated  virtual
canonical  header_checks  master.cf  transport  virtual.db
```

main. cf：postfix 主要的配置文件。

master. cf：postfix 的 master 进程的配置文件，该文件中的每一行都是用来配置 postfix 组件进程的运行方式。

access：访问控制文件，用来设置服务器为哪些主机进行转发邮件，用于实现中继代理，也可以拒绝连接来源或目的地址等信息的配置。设置完毕后，需要在 main. cf 中启用，并使用 postmap 生成相应的数据库文件。

virtual：虚拟别名域库文件，用来设置虚拟账户和域的数据库文件。

此外，/etc/aliases 是 postfix 的别名文件，用来定义邮箱别名，设置完毕后，需要在 main. cf 中启用并使用 postalias 或 newaliases 生成相关数据库文件。

4. 主配置文件/etc/postfix/main. cf

在主配置文件/etc/postfix/main. cf 中，postfix 大约有 100 个配置参数，这些参数都可以通过修改 main. cf 重新指定。参数配置的格式为：

参数＝参数值|＄参数

其中等号的左边是参数名，右边是参数的值（注意等号的两边要留空格符）；也可以使用“＄”来扩展使用变量设置，这时变量的前面加上＄来引用该变量，如：

```
myhostname = mail.mydomain.com
myorigin = $ myhostname
```

如果参数支持多个参数值，则可使用空格符或逗号加空格符来分隔。如：

```
mydestination = $ myhostname, $ mydomain
```

另外，可使用多行来表示同一个设置值，只要在第一行最后有逗号，且第二行开头为空格符，即可将数据延伸到第二行继续书写。若重复设置了某个参数，则以较晚出现的设置为准。

由于 postfix 为大多数的参数都设置了默认值，所以在让 postfix 正常服务之前，只需要配置为数不多的几个参数。下面介绍一些基本的 postfix 参数。

（1）myhostname

myhostname 参数指定运行 postfix 邮件系统的主机的主机名。默认地，该值被设定为本地机器名。也可以指定该值，如：myhostname＝mail. domain. com。

（2）mydomain

mydomain 参数指定域名，默认地，postfix 将 myhostname 的第一部分删除而作为 mydomain 的值。也可以自己指定该值，如：mydomain＝domain. com。

（3）myorigin

myorigin 参数说明发件人所在的域名。如果用户的邮件地址为 user@domain. com，则该参数指定@后面的域名。postfix 默认使用本地主机名作为 myorigin，但是建议最好使用域名，因为这样具有可读性。例如，安装 postfix 的主机为 mail. domain. com，则可以这样指定 myorigin：myorigin＝domain. com。也可以引用其他参数，如：myorigin＝＄mydomain。

（4）mydestination

mydestination 参数指定 postfix 接收邮件时收件人的域名，也就是 postfix 系统要接收什么样的邮件。比如：用户的邮件地址为 user@domain. com，域名为 domain. com，则需要接收所有收件人为 user_name@domain. com 的邮件。与 myorigin 一样，postfix 默认使用本地主机名作为 mydestination。也可以指定 mydestination，如：mydestination ＝ ＄mydomain 或 mydestination＝domain. com。

（5）mynetworks

mynetworks 参数指定所在的网络的网络地址，postfix 系统根据其值来区别用户是远程的还是本地的，如果是本地网络用户则允许其访问。可以用标准的 A、B、C 类网络地址，也可以用 CIDR（无类域间路由）地址来表示，如：192. 168. 1. 0/24，192. 168. 1. 0/26。

（6）inet_interfaces

inet_interfaces 参数指定 postfix 系统监听的网络接口。默认地，postfix 监听所有的网络接口。如果 postfix 运行在一个虚拟的 IP 地址上，则必须指定其监听的地址。Inet_interfaces 可以指定为：inet_interfaces＝all 或 inet_interfaces＝192. 168. 136. 144。

（7）relay_domains

postfix 会对 relay_domains 域的邮件进行转发，这些邮件会被认为是信任的。例如，relay_domains 可以是：relay_domains＝mycompany. com，＄mydomain。

（8）notify_classes

在 postfix 系统中，必须指定一个 postfix 系统管理员的别名指向一个用户，只有这样，在用户遇到问题时才有报告的对象，postfix 也才能将系统的问题报告给管理员。notify_classes 参数就是用来指定向 postfix 管理员报告错误时的信息级别。共有以下几种级别。

bounce：将不可以投递的邮件的拷贝发送给 postfix 管理员。为了保护个人隐私，该邮件的拷贝不包含信头。

2bounce：将两次不可投递的邮件拷贝发送给 postfix 管理员。

delay：将邮件的投递延迟信息发送给管理员，仅仅包含信头。

policy：将由于 UCE 规则限制而被拒绝的用户请求发送给 postfix 管理员，包含整个 SMTP 会话的内容。

要注意的是：一旦更改了 main. cf 文件的内容，必须运行 postfix reload 命令使其生效。

5. postfix 的默认设置

postfix 默认接受符合以下条件的邮件：目的地为 $ inet_interfaces 的邮件；目的地为 $ mydestination 的邮件；目的地为 $ virtual_maps 的邮件。

postfix 默认转发符合以下条件的邮件：来自客户端 IP 地址符合 $ mynetworks 的邮件；来自客户端主机名符合 $ relay_domains 及其子域的邮件；目的地为 $ relay_domains 及其子域的邮件。

6. postfix 垃圾邮件控制规则

所谓垃圾邮件(Unsolicited Commercial Email,UCE)控制就是指 postfix 控制接收或转发来自于什么地方的邮件,通过设置控制规则可以实现更强大的控制功能。

(1) 信头过滤

通过 header_checks 参数限制接收邮件的信头的格式,如果符合指定的格式,则拒绝接收该邮件。可以指定一个或多个查询列表,如果新邮件的信头符合列表中的某一项则拒绝接收该邮件。如：

```
header_checks = regexp:/etc/postfix/header_checks
header_checks = pcre:/etc/postfix/header_checks
```

默认地,postfix 不进行信头过滤。

(2) 客户端主机名/地址限制

通过 smtpd_client_restrictions 参数限制可以向 postfix 发起 SMTP 连接的客户端的主机名或 IP 地址。可以指定一个或多个参数值,中间用逗号隔开。限制规则是按照查询的顺序进行的,第一条符合条件的规则被执行。可用的规则如下所示。

reject_unknown_client：如果客户端的 IP 地址在 DNS 中没有 PTR 记录则拒绝转发该客户端的连接请求。可以用 unknown_client_reject_code 参数指定返回给客户机的错误代码(默认为 450)。如果有用户没有做 DNS 记录则不要启用该选项。

permit_mynetworks：如果客户端的 IP 地址符合 $ mynetworks 参数定义的范围则接受该客户端的连接请求,并转发该邮件。

check_client_access maptype:mapname：根据客户端的主机名、父域名、IP 地址或属于的网络搜索 access 数据库。如果搜索的结果为 REJECT 或者"[45]XX text"则拒绝该客户端的连接请求;如果搜索的结果为 OK、RELAY 或数字则接受该客户端的连接请求,并转发该邮件。可以用 access_map_reject_code 参数指定返回给客户机的错误代码(默认为 554)。

reject_maps_rbl：如果客户端的网络地址符合 $ maps_rbl_domains 参数的值则拒绝该客户端的连接请求。可以用 maps_rbl_reject_code 参数指定返回给客户机的错误代码(默认为 554)。

(3) 是否请求 HELO 命令

可以通过 smtpd_helo_required 参数指定客户端在 SMTP 会话的开始是否发送一个 HELO 命令。可以指定该参数的值为 yes 或 no。默认值为：smtpd_helo_required＝no。

(4) HELO 主机名限制

可以通过 smtpd_helo_restrictions 参数指定客户端在执行 HELO 命令时发送给 postfix 的主机名。默认地,postfix 接收客户端发送的任意形式的主机名。可以指定一个或多个参数值,中间用逗号隔开。限制规则是按照查询的顺序进行的,第一条符合条件的规则被执行。可用的规则如下所示。

- reject_invalid_hostname：如果 HELO 命令所带的主机名参数不符合语法规范则拒绝客户机的连接请求。可以用 invalid_hostname_reject_code 参数指定返回给客户机的错误代码(默认为 501)。
- permit_naked_Linux_address：RFC 要求客户端的 HELO 命令包含的 IP 地址放在方括号内，可以用 permit_naked_Linux_address 参数取消该限制。因为有的 mail 客户端不遵守该 RFC 的规定。
- reject_unknown_hostname：如果客户端执行 HELO 命令时的主机名在 DNS 中没有相应的 A 或 MX 记录则拒绝该客户端的连接请求。可以用 invalid_hostname_reject_code 参数指定返回给客户机的错误代码(默认为 450)。
- reject_non_fqdn_hostname：如果客户端执行 HELO 命令时的主机名不是 RFC 规定的完整的域名则拒绝客户端的连接请求。可以用 invalid_hostname_reject_code 参数指定返回给客户机的错误代码(默认为 504)。
- check_helo_access maptype：mapname：根据客户端 HELO 的主机名、父域名搜索 access 数据库。如果搜索的结果为 REJECT 或者"[45]XX text"则拒绝该客户端的连接请求；如果搜索的结果为 OK、RELAY 或数字则接受该客户端的连接请求。可以用 access_map_reject_code 参数指定返回给客户机的错误代码(默认为 554)。

(5) RFC 821 信头限制

RFC 821 对邮件的信头做了严格的规定，但是广泛使用的 sendmail 并不支持该规定，所以对于该参数只能说不，即：strict_rfc821_envelopes＝no。

(6) 通过发件人地址进行限制

可以用 smtpd_sender_restrictions 参数通过发件人在执行 MAIL FROM 命令时提供的地址进行限制。可以指定一个或多个参数值，中间用逗号隔开。限制规则是按照查询的顺序进行的，第一条符合条件的规则被执行。可用的规则如下所示。

- reject_unknown_sender_domain：如果 MAIL FROM 命令提供的主机名在 DNS 中没有相应的 A 或 MX 记录则拒绝该客户端的连接请求。可以用 unknown_address_reject_code 参数指定返回给客户机的错误代码(默认为 450)。
- check_sender_access maptype：mapname：根据 MAIL FROM 命令提供的主机名、父域搜索 access 数据库。如果搜索的结果为 REJECT 或者"[45]XX text"则拒绝该客户端的连接请求；如果搜索的结果为 OK、RELAY 或数字则接受该客户端的连接请求。可以用 access_map_reject_code 参数指定返回给客户机的错误代码(默认为 554)。可以通过该参数过滤来自某些不受欢迎的发件人的邮件。
- reject_non_fqdn_sender：如果 MAIL FROM 命令提供的主机名不是 RFC 规定的完整的域名则拒绝客户端的连接请求。可以用 non_fqdn_reject_code 参数指定返回给客户机的错误代码(默认为 504)。

默认地，postfix 接受来自任何发件人的邮件。

示例：

```
smtpd_sender_restrictions = hash:/etc/postfix/access,reject_unknown_sender_domain
```

(7) 通过收件人地址进行过滤

可以用 smtpd_recipient_restrictions 参数通过发件人在执行 RCPT TO 命令时提供的地址进行限制。默认值为：

```
smtpd_recipient_restrictions = permit_mynetworks,check_relay_domains
```

可以指定一个或多个参数值,中间用逗号隔开。限制规则是按照查询的顺序进行的,第一条符合条件的规则被执行。可用的规则如下所示。

- check_relay_domains:如果符合以下的条件,则接受 SMTP 连接请求,否则拒绝该连接,可以用 relay_domains_reject_code 参数指定返回给客户机的错误代码(默认为 504)。
- check_recipient_access:根据解析后的目标地址、父域搜索 access 数据库。如果搜索的结果为 REJECT 或者"[45]XX text"则拒绝该客户端的连接请求;如果搜索的结果为 OK、RELAY 或数字则接受该客户端的连接请求。可以用 access_map_reject_code 参数指定返回给客户机的错误代码(默认为 554)。
- reject_unknown_recipient_domain:如果收件人的邮件地址在 DNS 中没有相应的 A 或 MX 记录则拒绝该客户端的连接请求。可以用 unknown_address_reject_code 参数指定返回给客户机的错误代码(默认为 450)。
- reject_non_fqdn_recipient:如果发件人在执行 RCPT TO 命令时提供的地址不是完整的域名则拒绝其 SMTP 连接请求。可以用 The non_fqdn_reject_code 参数指定返回给客户机的错误代码(默认为 504)。

13.6.3 postfix 服务器的配置

1. 邮件服务与 DNS

我们通常接收到的 E-mail 都是使用"账号@主机名称"的方式来处理的,所以说,你的邮件服务器一定要有一个合法注册过的主机名称才可以。也就是说在 DNS 的查询系统中你的主机名称若拥有一个 A 的标志,理论上你的 mail server 就可以架设成功。只不过由于目前因特网上面的广告信、垃圾信与病毒信等占用了太多的频宽,导致整个网络社会花费过多的成本在消耗这些垃圾资料。所以为了杜绝可恶的垃圾信件,目前的大型邮件主机供货商(ISP)都会针对不明来源的邮件加以限制,这也就是说想要架设一部简单可以运作的 mail server 越来越难了。DNS 的反解也很重要,虽然对于一般的服务器来说,只要正向解析让客户端正确地找到服务器的 IP 即可。不过,由于目前收信端的邮件主机会针对邮件来源的 IP 进行反解,而如果你的网络环境是由拨号取得非固定的 IP 时,该种 IP 在 ISP 方面通常会主动地以 xxx.dynamic.xxx 之类的主机名称来管理,而这样的主机名称会被主要的大型邮件服务器视为垃圾信件,所以你的邮件主机所发出的信件将可能被丢弃!所以想要架设一部 Mail server,必须要向上层 ISP 申请 IP 反解的对应。

总之,要搭建 mail 服务器,需要 DNS 服务,需要在 DNS 服务器中有 mail 服务器的 MX 及 A 标。MX 代表的是 Mail Exchange,当一封邮件要传送出去时,邮件主机会先分析那封信的目标主机的 DNS,先取得 MX 标志,MX 标志可能会有多部主机,以最优先 MX 主机为准将信发送出去。

假设邮件服务器的 IP 为:192.168.136.145/24,域名是 lwj.com,主机名为 mail.lwj.com。因为要正确实现邮件的发送,域名与 IP 地址的解析,需要配置 DNS 服务。详细的配置读者可参考本书 DNS 服务器的配置。下面只简单地给出 DNS 服务器中进行正向、逆向解析的区域文件。

首先,修改正向解析文件 lwj.com.zone:

```
$ TTL 1D
@    IN SOA   @ rname.invalid.(
          0;     serial
          1D;     refresh
          1H;  retry
          1W;     expire
          3H);  minimum
  NS      @
   A  192.168.136.145
  IN  MX  10  mail
  mail  A  192.168.136.145
```

然后，修改逆向解析文件 136.168.192.in-addr.arpa.zone：

```
$ TTL 1D
  @   IN   SOA  @   rname.invalid.(
          0;     serial
          1D;     refresh
          1H;  retry
          1W;     expire
          3H);  minimum
  NS      @
  A  192.168.136.145
  145   PTR  mail.lwj.com
```

通过修改以上两个文件，完成 mail.lwj.com—192.168.136.145 的映射关系，并在DNS 服务器中添加邮件交换记录。

如果只是对 postfix 服务进行简单测试，而不搭建完整的邮件系统，也可以不配置 dns，只需要修改 hosts 文件来实现域名与 IP 地址的映射。下面以 Linux 客户端为例，给出修改后的 hosts 文件：

```
# vim  /etc/hosts     //编辑 hosts 文件
```

添加如下一行：

```
192.168.136.145    lwj.com   mail.lwj.com
```

2. postfix 配置文件的修改

前面我们在 IP 地址 192.168.136.145 的主机上搭建 postfix 服务，主机名为 mail.lwj.com，管辖的域为 lwj.com。假设已经正确配置了 DNS(可以通过 nslookup 命令验证)，接下来需要修改 postfix 的主配置文件/etc/postfix/main.cf：

```
myhostname = mail.lwj.com                    //设置运行 postfix 服务的邮件主机的主机名
mydomain = lwj.com                           //设置运行 postfix 服务的邮件主机的域名
myorigin = $ mydomain                        //设置由本台邮件主机寄出的每封邮件的邮件头中mail from 的地址
inet_interfaces = all                        //开放所有的网络接口，以便接收从任何网络接口来的邮件
mydestination = $ mydomain, $ myhostname     //设置可接收邮件的主机名或域名只有当发送来的邮件的收信人地址与此参数值相匹配时，postfix 才会将该邮件接收下来
mynetworks = 192.168.136.0/24                //设置可转发(Relay)哪些网络的邮件，本邮件服务器只转发子网 192.168.136.0/24 中的客户端所发来的邮件，而拒绝为其他子网转发邮件
```

```
relay_domains = $mydomain                //设置可转发哪些网域的邮件,任何由域 mycompany.com 发来的邮件都会被认为是信任的,postfix 会自动对这些邮件进行转发
```

注意:mynetworks 参数是针对邮件来源的 IP 来设置的,而 relay_domains 是针对邮件来源的域名或主机名来设置的。

完成上面配置后,重启 postfix 服务,这台 postfix 邮件服务器就可以支持本域名内部的用户收发信,但不能接收其他域名的邮件。若要收/发其他域名系统中寄来的邮件,需要使用 dovecot 服务。

3. 邮件测试

```
# service postfix restart
# postfix reload
```

(1) 从 Windows 或 Linux 客户端利用 telnet 登录到 postfix 服务器,发送邮件

```
C:>telnet mail.lwj.com 25(测试 25 端口)
```

下面是命令的执行过程,其中数字开头的行是服务器的回应。

```
220 mail.lwj.com ESMTP Postfix
EHLO 192.168.136.144                    //告诉服务器客户端的 IP 地址
250-mail.lwj.com
250-PIPELINING
250-SIZE 10240000
250-VRFY
250-ETRN
250-ENHANCEDSTATUSCODES
250-8BITMIME
250 DSN
MAIL FROM:test@abc.com                  //设置邮件的发送者的地址
250 2.1.0 Ok
RCPT TO:user1@lwj.com                   //设置邮件的接收者的地址。注意:user1 是 postfix 服务器中的系统用户,如果没有,需要先使用 useradd 命令添加此用户,在 Linux 系统中的用户都对应"用户名@lwj.com"的邮箱
250 2.1.5 Ok
DATA                                    //要求输入邮件正文
354 End data with<CR><LF>.<CR><LF>
a test letter from 192.168.136.144!     //邮件正文内容
thank you!
.                                       //邮件正文内容以"."结束
250 2.0.0 Ok:queued as EBF965EB88
quit                                    //退出与 Postfix 服务器的连接
221 2.0.0 Bye
```

(2) 查看邮件

为了验证是否给 user1 成功发送此邮件,下面以用户 user1 的身份登录到 postfix 服务器查看邮件:

```
C:\>telnet mail.lwj.com
```

下面是以 user1 身份登录 postfix 服务器并查看自己的信件的显示结果:

```
Red Hat Enterprise Linux release 6.0 Beta (Santiago)
Kernel 2.6.32-19.el6.i686 on an i686
login: user1
Password:
Last login: Tue Oct 22 16:59:21 from 192.168.136.144
[user1@localhost ~]$ mail
Heirloom Mail version 12.4 7/29/08.  Type ? for help.
"/var/spool/mail/user1": 10 messages
>   1 root                  Sat Sep 21 17:20  20/635   "nihao
```

```
login: user1
Password:
Last login: Wed Feb 19 19:18:27 from mail.lwj.com
[user1@localhost ~]$ mail
Heirloom Mail version 12.4 7/29/08.  Type ? for help.
"/var/spool/mail/user1": 1 message 1 new
>N  1 test@abc.com          Wed Feb 19 19:22  15/499
&
Message  1:
From test@abc.com  Wed Feb 19 19:22:40 2014
Return-Path: <test@abc.com>
X-Original-To: user1@lwj.com
Delivered-To: user1@lwj.com
Date: Wed, 19 Feb 2014 19:21:47 +0800 (CST)
From: test@abc.com
To: undisclosed-recipients:;
Status: R

a test letter from 192.168.136.144!
thank you!

&
At EOF
&
```

```
  10 "test"@abc.com        Tue Oct 22 16:42  12/367
& 10
Message 10:
From "test"@abc.com  Tue Oct 22 16:42:37 2013
Return-Path: <"test"@abc.com>
X-Original-To: user1@lwj.com
Delivered-To: user1@lwj.com
Status: RO

a test letter from 192.168.136.237
thank you!

&
```

也可以直接在服务器上，切换到 user1 用户身份，使用 mail 命令查看邮件：

```
$ su - user1  //切换到 user1
$ mail        //使用 mail 命令收邮件
```

在提示符后输入 mail 时，会主动获取用户在/var/spool/mail 下面的邮件。例如 user1 这个账户输入 mail 后，就会将/var/spool/mail/user1 这个文件的内容读出来并显示到屏幕上。

再次强调，user1 是服务器中一个已存在的用户，因此其电子邮件账户是 user1@lwj.com。在 Linux 里开设电子邮件账户比较简单，只需在 Linux 系统里新增一个用户即可。还需注意的是，客户端要正确登录 postfix 服务器，前提是能够将 mail. lwj. com 正确解析为 postfix 服务器的 IP，这可以通过为客户端配置正确的 DNS 服务器以完成域名解析，也可以修改客户端的 hosts 文件，在 hosts 文件中添加服务器名称和 IP 地址的映射。

4. 使用虚拟别名域，实现邮件群发

使用虚拟别名域，可以将发送给虚拟域的邮件实际投递到真实域的用户邮箱中。当一个虚拟域对应多个真实域时，可以实现邮件的群发功能。

下面以虚拟域 mycompany. com 为例，给出创建虚拟别名域的基本步骤。

(1) 必须首先在 DNS 中添加虚拟域的解析。

在 lwj. com 域的基础上，添加虚拟域 mycompany. com，IP 同 lwj. com。建议修改 DNS 服务器设置完成虚拟域的解析，除非只在本地域进行测试，也可以直接修改 hosts 文件。

(2) 编辑主配置文件/etc/postfix/main. cf，进行如下定义：

```
virtual_alias_domains = mycompany.com              //指定虚拟别名域的名称
virtual_alias_maps = hash:/etc/postfix/virtual     //指定含有虚拟别名域定义的文件路径
```

(3) 编辑配置文件/etc/postfix/virtual，进行如下定义：

```
@mycompany.com  @lwj.com
group1@mycompany.com  user1,user10,user3
```

将要发送给虚拟域中某个虚拟用户的邮件投递给本地系统中的某个用户账户信箱。

(4) 在更改配置文件 main. cf 和 virtual 后，要使更改立即生效，应分别执行如下命令：

```
#postmap  /etc/postfix/virtual  //生成 postfix 可以读取的数据库文件/etc/postfix/virtual.db
#postfix reload
```

(5) 测试

首先切换到用户 sisi，发邮件。

```
# su - sisi
$ mail  -s hello group1@mail.mycompany.com  //-s hello 表示邮件的主题是 hello
     Hello group1! A test letter from sisi.
     .              //内容部分，以"."结束
     EOT
$ su - user1  //切换到 user1，然后收邮件
$ mail
  ...
$ su - user10//切换到 user10，然后收邮件
  ...
$ exit
```

结果是用户 user1、user10 以及 user3 都收到了用户 sisi 发送给 group1@mail. mycompany. com 的邮件。

5. 用户别名的配置

一些用户想使用多个电子邮件地址，是不是需要创建多个邮件账号呢？其实这可以使用别名(alias)来解决这个问题。在 postfix 邮件系统中，发给一个别名用户邮件地址的邮件会实际投递到相对应的一个或多个真实用户的邮箱中，从而实现邮件一发多收的群发效果。另外，当真实用户采用实名制，而别名采用非实名制的时候，又起到了隐藏真实邮件地址的效果。

比如 mail01 想拥有以下两个电子邮件地址：user1@lwj. com、user10@lwj. com，可以通过以下步骤来实现：

首先，用 Linux 的文本编辑器打开/etc/aliases，在里面添加：

```
mail01:user1,user10
```

在终端命令窗口运行如下命令：

```
# newaliases     //要求 postfix 重新读取/etc/aliases 文件，从而更新别名数据库
```

注意:以后每次修改 aliases 文件后,都要运行该命令才能使修改有效。

测试:切换到用户 user3,给 mail01@lwj.com 发信,结果 user1 和 user10 都可以收到。也就是说,通过上述设置,mail01 可以使用两个地址,而只使用 mail01 一个账号就可以实现两个地址的电子邮件的收发了。

13.7 dovecot 的配置

postfix 只是一个 MTA(邮件传输代理),只提供 SMTP 服务(邮件的转发和本地分发功能),要实现邮件的异地接收,需要安装 POP 和 IMAP 服务。dovecot 和 cryus-imapd 都可以同时提供 POP 和 IMAP 服务,在 RHEL6 中提供 dovecot 的安装包,下面说明 dovecot 的安装和配置。

1. dovecot 的安装

首先检查是否已安装了 dovecot 软件包,如果没有安装从 RHEL6 光盘中查找 dovecot 软件包进行安装。

```
[root@localhost postfix]# rpm -qa|grep dovecot
dovecot-1.2.9-2.el6.i686
[root@localhost postfix]# cd /media/RHEL_6.0\ i386\ Disc\ 1/Packages/
[root@localhost Packages]# ls|grep dovecot
dovecot-1.2.9-2.el6.i686.rpm
dovecot-mysql-1.2.9-2.el6.i686.rpm
dovecot-pgsql-1.2.9-2.el6.i686.rpm
```

找到 dovecot 的软件包,使用 rpm 命令进行安装即可。安装后,使用 # service dovecot start 来启动 dovecot 服务。用 ps 命令查看进程如下:

```
[root@localhost packages]# ps -eaf|grep dovecot
root       7991     1  0 18:22 ?        00:00:00 /usr/sbin/dovecot
root       7995  7991  0 18:22 ?        00:00:00 dovecot-auth
root       7996  7991  0 18:22 ?        00:00:00 dovecot-auth -w
dovecot    7997  7991  0 18:22 ?        00:00:00 pop3-login
dovecot    7998  7991  0 18:22 ?        00:00:00 pop3-login
dovecot    7999  7991  0 18:22 ?        00:00:00 pop3-login
dovecot    8000  7991  0 18:22 ?        00:00:00 imap-login
dovecot    8001  7991  0 18:22 ?        00:00:00 imap-login
dovecot    8002  7991  0 18:22 ?        00:00:00 imap-login
root       8008  7374  0 18:24 pts/1    00:00:00 grep dovecot
```

可以看到,dovecot 服务包含了 3 个 root 用户运行的进程以及 6 个 dovecot 用户运行的进程。dovecot 用户是在安装 dovecot 软件包时自动创建的。

下面再看一下 pop3 服务和 imap 服务相应的默认端口号是否已经处于监听状态:

```
[root@localhost packages]# netstat -anp|grep :110
tcp        0      0 0.0.0.0:110                 0.0.0.0:*                   LISTEN      7991/dovecot

tcp        0      0 :::110                      :::*                        LISTEN      7991/dovecot

[root@localhost packages]# netstat -anp|grep :143
tcp        0      0 0.0.0.0:143                 0.0.0.0:*                   LISTEN      7991/dovecot

tcp        0      0 :::143                      :::*                        LISTEN      7991/dovecot
```

可见,110 端口和 143 端口已经由 dovecot 进程监听。为了向远程用户提供服务,如果主机有防火墙,还要用下面的命令开放这两个端口。

```
# iptables  -I INPUT  -p tcp  -dport 110  -j ACCEPT
# iptables  -I INPUT  -p tcp  -dport 143  -j ACCEPT
```

2. dovecot 的配置

安装完成后,需要对主配置文件/etc/dovecot.conf 进行修改。修改如下参数:

```
Listen = *                                    //监听本机的所有网络接口
```

```
protocols = imap imaps pop3 pop3s                        //支持传输协议
login_trusted_networks = 192.168.136.0/24                //指定允许登录的网段地址
passdb passwd{                                           //使用/etc/passwd 验证用户
}
passdb shadow{                                           //使用/etc/shadow 验证用户密码
}
mail_location = mbox:~/mail:INBOX = /var/mail/%u  //必须要设置用户邮箱位置,否则会出现错误
```

修改配置后,重启 dovecot 服务。接下来是对 dovecot 的测试(假设服务器中有一个系统用户 user1,其 mail 是 user1@lwj.com,且在安装 postfix 后我们已经成功发送给他一些信件)。

(1) 通过 telnet 命令由远程客户机连接到 dovecot 服务器,对 pop3 服务器进行测试:

C:\>telnet lwj.com 110　//与 pop3 服务器的 110 端口进行连接

```
+OK Dovecot ready.
user user1               //用户名
+OK
pass redhat              //密码
+OK Logged in.
stat                     //列出邮箱中的邮件数和总字节数
+OK 17 8794
list 17                  //列出第 17 封邮件的字节数
+OK 17 313
retr 17                  //读取第 17 封邮件的内容
+OK 313 octets
Return-Path:<test@abc.com>
X-Original-To:user1@lwj.com
Delivered-To:user1@lwj.com
Received:from 192.168.136.144(unknown[192.168.136.144])
        by mail.lwj.com(Postfix)with ESMTP id EBF965EB88
        for<user1@lwj.com>;Wed,23 Oct 2013 14:05:31 +0800(CST)

a test letter from 192.168.136.144!
thank you!
.
dele 17                  //给第 17 封信做上删除标志
+OK Marked to be deleted.
stat
+OK 16 8481
quit                     //退出,并真正删除做上删除标志的邮件
+OK Logging out,messages deleted.
```

(2) 从远程客户机使用 telnet 命令连接到 dovecot 服务器,测试 IMAP 服务的过程:

C:\>telnet mail.lwj.com 143　//连接到 IMAP 服务器

```
* OK[CAPABILITY IMAP4rev1 LITERAL + SASL-IR LOGIN-REFERRALS ID ENABLE STARTTLS AUTH = PLAIN]
Dovecot ready.                                  //提示连接成功
A LOGIN user1 redhat                            //以用户名 user1,密码 redhat 登录
```

```
A OK[CAPABILITY IMAP4rev1 LITERAL+ SASL-IR LOGIN-REFERRALS ID ENABLE SORT SORT=DISPLAY THREAD=REFERENCES THREAD=REFS MULTIAPPEND UNSELECT IDLE CHILDREN NAMESPACE UIDPLUS LIST-EXTENDED I18NLEVEL=1 CONDSTORE QRESYNC ESEARCH ESORT SEARCHRES WITHIN CONTEXT=SEARCH]Logged in
                                        //登录成功
A SELECT INBOX                          //选择 INBOX 信箱
* FLAGS(\Answered\Flagged\Deleted\Seen\Draft)
* OK[PERMANENTFLAGS(\Answered\Flagged\Deleted\Seen\Draft\*)]Flags permitted.
* 16 EXISTS
* 0 RECENT
* OK[UNSEEN 11]First unseen.
* OK[UIDVALIDITY 1382508603]UIDs valid
* OK[UIDNEXT 18]Predicted next UID
* OK[HIGHESTMODSEQ 1]Highest
A OK[READ-WRITE]Select completed.
A FETCH 16 body[header]                 //提取第 16 封信的内容
* 16 FETCH(FLAGS(\Seen)BODY[HEADER]{484}
Return-Path:<user3@lwj.com>
X-Original-To:jerry@lwj.com
Delivered-To:jerry@lwj.com
Received:by mail.lwj.com(Postfix,from userid 507)
id 2F7EB5EB85;Tue,22 Oct 2013 21:06:07 +0800(CST)
Date:Tue,22 Oct 2013 21:06:07 +0800
To:jerry@lwj.com
Subject:999
User-Agent:Heirloom mailx 12.4 7/29/08
MIME-Version:1.0
Content-Type:text/plain;charset=us-ascii
Content-Transfer-Encoding:7bit
Message-Id:<20131022130607.2F7EB5EB85@mail.lwj.com>
From:user3@lwj.com
)
A OK Fetch completed.
A LOGOUT                                //退出
* BYE Logging out
A OK Logout completed
```

本章小结

本章讲述了电子邮件的基本概念、基本原理和主要功能，介绍电子邮件服务器和客户端软件。详细介绍了 Windows 2008 中的 Exchange Server 2010 和 RHEL6 中的 postfix+dovecot 的邮件服务器的安装和配置。使读者能够掌握不同的操作系统环境下的邮件服务器软件的安装配置方法并应用到实际环境中。

习　　题

1. 简述电子邮件的工作原理。
2. 列举几款常用的邮件服务器软件，并简单介绍它们的优缺点。
3. 电子邮件的信息格式是什么？举例说明。

第 14 章　Linux 安全管理

14.1　网络安全简介

网络安全是一门涉及计算机科学、网络技术、通信技术、密码技术、信息安全技术、应用数学、数论、信息论等多种学科的综合性学科。网络安全从其本质上来讲就是网络上的信息安全，是指网络系统的硬件、软件及其系统中的数据受到保护，不受偶然的或者恶意的原因而遭到破坏、更改、泄露，系统连续可靠正常地运行，网络服务不中断。网络安全应具有以下四个方面的特征。

(1) 保密性：信息不泄露给非授权用户、实体或过程，或供其利用的特性。

(2) 完整性：数据未经授权不能进行改变的特性。即信息在存储或传输过程中保持不被修改、不被破坏和丢失的特性。

(3) 可用性：可用性是指保障信息资源随时可提供服务的能力特性，即授权用户根据需要可以随时访问所需信息。可用性是信息资源服务功能和性能可靠性的度量，涉及物理、网络、系统、数据、应用和用户等多方面的因素，是对信息网络总体可靠性的要求。

(4) 不可否认性：是指在网络环境中，信息交换的双方不能否认其在交换过程中发送信息或接收信息的行为。

从系统安全的角度可以把网络安全的研究内容分成两大体系：攻击和防御。如果不知道如何攻击，再好的防守也是禁不住考验的，攻击技术主要包括五个方面。

(1) 网络监听：自己不主动去攻击别人，在计算机上设置一个程序去监听目标计算机与其他计算机通信的数据。

(2) 网络扫描：利用程序去扫描目标计算机开放的端口等，目的是发现漏洞，为入侵该计算机做准备。

(3) 网络入侵：当探测发现对方存在漏洞以后，入侵到目标计算机获取信息。

(4) 网络后门：成功入侵目标计算机后，为了对“战利品”的长期控制，在目标计算机中种植木马等后门。

(5) 网络隐身：入侵完毕退出目标计算机后，将自己入侵的痕迹清除，从而防止被对方管理员发现。

防御技术包括四大方面。

(1) 操作系统的安全配置：操作系统的安全是整个网络安全的关键。

(2) 加密技术：为了防止被监听和盗取数据，将所有的数据进行加密。

(3) 防火墙技术：利用防火墙，对传输的数据进行限制，从而防止被入侵。

(4) 入侵检测:如果网络防线最终被攻破了,需要及时发出被入侵的警报。

一般的网络协议都没考虑安全性需求,这就带来了互联网许多的攻击行为,如窃取信息、篡改信息、假冒等。为保证网络传输和应用的安全,出现了很多运行在基础网络协议上的安全协议以增强网络协议的安全。下面介绍几种常用的网络安全协议。

1. SSL 协议和 TLS 协议

在 TCP 传输层之上实现数据的安全传输是另一种安全解决方案,安全套接层 SSL(Secure Socket Layer)和 TLS(Transport Layer Security)通常工作在 TCP 层之上,可以为更高层协议提供安全服务。SSL 和 TLS 在 TCP/IP 协议栈中所处的层次如图 14-1 所示。

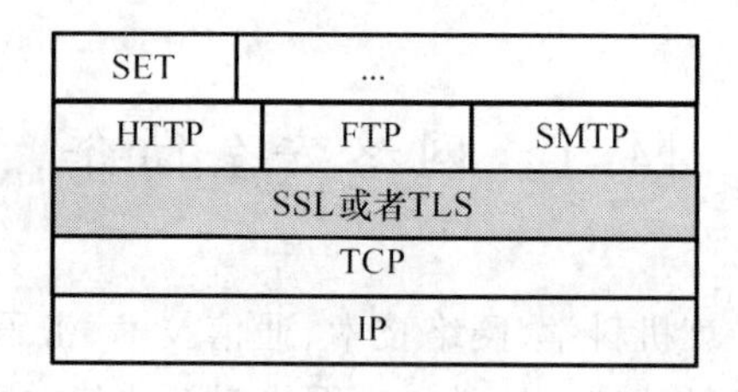

图 14-1 TCP/IP 协议

(1) SSL 协议

SSL 是 Netscape 公司在网络传输层之上提供的一种基于 RSA 和保密密钥的安全连接技术。SSL 在两个结点间建立安全的 TCP 连接,基于进程对进程的安全服务和加密传输信道,通过数字签名和数字证书可实现客户端和服务器双方的身份验证,安全强度高。SSL 主要用于 Web 通信安全、电子商务,还被用在对 SMTP、POP3、Telnet 等应用服务的安全保障上。但 SSL 除了传输过程外不能提供任何安全保证,不能提供交易的不可否认性。

SSL 采用 RSA、DES、3DES 等密码体制,以及 MD 系列 HASH 函数、Diffie-Hellman 密钥交换算法,为 TCP/IP 连接提供数据加密、服务器认证、消息完整性以及可选的客户机认证。

(2) TLS 协议

安全传输层协议 TLS 用于在两个通信应用程序之间提供保密性和数据完整性。该协议由两层组成:TLS 记录协议(TLS Record)和 TLS 握手协议(TLS Handshake),较低的层为 TLS 记录协议,位于某个可靠的传输协议(例如 TCP)上面。

TLS 记录协议是一种分层协议,用于封装各种高层协议。作为这种封装协议之一的握手协议允许服务器与客户机在应用程序协议传输和接收其第一个数据字节前彼此之间相互认证,协商加密算法和加密密钥。TLS 记录协议提供的连接安全性具有两个基本特性。①私有:对称加密用以数据加密(DES、RC4 等)。对称加密所产生的密钥对每个连接都是唯一的,且此密钥基于另一个协议(如握手协议)协商。②可靠:信息传输包括使用密钥的 MAC 进行信息完整性检查,安全哈希功能(SHA、MD5 等)用于 MAC 计算。记录协议在没有 MAC 的情况下也能操作,但一般只能用于这种模式,即有另一个协议正在使用记录协议传输协商安全参数。

TLS 的最大优势就在于 TLS 是独立于应用协议。高层协议可以透明地分布在 TLS 协议上面。然而,TLS 标准并没有规定应用程序如何在 TLS 上增加安全性,它把如何启动 TLS 握手协议以及如何解释交换的认证证书的决定权留给协议的设计者和实施者来判断。

2. SSH 协议

SSH(Secure Shell)是 IETF(Internet Engineering Task Force)的 Network Working Group 所制定的协议,其目的是要在非安全网络上提供安全的远程登录和其他安全网络服务。SSH 使用多种加密方式和认证方式,解决了传统服务的数据加密、身份认证问题,这样"中间人"这种攻击方式就不可能实现了,而且也能够防止 DNS 欺骗和 IP 欺骗。SSH 有很多功能,它既可以代替 Telnet,又可以为 FTP、Pop、甚至为 PPP 提供一个安全的"通道"。使用 SSH,还有一个额外的好处就是传输的数据是经过压缩的,所以可以加快传输的速度。SSH 协议有两个版本:SSH1(SSH 1.5 协议)和 SSH2(SSH 2.0 协议),两者是同一程序不同的实现,但是它们使用不同的协议,因此,二者不互相兼容。SSH 协议框架中最主要的部分是三个协议:传输层协议、用户认证协议和连接协议。同时 SSH 协议框架中还为许多高层的网络安全应用协议提供扩展的支持。它们之间的层次关系可以用图 14-2 来表示。

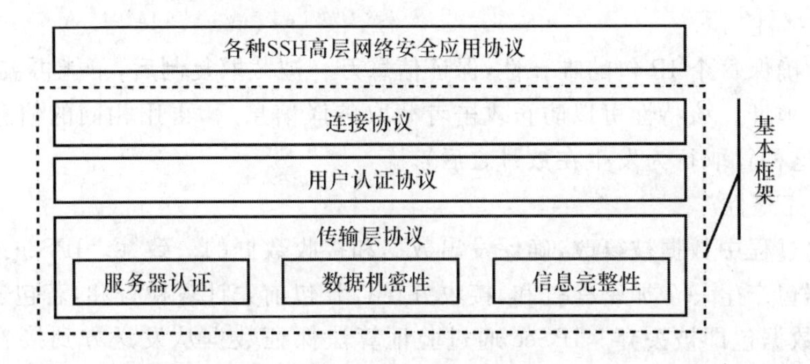

图 14-2　SSH 协议的层次结构示意图

在 SSH 的协议框架中,传输层协议(The Transport Layer Protocol)提供服务器认证、数据机密性、信息完整性等的支持;用户认证协议(The User Authentication Protocol)则为服务器提供客户端的身份鉴别;连接协议(The Connection Protocol)将加密的信息隧道复用成若干个逻辑通道,提供给更高层的应用协议使用;各种高层应用协议可以相对地独立于 SSH 基本体系之外,并依靠这个基本框架,通过连接协议使用 SSH 的安全机制。

3. SET 协议

安全电子交易(Secure Electronic Transaction,SET)是一种安全交易协议。SET 提供消费者、商家和银行间多方的认证,并确保交易数据的安全性、完整可靠性和交易的不可否认性,主要应用于保障网上购物信息的安全性。SET 工作原理是:持卡人将消息摘要用私钥加密得到数字签名。随机产生一个对称密钥,用它对消息摘要、教字签名与证书(含客户的公钥)进行加密,组成加密信息,接着将这个对称密钥用商家的公钥加密得到数字信封;当商家收到客户传来的加密信息与数字信封后,用他的私钥解密数字信封得到对称密钥,再用它对加密信息解密,接着验证数字签名:用客户的公钥对数字签名解密,得到消息摘要,再与消息摘要对照;认证完毕,商家与客户即可用对称密钥对信息加密传送。

SET 的优点是安全性高,因为所有参与交易的成员都必须先申请数字证书来识别身份。通过数字签名商家可免受欺诈,消费者可确保商家的合法性,而且信用卡号不会被窃取。缺点是 SET 过于复杂,使用麻烦,要进行多次加解密、数字签名、验证数字证书等,故成本高,处理效率低,商家服务器负荷重;它只支持 B2C 模式,不支持 B2B 模式,且要求客户具有。

4. IPSec 协议

IPSec 定义了一种标准的、健壮的以及包容广泛的机制，可用它为 IP 以及上层协议(比如 TCP 或者 UDP)提供安全保证。IPSec 的目标是为 IPv4 和 IPv6 提供具有较强的互操作能力、高质量和基于密码的安全功能，在 IP 层实现多种安全服务，包括访问控制、数据完整性、机密性等。IPSec 具有以下安全特性。

(1) 不可否认性

"不可否认性"可以证实消息发送方是唯一可能的发送者，发送者不能否认发送过消息。"不可否认性"是采用公钥技术的一个特征，当使用公钥技术时，发送方用私钥产生一个数字签名随着消息一起发送，接收方用发送者的公钥来验证数字签名。由于在理论上只有发送者才唯一拥有私钥，也只有发送者才可能产生该数字签名，所以只要数字签名通过验证，发送者就不能否认曾发送过该消息。

(2) 反重播性

"反重播"确保每个 IP 包的唯一性，保证信息万一被截取复制后，不能再被重新利用、重新传输回目的地址。该特性可以防止攻击者截取破译信息后，再用相同的信息包冒取非法访问权(即使这种冒取行为发生在数月之后)。

(3) 数据完整性

防止传输过程中数据被篡改，确保发出数据和接收数据的一致性。IPSec 利用 Hash 函数为每个数据包产生一个加密检查和，接收方在打开包前先计算检查和，若包遭篡改导致检查和不相符，数据包即被丢弃。IPSec 通过验证算法保证数据从发送方到接收方的传送过程中的任何数据篡改和丢失都可以被检测。

(4) 数据可靠性(加密)

数据在传输前进行加密，这可以保证在传输过程中，即使数据包遭截取，信息也无法被读。IPSec 通过加密算法使只有真正的接收方才能获取真正的发送内容，而他人无法获知数据的真正内容。IPSec 支持一系列加密算法如 DES、三重 DES、IDEA 和 AES 等，确保通信双方的机密性。该特性在 IPSec 中为可选项，与 IPSec 策略的具体设置相关。

(5) 认证

在 IPSec 通信之前双方要先用 IKE 认证对方身份并协商密钥，只有 IKE 协商成功之后才能通信。由数据源发送信任状，接收方验证信任状的合法性，只有通过认证的系统才可以建立通信连接。由于第三方不可能知道验证和加密的算法以及相关密钥，因此无法冒充发送方，即使冒充，也会被接收方检测出来。

14.2 Linux 远程管理

远程登录是指在本地通过网络访问其他计算机，就像用户在本地操作一样，一旦进入主机，用户可以操作主机所允许的任何事情，例如读文件、编辑文件或删除文件等。以显示的类型来分类，可以分为文字接口和图形接口两种。文字登入包括 Telnet 和 SSH 两种方式；图形接口包括 Xdmcp 和 VNC。

14.2.1 telnet 服务器

telnet 是 telecommunication net work protocol 的英文缩写，它是用来进行远程访问的重要的 Internet 工具之一，应用广泛，使用方便。

1. telnet 服务的安装

首先检查软件包是否已安装，如果没有安装，可以找到相关软件包安装，或者使用 yum 命令安装。telnet 相关的软件包有两个：一个是 telnet-server，它是 telnet 的服务器端的软件包；另一个是 telnet，它是登录服务器的客户端连接工具。可以在 RHEL6 光盘中找到这两个 telnet 软件包。

```
[root@localhost Packages]# pwd
/media/RHEL_6.0 i386 Disc 1/Packages
[root@localhost Packages]# ls|grep telnet
telnet-0.17-45.el6.i686.rpm
telnet-server-0.17-45.el6.i686.rpm
```

使用＃rpm-ivh telnet-0.17-45.el6.i686.rpm 命令安装客户端工具即可，在安装服务器端软件包时存在依赖关系，需要先安装 xinetd 包，在光盘中找到后，使用＃pm-ivh xinted-2.3.14-27.1.el6.i686.rpm 安装即可。也可以使用 yum 命令查找及安装 telnet 软件包。

```
# yum list installed|grep-i telnet  //查看 telnet 是否已安装
# yum install telnet-server telnet     //使用 yum 的方式安装软件包
```

2. 启动 telnet 服务

(1) 执行命令＃ntsysv，在弹出的窗口中，钩选 telnet，然后单击“确定”即可。

(2) 通过激活 xinetd 激活 telnet

telnet 是一个基于 xinetd 的服务，即是一个超级服务管理的服务，所以其对应的配置文件在/etc/xinetd.d/目录下，需要编辑/etc/xinetd.d/telnet 文件：

```
service telnet
{
  flags           = REUSE                     //额外使用的参数
  socket_type     = stream                    //使用的是 TCP 连接，如果是 UDP 则为 dgram
  wait            = no                        //联机时不需要等待
  user            = root                      //运行者的身份
  server          = /usr/sbin/in.telnetd      //执行侦听的进程为 in.telnetd,TCP_Wrapper 根据
该程序名处理
  log_on_failure  + = USERID                  //记录下登录错误的信息
  disable         = yes                       //是否关闭，yes 则为关闭，设置为 no 则开启 telnet
}
```

在上面的文件中找到“disable＝yes”一行，将其改为“disable＝no”，接下来执行命令＃service xinetd restart，因为 telnet 是挂在 xinetd 下的，只要重新激活 xinetd 就能够将刚设定的 telnet 激活。

查看 TCP 的 23 端口是否开启正常

```
#netstat -tnl |grep 23
tcp  0  0  0.0.0.0:23  0.0.0.0:*  LISTEN
```

如果上面的一行存在就说明服务已经运行了

3. 测试 telnet 服务

执行命令＃telnet Server IP，如果配置正确，系统会提示输入用户名和密码。下面以本

机为例，登录结果如下：

```
[root@localhost user1]# telnet 127.0.0.1
Trying 127.0.0.1...
Connected to 127.0.0.1.
Escape character is '^]'.
Red Hat Enterprise Linux release 6.0 Beta (Santiago)
Kernel 2.6.32-19.el6.i686 on an i686
login: lwj
Password:
Last login: Sat Oct  5 13:47:01 from localhost
[lwj@localhost ~]$ ▌
```

注：默认情况下 telnet 只允许普通用户登录。

4. 修改 telnet 端口

编辑/etc/services 文件，查找 telnet，会找到如下内容：

```
telnet 23/tcp
telnet 23/udp
```

将 23 修改成未使用的端口号(如 2000)，保存退出，重启 telnet 服务，telnet 默认端口号就被修改了。

5. 允许 root 用户登录

telnet 不安全，默认情况下不允许 root 以 telnet 方式登录 Linux 主机。

若要允许 root 用户登录，可以执行命令：# mv/etc/securetty/etc/securetty. bak。这样，root 就可以 telnet 登录 Linux 主机了，不过不建议这样做。建议使用普通用户登录后，切换到 root 用户，拥有 root 的权限。

/etc/securetty 文件可控制 root 用户登录的设备，该文件里记录的是可以作为 root 用户登录的设备名，如 tty1、tty2 等。如果/etc/securetty 是一个空文件，则 root 用户就不能从任何设备登录系统。只能以普通用户登录，再用 su 命令转成 root 用户。如果/etc/securetty 文件不存在，那么 root 用户可以从任何地方登录，但这样会引发安全问题，所以/etc/securetty 文件在系统中是一定要存在的。

6. telnet 的安全性

telnet 是基于字符的网络协议，其登录过程需要进行用户的身份验证，看似安全的服务但实际上存在着严重的安全隐患。这是因为 telnet 本身不进行会话完整性检查，由于数据全部是明文传输，容易被非法篡改。所有的数据(包括用户的口令和整个 telnet 会话过程)在传输过程中都没有任何加密措施，很容易被第三方利用网络嗅探工具捕获，进而被攻击。telnet 没有用户的强身份认证措施，攻击者可以对每个账户的 telnet 口令进行任意次的猜测攻击。telnet 本身并不记录猜测的次数，尽管这些错误的猜测将被记录在日志文件中。所以，telnet 被很多人认为是从异地访问本地计算机系统是最危险的服务之一。因此建议在没有特殊需要的情况下，不要在机器上绑定 telnet 服务，将 telnet 从机器上取消掉。

14.2.2 SSH / OpenSSH

SSH(Secure Shell)目的是要在非安全网络上提供安全的远程登录和其他安全网络服务。SSH 的应用广泛，包括：

(1) 安全远程登录和安全远程命令 SSH

它替代传统的 Telnet 和 rlogin、rsh 等命令。telnet 服务有一致命弱点，它是以明文的方式传输用户名及口令，很容易被第三者窃取口令。要远程管理 UNIX，必定要使用远程终端服务，通过 SSH 命令 # ssh username@remote computer 登录到远程计算机用户账号中，整个登录会话在客户端和服务器之间传输时都是经过加密的，从而实现了安全远程登录。

(2) 安全文件传输 SFTP

它替代传统的 rcp 和 ftp 命令。传统的文件传输程序(ftp、rcp 或 e_mail)都不能提供一种安全的解决方案。当文件在网络上传输时，第三方总可以将其截获并读取其中的数据包。利用 SSH，用户只需使用一个复制命令 ＃scp name-of-source name-of-destination，就可以在两台计算机之间安全的传输文件。文件在离开源计算机时被加密，到达目的计算机时自动解密。

虽然 scp 命令十分有效，但用户可能更熟悉 ftp 的命令。SFTP 是在 SSH 之上的一个基于 SFTP 协议的独立的文件传输工具，执行命令的格式如下：

```
＃sftp username@remote computer
sftp>
```

在一个 SFTP 会话中可以调用多个命令进行文件复制和处理，而 scp 每次调用时都要打开一个新会话。其实，SSH 并不执行文件传输。在 SSH 协议中没有任何传输文件的内容，SSH 通信者不能请求对方通过 SSH 协议来发送或接收文件。scp 和 SFTP 程序并没有真正实现 SSH 协议，也根本没有融合什么安全特性。实际上，它们只是在一个子进程中调用 SSH 进行远程登录，然后传输文件，最后调用 SSH 关闭本次连接而已。

在 RHEL6 中，SSH 的服务器端软件包是 openssh-server-5.3pl-12.1.el6.i686.rpm，可以使用 rpm 命令安装，也可以使用 yum 命令在线安装。

要启动服务，使用＃service sshd start 命令即可。

要在 Linux 系统中使用 ssh 登录到远程计算机，输入 SSH 命令＃ssh username@remote computer，然后输入密码即可，使用 ssh 登录本机 127.0.0.1 的操作如下：

```
[root@localhost lwj]# ssh lwj@127.0.0.1
lwj@127.0.0.1's password:
Last login: Sat Oct  5 17:10:10 2013 from localhost.localdomain
[lwj@localhost ~]$ █
```

在 Windows 中使用 ssh 登录需要安装 ssh 工具，如 putty。

SSH 的配置文件是/etc/ssh/ssh_config，通常不需要对其做特别的配置，只需要启动 SSH 服务即可。ssh_config 文件部分内容如下：

```
Host  *                         //选项 Host 只对能够匹配后面字串的计算机有效，*表示所有
的计算机
  ForwardAgent  no              //设置连接是否经过验证代理(如果存在)转发给远程计算机
  ForwardX11  no                //设置 X11 连接是否被自动重定向到安全的通道和显示集
  RhostsAuthentication  no      //设置是否使用基于 rhosts 的安全验证
  RhostsRSAAuthentication  no   //设置是否使用 RSA 算法的基于 rhosts 的安全验证
  RSAAuthentication  yes        //设置是否使用 RSA 算法进行安全验证
  PasswordAuthentication  yes   //设置是否使用口令验证
  FallBackToRsh  no             //设置如果用 ssh 连接出现错误是否自动使用 rsh
  UseRsh  no                    //设置是否在这台计算机上使用"rlogin/rsh"
  BatchMode  no                 //如果设为"yes"，passphrase/password(交互式输入口令)的提
示将被禁止。当不能交互式输入口令的时候，这个选项对脚本文件和批处理任务十分有用
  CheckHostIP  yes              //设置 ssh 是否查看连接到服务器的主机的 IP 地址以防止 DNS
欺骗
  StrictHostKeyChecking  no     //如果设置成"yes"，ssh 就不会自动把计算机的密匙加入
```

“$HOME/.ssh/known_hosts”文件,并且一旦计算机的密匙发生了变化,就拒绝连接

```
IdentityFile  ~/.ssh/identity    //设置从哪个文件读取用户的RSA安全验证标识
Port  22                         //设置sshd监听的端口号
Cipher  blowfish                 //设置加密算法
EscapeChar  ~                    //设置escape字符
```

14.2.3 使用VNC进行远程管理

远程桌面连接是一种远程操作计算机的模式,其前身是telnet。telnet是一种字符界面的登录方式,微软将其扩展到图形界面并提供了强大的功能。VNC(Virtual Network Computing)是虚拟网络计算机的缩写。VNC是一款优秀的远程控制工具软件,由著名的AT&T的欧洲研究实验室开发。VNC是在基于UNIX和Linux操作系统的免费的开放源码软件,远程控制能力强大,高效实用。

vnc工作流程如下。

(1) VNC客户端通过浏览器或VNC Viewer连接至VNC Server。

(2) VNC Server传送一对话窗口至客户端,要求输入连接密码,以及存取的VNC Server显示装置。

(3) 在客户端输入联机密码后,VNC Server验证客户端是否具有存取权限。

(4) 若是客户端通过VNC Server的验证,客户端即要求VNC Server显示桌面环境。

(5) VNC Server通过X Protocol要求X Server将画面显示控制权交由VNC Server负责。

(6) VNC Server将来由X Server的桌面环境利用VNC通信协议送至客户端,并且允许客户端控制VNC Server的桌面环境及输入装置。

Linux下的vnc的安装与配置如下。

(1) 安装

找到相关rpm包,包括两个,一个是客户端:tigervnc-1.0.90-0.17.20100115svn3945.el6.i686.rpm;一个是服务端:tigervnc-server-1.0.90-0.1.20100115svn3945.el6.i686.rpm。可以使用rpm命令安装,或者使用yum在线安装。

```
#yum install tigervnc
#yum install tigervnc-server
```

(2) 启用VNC桌面

```
$ vncserver
You will require a password to access your desktops.
Password:
Verify:
```

普通用户也有权限启用VNC桌面,上面就是特意拿普通账号举的例子。如果命令后面不跟桌面号,默认从1开始依次往后排。如果桌面号1已经被tom启用,那么下次root将默认启用桌面2,如果4、5都已经被启用,但是2被关闭,那下次将先启用2,再往后排。启用的VNC桌面占用端口号为port=(5900+桌面号)。

(3) 更改VNC桌面配置文件

在配置VNC前,必须了解VNC的运行机制。Linux下的VNC可以同时启动多个vncserver,各个vncserver之间用显示编号(display number)来区分,每个vncserver服务监

听 3 个端口，它们分别是：

- 5800＋显示编号：VNC 的 httpd 监听端口，如果 VNC 客户端为 IE，Firefox 等非 vncviewer 时必须开放。
- 5900＋显示编号：VNC 服务端与客户端通信的真正端口，必须无条件开放。
- 6000＋显示编号：X 监听端口，可选。

VNC 服务器端的编号、开放的端口分别由 VNCSERVERS 和 VNCSERVERARGS 控制。VNCSERVERS 的设置方式为：

```
VNCSERVERS="编号 1:用户名 1   编号 2:用户名 2..."
```

例如：VNCSERVERS="1:root　2:user1"，

VNCSERVERARGS 的设置方式为：

```
VNCSERVERARGS[显示编号 n]="参数 1   参数 2..."
```

例如：VNCSERVERARGS[2]="geometry 800×600-nohttpd"

VNCSERVERARGS 的详细参数如表 14-1 所示。

表 14-1　VNCSERVERARGS 参数表

参数	含义	参数	含义
geometry	桌面分辨率，默认 1024 * 768	-localhost	只允许从本机访问
-nolisten tcp	不监听 60××端口	-nohttpd	不监听 HTTP 端口(58 ××端口)
-AlwaysShared	允许同时连接多个 vncviewer	-SecurityTypes None	登录时不需要密码认证

修改/etc/sysconfig/vncservers 文件：$ vim/etc/sysconfig/vncservers。

将文件最后两行内容修改如下：

```
VNCSERVERS="1:root   2:user1"
VNCSERVERARGS[1]="-geometry 800x600-nolisten tcp"
VNCSERVERARGS[2]="-geometry 1024x768-nolisten tcp"
```

本例我们开启两个 vncserver，分别是 root 用户，显示编号为 1 和用户 user1，显示编号为 2，并且全不开启 X 监听端口 60××。

(4) 设置 VNC 用户密码

接下来设置 VNC 的密码，此步骤不可跳过，否则 VNC Server 将无法启动，在 Linux Shell 下执行下列命令：

```
# su - user1
# vncpasswd
# su - root
# vncpasswd
```

运行上面命令后，会在用户根目录($ HOME)下的". vnc"文件夹下生成一系列文件。其中 passwd 为 vnc 用户密码文件，由 vncpasswd 生成。其他的都由 vnc 初次启动时生成，xstartup 为 VNC 客户端连接时启动的脚本。

(5) 修改". vnc/xstartup"文件

执行到上面步骤后，VNC Server 已经能正常运行。但是默认设置下，客户连接时启动的是 xterm，如果想看到桌面，必须将用户根目录下的“. vnc/xstartup”文件中的最后两行注释掉，然后根据安装的桌面环境，添加一行“startkde &”或者“gnome-session &”。

配置完各个用户根目录下的“. vnc/xstartup”后，执行 # service vncserver restart 重新

启动 vncserver 使配置生效。

(6) 配置防火墙

如果 Linux 启用了防火墙，必须允许 VNC 的相关端口(58××,59××,60××)。

(7) VNC 客户端连接

① Windows 客户端

Windows 客户端需要安装 VNC Viewer，运行 VNC Viewer，如图 14-3 所示，在 VNC Server 输入框中的格式为："IP 地址:桌面号"，如输入"192.168.193:120:2"，单击"connect"，打开如图 14-4 所示对话框，输入在前面设置的桌面 2，即用户 user1 的密码，单击"OK"即可。

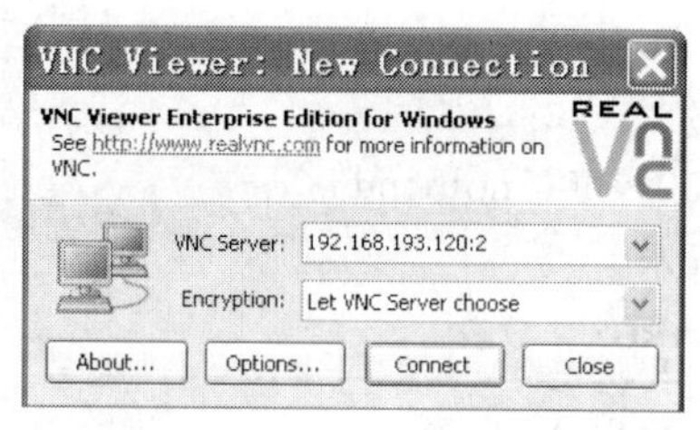

图 14-3　VNC 连接对话框

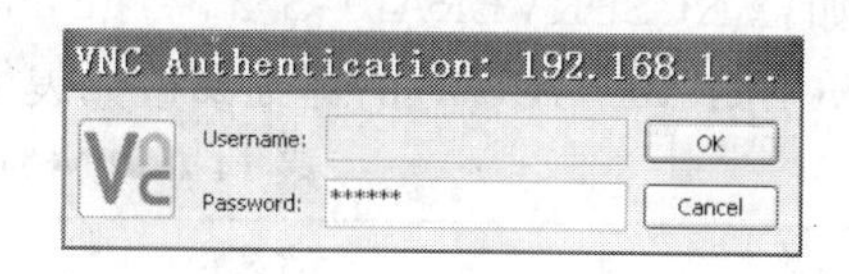

图 14-4　VNC 连接用户密码输入

② Linux 客户端

Linux 客户端下可以用 vncviewer 命令连接，连接格式:IP : 桌面号。例如输入 # vncviewer 192.168.193.120:2 后弹出 VNC 认证对话框，在其中输入 user1 的密码，认证通过后即会显示服务器的桌面。

14.3　Linux 安全机制

14.3.1　Linux 基本安全设置

Linux 被认为是一个比较安全的 Internet 服务器，作为一种开放源代码操作系统，一旦 Linux 系统中发现有安全漏洞，Internet 上来自世界各地的志愿者会踊跃修补它，然而，系统管理员往往不能及时地得到信息并进行更正，这就给黑客以可乘之机。相对于系统本身的安全漏洞，许多安全管理漏洞只要提高安全管理意识完全可以避免，如常见的系统默认配置、脆弱性口令和信任关系转移等。下面给出 Linux 服务器的一些配置以提高系统的安全性。

1. 基本设置

(1) 防范身边的攻击

如果你的身边躲藏有攻击的人，要做到对他们的防范难上加难。因为他们甚至可以用如下方法获得你的根权限：攻击者首先用引导磁盘来启动系统，然后 mount 你的硬盘，改掉根口令，再重启动机器。此时攻击者拥有了根口令，而作为管理员的你却被拒之门外。要避免此类情况的发生，最简单的方法是改变机器中 BIOS 的配置，设置 BIOS 密码且修改引导次序禁止从软盘启动系统。

(2) 口令及账户安全

用户口令是 Linux 安全的一个基本起点，口令的长度一般不要少于 8 个字符，口令的组成应以无规则的大小写字母、数字和符号相结合，严格避免用英语单词或词组等设置口令，而且各用户的口令应该养成定期更换的习惯。应该限定最小密码长度，惯例是设为八位，打开/etc/login. defs，把 PASS_MIN_LEN 5 这行把 5 改为 8。

另外，口令的保护还涉及对/etc/passwd 和/etc/shadow 文件的保护，必须做到只有系统管理员才能访问这 2 个文件。chattr 命令给下面的文件加上不可更改属性，从而防止非授权用户获得权限。＃chattr＋i/etc/passwd，＃chattr＋i/etc/shadow 等。安装一个口令过滤工具如 npasswd，能帮你检查你的口令是否耐得住攻击。

应该禁止所有默认的被操作系统本身启动的并且不必要的账号，当你第一次安装系统时就应该这么做，Linux 提供了很多默认账号，而账号越多，系统就越容易受到攻击。应该删除所有不用的默认用户和组账户，如 lp、sync、shutdown、mail 等。如果不用 sendmail 服务器，可删除账户 news、uucp、operator 等，不用 X Windows 服务器可删除账户 gopher。

(3) 分区管理

一个潜在的攻击，它首先就会尝试缓冲区溢出。为了防止此类攻击，从安装系统时就应该注意。如果用 root 分区记录数据，如 log 文件和 email，就可能因为拒绝服务产生大量日志或垃圾邮件，从而导致系统崩溃。所以建议为/var 开辟单独的分区，用来存放日志和邮件，以避免 root 分区被溢出。最好为特殊的应用程序单独开一个分区，特别是可以产生大量日志的程序，还建议为/home 单独分一个区，这样他们就不能填满/分区了，从而就避免了部分针对 Linux 分区溢出的恶意攻击。

(4) 限制 su 命令

如果不想任何人能够 su 作为 root，可以编辑/etc/pam. d/su 文件，增加如下两行：

```
auth sufficient/lib/security/pam_rootok. so debug
auth required/lib/security/pam_wheel. so group=isd
```

这时，仅 isd 组的用户可以 su 作为 root。此后，如果希望用户 admin 能够 su 作为 root，可以运行如下命令：

```
# usermod  -G 10 admin
```

(5) 登录终端设置

/etc/securetty 文件指定了允许 root 登录的 tty 设备，由/bin/login 程序读取，其格式是一个被允许的名字列表，你可以编辑/etc/securetty 且注释掉相应的行，使得 root 仅可在 tty1 终端登录。

(6) 日志管理

日志文件时刻为你记录着系统的运行情况。当黑客光临时，也不能逃脱日志的法眼。所以黑客往往在攻击时修改日志文件，来隐藏踪迹。因此我们要限制对/var/log 文件的访问，禁止一般权限的用户去查看日志文件。

(7) 补丁问题

应该经常到你所安装的 Linux 系统发行商的主页上去找最新的补丁。例如：对于 Redhat 系统而言，可在 http://www. redhat. com/corp/support/errata 上找到补丁。在 Redhat6.1 以后的版本带有一个自动升级工具 up2date,它能自动测定哪些 rpm 包需要升级,然后自动从 Redhat 的站点下载并完成安装。

2. 防止攻击

(1) 关闭无用的端口

任何网络连接都是通过开放的应用端口来实现的。如果尽可能少地开放端口,就使网络攻击变成无源之水,从而大大减少了攻击者成功的机会。

可以通过"#netstat -anp"来查看哪些端口被打开,然后可以通过"#lsof -i:端口号"查看应用该端口的程序。或者你也可以查看文件/etc/services,从里面可以找出端口所对应的服务。若要关闭某个端口,则可以:

1) 通过 iptables 工具将该端口禁掉,如:

```
# iptables  -A  INPUT  -p  tcp  --dport   PORT(端口号)  -j  DROP
# iptables  -A  OUTPUT  -p  tcp  --dport   PORT(端口号) -j   DROP
```

2) 或者关掉对应的应用程序,则端口就自然关闭了,如:

```
#kill -9 PID (PID:进程号)
```

(2) 取消不必要的服务

在进行系统规划时,总的原则是将不需要的服务一律去掉。默认的 Linux 就是一个强大的系统,运行了很多的服务。xinetd(eXtended InterNET services daemon)已经取代了 inetd,并且提供了访问控制、加强的日志和资源管理功能,已经成了的 Internet 标准超级守护进程。使用 xinetd 时,必须在/etc/xinetd.conf 文件中添加一行关闭服务。如果只想简单的删除服务,必须删除好几行代码而不是一行。找到想要关闭的服务所在的那一块,在块的后面添加 disable=yes 这一行,或者删除整个块。对于某些服务,服务配置并不在/etc/xinetd.conf 文件中。例如,telnet 这样的服务有可能在文件/etc/xinetd.d/telnet 中,改变其服务配置方法与它在/etc/xinetd.conf 文件中的方法是一样的。

(3) 不设置默认路由

在主机中,应该严格禁止设置默认路由,即 default route。建议为每一个子网或网段设置一个路由,否则其他机器就可能通过一定方式访问该主机。

(4) 禁止 ping

如果没人能 ping 通你的系统,安全性自然增加了。这时需要修改目录/proc/sys/net/ipv4/中的 icmp_echo_ignore_all 文件中的一个值,这个值可以是 0 或 1。0 代表禁止这个功能,也就是允许 ping;1 代表允许这个功能,也就是禁止 ping。同样也是在该目录下修改文件 ip_forward 的值可开启和关闭 Linux 系统 IPv4 的转发功能,修改后即时生效。也可以使用防火墙禁止,即使用 iptables 命令:#iptables -A INPUT -p icmp --icmp -type 8 -s 0/0 -j DROP,丢弃掉来自外网请求的 ICMP 包,达到禁止 Ping 的效果。

(5) 防止 ARP 欺骗

为防止 ARP 欺骗,可在网关和本机上双向绑定 IP 和 MAC 地址。假设要绑定的 IP 是 192.168.193.1,MAC 地址是:00:50:56:c0:00:08,先使用 arp 和 arp-a 命令查看一下当前 ARP 缓存列表。然后新建一个静态 ip-mac 对应表文件,将要绑定的 IP 地址与 MAC 地址保存到文件中。例如:

```
#echo'192.168.193.1'>/etc/ip-mac
#arp  -d  192.168.193.1          //将缓存中的原来的IP地址-MAC地址对应关系清除
```

```
#arp  -f  /etc/ip-mac              //手动执行绑定，将文件中的 IP-MAC 地址读入缓存
#arp                                //执行 arp 命令，确认是否绑定成功
```

为了防止机子重启后 arp 失去，将执行绑定的命令 arp -f /etc/ip-mac 添加到文件/etc/rc.d/rc.local 中。

(6) 防止 DoS 攻击

对系统所有的用户设置资源限制可以防止 DoS 类型攻击。如最大进程数和内存使用数量等。例如，可以在/etc/security/limits.conf 中添加如下几行：

```
* hard core 0          //禁止所有人产生 core 文件
* hard rss 5000        //限制实际驻留内存大小为 5 M
* hard nproc 20        //限制进程数为 20
```

然后编辑/etc/pam.d/login 文件，检查下面一行是否存在。

```
session required/lib/security/pam_limits.so
```

经过以上的设置，你的 Linux 服务器已经防范一些简单的安全问题以及对网络攻击具有基本的免疫能力，但一名优秀的系统管理员仍然要时刻注意网络安全动态，随时对已经暴露出的和潜在安全漏洞进行修补。

14.3.2 Linux PAM 机制

PAM(Pluggable Authentication Modules)主要是由一组共享库文件(share libraries，也就是.so 文件)组成的，其目的是提供一个框架和一套编程接口，将认证工作由程序员交给管理员，PAM 允许管理员在多种认证方法之间做出选择，它能够改变本地认证方法而不需要重新编译与认证相关的应用程序。PAM 的功能包括：加密口令(包括 DES 以外的算法)；对用户进行资源限制，防止 DOS 攻击；允许随意 Shadow 口令；限制特定用户在指定时间从指定地点登录等功能。

当你在请求服务的时候，具有 PAM 认证功能的应用程序将与这些.so 文件进行交互，以便得知是否可以授权给发起请求的用户来使用服务，比如 su、vsftp、httpd 等。如果认证成功了，那么这个用户便可以使用服务或完成命令，如果认证失败了，那么这个用户将不能使用服务，同时，PAM 将向指定的 log 文件写入警告信息。我们可以将 PAM 看作是一个中间裁判，它不依赖于任何应用或服务。你完全可以升级这些应用或服务而不必管 PAM 的共享库的更新或升级，反之亦然。所以它非常灵活。

PAM 支持四种管理。

(1) 认证管理(authentication management)：主要是接受用户名和密码，进而对该用户的密码进行认证，并负责设置用户的一些秘密信息。

(2) 账户管理(account management)：主要是检查账户是否被允许登录系统，账号是否已经过期，账号的登录是否有时间段的限制等。

(3) 密码管理(password management)：主要是用来修改用户的密码。

(4) 会话管理(session management)：主要是提供对会话的管理和记账(accounting)。

PAM 的配置可以通过单个配置文件/etc/pam.conf 来完成。要使用配置文件/etc/pam.conf，首先来看文件格式，该文件中的每一行符合下面的格式：

```
service-name module-type control-flag module-path arguments
```

其中 service-name 服务的名字，比如 telnet、login、ftp 等，服务名字 OTHER 代表所有

没有在该文件中明确配置的其他服务。module-type 模块类型有四种：auth、account、session、password，即对应 PAM 所支持的四种管理方式。control-flag 用来告诉 PAM 库该如何处理与该服务相关的 PAM 模块的成功或失败情况。module-path 用来指明本模块对应的程序文件的路径名，一般采用绝对路径，如果没有给出绝对路径，默认该文件在目录/usr/lib/security 下面。arguments 是用来传递给该模块的参数。

RHEL6 还支持另外一种配置方式，即通过配置目录/etc/pam.d/，且这种的优先级要高于单个配置文件的方式。查看配置目录/etc/pam.d/的内容：

```
[root@localhost pam.d]# ls /etc/pam.d
atd                  kdm                setup
authconfig           kdm-np             smartcard-auth
authconfig-gtk       kscreensaver       smartcard-auth-ac
authconfig-tui       ksu                smtp
chfn                 login              smtp.postfix
chsh                 newrole            sshd
config-util          opcontrol          su
crond                other              sudo
cups                 passwd             sudo-i
cvs                  password-auth      su-l
dovecot              password-auth-ac   system-auth
eject                polkit-1           system-auth-ac
fingerprint-auth     postgresql         system-config-authentication
fingerprint-auth-ac  poweroff           system-config-date
gdm                  ppp                system-config-kdump
gdm-autologin        reboot             system-config-keyboard
gdm-fingerprint      remote             system-config-users
gdm-password         rhn_register       vsftpd
gdm-smartcard        run_init           vsftpd.vu
gnome-screensaver    runuser            xdm
halt                 runuser-l          xserver
kcheckpass           samba
```

以用户登录 login 为例，那么当用户 login 的时候，PAM 到底做了什么呢？这需要查看 login 的 PAM 配置文件：

```
[root@localhost pam.d]# cat /etc/pam.d/login
#%PAM-1.0
auth [user_unknown=ignore success=ok ignore=ignore default=bad] pam_securetty.so
auth       include      system-auth
account    required     pam_nologin.so
account    include      system-auth
password   include      system-auth
# pam_selinux.so close should be the first session rule
session    required     pam_selinux.so close
session    required     pam_loginuid.so
session    optional     pam_console.so
# pam_selinux.so open should only be followed by sessions to be executed in the
user context
session    required     pam_selinux.so open
session    required     pam_namespace.so
session    optional     pam_keyinit.so force revoke
session    include      system-auth
-session   optional     pam_ck_connector.so
```

在 login 配置文件中使用了认证模块. so 文件，下面是几个常用的 PAM 认证模块的介绍。

（1）pam_access. so：默认配置文件是/etc/security/access. conf。通过加入这个认证模块到你想要控制的服务器 PAM 配置文件，你可以实现对某些服务的 userbase 级控制，如 vsftp、samba 等。编辑/etc/security/access. conf 文件，加入你想要控制的用户，可以赋予/阻止他们从特定的来源登录服务器。

（2）pam_cracklib. so：用字典方式检测 password 的安全性。有一些很有用的 arguments，比如准许 retry 的次数、多少个字符可以和上次的密码重复、最小的密码长度等。

（3）pam_deny. so：一个特殊的 PAM 模块，这个模块将永远返回否。类似大多数的安全机制配置准则，一个严谨的安全规则的最后一项永远是否。

（4）pam_limits. so：类似 Linux 的 ulimit 命令，赋给用户登录某个会话的资源限度。如 core 文件的大小、memory 的用量、process 的用量等。

（5）pam_rootok. so：root 用户将通过认证。

14.3.3 SELinux

1. SELinux 概述

美国国家安全局推出的 SELinux(Security-Enhanced Linux)安全体系结构称为 Flask，在这一结构中，安全性策略的逻辑和通用接口一起封装在与操作系统独立的组件中，这个单独的组件称为安全服务器。

在具体介绍 SELinux 之前，先来看一下操作系统的访问控制。在安全操作系统领域中，根据访问授权方式的不同，可以分为自主访问控制 DAC(Discretionary Access Control)，强制访问控制 MAC(Mandatory Access Control)、基于角色的访问控制 RBAC(Role-Based policies Access Control)。DAC 是以用户为出发点来管理权限的，而 MAC 是以程序为出发点来管理权限。

现代操作系统大多使用自主访问控制，在这种模式中，客体的所有者按照自己的安全策略授予系统中的其他用户对客体的访问权，同时阻止非授权用户访问客体，某些用户还可以自主地把自己所拥有的客体的访问权限授予其他用户。DAC 的优点是灵活性高，被大量采用，缺点是安全性最低。例如 root 用户具有最高的权限：如果不小心某个程序被他人取得，且该程序拥有 root 的权限，那么此程序就可以对任何资源进行存取。

强制访问控制(也称委任式存取控制)，是一种由系统管理员从全系统的角度定义和实施的访问控制，它通过标记系统中的主客体，强制性地限制信息的共享和流动，使不同的用户只能访问到与其有关的、指定范围的信息，从根本上防止信息的泄密和访问混乱的现象。换句话说，即使你是 root，在使用不同的程序时，你所能取得的权限并不一定是 root，还要看当时该程序的设定。此外，这个主体程序也不能任意使用系统文件资源，因为每个文件资源也有针对该主体程序设定可取用的权限。在委任式存取控制的设定下，程序能够活动的空间就变小了。举例来说，WWW 程序为 httpd，预设情况下，httpd 仅能在/var/www/这个目录底下存取文件，如果 httpd 这个程序想要到其他目录去存取资料时，除了规则设定要开放外，目标目录也得要设定成 httpd 可读取的模式(type)才行，所以即使 httpd 不小心被黑客取得了控制权，他也无权浏览/etc/shadow 等重要的文件。SELinux 提供一些预设的政策(Policy)，并在该政策内提供多个规则(rule)，你可以选择是否启用该控制规则。

在基于角色的访问控制(RBAC)中，角色就是系统中岗位、职位或者分工，RBAC 就是根据某些职责任务所需要的访问权限来进行授权和管理。RBAC 的组成包括用户-U，角色-R，会话-R，授权-P。在一个系统中，可以有多个用户和多个角色，用户和角色是多对多的关系；一个角色可以拥有多个权限，一个权限也可以赋予多个角色。

SELinux 是强制访问控制的实现，在这种访问控制体系的限制下，进程只能访问那些在他的任务中所需要文件。大部分使用 SELinux 的人使用的都是 SELinux 就绪的发行版，例如 Fedora、Red Hat Enterprise Linux(RHEL)、Debian 或 Gentoo。它们都是在内核中启用 SELinux 的，并且提供一个可定制的安全策略，还提供很多用户层的库和工具，它们都可以使用 SELinux 的功能。SELinux 具有以下特点。

(1) 基于 MAC：对访问的控制彻底化，对所有的文件、目录、端口的访问都是基于策略设定的，可由管理员时行设定。

（2）采用 RBAC：对于用户只赋予最小权限。用户被划分成了一些角色（role），即使是 root 用户，如果不具有 sysadm_r 角色的话，也不是执行相关的管理。哪些 role 可以执行哪些 domain，也是可以修改的。

（3）使用安全上下文（security context）：当启动 SELinux 的时候，所有文件与对象都有安全上下文。

2. 安全上下文

SELinux 是透过 MAC 的方式来控管程序，控制的主体（Subject）是程序，如 httpd，而目标（Object）是文件（该程序欲访问的文件）。也就是说，SELinux 主要想要管理的就是主体，即程序；而主体程序将访问的文件，即目标。由于程序与文件数量庞大，因此 SELinux 依据服务来制订基本的存取安全性政策（Policy），这些政策内包含有详细的规则（rule）来指定不同的服务对某些资源的存取。

当启动 SELinux 的时候，所有文件与对象都有安全上下文。例如：系统根据 pam 子系统中的 pam_selinux.so 模块设定登录者运行程序的安全上下文；rpm 包安装会根据 rpm 包内记录来生成安全上下文；如果使用 cp 命令，会重新生成安全上下文；如果使用 mv 命令，安全上下文不变。进程的安全上下文是域，安全上下文由 identity、role、type，即身份识别、角色、类型三部分组成，下面分别说明其作用。

（1）identity

identity 类似 Linux 系统中的 UID，提供身份识别，是安全上下文中的一部分。三种常见的 identity 是：

- user_u：代表的是一般使用者账号相关的身份；
- system_u：表示系统程序方面的识别，通常就是程序；
- root：表示 root 的账号身份。

（2）role

role 是 RBAC 的基础，用户的 role，类似于系统中的 GID，不同的角色具备不同的权限；用户可以具备多个 role；但是同一时间内只能使用一个 role。文件与目录的 role 通常是 object_r，程序或者一般使用者的 role 通常是 system_r。

（3）type

type 用来将主体与客体划分为不同的组，每个主体和系统中的客体定义了一个类型，为进程运行提供最低的权限环境。在预设的 targeted 政策中，identity 与 Role 栏位基本上是不重要的，重要的在于这个类型（type）栏位。一个主体程序能不能读取到这个文件资源，与类型栏位有关。而类型栏位在文件与程序的定义不太相同。type 在文件资源（Object）上面称为类型（Type），类似于 DAC 中的 rwx；在主体程序（Subject）则称为领域（domain）了。domain 需要与 type 搭配，则该程序才能够顺利的读取文件资源。

要查看文件与目录的安全性上下文，可以使用 # ls -Z 命令。下面是查看/usr/sbin/httpd 目录的安全性上下文：

```
[root@localhost ~]# ls -ldZ /usr/sbin/httpd
-rwxr-xr-x. root root system_u:object_r:httpd_exec_t:s0 /usr/sbin/httpd
```

/usr/sbin/httpd 的 type 是 httpd_exec_t，这说明 httpd 程序对该文件有执行权限，相当于文件上的 x 权限。

此外，要查看已启动程序的 type 设定，使用＃ps aux-Z。要检查账号的安全上下文，使用＃id-Z。要检查进程的安全上下文，使用＃ps-Z。要修改文件/目录安全上下文与策略，使用 chcon 命令，chcon 命令格式为：

chcon -u[user] -r[role]-t[type] 对象

例如：＃chcon-R-t samba_share_t/tmp/abc //为使用 smb 进程能够访问/tmp/abc 目录而设定的安全上下文。

3. SELinux 配置文件

SELinux 的配置文件存放在/etc/selinux 文件夹中。

```
[root@localhost selinux]# ls -l /etc/selinux
total 20
-rw-r--r--. 1 root root  458 Mar 19  2013 config
-rw-r--r--. 1 root root  113 Jan 15  2010 restorecond.conf
-rw-r--r--. 1 root root   20 Jan 15  2010 restorecond_user.conf
-rw-r--r--. 1 root root 1766 Nov 20  2009 semanage.conf
drwxr-xr-x. 5 root root 4096 Mar 19  2013 targeted
```

/etc/selinux 文件夹中主要有 4 个文件 config、restorecond. conf、restorecond_user. conf、semanage. conf 和一个目录 targeted。其中比较重要的是 config 文件和 targeted 目录，config 是 SELinux 的主要配置文件，targeted 目录是 SELinux 的安全上下文、模块及策略配置目录。

(1) config 文件

＃vim/etc/selinux/config

```
# This file controls the state of SELinux on the system.
# SELINUX= can take one of these three values:
#     enforcing - SELinux security policy is enforced.
#     permissive - SELinux prints warnings instead of enforcing.
#     disabled - No SELinux policy is loaded.
SELINUX=enforcing
# SELINUXTYPE= can take one of these two values:
#     targeted - Targeted processes are protected,
#     mls - Multi Level Security protection.
SELINUXTYPE=targeted
```

在/etc/selinux/config 文件中，包含了 SELinux 模式的设置和策略的设置。模式的设置可以是：①enforcing，强制模式，代表 SELinux 运作中，且已经正确的开始限制 domain/type 了；②permissive，宽容模式，代表 SELinux 运作中，不过仅会有警告讯息并不会实际限制 domain/type 的存取。这种模式可以运来作为 SELinux 的 debug 之用；③disabled：关闭 SELinux。策略的设置可以是：①targeted，保护常见的网络服务，是 SELinux 的默认值；②stric，提供 RBAC 的 policy，具备完整的保护功能，保护网络服务，一般指令及应用程序。通过命令来修改相关的具体的策略值，也就是修改安全上下文，来提高策略的灵活性。策略改变后，需要重新启动计算机。策略的位置是/etc/selinux/＜策略名＞/policy/。

可以通过配置文件调整 SELinux 的参数，如：

```
#vi m/etc/selinux/config
SELINUX = enforcing      <== 可调整为 enforcing|disabled|permissive
SELINUXTYPE = targeted   <== 目前仅有 targeted 与 strict
```

(2) /etc/selinux/targeted/contexts/default_context

/etc/selinux/targeted/contexts/default_context 保存 SELinux 中默认的上下文，内容如下：

```
system_r:crond_t:s0            system_r:system_cronjob_t:s0
system_r:local_login_t:s0      user_r:user_t:s0
system_r:remote_login_t:s0     user_r:user_t:s0
system_r:sshd_t:s0             user_r:user_t:s0
system_r:sulogin_t:s0          sysadm_r:sysadm_t:s0
system_r:xdm_t:s0              user_r:user_t:s0
```

(3) /etc/selinux/targeted/contexts/default_type

/etc/selinux/targeted/contexts/default_type 保存 SELinux 中默认的上下文类型，内容如下：

```
auditadm_r:auditadm_t
secadm_r:secadm_t
sysadm_r:sysadm_t
guest_r:guest_t
xguest_r:xguest_t
staff_r:staff_t
unconfined_r:unconfined_t
user_r:user_t
```

4. 管理 SELinux

(1) 查询 SELinux 状态

```
[root@localhost lwj]# sestatus
SELinux status:                 enabled
SELinuxfs mount:                /selinux
Current mode:                   enforcing
Mode from config file:          enforcing
Policy version:                 24
Policy from config file:        targeted
```

(2) 查询 SELinux 激活状态

```
# selinuxenabled
# echo $?
0
```

0 表示激活状态，如果为-256 为非激活状态。

(3) 切换 SELinux 类型

1) 切换成警告模式

setenforce 0 或 setenforce permissive

2) 切换成强制模式

setenforce 1

(4) SELinux 应用

SELinux 的设置分为两个部分，修改安全上下文以及策略，下面收集了一些应用的安全上下文，供配置时使用，对于策略的设置，应根据服务应用的特点来修改相应的策略值。

1) SELinux 与 samba

samba 共享的文件必须用正确的 SELinux 安全上下文标记。

允许文件共享：# chcon -t samba_share_t/var/sharedir。

允许匿名用户向 samba 服务器写入数据：# setsebool -P allow_samba_anon_write=1。

允许 samba 共享用户的家目录：# setsebool -P use_samba_home_dirs 1。

2) SELinux 与 NFS

允许 NFS 以只读方式输出所有共享资源：# setsebool -P nfs_export_all_ro 1。

允许 NFS 以读写方式输出所有共享资源：

setsebool -P nfs_export_all_rw 1

chcon -t public_content_t/sharedir //sharedir 为共享目录

允许在本地使用远程 NFS 服务器上的家目录：＃setsebool -P use_nfs_home_dirs 1。

3）SELinux 与 DNS

允许 named 进程更新 master 区域：＃setsebool -P named_write_master_zone 1。

4）SELinux 与 FTP

＃chcon -R -t public_content_t/var/ftp //允许匿名用户访问 FTP 服务器

允许匿名用户上传文件：

＃chcon -R -t public_content_rw_t/var/ftp/incoming

＃setsebool -P allow_ftpd_anon_write＝on

允许 FTP 用户访问家目录：＃setsebool -P ftp_home_dir_on。

允许所有用户上传或下载文件：＃setsebool -P allow_ftpd_full_access on。

5）SELinux 与 http

Apache 的主目录如果修改为其他位置，SELinux 就会限制客户的访问。如果不想关闭 SELinux，可以开放访问其他目录，首先创建一个目录，如/var/website1，然后将其添加到 httpd content 类型的上下文：

＃chcon -Rt httpd_sys_content_t /var/website1

其中，-R(recursive)表示递归，-t(type)表示类型。

要允许 httpd 访问用户家目录：

＃setsebool -P https_enable_homedirs 1

＃chcon -R -t httpd_sys_content_t/home/username/public_html

允许在 http 服务器上执行 CGI 脚本：＃setsebool -P httpd_enable_cgi 1。

允许 http 创建脚本：＃setsebool -P httpd_builtin_scripting 0。

14.3.4 TCP_wrappers

1. TCP_wrappers 介绍

TCP_wrappers 是 Linux 中一个安全机制，TCP_wrappers 中的 TCP 是 TCP 协议，wrappers 是包装的意思，因此 TCP_wrappers 是指在 TCP 协议基础之上加一层包装，该包装提供一层安全检测机制，外来连接请求首先通过这个安全检测，获得安全认证后才可被系统服务接受，这在一定程度上限制某种服务的访问权限，达到了保护系统的目的。

2. TCP_wrappers 的工作原理

要决定一个客户是否被允许连接一项服务，TCP Wrappers 会参考/etc/hosts. allow，/etc/hosts. deny这两个文件，这两个文件通常被称为主机访问文件。当有请求从远程到达本机的时候，首先检查/etc/hosts. allow，如有匹配的，就默认允许访问，跳过/etc/hosts. deny 这个文件。没有匹配的，就去匹配/etc/hosts. deny 文件，如果有匹配的，那么就拒绝这个访问。如果在这两个文件中，都没有匹配到，默认是允许访问的。

不过，虽然 TCP Wrappers 的参考/etc/hosts. allow，/etc/hosts. deny 这两个文件已经被整合到 xinetd 里面去了，不过，要获得更多的功能，还是得要安装 TCP_wrappers 这个套件才行。可以在 RHEL6 光盘里找到 TCP_wrappers 相关的软件包，使用 rpm 命令安装。安装后，可以进一步查询哪些服务是支持 TCP_wrappers。首先查询这个服务的脚本在哪里，用 which

命令：

```
# which sshd
/usr/sbin/sshd
```

可见服务的脚步是/usr/sbin/sshd，然后再使用ldd命令来查询这个脚本在允许的时候调用了哪些动态链接库文件，

```
# ldd/usr/sbin/sshd|grep libwrap
libwrap.so.0 =>/lib/libwrap.so.0(0x00196000)
```

可见sshd服务调用了libwrap.so这个动态链接库文件，就代表这个服务支持tcp_wrappers。

当然也可以直接查询# ldd'which vsftpd'|grep libwrap。

libwrap.so.0=>/lib/libwrap.so.0(0×00825000)

可以看到，vsftpd也是可以支持TCP_wrappers的。

类似地，查看xinetd服务是否支持TCP_wrappers：

```
# ldd'which xinetd'|grep libwrap
libwrap.so.0 =>/lib/libwrap.so.0(0x0035a000)
```

可以看到，xinetd服务是支持TCP_wrappers的，也就是说由xinetd管理的所有服务都是支持TCP_wrappers的。当然，也有很多服务是不支持TCP_wrappers的，如named、httpd等，这也是为什么还要有iptables防火墙。

3. TCP Wrappers 配置文件

（1）文件格式

TCP Wrappers的配置文件是/etc/hosts.allow和/etc/hosts.deny，这两个文件格式是：

服务进程列表:地址列表:选项

服务进程列表中如果有多个服务进程，那么就用逗号隔开。

地址列表支持以下格式：

1）标准IP地址：例如192.168.0.254，192.168.0.56。如果多于一个，用“,”隔开。

2）主机名称：例如www.baidu.com，.example.con匹配整个域。

3）利用掩码：192.168.0.0/255.255.255.0指定整个网段。注意：TCP_wrappers的掩码只支持长格式，不能用：192.168.0.0/24。

4）网络名称：例如@mynetwork。

选项被触发时要运行一个动作或由冒号分隔开动作列表，选项领域支持扩展式，发布shell命令，允许或拒绝访问以及修改日志记录。

默认情况下，我们的TCP_wrappers防火墙的默认允许所有的，是因为在/etc/hosts.allow和/etc/hosts.deny这两个文件里面默认是任何策略也没有的。

例14-1 拒绝主机192.168.0.10使用ssh。

编辑/etc/hosts.deny文件，添加：

sshd：192.168.0.10

现在来测试一下# ssh 192.168.0.254：

```
ssh_exchange_identification:Connection closed by remote host
```

可以看到,现在连接就被直接拒绝了。

例 14-2 下面是一个基本的主机访问 ftp 服务器规则示例。

```
vsftpd:.example.com
```

这条规则指示 TCP Wrappers 监测在 example. com 域内的任何主机向 FTP 守护进程(vsftpd)发出的连接,如果这条规则出现在 hosts. allow 中,连接则被接受。如果这条规则出现在 hosts. deny 中,连接则被拒绝。

例 14-3 下面的主机访问规则比较复杂,而且使用两个选项领域:

sshd:. example. com :spawn/bin/echo'/bin/date'access denied>>/var/log/sshd. log :deny

这个范例规定如果 example. com 中的某个主机试图向 SSH 守护进程(sshd)发出连接请求,那么执行 echo 命令来将这次尝试添加到一个专用日志文件里,并且拒绝该连接。因为使用了命令选项 deny,这一行拒绝访问,即使它出现在 hosts. allow 文件里。

(2) 通配符

通配符使 TCP Wrappers 更容易匹配各种守护进程或主机,使用通配符最频繁的是在访问规则的客户列表领域内。以下是可以被使用的通配符。

- ALL:指代所有主机。
- LOCAL:指代本地主机,与不包括圆点(.)的主机匹配,如 localhost。
- KNOWN:与任何带有已知主机名和主机地址或已知用户的主机匹配。
- UNKNOWN:与任何带有未知主机名和主机地址或未知用户的主机匹配。
- PARANOID:与任何带有主机名和主机地址不相匹配的主机匹配。

(3) 扩展命令选项

1) spawn:执行某个命令

例 14-4 vsftpd:192. 168. 0. 0/255. 255. 255. 0:spawn echo"login attempt from %c"to %s"|mai -s warning root

意思是当 192. 168. 0. 0 网段的主机来访问时,给 root 发一封邮件,邮件主题是 warning;邮件内容是:客户端主机(%c)试图访问服务端主机(%s)。

2) twist:中断命令的执行

例 14-5 vsftpd:192. 168. 0. 0/255. 255. 255. 0:twist echo-e"\n\nWARNING connection not allowed. \n\n"

表示当未经允许的电脑尝试登入你的主机时,对方的屏幕上就会显示上面的最后一行。

扩展命令中支持一些通配符,如表 14-2 所示。

表 14-2 扩展命令中支持的通配符

通配符	含义	通配符	含义
%a	客户端地址	%A	服务器端地址
%c	客户端信息,如 user@host	%s	服务器端信息,如 daemon@host
%p	服务进程 id	%d	服务器进程名称
%h	不可达的客户端主机名或 IP 地址	%H	不可达的服务器端主机名或 IP 地址
%n	未知的客户端主机或客户端主机名与 IP 地址不符	%N	未知的服务器端主机或服务器端主机名与 IP 地址不符
%u	客户端用户名	%%	标记"%"

14.3.5 Linux 防火墙

1. iptables 防火墙简介

Linux 平台下的包过滤防火墙由 netfilter 组件和 iptables 组件组成，其中 netfilter 运行在内核态，而 iptables 运行在用户态，用户通过 iptables 命令来调用 netfilter 来实现防火墙的功能。netfilter 是 Linux 内核中的一个用于扩展各种网络服务的结构化底层框架。该框架定义了包过滤子系统功能的实现，提供了 filter、nat 和 mangle 三个表，默认使用的是 filter 表。每个表中包含有若干条内建的链(chains)，用户也可在表中创建自定义的链。

iptables 组件是一个用来指定 netfilter 规则和管理内核包过滤的工具，用户通过它来创建、删除或插入链，并可以在链中插入、删除和修改过滤规则。iptables 仅仅是一个包过滤工具，对过滤规则的执行则是通过 netfilter 和相关的支持模块来实现的。

2. iptables 启动

首先使用查看是否安装了 iptables 软件包，然后再使用相关命令如下启动/重启 iptables：

```
[root@localhost lwj]# rpm -qa|grep iptables
iptables-1.4.6-1.el6.i686
iptables-ipv6-1.4.6-1.el6.i686
[root@localhost lwj]# service iptables start
[root@localhost lwj]# service iptables restart
iptables: Flushing firewall rules:                         [  OK  ]
iptables: Setting chains to policy ACCEPT: filter          [  OK  ]
iptables: Unloading modules:                               [  OK  ]
```

3. iptables 逻辑结构

iptables 中存有表、链以及规则的概念。iptables 内置了表(tables)，用于实现包过滤、网络地址转换和包重构的功能。链(chains)是数据包传输的路径，链存在于表中，同时每一条链中可以又可以有一条或数条规则。规则(rules)是网络管理员预先定义的条件，每条规则的定义方式一般是"如果封包符合这样的条件就这样处理该数包"。表、链以及规则的关系如图 14-5(a)所示。

具体来说，Netfilter 中内置了 3 张表：filter 表、nat 表和 mangle 表，如图 14-5(b)所示。其中 filter 表是 iptables 默认的表，主要用于数据包的过滤。filter 表包含了 INPUT 链(处理进入的数据包)、FORWARD 链(处理源地址和目的 IP 地址都不是本机，要穿过防火墙进行转发处理的数据包)和 OUTPUT 链(处理本地生成的数据包)。nat 表主要用于网络地址转换(包括源地址转换 SNAT 和目的地址转换 DNAT，可以是一对一、一对多、多对一的转换)。nat 表包含了 PREROUTING 链(修改即将到来的数据包，进行目的 IP 转换，对应 DNAT 操作)、OUTPUT 链(修改在路由之前本地生成的数据包)和 POSTROUTING 链(修改即将出去的数据包，进行源 IP 地址转换，对应 SNAT)。mangle 表主要用于对指定的包进行修改。在 Linux 2.4.18 内核之前，mangle 表仅包含 PREROUTING 链和 OUTPUT 链。在 Linux 2.4.18 内核之后，包括 PREROUTING(在路由选择之前修改网络数据包)、POSTROUTING(在路由选择之后修改数据包)、INPUT(修改传输到本机的数据包)、OUTPUT(对于本机产生的数据包，在传输出去之前进行修改)和 FORWARD(修改经本机传输的网络数据包)五个链。

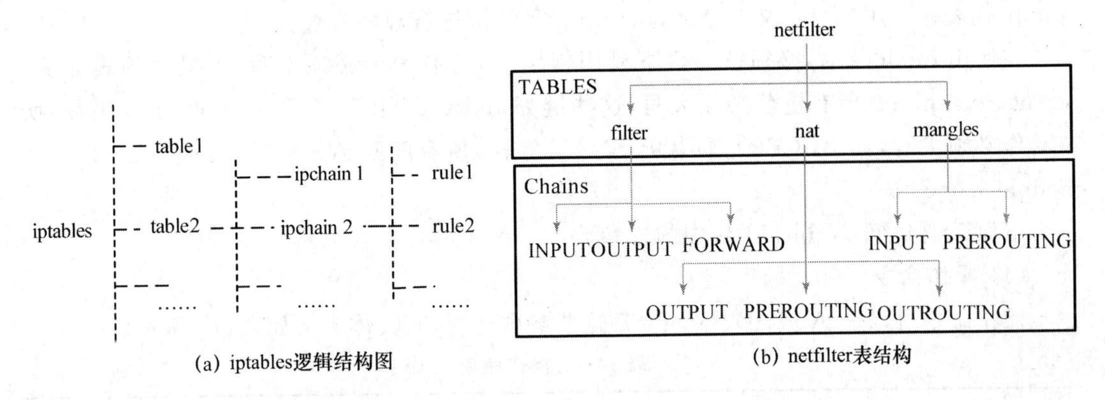

图 14-5　iptables 逻辑结构以及 netfilter 表结构

4. iptables 处理数据包的过程

Linux 系统收到或送出的数据包至少经过一个表。一个数据包可能经过一个表中的多条规则，通过这些规则对进入或送出本机的数据包进行控制。iptables 处理数据包的流程如图 14-6 所示。当一个数据包进入计算机的网络接口时，数据首先进入 PREROUTING 链，然后内核根据路由表决定数据包的目标。若数据包的目的地址是本机，则将数据包送往 INPUT 链进行规则检查，当数据包进入 INPUT 链后，系统的任何进程都会收到它，本机上运行的程序可以发送该数据包，这些数据包会经过 OUTPUT 链，再 POSTROUTING 链发出。若数据包的目的地址不是本机，则检查内核是否允许转发，若允许，则将数据包送 FORWARD 链进行规则检查；若不允许，则丢弃该数据包。若是防火墙主机本地进程产生并准备发出的包，则数据包被送往 OUTPUT 链进行规则检查。

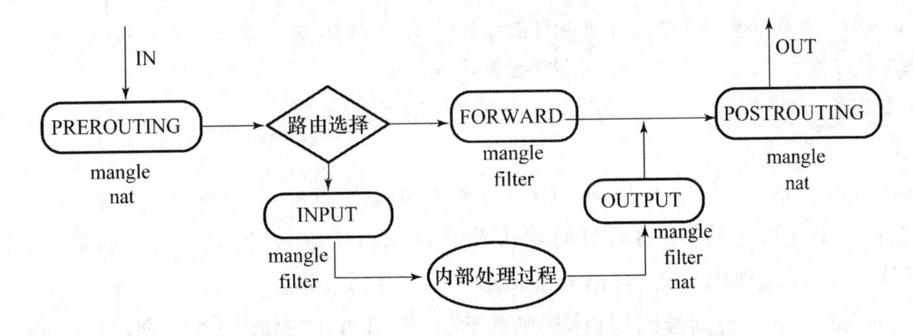

图 14-6　iptables 处理数据包流程

5. iptables 使用

首先来看 iptables 语法，使用 iptables 必须符合下面的语法结构：

```
iptables[-t 表名]<操作命令>[链名][规则号码][匹配条件][-j target/jump]
```

其中“-t　表名”用来选择要操作的表，表名可以是 filter、nat、mangle 三者之一，如该参数缺省则默认为 filter 表；“操作命令”选项用来指定对链或规则的操作，包括插入、删除、添加规则等；“链名”选项指定要操作的链名，除使用系统定义的链名外，用户也可自定义链名；“规则号码”指定操作链中的第几条规则；“匹配条件”选项指定数据包与规则匹配所应具有的特征，包括源地址、目的地址、传输协议和端口号等；“-j target/jump” 是要进行的操作选项，用于指定对匹配过滤规则的数据包所进行的处理，其中“target”是对包的处理动作，

“jump”代表一个用户自定义的链名，用于跳转到该链进行规则检查。

在使用 iptables 时，必须遵守以下使用规则：1)所有表名必须小写：可操作的表如 filter/nat/mangle；2)所有链名必须大写，这些链如 INPUT/OUTPUT/FORWARD 等；3)所有动作必须大写，如 ACCEPT/DROP/SNAT 等；4)所有匹配必须小写：匹配如-s/-d/-m＜module_name＞/-p 等。

下面详细介绍 iptables 语法中的各参数。

(1) 操作命令

操作命令可以是-A、-I、-D、-R、-P、-F 这些参数选项，其具体含义如表14-3所示。

表 14-3　操作命令

选项	说明	选项	说明
-A 或--append	向指定链追加规则	-I 或--insert	在指定规则前插入规则
-D 或--delete	从指定链删除指定规则	-R 或--replace	替换指定链中某条规则
-F 或--flush	清空指定链所有规则	-L 或—list	显示指定链中的规则
-N 或--new-chain	建立用户自定义链	-X 或--delete-chain	删除用户自定义链
-Z 或--zero	将指定链中所有规则的包字节计数器清零	-h 或--help	显示帮助

下面通过具体的例子来说明这些命令的使用。

1) -A＜链名＞或--append：追加一条规则(放到最后)

例如：

```
# iptables -t filter -A INPUT -j DROP//在 filter 表的 INPUT 链里追加一条规则(作为最后一条规则)，此匹配所有访问本机 IP 的数据包，并将匹配到数据包的丢弃
```

2) -I＜链名＞[规则号码]或--insert：插入一条规则

例如：

```
# iptables -I INPUT 3 -j DROP  //在 filter 表的 INPUT 链里插入一条规则(插入成第 3 条)
```

注意：-t filter 可不写，不写则自动默认是 filter 表；-I 链名[规则号码]，如果不写规则号码，则默认是 1；确保规则号码≤(已有规则数+1)，否则报错。

3) -D＜链名＞＜规则号码|具体规则内容＞或--delete：删除一条规则

例如：

```
# iptables -D INPUT 3  //删除 filter 表 INPUT 链中的第三条规则(不管它的内容是什么)
# iptables -D INPUT -s 192.168.0.1 -j DROP  //删除 filter 表 INPUT 链中内容为“-s 192.168.0.1 -j DROP”的规则，不管其位置在哪里(按内容匹配)
```

注意：若规则列表中有多条相同的规则时，按内容匹配只删除序号最小的一条；按号码匹配删除时，确保规则号码≤已有规则数，否则报错；按内容匹配删除时，确保规则存在，否则报错。

4) -R＜链名＞＜规则号码＞＜具体规则内容＞或--replace：替换一条规则

例如：

iptables -R INPUT 3 -j ACCEPT　//将原来编号为 3 的规则内容替换为“-j ACCEPT”，需要注意的是确保规则号码≤已有规则数，否则报错

5）-R＜链名＞＜规则号码＞＜具体规则内容＞或--replace：替换一条规则

例如：

iptables -R INPUT 3 -j ACCEPT　//将原来编号为 3 的规则内容替换为“-j ACCEPT”，注意确保规则号码≤已有规则数，否则报错

6）-P＜链名＞＜动作＞或--policy：设置某个链的默认规则

例如：

iptables -P INPUT DROP　//设置 filter 表 INPUT 链的默认规则是 DROP

注意：当数据包没有被规则列表里的任何规则匹配到时，按此默认规则处理。动作前面不能加 -j，这也是唯一一种匹配动作前面不加 -j 的情况。

7）-F[链名]或--flush：清空规则

例如：

iptables -F INPUT　//清空 filter 表 INPUT 链中的所有规则

iptables -t nat -F PREROUTING　//清空 nat 表 PREROUTING 链中的所有规则

注意：-F 仅仅是清空链中规则，并不影响-P 设置的默认规则；-P 设置了 DROP 后，使用-F 一定要小心；如果不写链名，默认清空某表里所有链里的所有规则。

除了上述动作参数，还可以用-[vxn]L [链名] 查看设置。其中-L 表示 LIST，即列出规则；v 用于显示详细信息，包括每条规则的匹配包数量和匹配字节数；x 表示在 v 的基础上，禁止自动单位换算（K、M）；n 只显示 IP 地址和端口号码，不显示域名和服务名称。

例如：

iptables -L　//粗略列出 filter 表所有链及所有规则

iptables -t nat -vnL　//用详细方式列出 nat 表所有链的所有规则，只显示 IP 地址和端口号

iptables -t nat -vxnL PREROUTING//用详细方式列出 nat 表 PREROUTING 链的所有规则以及详细数字，不反解

（2）匹配条件

匹配条件包括：流入、流出接口（-i、-o）；来源、目的地址（-s、-d）；协议类型（-p）；来源、目的端口（--sport、--dport）。注意--sport、--dport 必须联合-p 使用，必须指明协议类型是什么；条件写的越多，匹配越细致，匹配范围越小。

匹配应用举例

1）接口匹配

-i eth0 匹配从网络接口 eth0 进来的数据包。

-i ppp0 匹配从网络接口 ppp0 进来数据包。

2）地址匹配

-s 192.168.0.1 匹配来自 192.168.0.1 的数据包。

-s 192.168.1.0/24 匹配来自 192.168.1.0/24 网络的数据包。

-d 202.106.0.0/16 匹配去往 202.106.0.0/16 网络的数据包。

-d www.abc.com 匹配去往域名 www.abc.com 的数据包。

-s 10.1.0.0/24 -d 172.17.0.0/1 匹配来自 10.1.0.0/24 去往 172.17.0.0/16 的所有数据包。

3）端口与协议匹配

➢--sport＜匹配源端口＞:可以是个别端口，可以是端口范围

- --sport 1000 匹配源端口是 1000 的数据包
- --sport 1000:3000 匹配源端口是 1000-3000 的数据包(含 1000、3000)
- --sport:3000 匹配源端口是 3000 以下的数据包(含 3000)
- --sport 1000:匹配源端口是 1000 以上的数据包(含 1000)

➢--dport＜匹配目的端口＞:可以是个别端口，可以是端口范围

- --dport 80　匹配目的端口是 80 的数据包
- --dport 6000:8000 匹配目的端口是 6000-8000 的数据包(含 6000、8000)
- -p udp--dport 53 匹配网络中目的端口是 53 的 UDP 协议数据包
- -p icmp --icmp-type 8 表示 icmp 协议且类型为 8

4）端口和地址联合匹配

-s 192.168.0.1 -d www.abc.com -p tcp --dport 80 匹配来自 192.168.0.1，去往 www.abc.com 的 80 端口的 TCP 协议数据包。

(3) 动作(处理方式)

动作处理方式可以是 ACCEPT、DROP、REJECT 等，其具体含义如表 14-4 所示。

表 14-4　动作(处理方式)

选项	说明
ACCEPT	接收匹配条件的数据包
DROP	丢弃匹配条件的数据包
REJECT	丢弃匹配条件的数据包且返回确认
REDIRECT	将匹配条件的数据包重定向到本机或其他主机的某个端口，通常此功能实现透明代理或对外开放内网的某些服务
MASQUERADE	伪装数据包的源地址，即使用 NAT 技术。MASQUERADE 只能用于 ADSL 等拨号上网的 IP 伪装，即 IP 地址是由 ISP 动态分配的
SNAT	伪装数据包的源地址，用于主机采用静态 IP
DNAT	伪装数据包的目的地址
RETURN	跳出当前规则链
LOG	日志功能。将匹配规则的数据包的相关信息记录在日志中以便管理员分析和排错

1）-j ACCEPT:表示允许数据包通过本链而不拦截它

例如：

```
# iptables -A INPUT -j ACCEPT  //允许所有访问本机 IP 的数据包通过
```

2）-j DROP　表示阻止数据包通过本链而丢弃它

例如：

```
# iptables -A FORWARD -s 192.168.80.39 -j DROP//阻止来源地址为 192.168.80.39 的数据包通过本机
```

3）-j SNAT--to IP　[-IP][:端口-端口](nat 表的 POSTROUTING 链)

表示源地址转换，SNAT 支持转换为单 IP，也支持转换到 IP 地址池(一组连续的 IP 地址)。例如：

＃iptables -t nat -A POSTROUTING -s 192.168.0.0/24 -j SNAT --to 1.1.1.1 //将内网 192.168.0.0/24 的原地址修改为 1.1.1.1,用于 NAT

＃iptables -t nat -A POSTROUTING -s 192.168.0.0/24 -j SNAT --to 1.1.1.1-1.1.1.10//同上,只不过修改成一个地址池里的 IP

4) -j DNAT --to IP[-IP][:端口-端口](nat 表的 PREROUTING 链)

目的地址转换,DNAT 支持转换为单 IP,也支持转换到 IP 地址池。例如:

＃iptables -t nat -A PREROUTING -i ppp0 -p tcp--dport 80 -j DNAT --to 192.168.0.1//把从 ppp0 进来的要访问 TCP/80 的数据包目的地址改为 192.168.0.1

5) -j MASQUERADE

动态源地址转换(动态 IP 的情况下使用)。例如:

＃iptables -t nat -A POSTROUTING -s 192.168.0.0/24 -j MASQUERADE//将源地址是 192.168.0.0/24 的数据包进行地址伪装

(4) 附加模块

1) 按包状态匹配:-m state --state 状态

状态可以是 NEW、RELATED、ESTABLISHED、INVALID。其中 NEW:有别于 tcp 的 syn; ESTABLISHED:连接态; RELATED:衍生态,与 conntrack 关联(FTP); INVALID:不能被识别属于哪个连接或没有任何状态。例如:

＃iptables -A INPUT -m state --state RELATED,ESTABLISHED -j ACCEPT

2) 按来源 MAC 匹配(mac):-m mac --mac -source MAC

例如:

＃ iptables -A FORWARD -m mac --mac -source xx:xx:xx:xx:xx:xx -j DROP //阻断来自某 MAC 地址的数据包

注意:报文经过路由后,数据包中原有的 mac 信息会被替换,所以在路由后的 iptables 中使用 mac 模块是没有意义的。

3) 按包速率匹配(limit):-m limit --limit 匹配速率[--burst 缓冲数量]

例如:

＃iptables -A FORWARD -d 192.168.0.1 -m limit --limit 50/s -j ACCEPT

＃iptables -A FORWARD -d 192.168.0.1 -j DROP。

注意:limit 英语上看是限制的意思,但实际上只是按一定速率去匹配而已,要想限制的话后面要再跟一条 DROP。

4) 多端口匹配(multiport):-m multiport< --sports| --dports| --ports>端口 1[端口 2,..,端口 n],表示一次性匹配多个端口,可以区分源端口,目的端口或不指定端口。

例如:

＃iptables -A INPUT -p tcp -m multiport --dports 21,22,25,80,110 -j ACCEPT

注意:必须与-p 参数一起使用。

14.3.6 Linux 入侵检测

入侵检测(Intrusion Detection)是对入侵行为的发觉。它通过从计算机网络或计算机系统的关键点收集信息并进行分析,从中发现网络或系统中是否有违反安全策略的行为和被攻击的迹象。对系统的运行状态进行监视,发现各种攻击企图、攻击行为或者攻击结果,以保证系统资源的机密性、完整性和可用性。进行入侵检测的软件与硬件的组合便是入侵检测系统(简称 IDS)。与其他安全产品不同的是,入侵检测系统需要更多的智能,它必须可以将得到的数据进行分析，并得出有用的结果。一个合格的入侵检测系统能大大简化管理员的工作，保证网络安全地运行。

1. 入侵检测系统的分类

按检测所使用数据源的不同可以将 IDS 分为基于主机的 IDS 和基于网络的 IDS。

主机入侵检测系统(HIDS)是一种用于监控单个主机上的活动的软件应用。监控方法包括验证操作系统与应用调用及检查日志文件、文件系统信息与网络连接。通常，基于主机的 IDS 可监测系统、事件和操作系统下的安全记录以及系统记录。当有文件发生变化时，IDS 将新的记录条目与攻击标记相比较，看它们是否匹配。如果匹配，系统就会向管理员报警，以采取措施。

网络 IDS(NIDS)通常以非破坏方式使用。这种设备能够捕获 LAN 区域中的信息流并试着将实时信息流与已知的攻击签名进行对照。基于网络的入侵检测系统使用原始网络分组数据包作为数据源，通常利用一个运行在混杂模式下的网络适配器来实时监视并分析通过网络的所有通信业务。一旦检测到了攻击行为，IDS 的响应模块就会对攻击采取相应的反应，如通知管理员、中断连接、终止用户等。

2. 入侵检测系统组成

入侵检测系统通常包括三个功能部件。

(1) 信息收集

入侵检测的第一步是信息收集，入侵检测的效果很大程度上依赖于收集信息的可靠性和正确性，信息收集的来源可以是系统或网络的日志文件、网络流量、系统目录和文件的异常变化以及程序执行中的异常行为。应该在计算机网络系统中的若干不同关键点(不同网段和不同主机)收集信息并尽可能扩大检测范围。

(2) 分析引擎

分析引擎包括模式匹配、统计分析和完整性分析。模式匹配就是将收集到的信息与已知的网络入侵和系统误用模式数据库进行比较，从而发现违背安全策略的行为。统计分析方法首先给系统对象(如用户、文件、目录和设备等)创建一个统计描述，统计正常使用时的一些测量属性(如访问次数、操作失败次数和延时等)，测量属性的平均值和偏差被用来与网络、系统的行为进行比较，任何观察值在正常值范围之外时，就认为有入侵发生。完整性分析主要关注某个文件或对象是否被更改，包括文件和目录的内容及属性。

(3) 响应部件

响应部件包括简单报警(如弹出窗口、E-mail 通知)、切断连接、封锁用户、改变文件属性等措施，甚至回击攻击者。

3. 入侵检测的检测方法

入侵检测技术通过对入侵行为的过程与特征的研究，使安全系统对入侵事件和入侵过程能做出实时响应，从检测方法上分为两种：误用入侵检测和异常入侵检测。

异常检测模型(Anomaly Detection)：首先总结正常操作应该具有的特征(用户轮廓)，当用户活动与正常行为有重大偏离时即被认为是入侵。

误用检测模型(Misuse Detection)：收集非正常操作的行为特征，建立相关的特征库，当监测的用户或系统行为与库中的记录相匹配时，系统就认为这种行为是入侵。

4. Linux 入侵检测工具

(1) Snort

Snort 是一个用 C 语言编写的开放源代码软件，符合 GPL 的要求。Snort 称自己是一个跨平台、轻量级的网络入侵检测软件，可以完成实时流量分析和对网络上的 IP 包登录进行测试等功能，能完成协议分析，内容查找/匹配，能用来探测多种攻击和嗅探。从入侵检测分类上来看，Snort 应该算是一个基于网络和误用的入侵检测软件。

（2）chkrootkit 和 rootkit

rootkit 是一类入侵者经常使用的工具，通过 rootkit，入侵者可以偷偷控制被入侵的电脑，建立一条能够时常入侵系统，或者说对系统进行实时控制的途径。这类工具通常非常的隐秘、令用户不易察觉。

chkrootkit 用于建立入侵监测系统，来保证对系统是否被安装了 rootkit 进行监测。chkrootkit 在监测 rootkit 是否被安装的过程中，需要使用到一些操作系统本身的命令。但不排除一种情况，那就是入侵者有针对性地已经将 chkrootkit 使用的系统命令也做了修改，使得 chkrootkit 无法监测 rootkit，从而达到即使系统安装了 chkrootkit 也无法检测出 rootkit 的存在，从而依然对系统有着控制的途径，而达到入侵的目的。对此，在服务器开放之前，让 chkrootkit 就开始工作，而且备份 chkrootkit 使用的系统命令，在一些必要的时候让 chkrootkit 使用初始备份的系统命令进行工作。

（3）Tripwire

Tripwire 是一款入侵检测和数据完整性产品，使用 Tripwire 和 aide 等检测工具能够及时地帮助你发现攻击者的入侵，很好地提供系统完整性的检查，允许用户构建一个表现最优设置的基本服务器状态。

这类工具不同于其他的入侵检测工具，它们不是通过所谓的攻击特征码来检测入侵行为，而是监视和检查系统发生的变化。它并不能阻止损害事件的发生，但它能够将目前的状态与理想的状态相比较，以决定是否发生了任何意外的或故意的改变。如果检测到了任何变化，就会被降到运行障碍最少的状态。当服务器遭到黑客攻击时，在多数情况下，黑客可能对系统文件等一些重要的文件进行修改。对此，我们用 Tripwire 建立数据完整性监测系统。虽然它不能抵御黑客攻击以及黑客对一些重要文件的修改，但是可以监测文件是否被修改过以及哪些文件被修改过，从而在被攻击后有的放矢的策划出解决办法。

（4）PSAD

PSAD 是端口扫描攻击检测程序的简称，它可以与 iptables 和 Snort 等紧密合作，展示所有试图进入网络的恶意企图。它也可以像 Nmap 一样执行数据包头部的分析，向用户发出警告，甚至可以对其进行配置以便于自动阻止可疑的 IP 地址。

本章小结

本章讲述了网络安全的概念、Linux 的远程管理及安全机制。Linux 的远程管理包括 Telnet、SSH 及 VNC。在 Linux 安全机制中，重点介绍了 Linux 的 PAM 机制、SELinux、TCP_wrappers 和 Linux 防火墙，最后对 Linux 入侵检测进行了简单介绍。

习　　题

1. 可以通过哪些基本的系统配置来提高 Linux 服务器的安全性？
2. SELinux 的主要作用是什么？如何开启 SELinux？
3. Linux 防火墙的结构如何？如何使用 iptables 实现某个 IP 地址对服务器的访问？

参考文献

[1] 赵凯. Linux 网络服务与管理. 北京:清华大学出版社,2013.

[2] 苗凤君,等. 网络操作系统及配置管理——Windows Server 2008 与 RHEL 6.0. 北京:清华大学出版社,2012.

[3] 张浩军,等. 计算机网络操作系统——Windows Server 2008 管理与配置. 2 版. 北京:水利水电出版社,2013.

[4] 杨云,等. Windows Server 2008 网络操作系统项目教程. 2 版. 北京:人民邮电出版社,2013.

[5] 李春辉,等. Windows Server 2008 网络操作系统配置与管理. 北京:北京邮电大学出版社,2012.

[6] 林天峰,等. Linux 服务器架设指南. 北京:清华大学出版社,2010.

[7] 鸟哥. 鸟哥的 Linux 私房菜——服务器架设篇. 3 版. 北京:机械工业出版社,2012.

[8] 王永,等. 计算机网络管理与配置项目化教程. 北京:清华大学出版社,2012.